现代软件工程专业系列教材

IT 项目管理

郭 宁 编著

清华大学出版社

北京交通大学出版社

·北京·

内 容 简 介

本书以 IT 项目为研究对象，以 IT 项目的整个生命周期，即项目决策、项目启动、项目计划、项目采购、项目实施控制、项目验收等阶段为研究要点，从 IT 项目管理的角度，对 IT 项目的 9 个知识域和过程管理等环节进行了系统全面的介绍。全书包括 IT 项目管理的概念、IT 项目的管理环境、项目的策划与启动、时间管理、成本管理、风险管理、质量管理、人力资源管理、沟通管理、冲突管理、采购管理、收尾管理、IT 项目整体管理等内容。本书各章节均配有实际的案例，突出了 IT 项目管理的特色，有利于扩展读者的思路，提高读者的 IT 项目管理能力，这些启发性的案例本身就是对 IT 项目管理的最好注解。在各章后面还配有思考题与实践环节的参考题目，可供读者复习巩固和拓展知识之用。

理论与实践相结合、实用性与可读性相结合是本书的最大特点。本书可作为大学本科生及研究生 IT 项目管理课程的教材或作为项目管理人员的培训教材，也适合 IT 项目管理人员、软件开发人员阅读，有兴趣了解 IT 项目管理的人士也可利用本书进行自学。

本书封面贴有清华大学出版社防伪标签，无标签者不得销售。

版权所有，侵权必究。侵权举报电话：010 – 62782989　13501256678　13801310933

图书在版编目（CIP）数据

IT 项目管理 / 郭宁编著. —北京：清华大学出版社；北京交通大学出版社，2009.4
（现代软件工程专业系列教材）
ISBN 978 – 7 – 81123 – 544 – 9

Ⅰ. I…　Ⅱ. 郭…　Ⅲ. 信息技术 – 高技术产业 – 项目管理 – 教材　Ⅳ. F49

中国版本图书馆 CIP 数据核字（2009）第 051745 号

责任编辑：刘　洵
出版发行：清 华 大 学 出 版 社　　邮编：100084　　电话：010 – 62776969
　　　　　北京交通大学出版社　　邮编：100044　　电话：010 – 51686414
印 刷 者：北京鑫海金澳胶印有限公司
经　　销：全国新华书店
开　　本：203×280　印张：20.25　字数：626 千字
版　　次：2009 年 4 月第 1 版　　2009 年 4 月第 1 次印刷
书　　号：ISBN 978 – 7 – 81123 – 544 – 9/F · 432
印　　数：1～4 000 册　　定价：35.00 元

本书如有质量问题，请向北京交通大学出版社质监组反映。对您的意见和批评，我们表示欢迎和感谢。
投诉电话：010 – 51686043，51686008；传真：010 – 62225406；E-mail：press@bjtu.edu.cn。

前　言

　　近年来，项目与项目管理已经成为各行各业的一个热门话题，这并不是因为项目和项目管理是什么新生事物，项目和项目管理几乎是与人类共同发展成长的实践性活动，只不过人们从来没有像今天这样深切地关注过它，将它作为一门学科来研究。项目管理学科的发展，无论是在国外还是国内，都达到了一个超乎寻常的发展速度。

　　随着信息技术的广泛应用，IT 项目的规模越来越大，复杂程度越来越高，投资不断增长，许多IT 企业都在积极将项目管理引入到管理活动中去。虽然项目管理为 IT 项目管理提供了一般理论与方法的支持，但 IT 项目的特殊性决定了项目管理的一般理论远远不能满足 IT 项目管理的业务需求。多年的统计数据表明，IT 项目的成功率不高，70% 以上的 IT 项目超期或超支。在失败的 IT 项目中 80%左右是由非技术因素引起的。在非技术因素中，管理因素是最主要的因素。这说明目前的 IT 项目管理还很不到位，与用户的要求还有很大的差距，还存在很多需要研究解决的问题，同时也给人才培养提出了更高的要求。

　　本书的作者是由多年从事信息技术、计算机应用与 IT 项目实践的教师和 IT 企业管理人员组成。针对 IT 项目管理的特征和存在的突出问题，结合多年的 IT 项目管理的教学和实践经验，借鉴现代项目管理的最新理论和方法，在强调理论与实践相结合、实用性与可读性相结合的思路指导下，我们旨在编写一本突出 IT 项目管理特色的实用教材。

　　全书的组织兼顾了项目管理理念、体系、流程、方法和实践等几个方面，既考虑介绍 IT 项目管理的基本过程，也考虑覆盖项目管理涉及的各个知识领域。本书全面系统地阐释了 IT 项目管理的基本概念、基本原理及基本方法，围绕 IT 项目的开发过程，从项目的生命周期、可行性研究、时间管理、成本管理、风险管理、质量管理、人力资源管理、沟通管理、冲突管理、采购管理、收尾管理等方面对 IT 项目的管理方法、过程、技巧等问题进行了探讨。在具体的介绍中包括若干案例、项目管理基本表格和一些具体方法，力图通过这些内容帮助读者建立一种更实际的项目管理背景，给读者一些实用的项目管理工具，使读者在学习之后掌握项目管理必需的技能。

　　全书共 11 章，围绕 IT 项目的管理过程展开论述。第 1 章是 IT 项目管理基础，介绍项目、IT 项目的概念、IT 项目的分类、项目管理的概念及 IT 项目的管理特征等内容；第 2 章是项目管理过程与 IT 项目管理环境，介绍项目生命周期的概念、IT 项目生命周期的划分、项目管理过程与环境等内容；第 3 章 IT 项目的策划与启动，介绍项目识别、项目的可行性研究、项目利益相关者分析、项目范围界定和项目启动的概念与过程等内容；第 4 章是 IT 项目时间管理，详细介绍项目时间管理的过程、方法和项目计划的编制、进度控制等内容；第 5 章是 IT 项目成本管理，在详细介绍项目成本的概念的基础上，介绍软件项目成本的估算、预算方法、成本控制等相关内容；第 6 章是 IT 项目质量管理，介绍质量、软件质量的概念、质量的度量、管理与控制、质量保证和质量体系等内容；第 7 章是 IT 项目风险管理，讨论如何对项目中出现的各种风险进行管理与控制；第 8 章是 IT 项目人力资源管理，讨论 IT 项目中的关键资源——人力资源的管理和团队建设问题；第 9 章是项目沟通与冲突管理，结合 IT 项目的特殊性介绍沟通的相关概念和管理问题，并讨论对于项目中冲突问题的认识与管理等内容；第 10 章是项目采购管理，介绍项目采购的基本概念、目前我国招投标的基本程序和项目合同管理等内容；第 11 章是 IT 项目的整体管理，介绍整体管理的内容、变更控制、项目收尾与验收、项目后评价等内容。本书各章节均配有实际案例，帮助读者理解和掌握所学内容，并达到拓宽知识面的目的。

本书适合作为信息管理与信息系统、计算机应用、软件工程等相关专业本科高年级或研究生的必修课、选修课教材，也可作为项目经理培训班的补充讲义，并可为从事 IT 项目管理的项目经理及专业人员提供参考借鉴。

本书由首都经济贸易大学郭宁策划统稿，李捷思、周晓华、杨科、李林鹤、郭飞、王艳辉、田建勇、郭林、崔付昌、茅青莲、李志秀等参与了编写、整理、录排和审阅工作。在本书的编写过程中，我们参阅了大量的书籍和文献资料，在此对所有编著者表示衷心的感谢。我们会在参考文献中列出来源，但由于有些文献的作者是佚名，不能列全，我们深表歉意，敬请谅解。

在本书写作过程中，作者对书中的内容反复修改多次，以求尽量减少错误，但由于水平有限，难免会有各种错误和疏漏，敬请广大读者批评指正。

作者
2009 年 4 月于北京

目 录

第1章 IT 项目管理基础 ……………………………………………………… (1)
　1.1 项目和 IT 项目的定义 …………………………………………………… (1)
　　1.1.1 项目定义 ………………………………………………………… (1)
　　1.1.2 IT 项目定义 ……………………………………………………… (1)
　1.2 IT 项目的分类及特点 …………………………………………………… (2)
　　1.2.1 IT 项目的分类 …………………………………………………… (2)
　　1.2.2 IT 项目的主要特点 ……………………………………………… (2)
　1.3 项目管理概述 …………………………………………………………… (4)
　　1.3.1 项目管理的发展 ………………………………………………… (4)
　　1.3.2 项目管理的概念 ………………………………………………… (5)
　　1.3.3 项目管理的特点 ………………………………………………… (6)
　　1.3.4 项目管理的知识体系 …………………………………………… (7)
　　1.3.5 IT 项目管理的特征 ……………………………………………… (9)
　1.4 IT 项目常见问题分析 …………………………………………………… (10)
　　1.4.1 IT 项目中的常见问题 …………………………………………… (10)
　　1.4.2 IT 项目中的问题分析 …………………………………………… (11)
　◇ 案例研究 …………………………………………………………………… (12)
　◇ 习题 ………………………………………………………………………… (16)
　◇ 实践环节 …………………………………………………………………… (17)

第2章 项目管理过程与 IT 项目管理环境 ………………………………… (18)
　2.1 项目生命周期 …………………………………………………………… (18)
　　2.1.1 信息系统的生命周期 …………………………………………… (18)
　　2.1.2 项目生命周期 …………………………………………………… (20)
　2.2 IT 项目的管理过程 ……………………………………………………… (21)
　　2.2.1 项目管理过程 …………………………………………………… (21)
　　2.2.2 IT 项目的管理过程 ……………………………………………… (23)
　　2.2.3 IT 项目的管理模式 ……………………………………………… (26)
　2.3 IT 项目管理的环境 ……………………………………………………… (27)
　　2.3.1 项目环境 ………………………………………………………… (27)
　　2.3.2 经济环境对 IT 项目的影响 …………………………………… (27)
　　2.3.3 社会人文、政策法律对 IT 项目的影响 ……………………… (28)
　2.4 项目经理的责任和权力 ………………………………………………… (29)
　　2.4.1 项目经理的地位和作用 ………………………………………… (29)
　　2.4.2 项目经理的职责 ………………………………………………… (30)
　　2.4.3 项目经理的权力 ………………………………………………… (30)

2.4.4　项目经理的能力 ……………………………………………………… (31)

◇ 案例研究 …………………………………………………………………… (32)

◇ 习题 ………………………………………………………………………… (35)

◇ 实践环节 …………………………………………………………………… (35)

第3章　IT 项目的策划与启动…………………………………………………… (36)

3.1　项目识别和可行性研究 ……………………………………………… (36)

3.1.1　项目机会研究 ………………………………………………… (36)

3.1.2　可行性研究 …………………………………………………… (37)

3.1.3　项目决策 ……………………………………………………… (44)

3.2　项目相关利益者分析 ………………………………………………… (45)

3.2.1　项目主要的利益相关主体 …………………………………… (45)

3.2.2　项目相关利益主体之间的关系 ……………………………… (46)

3.3　识别项目需求、界定项目范围 ……………………………………… (47)

3.3.1　识别需求、编制需求建议书 ………………………………… (48)

3.3.2　软件工程的需求管理过程 …………………………………… (49)

3.3.3　PMBOK 的范围管理 ………………………………………… (51)

3.4　项目工作分解 ………………………………………………………… (54)

3.4.1　工作分解结构 ………………………………………………… (55)

3.4.2　任务分解的过程 ……………………………………………… (56)

3.5　制定 IT 项目章程 …………………………………………………… (58)

◇ 案例研究 …………………………………………………………………… (60)

◇ 习题 ………………………………………………………………………… (62)

◇ 实践环节 …………………………………………………………………… (63)

第4章　IT 项目时间管理………………………………………………………… (64)

4.1　项目时间管理概述 …………………………………………………… (64)

4.1.1　活动定义 ……………………………………………………… (64)

4.1.2　活动排序 ……………………………………………………… (65)

4.1.3　活动历时估算 ………………………………………………… (68)

4.1.4　项目进度安排 ………………………………………………… (69)

4.1.5　关键线路法 …………………………………………………… (71)

4.1.6　计划评审技术 ………………………………………………… (73)

4.2　软件项目的工作量和进度估算 ……………………………………… (75)

4.2.1　软件项目的工作量估算 ……………………………………… (75)

4.2.2　软件项目进度的估算 ………………………………………… (76)

4.2.3　IT 项目时间管理的特点 ……………………………………… (78)

4.3　编制项目进度计划 …………………………………………………… (78)

4.3.1　编制项目进度计划的目的和依据 …………………………… (79)

4.3.2　编制项目进度计划 …………………………………………… (79)

4.4　IT 项目进度控制 …………………………………………………… (81)

4.4.1　IT 项目进度控制的特点 ……………………………………… (82)

    4.4.2 IT 项目进度控制 ·· (83)

    4.4.3 进度控制的工具和方法 ···································· (85)

    4.4.4 项目进度优化与控制 ······································ (89)

  ◇ 案例研究 ·· (92)

  ◇ 习题 ·· (94)

  ◇ 实践环节 ·· (95)

第 5 章 IT 项目成本管理 ·· (96)

  5.1 成本管理概述 ·· (96)

    5.1.1 项目成本与成本基础 ······································ (96)

    5.1.2 IT 项目成本构成 ·· (97)

    5.1.3 项目成本管理过程 ·· (100)

  5.2 项目资源计划 ··· (100)

    5.2.1 项目资源分类 ·· (100)

    5.2.2 编制项目资源计划的主要依据 ···························· (101)

    5.2.3 项目资源计划的编制步骤 ································· (102)

    5.2.4 编制项目资源计划的方法与工具 ························· (103)

  5.3 项目成本估算 ··· (106)

    5.3.1 项目成本估算过程 ·· (106)

    5.3.2 软件项目成本估算方法 ··································· (108)

    5.3.3 项目成本估算的结果 ····································· (115)

  5.4 项目成本预算 ··· (117)

    5.4.1 成本预算概述 ·· (117)

    5.4.2 项目成本预算的步骤 ····································· (118)

    5.4.3 成本预算的结果 ·· (119)

    5.4.4 项目费用与资源的优化 ··································· (122)

  5.5 成本控制 ··· (123)

    5.5.1 项目成本控制的原则和内容 ······························ (123)

    5.5.2 项目成本控制方法 ·· (125)

  ◇ 案例研究 ·· (132)

  ◇ 习题 ·· (135)

  ◇ 实践环节 ·· (140)

第 6 章 IT 项目质量管理 ·· (141)

  6.1 IT 项目质量管理概述 ·· (141)

    6.1.1 项目质量管理的概念 ····································· (141)

    6.1.2 软件质量 ·· (143)

    6.1.3 IT 项目的质量管理体系 ·································· (147)

  6.2 软件质量的度量 ·· (152)

    6.2.1 软件度量的作用 ·· (152)

    6.2.2 软件度量的分类 ·· (153)

    6.2.3 软件度量 ·· (153)

6.3　IT 项目质量计划 ··· (155)

    6.3.1　质量计划的输入 ··· (156)

    6.3.2　编制质量计划的方法 ··· (157)

    6.3.3　质量计划的输出 ··· (157)

6.4　IT 项目质量保证 ··· (159)

    6.4.1　IT 项目质量保证的思想 ··· (159)

    6.4.2　质量保证体系 ·· (160)

6.5　质量控制 ·· (163)

    6.5.1　常见的 IT 项目质量问题 ·· (163)

    6.5.2　质量控制分类 ·· (163)

    6.5.3　IT 项目的质量控制技术 ··· (164)

◇ 案例研究 ··· (167)

◇ 习题 ··· (169)

◇ 实践环节 ··· (169)

第 7 章　IT 项目风险管理 ··· (171)

7.1　项目风险管理概述 ·· (171)

    7.1.1　风险概述 ·· (171)

    7.1.2　风险管理概述 ·· (175)

    7.1.3　风险管理的意义 ··· (177)

7.2　项目风险的管理规划 ·· (178)

    7.2.1　风险管理规划的内容与依据 ·· (178)

    7.2.2　风险管理规划的程序 ··· (179)

    7.2.3　风险管理规划的成果 ··· (180)

7.3　IT 项目风险识别 ··· (181)

    7.3.1　风险识别过程 ·· (181)

    7.3.2　风险条目检查表 ··· (182)

    7.3.3　头脑风暴法 ··· (184)

    7.3.4　情景分析法 ··· (186)

    7.3.5　风险识别的结果 ··· (187)

7.4　项目风险评估分析 ·· (188)

    7.4.1　风险评估基础 ·· (189)

    7.4.2　项目风险的度量 ··· (190)

    7.4.3　风险估计方法 ·· (191)

    7.4.4　风险评估结果 ·· (195)

7.5　项目风险应对 ·· (195)

    7.5.1　项目风险应对的原则 ··· (196)

    7.5.2　项目风险应对措施 ·· (196)

    7.5.3　风险应对措施制定的结果 ·· (198)

7.6　项目风险监控 ·· (201)

    7.6.1　项目风险监控概述 ·· (201)

    7.6.2　风险监控程序 ·· (202)

7.6.3 风险监控的方法 ……………………………………………… (203)

7.6.4 风险监控的成果 ……………………………………………… (204)

◇ 案例研究 ………………………………………………………… (204)

◇ 习题 ……………………………………………………………… (207)

◇ 实践环节 ………………………………………………………… (208)

第8章 IT项目人力资源管理 …………………………………………… (209)

8.1 IT项目人力资源管理概述 ………………………………………… (209)

8.1.1 项目人力资源管理的特征 …………………………………… (209)

8.1.2 IT项目的人力资源管理 ……………………………………… (210)

8.2 项目组织计划 ……………………………………………………… (211)

8.2.1 项目的组织模式 ……………………………………………… (211)

8.2.2 IT项目的工作设计 …………………………………………… (216)

8.2.3 项目组织计划的编制 ………………………………………… (217)

8.3 项目团队建设 ……………………………………………………… (220)

8.3.1 项目团队的特殊性 …………………………………………… (220)

8.3.2 项目团队的发展阶段与领导风格 …………………………… (221)

8.3.3 团队的成员选择 ……………………………………………… (223)

8.3.4 项目团队建设 ………………………………………………… (225)

8.3.5 人员培训与开发 ……………………………………………… (230)

8.4 团队的激励 ………………………………………………………… (232)

8.4.1 激励理论 ……………………………………………………… (232)

8.4.2 激励因素 ……………………………………………………… (235)

8.4.3 团队激励与组织凝聚实例 …………………………………… (236)

◇ 案例研究 ………………………………………………………… (237)

◇ 习题 ……………………………………………………………… (239)

◇ 实践环节 ………………………………………………………… (240)

第9章 项目沟通与冲突管理 …………………………………………… (241)

9.1 项目沟通管理 ……………………………………………………… (241)

9.1.1 项目沟通管理概述 …………………………………………… (241)

9.1.2 沟通的作用与影响 …………………………………………… (242)

9.1.3 项目信息传递的方式与渠道 ………………………………… (245)

9.1.4 沟通的障碍 …………………………………………………… (249)

9.1.5 编制项目沟通计划 …………………………………………… (250)

9.1.6 项目执行和收尾阶段的沟通管理 …………………………… (252)

9.1.7 有效沟通的方法和途径 ……………………………………… (253)

9.2 项目冲突管理 ……………………………………………………… (255)

9.2.1 冲突管理的概念 ……………………………………………… (255)

9.2.2 冲突来源 ……………………………………………………… (257)

9.2.3 冲突处理策略 ………………………………………………… (257)

9.2.4 冲突管理的技巧 ……………………………………………… (258)

◇ 案例研究 ……………………………………………………………… (259)

◇ 习题 …………………………………………………………………… (261)

◇ 实践环节 ……………………………………………………………… (262)

第 10 章　项目采购管理 ……………………………………………………… (263)

　10.1　项目采购管理概述 …………………………………………………… (263)

　　10.1.1　项目采购 ……………………………………………………… (263)

　　10.1.2　采购管理过程 ………………………………………………… (264)

　　10.1.3　编制采购计划 ………………………………………………… (265)

　　10.1.4　产品选择与商务谈判 ………………………………………… (267)

　10.2　项目的招投标 ………………………………………………………… (268)

　　10.2.1　招投标的基本程序 …………………………………………… (268)

　　10.2.2　编写招标书 …………………………………………………… (271)

　　10.2.3　投标决策 ……………………………………………………… (272)

　　10.2.4　编写投标书 …………………………………………………… (273)

　10.3　项目合同管理 ………………………………………………………… (274)

　　10.3.1　签订合同时应注意的问题 …………………………………… (274)

　　10.3.2　软件项目合同条款分析 ……………………………………… (275)

　　10.3.3　合同管理 ……………………………………………………… (280)

　　10.3.4　合同收尾 ……………………………………………………… (281)

◇ 案例研究 ……………………………………………………………… (282)

◇ 习题 …………………………………………………………………… (285)

◇ 实践环节 ……………………………………………………………… (286)

第 11 章　IT 项目的整体管理 ……………………………………………… (287)

　11.1　制订项目计划 ………………………………………………………… (287)

　　11.1.1　项目计划 ……………………………………………………… (287)

　　11.1.2　项目计划制订的工具和技术 ………………………………… (288)

　　11.1.3　项目计划制订的输出 ………………………………………… (289)

　11.2　项目计划执行 ………………………………………………………… (289)

　　11.2.1　项目计划执行的输入 ………………………………………… (289)

　　11.2.2　项目计划执行的工具和技术 ………………………………… (290)

　　11.2.3　项目计划执行的输出 ………………………………………… (290)

　11.3　整体变更控制 ………………………………………………………… (290)

　　11.3.1　整体变更控制的输入 ………………………………………… (291)

　　11.3.2　整体变更控制的工具和技术 ………………………………… (291)

　　11.3.3　整体变更控制的输出 ………………………………………… (291)

　11.4　跟踪项目进展情况 …………………………………………………… (292)

　　11.4.1　跟踪的益处 …………………………………………………… (292)

　　11.4.2　项目的跟踪 …………………………………………………… (293)

　11.5　项目收尾与验收 ……………………………………………………… (295)

　　11.5.1　项目收尾概述 ………………………………………………… (295)

11.5.2　项目验收 ……………………………………………………………（297）

11.5.3　项目移交与清算 ………………………………………………………（299）

11.6　项目后评价 ……………………………………………………………………（300）

11.6.1　项目后评价概述 ………………………………………………………（300）

11.6.2　项目后评价的范围和内容 ……………………………………………（301）

11.6.3　项目后评价的实施 ……………………………………………………（304）

◇ 案例研究 ……………………………………………………………………………（305）

◇ 习题 …………………………………………………………………………………（309）

◇ 实践环节 ……………………………………………………………………………（310）

参考文献 …………………………………………………………………………………（311）

第1章

IT 项目管理基础

项目管理是伴随着社会的进步和项目的复杂化而逐渐形成的一门管理学科，对于项目而言，只有进行科学的、全面的管理，才能达到提高生产率、改善产品质量、使用户满意的目标。IT 项目管理的主要任务是制订项目计划，跟踪、监督和协调工作进度，保证项目如期按质完成。本章主要介绍项目和 IT 项目的定义、IT 项目的分类和特点、项目管理的概念及 IT 项目管理的特征等内容。

1.1 项目和 IT 项目的定义

1.1.1 项目定义

在当今的社会中，项目是普遍存在的。大型的项目有城市建设项目、电信工程项目、高速公路建设项目等。企业中的市场调查与研究、新产品开发、人力资源培训、设备技术改造、信息系统建设等都是一个个具体项目。

所谓项目，就是在既定的资源和要求的限制下，为实现某种目标而相互联系的一次性的工作任务。中国项目管理研究委员会对项目的定义是：项目是一个特殊的将被完成的有限任务。它是在一定时间内，满足一系列特定目标的多项相关工作的总称。从这个定义中可以说明项目包含以下含义。

- 项目是一项有待完成的任务，有特定的环境与要求。这一点明确了项目自身的动态概念，即项目是指一个过程，而不是指过程终结后所形成的成果。

- 项目必须在一定的组织机构内，利用有限的资源（人力、物力、财力等）在规定的时间内完成任务。任何项目的实施都会受到一定的条件约束，这些条件是来自多方面的，环境、资源、理念等，这些约束条件成为项目管理者必须努力促使其实现的项目管理的具体目标。

- 项目任务要满足一定性能、质量、数量、技术指标等要求。项目能否实现，能否交付用户，必须达到事先规定的目标要求。功能的实现、质量的可靠、技术指标的稳定，是任何可交付项目必须满足的要求。

1.1.2 IT 项目定义

企业信息化、政府信息化工作产生了许多信息化项目——IT 项目。IT 项目可能是由信息化需要而产生的；也可能是由 IT 企业根据市场情况和趋势分析，从市场利益出发，研究投资机会自己研发的。虽然 IT 项目的产生是由于各种不同的原因，我们对 IT 项目可以理解为：为解决信息化需求而产生的软件、硬件、网络系统、信息系统、信息服务等一系列与信息技术相关的项

目。构建一个信息系统一般涉及以下 5 个方面的工作。

① 硬件系统环境设计，这包括网络架构、环境的设计方案、施工方案、设备选型、采购计划和兼容性等方面的内容，根据实际需要搭建硬件平台。

② 为客户设计软件系统方案，包括选择系统软件，选择或开发应用软件。

③ 帮助客户优化或重组其业务流程，规划或整理其数据、信息资源，并应用于其软件系统中。

④ 与客户一道建立其信息系统的运行规则，并组织知识体系。

⑤ 为了建设一个让用户满意的信息系统，项目的实施者与项目的使用者从项目的开始到结束都要进行不间断的沟通。

1.2 IT 项目的分类及特点

1.2.1 IT 项目的分类

对于 IT 项目可以从 IT 产业链、IT 项目的应用范围、IT 项目的内涵等方面进行分类。

IT 产业就是向企业、政府和个体消费者提供信息、通信服务的相关产业群体，它们构成了一条紧密的 IT 产业链。从 IT 产业链的角度来看，这个链条包括软件的提供商、硬件设备的提供商、通信服务的提供商、信息服务的提供商等。因此，可以将 IT 项目分为软件项目、硬件项目、通信类项目、信息提供项目、系统集成项目等几类。软件项目又可以分为平台软件、应用软件、专业软件等。硬件项目分为计算机与外围设备、网络硬件设施的集成等。信息提供项目主要指与信息提供相关的项目，如网站建设、信息咨询服务、宽带接入服务等。从 IT 项目的应用范围的角度来看，可以将 IT 项目分为企业、政府内部的信息化项目（如办公自动化系统、ERP 系统等）；企业之间、政府各组织之间的 IT 项目（如政府网上审批系统、EXTRANET 系统等）；企业、政府对外提供服务功能的 IT 项目（如电子商务系统、电子政务系统等）。

在政府、企业的信息化过程中，不但需要网络、计算机设备、软件，更需要的是一个完善的、合理的信息系统的解决方案。因此，就出现了信息化全面解决方案的提供商，如 IBM、HP、SUN、中软、联想等 IT 系统集成商，这是 IT 项目集成性特征所决定的。因此，从 IT 项目的最终交付物上可将其分为：软件开发类、系统集成类、通信建设工程类、网站建设类、信息咨询类等。这些类别的项目基本涵盖了 IT 项目的主要运用范围。但是由于 IT 项目交付物的不同，其在管理过程、方法、项目评价等方面有所不同。所以本教材会在相应的章节具体介绍这些内容的不同之处。

1.2.2 IT 项目的主要特点

项目无论其规模大小、复杂程度、性质差异如何不同，都会存在一些相同之处。例如，都是一次性的，都要求在一定的期限内完成，不得超过一定的费用，并有一定的性能要求。所以，认识项目的特性，有利于项目的成功和达到目标要求。一般来说，项目具有以下基本特征。

1. 明确的目标

项目可能是一种期望的产品，也可能是希望得到的服务。每一个项目最终都有可以交付的成果，这个成果就是项目的目标。而一系列的项目计划和实施活动都是围绕项目目标进行的。项目目标一般包括：项目可交付结果的列表；指定项目最终完成及中间里程碑的截止日期；指定可交付结果必须满足的质量准则；项目不能超过的成本限制等。

2. 独特性

项目是一项为了创造某一唯一的产品或服务的时限性工作。因此，项目所涉及的某些内容或全部内容多是以前没有做过的，也就是说这些内容在某些方面具有显著的不同。即使一项产品或服务属于某一大类别，它仍然可以被认为是唯一的。例如，开发一个新的办公自动化系统，由于使用的用户不同，必然会有很强的独特性，虽然以前可能开发过类似的系统，但是每一个系统都是唯一的，因为它们分属于不同的用户，具有特殊的要求，需要不同的设计，使用了不同的开发技术，等等。

3. 时限性

时限性是指每个项目都具有明确的开始和结束时间与标志，项目不能重复实施。当项目的目标都已经达到时，该项目就结束了；或者当已经确定项目的目标不可能达到时，该项目就会被中止。不论结果如何，项目结束了，结果也就确定了，是不可逆转的。项目所创造的产品或服务通常是不受项目的时限性影响的，大多数项目的实施是为了创造一个具有延续性的成果。例如，企业信息系统项目就能够支持企业的长期运作。

IT 项目除了具有上述一般项目的特征外，它还具有自己的特殊性。它不仅是一个新领域，而且涉及的因素比较多，管理也比较复杂。主要表现在以下几个方面。

1. 目标的渐进性

按说每个项目都应该有明确的目标，IT 项目也不例外。但是，实际的情况却是大多数 IT 项目的目标不很明确，经常出现任务边界模糊的情况。用户常常在项目开始时只有一些初步的需求，没有明确的、精确的想法，也提不出确切的需求。而需求的变更对于 IT 项目来讲发生的几率几乎是 100%。因为项目的产品和服务事先不可见，在项目前期只能粗略进行项目的定义，随着项目的进行才能逐渐完善和明确。在需求逐渐明晰的过程中，一般还会进行很多修改，产生很多变更，使得项目实施和管理的难度加大。另外，软件项目的质量主要是由项目团队来定义的，而用户只是担负起审查的任务，由于开发者并不能像用户那样对业务细节特别熟悉，也为 IT 项目需求的模糊性开了另一个"天窗"。

2. 时效性

随着计算机技术的发展，IT 项目的生命周期越来越短，对有的项目时间甚至是决定性因素。因为市场时机稍纵即逝，如果项目的实施阶段耗时过长，市场份额将被竞争对手抢走。IT 项目的时效性是由两个因素决定的：一是技术的有效性；二是用户业务需求的不断变化性，这就要求IT 项目必须适时地推出。事实证明，IT 项目执行的时间越长，项目成果的意义就越小，使用的有效期就越短。

3. 高风险性

由于 IT 项目需求的模糊性、项目的时效性要求高，使得 IT 项目的风险较大。尤其是软件开发项目很多都是因为需求反复变更而最终造成项目的流产。造成 IT 项目风险高的另一个原因是项目执行过程中可见性低。软件项目是智力密集型、劳动密集型项目，受人力资源的影响最大。项目成员的结构、责任心、工作能力和团队的稳定性对软件项目的质量、进度及是否成功有决定性的影响。另外一个造成 IT 项目风险高的重要因素就是对新技术的应用。用户往往被新技术的宣传所吸引，从而要求项目的开发者使用新技术，由于 IT 技术发展十分迅速，能否在短时间内掌握该项技术、新技术的成熟度等因素也使得 IT 项目的风险增加。

4. 智力密集型

IT 项目的技术性很强，需要大量高强度的脑力劳动。在项目各个阶段都需要大量的脑力劳动，这些劳动十分细致、复杂且容易出错，在开发中渗透了许多个人的因素。为了高质量地完成项目，必须充分挖掘项目成员的智力、才能和创造精神，不仅要求开发人员具有一定的技术水平和工作经验，而且还要求他们具有良好的心理素质和责任心。与其他性质的项目相比，IT 项目中人力资源的作用更为突出，必须在人才激励和团队管理问题上给予足够的重视。

1.3 项目管理概述

项目管理是以项目为对象的系统管理方法，现代项目管理的理论和方法是在总结各种项目的一般规律的基础上，建立起来的项目管理理论和方法，它具有非常广泛的适用性，所以它是现代管理科学中的一个重要领域。

1.3.1 项目管理的发展

项目在两千多年之前就已经存在。著名的埃及金字塔、我国的万里长城的建造都是典型的项目。但是，项目管理真正被人们重视却只是在第二次世界大战爆发的时候，出于军事的目的，需要研制新式武器、需要开发雷达系统等。这些项目技术复杂，参与人员众多，时间又非常紧迫，因此，人们开始关注如何有效地实行项目管理来实现既定的目标。

项目管理的突破性成就出现在 20 世纪 50 年代。1957 年，美国路易斯维化工厂革新检修工作，把检修流程精细分解，凭经验估计出每项工作的时间，并按有向图建立起控制关系。在整个检修过程中不同路径上的总时间是有差别的，其中存在着最长的路径。他们惊奇地发现，通过压缩最长路径上的任务工期，反复优化，最后只用了 78 个小时就完成了通常需要 125 小时完成的检修工作，节省时间达到 38%，当年产生效益 100 多万元。这就是至今项目管理工作者还在应用的著名的时间管理技术——"关键路径法"。在关键路径法发明一年以后的 1958 年，美国海军研制北极星导弹时，在"关键路径法"的基础上，又采用按悲观工期、乐观工期和最可能工期 3 种情况估算不确定性较大的任务时间的方法进行计划编排，仅用 4 年就完成了预定 6 年才能完成的研制项目，节约时间达到 33% 以上，这就是著名的"网络计划技术"。两项技术的显著成果提醒人们，完成项目的过程中，在"项目管理"中还存在着可观的空间。这个发现促使不少从事项目管理的人们走到一起来共同探求其中的奥秘。

1965 年，欧洲的一些国家专门成立了国际项目管理协会（International Project Management Association，IPMA）。这个协会主要以各个国家的项目管理方面的组织为主体。另外，成立于 1969 年的美国项目管理学术组织（Project Management Institute，PMI）也是一个国际性项目管理学会。美国项目管理学会也提出了关于一个有效的专业项目管理者必须具备的基本能力是：范围管理、人力资源管理、沟通管理、时间管理、风险管理、采购管理、成本管理、质量管理和整体（综合）管理的能力。由于国际性项目管理组织的出现，大大推动了项目管理学科的发展。

在 20 世纪 80 年代前，项目管理还主要是应用在国防、建设等领域。进入 20 世纪 90 年代后，越来越多的企业引入了项目管理，一些跨国企业也把项目管理作为自己主要的运作模式和提高企业运作效率的解决方案。项目管理的应用迅速扩展到许多行业和领域，例如，医药行业、电信部门、软件开发等。项目管理者也不再被认为仅仅是项目的执行者，而被要求能胜任其他各个领域的更为广泛的工作，同时具有一定的经营技巧。

项目管理在我国也有数十年的发展历史。早在 20 世纪 60 年代初期，在著名数学家华罗庚教授的倡导下，开始在国民经济各个部门试点应用网络计划技术，当时曾将这种方法命名为"统筹法"，在上海宝钢、辽宁鞍钢、安徽马钢、湖北葛洲坝工程、天津引滦工程等建设中都有应用的许多经验和成果。近十几年来，项目管理在水利、建筑、化工、IT 等领域也成果累累，例如，在黄河小浪底工程、长江三峡工程建设中效果非常显著。例如，在 20 世纪 90 年代初，天津涤纶厂采用网络计划技术进行年度检修优化，把时间从 35 天缩短为 30 天，仅此一项当年就增加产值 335 万元。联想集团消费电脑事业部，结合业务对项目管理的需求，配合项目管理相关理论、方法，于 2000 年底在天麒、天麟产品的开发过程中实施基于 Project + Project Central 的软件方案，使该项目在 8 个月的时间内完成，达到了全球 PC 技术的最高水平。1991 年 6 月中国项目管理委员会（Project Management Research Committee China，PMRC）正式成立，促进了我国项目管理与国际项目管理专业领域的沟通与交流，促进了我国项目管理专业化和国际化的发展。

信息时代的项目管理与传统的项目管理相比，发生了很大变化。信息时代的项目管理在组织和管理方式上更加灵活，对管理人员的素质要求更高，管理目标更注重经营目标和商业利润，抗风险的意识也大为加强。项目管理的理论和方法跨越了行业的界限，人们归纳出的项目管理体系，成为各行业的项目管理人员都可以依赖的基本知识。现代项目管理的重点开始转移，从偏重技术管理转移到注重人的管理，从简单的考虑工期和成本控制到全面综合的管理控制，包括项目质量、项目范围、风险、团队建设等各方面的综合管理。另外，项目管理的专家开发出项目管理能力程度的模型评估。像 CMM、PMM 等都是用来评价一个组织的项目管理能力。项目管理能力实际上反映的是企业的竞争能力、盈利能力和生存能力。能力模型评估是基于项目管理的一些最佳实践，是在项目管理过去的一些成功经验的基础上，把一些规范化的东西做成一个模型，并进一步规范。这实际上都是为了适应时代的特点而产生的一些新的变化，反映了信息时代的特征和要求。

当前，国际项目管理的发展特点是全球化、多元化和专业化。项目管理的全球化主要表现在国际间的项目合作日益增多，国际化的专业活动日益频繁，项目管理专业信息的国际共享等。各种各样项目管理理论和方法的出现，促进了项目管理的多元化发展。项目管理的广泛应用，促进了项目管理向专业化方向的发展，突出表现在项目管理知识体系的不断发展和完善，各种项目管理软件开发及研究咨询机构的出现等。国际上比较领先的做法是把项目管理和整个企业的环境、企业的管理有机地结合起来。

1.3.2　项目管理的概念

项目管理是保证项目顺利实施的有效手段，它是通过临时性的、专门的柔性组织，运用相关的知识、技术、工具和手段，对项目进行高效率的计划、组织、指导与控制，以实现项目全过程的动态管理和项目目标的综合协调与优化。项目管理有严格的时效限制、明确的阶段任务，通过不完全确定的过程，在确定的期限内提供不完全确定的产品或服务。因此，在基本没有先例，不确定的环境、团队和业务过程中，完成给定的任务，日程计划、成本控制、质量标准等都对项目管理者形成了巨大的压力。项目管理的基本因素包括项目资源、项目目标、利益相关者的需求。

1. 项目资源

资源的概念内容十分丰富，可以理解为一切具有现实和潜在价值的东西，包括自然资源和人造资源、内部资源和外部资源、有形资源和无形资源等。在知识经济时代，知识作为无形资源的价值更加突出。由于项目固有的一次性，项目资源不同于其他组织机构的资源，它多是临时拥有和使用的。资金需要筹集，服务和咨询力量可以采购或招聘，有些资源还可以租赁。项目过程中资源需求变化甚大，有些资源用毕后，需要及时偿还或遣散。任何资源积压、滞留或短缺都会给项目带来损失。资源的合理、高效使用对项目管理尤为重要。

2. 项目目标

项目要求达到的目标一般可分为两类：必须满足的规定要求和附加获取的期望要求。规定要求包括项目的实施范围、质量要求、利润或成本目标、时间目标及必须满足的法定要求等。期望要求常常对开辟市场、争取支持、减少阻力产生重要的影响。例如，一个软件产品除了基本功能与性能外，使用的简便性、界面的友好性等也应当列入项目的目标之内。项目目标应当是全方位的，系统—组织—人员可称为目标的大三角，为实现其中的每一个目标，又都必须满足质量—时间—费用的要求，可称为小三角。项目管理就是要面向系统、组织、人员三大目标，全面满足质量、时间和费用的要求。有些 IT 项目成果以组织机构的重组或流程改造为主，因此，要考虑人员配置、流程优化和硬件设备的配置要求；有些项目成果则以人员培训为主，因此，要考虑培训的组织和相应环境的配置等。

3. 利益相关者的需求

项目目标是根据需求和可能来确定的。一个项目的各种不同利益相关者有不同的需求，这些需求有的相差甚远，甚至互相抵触。这就更要求项目管理者对这些不同的需求加以协调，统筹兼顾，以取得某种平衡，最大限度地调动项目利益相关者的积极性，减少他们的阻力，采取一定的步骤和方法将需求确定下来，成为项目要求达到的目标。

1.3.3　项目管理的特点

项目管理与传统的业务管理相比，其最大的特点是注重综合性的协调管理。项目管理的具体特点表现在以下几个方面。

1. 项目管理的对象是项目

项目管理是针对项目的特点而形成的一种管理方法，特别适用于大型的、复杂的工程。项目是由一系列任务组成的整体系统，不同于企业一般业务。企业管理的目的是多方面的，而项目管理的主要目的是实现项目的预定目标。因此，不能把企业管理的目的当成项目管理的目的。项目与日常管理工作的不同点体现在：日常工作通常具有连续性和重复性，而项目则具有时限性和唯一性。项目管理是以目标为导向的，而日常管理是通过效率和有效性体现的；项目通常是通过项目经理及其项目团队的工作完成，而日常工作大多是职能式的线性管理；项目存在大量的变更管理，而日常工作则基本保持持续性和连贯性。但日常工作与项目也有许多相似的地方，比如说受到资源的限制，都必须由人来完成等。

2. 系统工程思想贯穿项目管理的全过程

项目管理将项目看成是一个完整的、有生命周期的系统，为了便于实施和管理，可以将项目分解成更小的任务单元，并分别按要求完成，然后再综合成最终的成果。在项目的生命周期中，强调部分对整体的重要性，任何阶段或者部分任务的失败都有可能会对整个项目产生灾难性的后果。因此，管理者不能忽视其中的任何部分或阶段。项目管理贯穿于整个项目的生命周期，是对项目的全过程管理。

3. 项目管理组织具有一定的特殊性

首先，项目管理以项目本身作为一个组织单元，围绕项目来组织资源。其次，项目组织是临时性的，是直接为项目服务的，项目的结束即意味着项目组织的终结。第三，项目组织是柔性的，打破了传统意义上的部门概念，可以根据项目的生命期中各个阶段的需要而重组和调配。第四，项目管理的组织强调协调、控制和沟通的职能。项目组织的设置必须有助于项目各相关部分、人员之间的协调、控制和沟通，以保证项目目标的实现。第五，项目管理的体制是一种基于团队管理的个人负责制。由于项目系统管理的要求，需要集中权力以控制工作正常进行，因而项目经理是一个关键角色。

4. 项目管理的方式是目标管理

项目管理是一种多层次的目标管理方式。项目管理的方法、工具和技术手段具有先进性。项目管理采用科学的、先进的管理理论和方法，例如，采用网络图编制进度计划，采用目标管理、挣值管理等方法进行目标、成本控制、绩效管理等。鉴于项目管理的科学性和有效性，一些重复性的业务也可以将某些过程剥离出来按项目进行处理，甚至有些企业实施项目化的企业管理。

5. 项目管理具有创造性

由于项目具有一次性的特点，因而既要承担风险又必须发挥创造性。项目的创造性依赖于科学技术的发展和支持，而现代科学技术的发展有两个明显的特点：一是继承积累性，体现在人类可以沿用前人的经验，继承前人的知识、经验和成果上，在此基础上向前发展；二是综合性，即要解决复杂的项目，往往必须依靠和综合多种学科的成果，将多种技术结合起来，才能实现科学技术的飞跃或更快的发展。因此，在项目管理的前期构思中，要十分重视科学技术情报工作和信息的组织管理，这是产生新构思和解决问题的首要途径。

1.3.4 项目管理的知识体系

经过多年的发展，项目管理已经成为一个专门的管理技术和学科，并被越来越多的人所认同。项目管理是通过项目经理和项目组织的努力，运用系统理论和方法对项目及其资源进行计划、组织、协调、控制，旨在实现项目的特定目标的管理方法体系。作为一门学科它也有自己的知识体系，但在表现形式上，却因为国际上不同组织的工作而有不同的表现。目前，国际上存在两大项目管理研究体系：其一是以美国为首的体系，即美国项目管理协会 PMI 的 PMBOK；其二是以欧洲为首的体系，即国际项目管理协会 IPMA 提出的知识体系。

1. PMI 的 PMBOK

美国项目管理学会最先提出了项目管理的知识体系（Project Management Body of Knowledge，PMBOK）。该体系包括项目管理的 9 大知识域：整体、范围、时间、成本、质量、风险、人力资源、沟通和采购。每个知识域又包括数量不等的项目管理过程，表 1-1 概括了各个管理过程。它是每一个从事项目管理工作的人员必须熟悉和掌握的项目管理的"基本教义"。PMBOK 从 1996 年发表以来，获得了广泛的传播和认同，目前最新版本是 2004 版。PMBOK 总结了项目管理实践中成熟的理论、方法、工具和技术，也包括一些富有创造性的新知识。

表 1-1 PMBOK 体系

过程类别　知识域	启动	计划	执行	控制	结束
整体		项目计划制订	项目计划执行	整体变更控制	
范围	启动	范围计划 范围定义		范围审核 范围变更控制	
时间		活动定义 活动排序 活动历时估计 进度计划编制		进度控制	
成本		资源计划 成本估计 预算		成本控制	
质量		质量计划	质量保证	质量控制	
人力资源		组织计划 人员获取	团队建设		
沟通		沟通计划	信息发布	绩效报告	管理收尾
风险		风险管理计划 风险识别 定性风险分析 定量风险分析 风险应对计划		风险控制	
采购		采购计划 招标计划	招标、招标对象 选择、合同管理		合同关闭

PMBOK 把项目管理过程分为以下 5 类。

① 启动过程。确认一个项目或定义一个项目应当开始并付诸行动。

② 计划过程。为实现启动过程提出的项目目标而编制计划。

③ 执行过程。调动资源，为计划的实施所需执行的各项工作。

④ 控制过程。监控、测量项目进程，并在必要时才去纠正措施，以确保项目的目标得以实现。

⑤ 结束过程。通过对项目或项目阶段成果的正式接收，以使从启动过程开始的项目有条不紊地结束。

每个过程包括输入、所需工具和技术、输出，各过程通过各自的输入和输出相互联系，构成整个项目的管理活动。

根据重要程度，PMBOK 又把项目管理过程细分为核心过程和辅助过程两类。核心过程是指那些大多数项目都必须具有的项目管理过程，这些过程具有明显的依赖性，在项目中的执行顺序也基本相同。辅助过程是指那些根据项目实际情况可取舍的项目管理过程。在 PMBOK 中，核心过程共 17 个，辅助过程共 22 个。表 1-1 中斜体部分为辅助过程。

2. IPMA 的知识体系

IPMA 在项目管理知识体系方面也做出了卓有成效的工作。IPMA 从 1987 年就着手进行"项目管理人员能力基准"的开发，在 1999 年正式推出了 ICB，即 IPMA Competency Baseline。在这个能力基准中 IPMA 把个人能力划分为 42 个要素，其中 28 个为核心要素，14 个为附加要素，当然还有关于个人素质的 8 大特征及总体印象的 10 个方面。IPMA 的关于项目管理的体系的核心要素可表现为如图 1-1 所示的形式。

1. 项目与项目管理
2. 项目管理的实施
3. 按项目进行管理
4. 系统方法与综合
5. 项目背景
6. 项目阶段与生命周期
7. 项目开发与评估
8. 项目目标与策略
9. 项目成功与失败的标准
10. 项目启动
11. 项目收尾
12. 项目结构
13. 范围与内容
14. 时间进度
15. 资源
16. 项目费用与融资
17. 技术状态与变化
18. 项目风险
19. 效果度量
20. 项目阶段控制
21. 信息、文档与报告
22. 项目组织
23. 团队工作
24. 领导
25. 沟通
26. 冲突与危机
27. 采购与合同
28. 项目质量管理

图 1-1　IPMA 的关于项目管理的体系的核心要素

3. 我国的 C-PMBOK

基于以上两个方面的发展，中国优选法统筹法与经济数学研究会项目管理研究委员会在 2001 年 7 月推出了一个有中国特色的项目知识体系（Chinese Project Management Body of Knowledge，C-PMBOK），其参考框架如图 1-2～图 1-4 所示。

概念阶段	规划阶段	实施阶段	收尾阶段
一般机会研究	项目背景描述	采购规划	范围的确认
特定项目机会研究	项目确定	招标采购的实施	质量验收
方案策划	范围规划	合同管理基础	费用决算与审计
初步可行性研究	范围定义	合同履行和收尾	项目资料与验收
详细可行性研究	工作分解	实施计划	项目交接与清算
项目评估	工作排序	安全计划	项目审计
商业计划书的编写	工作延续时间估计	项目进展报告	项目后评价
	进度安排	进度控制	
	资源计划	费用控制	
	费用估计	质量控制	
	费用预算	安全控制	
	质量计划	范围变更管理	
	质量保证	生产要素管理	
		现场管理与环境保护	

图 1-2　C-PMBOK 的关于项目管理的体系

1. 项目管理的组织形式	13. 信息分发
2. 项目办公室	14. 风险管理规划
3. 项目经理	15. 风险识别
4. 多项目管理	16. 风险评估
5. 目标管理与业务管理	17. 风险量化
6. 绩效评价与人员管理	18. 风险应对计划
7. 企业项目管理	19. 风险控制
8. 企业项目管理与组织设计	20. 信息管理
9. 组织规划	21. 项目监理
10. 团队建设	22. 行政监理
11. 冲突管理	23. 新经济项目管理
12. 沟通管理	24. 法律法规

图 1-3　C-PMBOK 的关于项目管理的共性知识

1. 要素分层法	12. 工作分解结构
2. 方案比较法	13. 责任矩阵
3. 资金的时间价值	14. 网络计划技术
4. 评价指标体系	15. 甘特图
5. 项目财务评价	16. 资源费用曲线
6. 国民经济评价方法	17. 质量技术文件
7. 不确定性分析	18. 并行工程
8. 环境影响评价	19. 质量控制的数理统计方法
9. 项目融资	20. 挣值法
10. 模拟技术	21. 有无比较法
11. 里程碑计划	

图 1-4　C-PMBOK 的关于项目管理的方法和工具

1.3.5　IT 项目管理的特征

IT 项目的特点决定了 IT 项目管理除具备一般项目管理的普遍特点外，还有其自身的特征。

1. 前瞻性

IT 行业相对于传统行业来说，其发展的速度十分迅猛。摩尔定律指出计算机芯片的运算速度将每 18 个月就翻一番。该定律不单是指出了信息技术功能/价格比的变化规律，更重要的是揭示了信息技术产业快速发展和持续变革的规律。这就注定了 IT 项目管理必须具备相当的前瞻性。因此，IT 项目的策划、选择和事前评价就变得更加重要，而不是像一般项目管理更重视项目执行过程的管理。

2. 及时性

信息技术的迅速发展，同时也要求 IT 项目完成的及时性。IT 项目的风险很大程度上来自于技术的快速更新，也就是说 IT 项目进度越缓慢，技术革新带来的威胁就越明显，项目失败的可能性就越大。因此，IT 项目的风险管理就更加重要。

3. 合作性

由于项目的规模不断扩大，项目开发的合作性成为了 IT 项目管理的一个重要特征。主要表现为两个方面：一是项目组织内部的协作性；一是项目团队同外部的合作性。为了满足用户的需求，IT 项目往往需要把软件、硬件、通信、咨询等各个方面集成在一起，这就要求项目管理者不但技能水平要高，同时知识面要宽，沟通能力和协调能力要强，还要能使项目组织始终处于良好的状态，与项目利益相关者处于紧密的协作中，这是项目成功的一个重要保证因素。

4. 激励性

IT 项目是以人力资本和知识资本为主的项目，因此，相对于其他类项目更强调激励性。IT

项目的定制化使它很少有简单的重复,因此,从事 IT 项目的人员需要创造性和学习型的团队。良好的激励机制,不但可以减少人力资本的高流动性,更可以激发团队挑战 IT 项目的高难度,充分发挥团队中每个人的积极性和创造性才能,按时高质量地完成项目,赢得声誉和新的商业机会。

1.4 IT 项目常见问题分析

1.4.1 IT 项目中的常见问题

当今 IT 系统已经应用于许多领域,但 IT 项目的成功率并不高。IT 项目失败的原因有很多种,其中比较普遍的问题如下。

1. 需求不明确,变化比较多

用户需求是关于 IT 项目的一系列想法的集中体现,涉及软硬件的功能、操作方式、界面风格、报表格式、用户机构的业务范围、工作流程和用户对系统应用的期望等。如何更有效地获取用户需求,既是一门技术,也是一门思维沟通艺术。由于用户对计算机系统认识上的不足,对于需求往往是开始比较模糊,随着 IT 项目的进展和反复沟通才能逐渐明确,而且还会经常变化和调整,使实施方一筹莫展。另外,开发人员与用户之间的信息交流往往不充分,经常存在二义性、遗漏,甚至是错误。由于开发人员对用户需求的理解与用户的本意有所差异,以致造成项目中、后期需求与现实间的矛盾的集中暴露。需求问题主要表现在以下几个方面。

① 需求过多。大型项目比小型项目更容易失败。

② 需求不确定。用户无法决定他们真正想要解决的问题。

③ 需求模糊。不能确定需求的真正含义。

④ 需求不完整。缺少足够的信息来创建系统。

2. 项目计划不充分

没有良好的开发计划和开发目标,项目的成功就无从谈起。常见问题包括以下几方面。

① 工作责任范围不明确,任务分配不合理,工作量估计不足。工作分解结构与项目组织结构不明确或不相适应,各成员之间的接口不明确,导致一些工作根本无人负责或多人负责。

② 对每个开发阶段要求提交的结果定义不明确,很多的中间结果是否已经完成、完成了多少模糊不清,结果是到了项目后期堆积了大量工作。

③ 开发计划中的里程碑和检查点不合理或者数量有限,在一些关键之处没有指定里程碑或检查点,也没有规定设计评审期等。

④ 开发计划中没有包含相关的管理制度,没有规定进度管理方法和职责,导致项目主管和项目经理无法正常进行进度管理。开发计划太细或太粗都会造成项目实施上的麻烦。

3. 工作量估计过低

对 IT 项目的规模做出正确的估计并不是一件容易的事情。要对 IT 项目给出一个适当的工作量估计,需要综合开发的技术、人员的生产率、工作的复杂程度、历史经验等多种因素,将一些定性的内容定量化。而对工时数的重视程度不足、靠拍脑袋估算是常见的问题。另外,忽视一些平时不可见的工作量,例如,人员的培训时间、各个阶段的评审时间等也是常见的问题。除此之外,还有一些原因也造成工时数估算过低的客观情况。

① 出于客户和公司上层的压力在工时数估算上予以妥协。例如,不按 IT 项目开发的规律确定工时,而是人为地确定产品交付时间。

② 开发者过于自信或出于自尊心问题,对于一些技术问题不够重视,或担心估算过多会被

嘲笑。

③ 过分凭经验。由于有类似的项目经验，对本项目没有进行具体分析，就对项目进行了粗略的估计，而没有考虑到这个项目的特殊性、人员的变化情况等多种因素。

4. 团队组织不当

由于 IT 项目是知识密集型和劳动密集型的项目，因此，缺少资深的技术人员是大多数 IT 项目都会遇到的问题。由于对技术问题的难度未能正确评价，将任务交给了与要求水平不相当的人员，造成设计结果无法实现。技术人员的水平如果不能与项目的要求相适应，对新技术不是很熟悉，对项目的质量、成本、进度都会产生影响。例如，通过增加低水平的员工或者是通过加班来加快项目的进度或提高产品的质量的做法，在 IT 项目中是很难奏效的。

5. 项目经理的管理能力不足

项目经理是项目的灵魂，但是，如果项目经理没能及时把握进度、调动开发团队的积极性、对成本缺乏控制、不注意沟通、缺乏领导项目的成功经验等，都会造成项目的失败。

1.4.2　IT 项目中的问题分析

出现上述问题的主要原因包括以下几个方面。

① 项目管理意识淡薄。项目开发和项目管理是两个不同性质的工作。项目经理的核心工作是"管理"而不是"实施"。在中、小型项目中，管理任务并不是很突出，项目经理可以兼任项目技术主管或业务咨询，但他必须要有将项目管理工作区分出来的意识和责任感。在 IT 企业中，项目经理通常由技术骨干兼任。因此，他们往往习惯于关注技术开发，而忽视项目管理工作。这就会造成疏忽项目计划的制订、上下左右的沟通、专业资源的分配、项目组织的调整、成本控制、风险分析等。由于忽视项目管理工作，必然会出现项目失控的危险。

② 项目成本基础不足。项目管理的核心任务是在范围、成本、进度、质量之间取得平衡。在国内，很多 IT 企业没有建立专业工程师成本结构及运用控制体制。因而无法确立和实现项目成本指标、考核和控制，导致公司与项目经理之间的责任不清。有些项目经理没有成本控制的权力和责任，可以不计成本地申请资源，而公司处于两难的境地。满足请求，则造成投资过大，拒绝请求则会面临项目失败的危险。

③ 项目管理制度欠缺。项目管理必须有项目管理制度，这是不言而喻的，规范化而且切实可行的项目管理制度，必须因企业、因项目而异。而在一些企业或者无项目管理制度，仅凭个人经验实施项目管理；或者是照搬教条，无法实际操作。结果不仅实际的项目管理无所依循，而且也使项目的监控和支持难以落实。

④ 项目计划执行不利。项目管理的主要依据是计划。制订科学、合理的计划，并保证计划的执行是实现项目目标的根本。由于项目经理对计划认识的不足，制订的计划不够严谨，随意性很大，可操作性差，在实施中无法遵循，就失去了计划的作用。另外，缺乏贯穿全程的详细项目计划，甚至采取每周制订下周工作计划的逐周制订项目计划的方式，这实质是使项目失控合法化的一种表现。对于项目进度检查和控制不足，也不能维护项目计划的严肃性。

⑤ 项目风险意识不足。任何项目都会或多或少地存在风险。市场竞争激烈和市场的成熟度的不足，是导致软件开发项目的恶性竞争的主要风险。客户希望物美价廉的软件，而且经常会增加功能、压进度、压价格；IT 企业为了能够获得合同，忽视必要的可行性分析和项目评估，对客户的所有要求给予承诺。这样往往是项目尚未启动就已经注定了其中的高风险。一个失败的项目，不但会造成承担项目的企业在经济和信誉上的损失，而且会给客户造成经济和业务发展上的损失。

综上所述，决定一个项目失败的因素很多。一个好的管理虽然还不一定能保证项目成功，但是，坏的管理或不适当的管理却一定会导致项目失败。随着项目规模的增大、复杂性的增加，项目管理在项目实施中发挥着越来越重要的作用。

案例研究

针对问题： 如何帮助组织在 IT 项目管理上取得更有效的进展？项目管理有用吗？还是把技术工作做好对项目更有用呢？项目管理与技术工作两者是什么关系呢？

案例 A 山东省高速公路信息管理系统建设纪实

2005 年"五一"后不久，一位北京网友在搜狐社区的帖子《日行千里感受山东高速公路》引起了不少人注意，特别是沿路拍的精美照片更是吸引了很多网友的注意。山东路好是全国公认的。的确，山东高速公路 2004 年已达 3 033 公里，2007 年将突破 4 000 公里，不仅通车里程连续多年保持全国第一，还建设了全国规模最大的高速公路信息管理系统。将现代信息技术应用于高速公路管理，实现了全省高速公路收费、监控、通信的自动化管理，保证了高速公路的畅通无阻和高效运行，这才让驾乘人员有了痛快、舒畅的享受感。

（1）3 000 公里一卡通，全国规模最大

目前，山东省高速公路信息管理系统已经联网近 3 000 公里，完成总投资十几亿元。高速公路信息管理系统的运行，大大提高了山东的路网通行能力，增加了通行费收入，提高了安全运行系数，改善了山东省交通基础设施服务形象，提高了山东高速公路的知名度和美誉度，带动了山东省区域经济和附近省份经济的进一步发展。如此庞大而复杂的信息系统，如此快速而成功的建设运行，其中的奥妙是什么？他们是如何控制和管理这个项目的？他们是如何控制进度、保证质量、协调运作的呢？

（2）全部一次开通，系统运行稳定

提起山东省高速公路信息管理系统的建设，作为山东省交通厅业主代表的建设项目部张主任一直充满了自豪。他说，整个项目建设，无论是系统功能、时间进度、工程质量、造价成本，完全达到了预期目标，发挥了预期的重要作用。张主任介绍说，2001 年 11 月 18 日山东省高速公路信息管理系统一期工程第一阶段 480 公里一次性顺利开通；2002 年 12 月 26 日一期工程第二阶段 880 公里一次性开通成功；2003 年 1 月 25 日一期工程一、二阶段 1 360 公里信息管理系统联网运行；2003 年 12 月 28 日一期工程三阶段 230 公里一次性开通成功，并成功实现了与一、二阶段的 1 360 公里联网，形成了国内最大规模的高速公路计算机联网收费、监控、通信系统，目前全省联网里程已近 3 000 公里。

张主任特别自豪地说：信息管理系统几个阶段的开通全都是一次性成功，这在全国都是最高水平的。可以说，该项目已经成为全国高速公路联网里程最长、联网站点最多、一次成功开通、持续稳定运行的高速公路信息系统建设的典范。

据介绍，随着 1998 年山东省高速公路建设的加快，山东省交通厅决定建设全省统一的集收费、监控、通信于一体的高速公路信息管理系统，并提出了统一规划、分步实施的原则。1999 年 5 月开始第一期工程总体方案招标，最终在 47 家竞标单位中确定中创软件工程股份有限公司作为项目总承包商。建设这样一个信息系统，当时在国内还没有先例，任何一家 IT 公司也都没有成功案例，因此，用户虽然优中选优相中了中创软件，但一开始对项目也捏着一把汗。几年下来，事实证明，中创软件有足够的技术实力、有充分的人力投入、有很强的团队学习能力、有顽强拼搏的勇气和毅力，最后全面完成了预定计划，圆满完成了任务。

（3）一手抓技术保障，一手抓项目管理

中创软件是国内成立最早、实力较强的软件公司之一，是国家信息产业部首批认定的计算机信息系统集成一级资质企业，曾承担过一大批上千万元级的大型信息化项目，已经积累了相当丰富的 IT 服务经验。但这个项目对中创软件来说也是一个很大的挑战。为此，中创软件专门成立了交通事业部，并与同济大学等单位开展产学研合作，在需求分析、系统架构设计、新技术应用等方面密切合作，以先进的智能交通理念，综合利用先进的网络技术、计算机处理技术、数据通信技术、多媒体技术和智能控制技术，为客户提出具有前瞻性的整体解决方案和系统设计方案，很好地满足了客户对系统的实用性、可靠性、安全性、方便性、可扩展性等要求，一开始便赢得了客户的信任。

山东省高速公路信息系统项目的目标是建设山东省高速公路集收费、监控、通信为一体的信息管理系统。这是一个集系统设计、软件开发、系统集成于一体的大型工程项目，项目涉及软件开发、硬件采购、系统集成、供配电、土建工程等方面，涉及软件、硬件、金融、交通、土建等多个业务领域，该项目的管理涉及进度、质量、投资、合同、人员、风险、图纸文档等多方面工作，众多设计、监理、施工、运营、设备供应等部门和单位的参与，使沟通协调更加复杂和困难。为了保证工程项目的顺利进展，中创软件决定在项目的系统设计、软件开发、系统集成等各个环节，全面推行国际通行的项目管理方法，依据严格的项目管理模型，采取项目管理的计划管理方法，通过制订和执行周密的项目概要计划、里程碑计划、项目控制计划、产品控制计划、验证计划、运行维护计划，提高了对项目执行中事件和变化的管理能力，确保了项目的工程进度、质量保障、成本控制。

（4）制订周密的计划，还要及时管理变化

项目启动之初，中创软件项目组就已明确了目标：建好山东省高速公路信息管理系统不仅是完成中创软件的一个项目，而是要真正为高速公路交通带来收益，促进山东交通事业的发展，为客户真正创造价值。项目确定后，中创软件多次邀请国内交通领域的著名专家和政府官员给项目组做相关项目发展前景的报告，并与山东省交通厅一起举行山东省十年交通信息发展规划研讨会。在这些活动中还邀请业主、运营商、合作伙伴、监理等项目利益相关方一起参与，从而激发了团队成员及其他利益相关方对项目的热情和信心，为明确项目目标、范围、进度、风险等打下了极好的基础，也为利益相关方之间形成共识起到了良好的促进作用。

在形成共识的前提下，项目组策划制订了周密的项目概要计划、里程碑计划、项目控制计划、产品控制计划、验证计划、运行维护计划，以计划管理保证项目推进。但是，有句话说得好，世界上唯一不变的就是变化。这个生命周期如此长、规模如此大、系统如此复杂、质量要求高、工作协调面广的项目，不可能一次性将项目目标确定不变，其中出现变化、变更计划也是很正常的事。

有了变化怎么办？在变化过程中如何保证进度、保证质量、控制成本呢？这是考验中创软件的难题，也正是展现中创软件项目团队实力的机会。为此，项目组采取了先确定项目总体生命周期、确定重大里程碑等方式，以减少项目目标变更的风险。项目组制定风险控制措施，依据《风险初步评估表》对项目风险进行识别，区分项目风险的不同类型，分析风险的影响程度、发生的可能性和量级，确定风险的优先级，形成项目《风险管理计划》，并依据《风险管理计划》定期对每个里程碑进行风险跟踪、记录和评估。

变化是永恒的，项目经理的任务就是要管理变化，使一切变化都在可控之中。在项目运行中，业主、总承包商、监理、合作伙伴均可提出变更，大家统一使用《山东省高速公路信息系统监理规程》中的《变更申请表》提出申请，由发起方进行变更分析，召集相关人员进行评审，确认签字后实施变更，直至变更完毕。在整个项目生命周期内共发生变更 2 000 多个，由于采取了有效的变更控制方式，该项目的里程碑进度、质量、费用均得到了有效的控制。

在对项目的协调管理中，中创软件的项目经理甚至把70%的精力都用在工程管理和控制协调上。公司多年来推行的项目管理体系和CMM质量管理体系真正派上了用场。据介绍，山东省高速公路信息管理系统建设涉及业主、运营商、监理单位、合作伙伴、设备供应商等方方面面，仅项目分包合同的合作伙伴就多达152家。一期项目要完成建设收费站150余个，改建补建管道2 500余公里，清理干线管道2 000余公里，排除管道障碍1 000余处，完成收费站地线施工160余个，紧急电话平台地线2 200余个，整治收费岛1 000余个，完成敷设光缆、视频缆、电力缆、通信电缆8 900余公里。为了加强协调工作、保证项目进展，项目组与业主建立了联系人制度。项目组与交通厅分管领导确认了项目业主方的发起人，与项目业主方发起人确定了业主的项目联络小组，明确了项目客户构成。项目业主方成立了由项目发起者、使用者、主办者参加的业主项目部，为业主方对项目提供有效支持做出了组织保证。项目组专门建立了与业主方进行规范沟通的流程，在项目整个生命周期内，项目组与业主方遵循该流程及时沟通项目中出现的需要双方协商解决的问题，定期针对供货商召开各种协调会议，并根据情况邀请监理、业主参加。

(5) 高品质服务赢得高客户满意度

中创软件项目组十分清楚，工程要创优，要为客户真正创造价值，质量是重中之重。良好的开端是成功的一半。从项目准备阶段开始，项目组就在设计思路、系统架构、软件开发、系统集成、性能及功能方面下工夫，分析工程难点和关键点，制定技术标准和实施方案，以确保工程质量。

为了确保应用软件开发万无一失，公司严格执行CMM3管理体系，全部运用先进的开发工具和测试工具。为确保应用软件系统一次上线成功，项目组在公司安装了模拟环境，利用公司的系统架构专家和测试专家，使用先进的专业测试工具，对应用软件系统进行反复的性能测试，同时组织客户方有经验的收费员对应用软件系统进行破坏性测试。通过软件的反复测试，有效地降低了系统上线的风险。

系统成功与否，一方面取决于自己开发的应用软件，另一方面也取决于各种设备的质量和兼容性。为此，项目组对所采购的设备，进行严格的管理和检测，根据合同确定订货、交货时间。设备采购自签订采购合同至交付使用，均要经过工厂监督制造、厂验、到货不开箱验收、到货开箱验收、安装前加电测试、安装过程中隐蔽工程检测、安装后测试、设备单机调试、子系统调试、系统联调等环节。在设备安装过程中，针对本工程设备种类多、数量大，安装工作交叉、并行情况较多的情况，项目组对设备的安装方式、安装工艺及安装后加电调试进行严格控制。同时，在设备安装过程中，在关键设备、关键工序、子系统及非标准设备，安装前均进行首段定标工作，确定设备安装的工艺要求，确保了设备安装标准的统一性。

完善的组织措施、严格的管理制度，确保了项目在预算范围、预定时间内保质保量地实现预期目标。该项目的成功实施，实现了山东境内高速公路收费一卡通，并使高速公路交通流量等信息得到了很好的监控和优化，在提高了高速公路使用效率的前提下同时降低事故率30%。该项目的成功实施，为客户带来了良好的经济效益和社会效益，得到了社会各界的广泛认可，中创软件也赢得了业主和用户单位的高度认可。

业主和用户单位的高满意度，为中创软件赢得了新的市场机会。2003年12月，中创软件又承建了山东省高速公路信息管理系统的第二期工程。2004年初，借助于和山东省交通厅合作的良好信誉和在山东省高速公路项目的丰富经验，中创软件连续中标了广州北环高速公路、广州新机场高速公路、广州东南西环高速公路、广州南部快线高速公路及广州高速公路区域管理中心的多个项目。

参考讨论题：

1. 项目管理在"山东省高速公路信息管理系统"建设中发挥了哪些作用？

2. 项目管理到底要管哪几方面的内容？

3. 你认为项目成功关键因素是什么？

4. 中创软件是如何有效地降低系统上线风险的？

案例 B　IT 项目失败案例分析：目标之痛

5 年前读完高德拉特（Eliyahu M. Goldratt）的名著《目标——一种简单而又有效的管理方法》后，我深受震撼，尽管那是一本关于约束理论的经典小说，我却牢牢记住了：企业的根本目标就是盈利，一切为你的目标而努力。道理简单而又深刻。

（1）目标错误之痛

2005 年笔者充当"救火队员"去挽救一个濒于崩溃的项目：项目已经拖期达半年之久；BUG 层出不穷；程序员对项目经理很失望；客户已经强烈地表达了不满。我经过分析后发现这个项目存在很多经典的错误，第 1 个错误是选错了一个项目经理，因为那个项目经理是一个很好的技术专家，而非一个合格的项目经理；第 2 个错误就是项目的目标定义错误了。在项目立项之初，公司设定项目的目标：完成用户的物流管理系统；在项目中形成一个公司可以复用的软件平台。该平台要实现持久对象层，提供大量可以复用的软构件，只需要少量的编码就可以定制应用。

项目的工作量估算为 36 个人·月。显然这 2 个目标在很大程度上是冲突的，项目最根本的目标是要按时、保质、在预算内完成客户的需求，而软件平台的开发追求的是稳定性、可复用性，有较大的技术风险，技术路线、工期、投入的资源数量具有较大的不可控性。如果公司已经有一个稳定的经过验证的软件框架，然后在此基础上开发应用软件是可以理解的。很遗憾，项目经理对目标的错误并不敏感，他就是技术平台的大力支持者，该项目在启动后不久就陷入了泥潭。

（2）目标摇摆之痛

2004 年笔者被任命为项目经理去为 1 个制药行业的客户定制一套分销管理系统，公司在这个产品方向上已经开发了一套原型系统，希望在原型系统的基础上为客户定制，公司要求项目组在满足客户需求的同时能够开发出一套适合于这个行业的软件产品，为此公司聘请了一位制药行业的资深人士作为领域专家掌控软件需求。结果项目组总是在定制软件还是开发产品之间摇摆，2 个目标的优先级不断对换，需求不断变更，计划半年结束的项目，接近 1 年才完工。

（3）目标不明之痛

2003 年某公司准备开发一个产品，该产品在公司内部已经完成立项，并投入了部分人力进行需求的整理和技术可行性的研究，笔者作为老板的朋友被请去作为顾问。很快笔者发现了一个典型的问题：项目的目标没有明确定义；产品的目标客户群没有准确定义；项目的总体指导原则也没有明确定义。该产品的立项是由老板提出的，但在项目的立项报告、项目组的任务书中并没有明确这 3 个问题，项目经理与开发人员对这 3 个问题的答复差异很大。因此我就和项目经理一起与老板讨论这 3 个问题，老板充当了客户的代言人，在交流中，老板表达了他的指导性意见：项目工期要短；目标客户群定位为高端客户；产品的功能范围紧扣国际管理标准。在沟通完毕的第 2 天，项目经理通知我，老板认为此产品的开发时机不成熟，该项目暂时搁置了。我相信，在沟通结束后，老板在深入考虑这 3 个问题，当他无法准确描述这 3 个问题时，该产品只能暂时搁置。

（4）缺乏目标之痛

2002 年我应邀参加一个公司的客户需求评审会，该公司准备开发一个产品，委托一个小组起草了一份客户需求报告。在那份客户需求的描述文档中，描述了一个大而全的需求，覆盖了企业管理的方方面面，但是却没有描述产品的目标！我当时感到很不可思议，就明确地提出了 3 个问题：① 该产品的目标客户究竟是谁？最终用户是谁？② 该产品的特色是什么？③ 该项目的需求优先级的确定原则是什么？

本次评审会开完不久，我又去参加了该产品的讨论会，这次是讨论项目的目标问题，幸运的是该公司及时明确了产品目标。

回忆起这些项目的经验教训，痛，是深切而又久远的，我又一次强烈地希望再读读这本书：《目标——一种简单而又有效的管理方法》，尽管它讲的是约束理论。

——引自：任甲林．项目管理师案例：目标之痛．http：//www. 100test. com/html/6415 – 64898 – 64. htm

参考讨论题：

1. 本案例说明了什么？

2. 项目的根本目标是什么？

3. 如何做才能保证项目的成功？

习　题

一、选择题

1. 以下各项都是项目的特点，除了（　　）。

A. 独特性　　　　　B. 重复性　　　　　C. 时限性　　　　　D. 目的性

2. 与传统的项目管理相比较，现代项目管理中更重视（　　）。

A. 成本管理　　　　B. 沟通管理　　　　C. 时间管理　　　　D. 风险管理

3. 项目的共同特点有（　　）。

A. 明确的起止日期　　　　　　　　　　B. 预定目标

C. 采用相同的开发方法　　　　　　　　D. 受到资源的限制

4. 项目管理的对象是（　　）。

A. 项目　　　　　　B. 项目团队　　　　C. 项目生命周期　　D. 项目干系人

5. 日常管理与项目管理的区别在于（　　）。

A. 管理方法　　　　B. 责任人　　　　　C. 组织机构　　　　D. 收益大小

二、填空题

1. 项目就是在既定的资源和要求的限制下，为实现某种目标而相互联系的_____的工作任务。

2. IT 项目是为解决信息化需求而产生的软件、硬件、_____、_____、_____等一系列与信息技术相关的项目。

3. IT 项目的特征包括：_____、_____、_____和智力密集型等。

4. 项目目标应当是全方位的，包括：_____、_____、_____等。

5. IT 项目需求不明确的主要表现是_____、_____、_____、_____等。

三、简答题

1. 什么是项目？什么是 IT 项目？

2. 项目的特征是什么？IT 项目的特征有哪些？

3. 项目管理的目标是什么？项目管理的特点是什么？

4. 简述 PMBOK、C-PMBOK 的内容。

5. 随着知识经济和网络化社会的发展，你认为项目管理会有哪些大的变化？

6. 举例说明项目利益相关者的需求有哪些不同。

7. 收集相关资料，说明信息服务类项目会有哪些风险。

8. 根据你的经验，请列举出影响软件开发工作效率的主要因素有哪些，并解释怎样才能提高软件开发的生产率。

实践环节

1. 上网查找美国项目管理协会出版的《项目管理知识体系指南》最新版本，了解其内容。

2. 上网搜索国际上有哪些项目管理的认证考试。考试的内容和对考生的要求是什么？

3. 上网搜索我国对信息系统项目管理师的知识体系有哪些要求，有哪些认证考试。

第2章

项目管理过程与 IT 项目管理环境

项目的最大特点是有始有终，为了管理上的方便，人们从项目生命周期的角度对其进行管理。现代项目管理认为，项目是由一系列的项目阶段所构成的一个完整过程（或叫全过程），而各个项目阶段又是由一系列具体活动构成的一个工作过程。此处所谓的"过程"是指能够生成具体结果的一系列活动的组合。本章主要介绍项目生命周期的概念、IT 项目生命周期的划分，并介绍项目管理的过程与环境等内容。

2.1　项目生命周期

任何项目在其执行过程中都有一个演化过程，这个演化过程称为项目的生命周期。项目生命周期确定了项目的开端和结束，描述了项目从开始到结束所经历的各个阶段。

2.1.1　信息系统的生命周期

在整个系统开发过程中，为了要从宏观上管理系统的开发和维护，就必须对信息系统的开发过程有总体的认识和描述。信息系统的生命周期是指从概念的形成、目标定义与决策、系统分析与设计、实施开发、投入使用，并在使用中不断修改、完善，直至被新的系统所替代，而停止该信息系统使用的全过程。为了使信息系统开发各个阶段的任务相对独立且比较简单，便于人员的分工合作，从而降低整个信息系统的开发难度，系统生命周期的概念起到了重要的作用。人们按照信息系统发展的客观规律，应用系统工程的方法，从时间的角度对信息系统开发和维护的复杂过程进行了有效的划分，把整个生命周期划分为若干个互相区别而又彼此联系的阶段，给每个阶段赋予确定而有限的任务，这样就便于每个阶段都采用经过验证，行之有效的管理技术和方法，从技术和管理的角度进行严格审查，以达到保证系统质量、降低成本、合理使用资源，进而提高信息系统开发生产率的目的。信息系统的生命周期一般划分为以下几个阶段。

1. 项目定义与可行性研究

这一阶段的主要任务是提出项目、定义项目和作出项目决策。即人们提出一个项目的提案，并对项目提案进行必要的机遇与需求分析和识别，然后提出具体的项目建议书。在项目建议书或项目提案获得批准以后，就需要进一步开展不同详细程度的项目可行性分析，通过项目可行性分析找出项目的各种备选方案，然后分析和评价这些备选方案的损益和风险情况，最终作出项目方案的抉择和项目的决策。该阶段往往对项目开发的成败起着至关重要的作用。如果项目开发采取外包的方式，则本阶段还要包括招标的过程。可行性研究是通过对待开发的系统进行先期的调查和研究，分析投资收益比，研究项目的可行性，提出初步的系统目标和项目计划，必要时提出对用户业务流程等进行重组等改进建议。针对用户的情况和要达到的目标进行可行性研究，并提交可行性研究报告。这个阶段一般会形成"需求建议书"、"可行性研究报告"和"招标书"等文档。在确定项目可行后，就需要针对项目的开展，从人员、组织、进度、资金、设备等多方面进行合理的规划，并以"项目开发计划书"的形式提交书面报告。

2. 需求分析

需求分析是将用户对软件的一系列要求、想法转变为开发人员所需要的有关的技术规格说明的过程，它涉及面向用户的用户需求和面向开发者的系统需求两个方面的工作。用户需求是关于软件、系统的一系列想法的集中体现，涉及系统的功能、操作方式、界面风格、报表格式、用户机构的业务范围、工作流程和用户对应用的期望等。因此，用户需求也就是关于系统的外界特征的规格表述。系统需求是比用户需求更具有技术特性的需求陈述。它是提供给开发者或用户方技术人员阅读的，并将作为开发人员设计系统的起点与基本依据。系统需求需要对系统的功能、性能、数据等方面进行规格定义。评判一个 IT 项目成功的标准是看它是否解决了用户的问题，而用户的问题就是体现为系统的需求，需求也就顺理成章的成为项目的成功标准。而需求分析阶段的任何一个不慎都有可能导致软件实现阶段的大量返工，因此，系统需求往往要求用严格的形式化语言进行表述，以保证系统需求表述具有一致性。需求分析要求以用户需求为依据，从功能、性能、数据、操作等多个方面，对系统给出完整、准确、具体的描述，用于确定信息系统的规格。其结果将以"需求规格说明书"的形式提交给主管部门审核。需求分析的结论不仅是今后系统开发的基本依据，同时也是今后用户对系统进行验收的基本依据。

3. 系统设计

这一阶段并不是去实现系统，而是根据需求规格说明书，提出信息系统的总体结构、布局、详细开发思路与计划。系统设计阶段的任务是解决"怎么做"的问题，设计实现已定义的并经过需求分析的信息系统。这一阶段的工作一般分为两步：总体设计和详细设计。在总体设计阶段是建立系统的总体结构，从总体上对系统的结构、系统配置、接口、全局数据结构和数据环境等给出设计说明，其结果将成为详细设计与实施的基本依据。详细设计以总体设计为依据，主要是确定系统结构中每个模块的内部细节，为编写程序提供最直接的依据。详细设计需要从代码设计、输入输出设计、人机界面设计、数据库设计及实现每个模块功能的程序算法和模块内部的局部数据结构等细节内容上给出设计说明。设计完成后以"系统设计说明书"的形式提交书面报告。

4. 系统实施

这个阶段的主要任务是搭建硬件环境、进行软件开发。按照设计阶段形成的设计说明书来编制程序代码，并为软件的各个程序准备程序设计说明。这些程序设计说明具体描述了每个程序将做些什么，使用的编程语言，输入、输出，处理逻辑，处理顺序及控制描述。本阶段还要进行各种文件和数据库的建立，需要大量的人力投入到数据收集、整理和录入工作中。因为这一阶段需要把大量的人力、物力真正地投入系统，工作十分繁杂，要求相互联系、相互制约，任何一个环节上的失误或疏忽都会延误系统的开发，因此，必须精心安排、加强控制和管理。

5. 系统测试与验收

对系统进行测试的目的是确保其在技术和业务上准确无误。为使业务和技术人员能够有效地使用新系统，还需要对他们进行培训。另外，还需制订一份完善的系统转换计划，以便提供投入新系统所要进行的各项活动的具体安排。

6. 系统运行与维护

这一阶段的工作主要是对系统进行维护，保证系统正常运行，使系统发挥作用。维护工作包括硬件设备的更新、升级、扩容；软件系统的完善性维护、适应性维护、纠错性维护和预防性维护等。维护性工作是系统生命周期中重要的一环，通过良好的运行维护工作，可以延长系统的生命周期，使系统取得更多的效益。

2.1.2 项目生命周期

1. 项目生命周期

组织在实施项目时，通常会将每个项目分解为几个项目阶段，以便更好地管理和控制项目。项目的各个阶段构成了项目的整个生命周期。项目的周期性说明项目要在一定的时间内完成，有开始时间和结束时间。同任何项目一样，IT 项目也存在从开始到结束的生存过程。IT 项目的生命周期描述了项目从开始到结束所经历的各个阶段，以及每个阶段的工作量和时间占用情况。常见的 IT 项目的生命周期为：识别需求、提出解决方案、实施项目、结束项目 4 个阶段。在实际中，不同类型、不同规模的 IT 项目其生命周期各有不同。

对于 IT 项目的生命周期可以从不同的角度进行认识：从项目承担方来看，项目是从接到合同正式开始，到完成规定的工作结束；从客户的角度来看，项目是从确认需求开始，到使用项目的成果实现商务目标结束。对于 IT 服务项目来说，厂商看项目是从接到合同开始，到完成规定工作结束，但客户看项目是从确认需求开始，到使用项目的成果实现商务目标结束，生命周期的跨度要比前者大。因为项目的根本目标是满足用户的需求，所以按后者划分考虑比较有益，对项目管理成功也大有帮助。

项目各个阶段具有不同的特征。如图 2－1 所示，显示了项目开发生命周期内的资源需求规律。图中的横坐标是时间，纵坐标是消耗的资源。每个项目阶段通常都规定了一系列工作任务，设定这些工作任务使得管理控制能达到既定的水平。大多数这些工作任务都与主要的阶段工作成果有关，这些阶段通常也根据这些工作任务来命名。项目开始时需要的资源最少；随着项目的进行、任务的增加，资源的消耗也随之增加；项目进行到一定的时候，工作量开始减少；最后当评估完成、项目结束时，资源投入也就停止了。在项目开始时，项目成功的概率是最低的，而风险和不确定性是最高的。随着项目逐步地向前发展，成功的可能性也越来越大。在项目起始阶段，项目各相关利益者的影响力对项目产品的最终特征和最终成本的影响力是最大的，随着项目的进行，这种影响力逐渐削弱。这主要是随着项目的逐步发展，投入的成本在不断增加，而出现的错误也不断得以纠正。

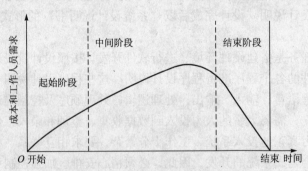

图 2－1　项目生命周期及其资源投入模式

2. 项目生命周期中的重要概念

项目生命周期中与时间相关的重要概念有检查点、里程碑、基线等，它描述了在什么时候对项目的要求是什么，主要用于对项目的控制。

（1）检查点

检查点是指在规定的时间间隔内对项目进行检查，比较实际与计划之间的差异，并根据差异进行调整。可将检查点看作是一个固定"采样"时点，而时间间隔根据项目周期长短不同而不同，频度过小会失去意义，频度过大会增加管理成本。常见的间隔是每周一次，项目经理通过召开项目例会或上交周报等方式来检查项目进展情况。

（2）里程碑

里程碑是项目中完成阶段性工作的标志。例如，在软件开发项目中，可以将需求的最终确认、产品移交等关键任务作为项目的里程碑。每个项目阶段都以一个或一个以上的工作成果的完成为标志，这种工作成果是有形的、可鉴定的。例如，一份需求规格说明书、一份详细的设计图或一个工作模型。这些中间过程，以至项目的各阶段都是总体逻辑顺序安排的一部分，制定这种逻辑顺序是为了确保能够正确地界定项目的产品。里程碑的建立必须连带交付物，而这些交付物必须让客户确认。客户确认交付物，也就是确认项目团队在系统开发的过程中达到某一个指定的阶段，完成了某一部分的工作。

里程碑在项目管理中具有重要意义。首先，对一些复杂的项目，需要逐步逼近目标，里程碑产出的中间"交付物"是每一步逼近的结果，也是控制的对象。如果没有里程碑，中间想知道"项目做的怎么样了"是很困难的。其次，可以降低项目风险。通过早期的项目评审可以提前发现需求和设计中的问题，降低后期修改和返工的可能性。另外，还可根据每个阶段产出的结果，分期确认收入，避免血本无归。第三，一般人在工作时都有"前松后紧"的习惯，而里程碑强制规定了在某段时间做什么，从而可以合理分配工作，细化管理。

（3）基线的建立

基线是指一个或一组配置项在项目生命周期的不同时间点上通过正式评审而进入正式受控的一种状态。基线其实是一些重要的里程碑，但相关交付物要通过正式评审并作为后续工作的基准和出发点。基线一旦建立后变化就需要受控制。

3. IT 项目生命周期的特殊性

在传统的项目管理中，项目收尾阶段所花费的时间可能较短，随着目标的实现，最终成果的移交，项目合同即告终止。但随着开发方之间的竞争的加剧，以及 IT 项目的特点，这一阶段的时间跨度有明显延长的趋势，而且在人力等方面的投入也开始增多。这是因为客户在验收新项目之后，在技术、管理人才等方面比较匮乏，这有赖于开发方的协助，需要帮助其培养人才和进行系统试运行，所有这些都是现代项目管理以客户为中心新理念的具体体现。

另外，由于 IT 项目对信息技术的依赖性，决定了 IT 项目生命周期的特殊性。第一，IT 项目往往在正式立项之前，就已经投入了力量，对待建设的系统进行初步需求分析；第二，收尾工作包括了评估、推广和维护 3 个部分，而且延续时间较长。于是形成了 IT 项目的 6 阶段生命周期：立项、计划、实施、评估、推广、维护 6 个过程。

2.2　IT 项目的管理过程

现代项目管理将整个项目管理工作看成是一个完整的管理过程，并且将各项目阶段的计划、执行（实施）、控制等具体管理活动看成是项目管理的一个个完整的工作过程。

2.2.1　项目管理过程

项目过程是指项目生命期内产生某种结果的行动序列，包括实现过程和管理过程两类。项目的实现过程是指人们为创造项目的产出物（或交付物）而开展的各种活动所构成的过程。项目的实现过程一般用项目的生命周期来说明和描述它们的活动和内容。项目管理过程就是根据项目目标的要求制订计划，然后按照计划去执行，随时控制项目进展，并实现项目目标的过程。对于一个项目的全过程或者一个项目的工作过程而言，它们都需要有一个相对应的项目管理过程。这种项目管理过程一般是由 5 个具体过程组所构成，各个过程组之间的关系如图 2 - 2 所示。

1. 项目启动

在项目管理中，启动阶段是识别和启动一个新项目或项目新阶段的过程。在这一阶段中，客户要向开发方或项目承接单位提供需求（项目）建议书，开发方接到需求建议书后，根据要求进行项目的识别和项目的构思。为了确保以适当的理由启动合适的项目，需要定义项目、进行利益相关者分析和可行性研究，以确定下一阶段是否有必要开展。

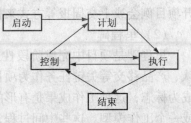

图 2-2 项目过程组之间的关系

定义项目往往是项目管理过程最初的，也是十分重要的一个任务。定义项目需要回答"被开发的项目是什么？"、"为实现这一目的有哪些目标是必要的？"、"是否存在可能影响项目成功的假设、风险、障碍？"等问题。这个阶段还需要确定项目的范围，其中包括开发方与用户双方的合同、项目要完成的主要功能及这些功能的量化范围、项目开发的阶段周期等；项目的限制条件、性能、稳定性也都必须明确地说明。项目范围是项目实施的依据和变更的输入，只有对项目的范围进行明确的定义，才能进行很好的项目规划。项目目标必须是可实现、可度量的。在项目的启动阶段虽然资源投入少，经历的时间较短，但其重要性却是不可估量的。对于开发方来说，它直接决定着能否取得项目的承建权；对用户来说，这一阶段提出的项目方案直接决定着其未来的蓝图和基本框架。

2. 项目计划

该阶段是为实现启动阶段提出的目标而制定计划的过程。一般来说，用户通过开发方的项目方案，并签订合同之后，便进入了该阶段。该阶段要为已经作出决策要实施的项目编制各种各样的基准计划（针对整个项目的工期计划、成本计划、质量计划、资源计划和集成计划等）。在编制这些计划的同时，一般还需要开展必要的项目设计工作，从而全面设计和界定整个项目、项目各阶段所需开展的工作、有关项目产出物的全面要求和规定（包括技术方面的、质量方面的、数量方面的、经济方面的等）。项目的有效管理直接依赖于项目计划，编制项目计划的主要目的是指导项目的具体实施。为了指导项目的实施，计划必须具有现实性和有效性。因此，需要做出一个具有现实性和实用性的基准计划，需要在计划编制过程中投入大量的时间和人力。当面对一个有一定规模的项目时，往往需要针对以下问题给出规划。

- 计划项目参加人员的构成、分工与组织方式；
- 对项目所需的硬件、软件资源及其他各项费用开支作出估计；
- 进行项目任务分解，明确项目里程碑及其文档格式；
- 对项目风险作出估计，并对降低风险给出计划；
- 制定工作步骤，安排工作进程和人员配备等。

项目计划的详细和复杂程度与项目的规模、类型密切相关，但计划的编制工作顺序基本相同，包括：目标分解、任务活动的确定、任务活动分解和排序、完成任务的时间估算、进度计划、资源计划、费用预算和计划文档等。除此之外，制订计划还要考虑质量计划、组织计划、沟通计划、风险识别及应对措施等。对各个方面考虑得越周详，越有利于下一阶段的工作进行。

当一个项目的工作需要使用外部承包商和供应商的时候，在项目计划和设计阶段通常还会包括对外发包和合同订立工作。这项工作也属于计划安排的范畴，所以它被划分在这一阶段。一般这项工作包括：标书的制定、发标、招标、评标、中标和签订承包合同等内容。外包的项目工作可以多种多样，一个项目可以是全部外包，也可以是部分外包。

3. 项目执行与控制

一旦建立了项目的基准计划，就必须按照计划执行，这包括按计划执行项目和控制项目，以使项目在预算内、按进度、使顾客满意地完成。项目执行过程包括协调人员和其他资源，以便实施项目计划，并生产出项目或项目阶段的产品或可交付成果。项目资源的调配是以项目计划为依据的，目的是使所需的资源按时到位，并可以根据项目的实际情况，对资源做出合理的调整，以保证项目能够按计划顺利进行。项目的控制工作又可以进一步划分成对于项目工期、成本、质量、风险等不同方面的控制工作。因为这一阶段是整个项目产出物的生产与形成阶段，所以这一阶段的工作与项目产出物所涉及的专业领域有关。具体包括以下几项工作。

- 项目控制标准的制定。包括项目进度控制、成本控制、质量控制等项目成功关键要素控制标准的制定，以及与项目专业特性有关的一些具体控制标准的制定。
- 项目实施工作的开展。项目的实施结果是项目产出物的生产或形成工作。
- 项目实施中的指挥、调度与协调：在项目产出物生产、形成作业与活动中，项目的管理者必须通过指挥、调度和协调等管理工作，使整个实施作业与活动能够处于一种有序的状态，并且使整个项目的实施在一种资源能够合理配置的状态下开展。项目实施中的指挥、调度和协调工作既涉及对项目实施任务的指挥调度，又涉及对项目团队关系的协调和对项目资源的调配。
- 项目实施工作的绩效度量与报告。这个阶段还必须定期对项目实施工作的绩效进行度量与报告。项目实施绩效度量是将实施工作的实际结果与项目控制标准进行对照和比较的工作。项目实施绩效度量报告工作是对照项目控制标准，统计、分析和报告项目实施实际情况的工作。通常这两方面的工作给出了项目实施情况与项目标准之间的偏差、造成偏差的原因和纠偏的各种措施等。
- 项目实施中的纠偏行动。实施纠偏措施是制止偏差、消除问题与错误的具体管理行动，即采取各种行动去纠正项目实施中出现的各种偏差，使项目实施工作保持有序和处于受控状态。这些纠偏措施有些是针对人员组织与管理的；有些是针对资源配置与管理的；有些是针对过程和方法的改进与提高的。

4. 项目结束

项目的最后环节就是项目的结束过程。这个阶段的主要工作是项目团队或项目组织开展的项目完工的工作，即全面检验项目工作和项目产出物，对照项目定义与决策阶段和项目计划及设计阶段所提出的项目目标和各种要求，确认项目是否达到目标或要求的工作。当发现项目存在问题或缺陷时，开展相应的返工与整改工作，使项目最终达到目标和要求。另外，项目团队或项目组织向项目业主/客户进行验收和移交工作，在移交过程中当项目业主/用户对项目工作和项目产出物提出整改要求时，项目团队则需要采取行动满足或拒绝这类要求，直至项目的业主/用户最终接受项目的工作和成果。

2.2.2 IT 项目的管理过程

各种类型的 IT 项目其立项和管理过程各不相同，下面分别进行阐述。

1. IT 项目立项过程

按照 IT 项目的来源不同，IT 项目的立项过程可以分为：

- 由国家、各级政府根据信息化发展的需要提出的项目，组织论证后确定立项；
- 企业经过各种分析，根据企业发展战略、竞争、管理需要提出项目需求，经过可行性论证后确立项目。

立项的基本过程如图 2-3 所示。

2. IT 产品研发项目过程

IT 产品研发项目主要表现为 IT 企业经过机会分析和可行性研究之后确立的项目。其中也包括国家、部委及用户单位委托的 IT 类科研项目。这些 IT 项目的共同特点是项目成果的用户并不是委托人。这类项目大体由申请项目过程、研发过程管理、项目成果鉴定这 3 个阶段构成，如

图 2-4 所示。申请项目的过程可能要经过几次筛选，但不需要经过招标过程。

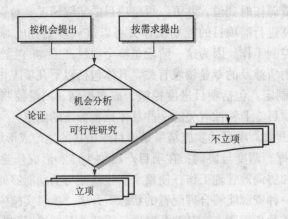

图 2-3　IT 项目立项过程

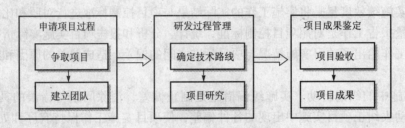

图 2-4　IT 产品研发类项目过程

　　研发类项目主要是探索性的，在项目实施中没有太多可借鉴的成功案例，因而有很多的不确定因素。项目的目标一般并不是为实用而设的，项目的需求主要由项目团队自己把握，要想使项目成果真正实用，还需要一个产品化的过程。另外，这类项目的管理通常也比较松散，以目标管理为主，项目进度以里程碑管理为准。有时这种项目又被归到纯研究类课题中。

3. IT 应用软件开发项目过程

　　这类项目一般来自政府机关、企业、学校等单位，目的是实现其管理的信息化。在实施这类项目之前，若企业原来有一些信息系统，此时需要开发方重视并重新审视现有的信息系统；需要考虑集成整合、兼容、标准化、统一规范等问题。这类项目的管理过程如图 2-5 所示。对于这类项目来说过程管理相对复杂，不可控因素较多，因此难度较大。

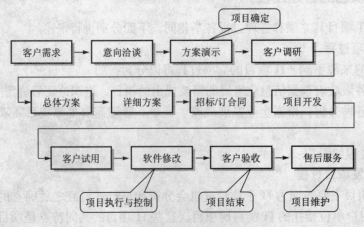

图 2-5　IT 应用软件开发项目过程

4. IT 系统集成类项目过程

系统集成类项目的管理过程与一般工程类项目的管理过程很相似，但是，由于系统集成类项目包含的内容可能很复杂而导致项目过程也可能比较复杂。例如，系统集成类项目中可能包含网络工程、网络系统集成、软件集成、软件定制开发、系统培训与维护等。这类项目中工作的重点是确定合适的解决方案，选择适合的软、硬件产品，综合各自的特点，适当做一些客户化定制工作以满足用户的需要。常见的 IT 系统集成类项目包括以下几类。

- 网络系统集成。这类项目中网络设备占绝大多数，在搭建网络环境的基础之上，再配置一些现成的网络系统软件、网管软件及少量的应用服务软件。

- 软件系统集成。在已有的网络系统环境中搭建软件平台。项目的主要工作是不同类型的软件选型、少量定制，把这些软件有机地结合在一起，形成一个工作环境。

- 混合型系统集成。这类项目中既包含网络环境建设、系统软件配置，也包括软件定制开发工作。需要保证软件系统在网络环境中安全、稳定、高效地运行。

如图 2-6 所示是一个 IT 系统集成类项目的流程描述，它覆盖了上述 3 种项目形式。

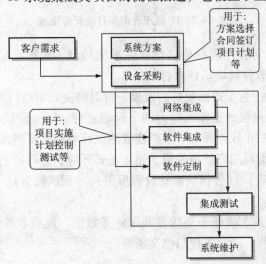

图 2-6　IT 系统集成类项目过程

5. IT 管理咨询项目管理过程

IT 管理咨询项目的实施一般分为：项目准备、需求调研、业务流程重组与企业信息化软件解决方案设计、模块培训、解决方案讨论确定、应用软件系统上线、辅助运行等阶段，如图 2-7 所示是一个关于 IT 管理咨询项目的简要描述。

- 项目准备。由项目经理负责，了解企业和项目概况、建立工作环境、确定项目组织机构及人员、签订项目计划、签订 SOA（项目的范围、目标和方法）。项目实施从召开启动大会开始，然后咨询公司为企业进行 BPR（业务流程重组）与企业信息化理念培训。这阶段主要完成的文档有《项目计划》、《项目的范围、目标和方法》等。

- 需求调研。由业务咨询顾问和企业信息化顾问共同完成。包括的工作有：下发调研问卷、进行人员访谈、对业务流程描述培训、组织指导现有流程描述、收集企业现状资料并整理成内部调研报告，召开管理问题分析会，完成"管理模式设计"中管理问题分析部分。

- 业务流程重组与企业信息化解决方案设计。该阶段的目标是确定目标流程清单，向客户提出管理问题的解决途径，并提出组织机构的调整方案，为客户进行流程优化的设计，与客户一起讨论确定目标业务流程和优化部门职责、岗位职责和绩效评价指标，对解决方案进行初步设计。

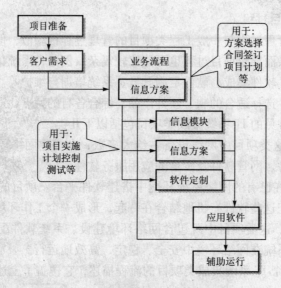

图 2-7　IT 管理咨询项目的简要描述

- 模块培训。该阶段对客户进行信息化软件系统培训,实现产品安装、培训考核等工作,编制并使用《企业信息化软件模块培训教材》。
- 解决方案讨论阶段。为了得到较好的效果,可对解决方案进行各种形式的演示讨论。
- 应用系统上线。这阶段的工作可分为两个阶段进行。第一阶段是布置数据采集工作、确定详细系统配置、进行客户化软件开发、组织建立测试环境和系统测试。第二阶段是制订上线计划、布置上线准备、指导编写用户使用手册、建立正式环境、进行初期数据录入和核对工作。本阶段要准备好《数据采集表》、《各模块系统设置报告》、《测试报告》、《用户手册》、《上线确认书》等文档。
- 辅助运行。该阶段的主要任务是指导补录业务数据、理顺业务流程、并行系统对账,解决出现的问题,并准备验收,同时整理归档文档等。

2.2.3　IT 项目的管理模式

1. IT 项目总承包方式

IT 应用企业(发包单位)可以将 IT 项目的设计、施工、设备采购、软件开发等一并发包给一个总承包单位,工程总承包主要有以下两种方式。

- 设计—施工总承包。指工程总承包企业按照合同约定,承担工程项目设计和开发,并承诺对工程质量、工期、造价全面负责。
- 设计—采购—开发总承包。指工程总承包企业按照合同约定,承担工程项目设计、采购、施工、开发和试运行服务等工作,并承诺对工程质量、工期、造价全面负责。

2. IT 项目委托管理方式

IT 应用企业委托承包单位对 IT 项目进行管理,主要有以下方式。

- 业主方委托一个承包单位或由多个单位组成的联合体作为施工总包单位,施工总包单位视需要再委托其他施工单位作为分包单位配合实施。
- 业主方委托一个承包单位或由多个单位组成的联合体作为施工总包单位,业主方另委托其他施工单位作为分包单位进行实施。
- 业主方不委托施工总包单位也不委托施工总包管理单位,而平行委托多个施工单位作为分包单位进行实施。

2.3　IT 项目管理的环境

IT 项目管理工作是在一定的环境条件下开展的，环境既提供机会，也构成威胁。

2.3.1　项目环境

环境是项目组织生存的土壤，既为项目活动提供条件，也会对项目组织的活动起到制约作用。一般项目是被其母体组织以内或以外的环境所包围，即在一个大系统中运行的小系统，除其内部各部分的相互作用外，还与其他子系统发生联系和作用。正视环境的存在，一方面要求项目组织为创造优良社会物质环境和文化环境尽其"社会责任"；另一方面，项目管理的方法和技巧必须因环境的变化而变化，没有一种项目管理方法是万能的。从项目环境作用的直接性程度划分，项目环境可分为内部组织环境、项目外部环境。项目内部组织环境是指项目成员在组织内部体现的团队精神、工作作风及特点等项目组织文化。项目外部环境是指与项目有直接联系的，并对项目实施有直接影响的因素。

项目的内部环境将在本书以后的章节详细讨论，这里仅就项目外部环境的若干重要方面作一扼要说明。项目所处的外部环境问题涉及十分广泛的领域，这些领域的现状和发展趋势都可能对项目产生不同程度的影响，有的时候甚至是决定性的影响。项目外部环境中较关键的环境因素有：政治和经济环境、科学和技术环境、法规和标准环境、文化和意识环境、地理和资源环境等。

2.3.2　经济环境对 IT 项目的影响

影响项目组织的经济环境一般包括宏观经济环境、微观经济环境和产业环境。

1. 宏观经济环境

宏观经济环境主要是指国民收入、国民生产总值及其变化情况，以及通过这些指标能够反映的国民经济发展水平和发展速度。

2. 微观经济环境

微观经济环境主要指项目所在地区或所需服务地区的消费者的收入水平、消费偏好、就业程度、资金状况等。

3. 产业环境

产业环境主要是指项目所涉及的产业的总量和发展速度、产业价值链的构成、产业竞争结构和市场结构。

经济环境对 IT 项目的影响体现在项目组织的运行机制、工作内容及范围、方法体系等方面。在信息时代，IT 技术的发展已经渗透到经济发展的各个领域，并日益显示出其强大的生命力。信息化将逐渐改变人们的生活模式、经济模式，用新的信息经济模式取而代之，这是不容置疑的。传统的经济模式，在信息时代的推动下，出现了许多新的特点，如电子商务、组织结构扁平化、交易成本降低、边际效益递增等。企业逐步由产品驱动转向客户驱动，逐步由生产型转向知识型，信息网络和信息系统成为现代企业组织的基本运行环境和运行平台。与此同时，现代企业的运行环境越来越走向开放，产业链条越来越趋向整合，信息化过程中的 IT·项目管理也越来越受到经济环境的巨大影响。

IT 项目建设的目的是改善企业的管理质量，成为提升国际竞争力的突破口和战略制高点。但是，每个企业的信息化道路和模式是各不相同的，盲目追求信息技术装备水平，必然导致信息化建设失去平衡。另外，由于企业固有的一些传统思维及大环境的影响，信息化的真正潜能并没有充分发挥出来。因此，提高 IT 项目的管理水平，注重经济与 IT 技术之间的辩证关系是提高信息化项目成功率的关键。IT 项目的投资与运行是要受到经济制度的制约的，是与整个行业和产业发展趋势密切相关的组成部分。

（1）企业组织形式是影响 IT 项目管理运行机制的重要因素

IT 项目管理是基于管理企业经济活动的内在需要而运行的，这是由市场经济运行规则的要求所决定的一个主要的过程。我国许多国有企业组织形式的一个主要缺陷是如果企业彻底摆脱行政约束，会形成企业经营者对企业的实际控制权过大，难于保证企业实现对国家这个最大股东的权益最大化；如果行政干预力度太大，又会降低企业的运行效率。在前一种情况下，所有者监督的弱化使企业运用 IT 项目管理的动力相对弱化。后一种情况，使企业成为行政隶属物，不能依照市场经济的运行规则建立企业的内部制衡机制，以保证企业良性运行，企业只能被动接受 IT 项目管理的方法，甚至是为了形象、评比而做表面文章。因此，我们应该将计划经济体制下形成的卓有成效的、在市场经济体制下仍然适用的企业内部管理方法充实到 IT 项目管理的方法体系中。

（2）市场环境影响 IT 项目管理工作的内容和范围

我国的市场经济时间不长，资本市场的不完善造成了只能有限应用 IT 项目管理的决策方法；生产要素市场的不完善，使得经济资源还不能实现高效率的配置，从而造成企业生产决策的困难；中介服务市场的不完善使得企业预测、决策需要的资料信息来源还存在相当大困难。这些都使得我国企业 IT 项目管理的应用范围受到制约，实务中较侧重于内部管理的方法，而面向市场的预测与决策方法应用不够普遍，IT 项目管理的职能作用还得不到应有的发挥。因此，在西方 IT 项目管理的理论还不能够完全适应我国企业管理需要的情况下，我们应该立足本国实际，创造性地发展我国的 IT 项目管理。

2.3.3 社会人文、政策法律对 IT 项目的影响

IT 产业的快速发展对社会文化和相关政策、法律环境提出了许多新的课题。这些课题集中表现在，由于软件产品的大量使用所带来的知识产权的界定、识别、运用和纠纷；由于 IT 产业对社会生活的全面影响，带来的新的社会伦理、文化价值取向的问题；由于 IT 作为新兴行业的快速增长带来的财富增长，对社会信用体系、社会公信力要求、整体社会福利水平等都有不同程度的影响。

由于 IT 项目管理主要涉及新兴的 IT 的应用，所以在有关的法律、标准问题上具有新的特点。其中法规和标准是对项目行为、项目产品、项目工艺或项目提供的服务的特征作出规定的文件。它们的区别在于，前者是必须执行的，而后者多带有提倡、推广和普及的性质，并不具有强制性。法规包括国家法律、法规和行业规章，以及项目所属企业的章程等。它们对项目的规划、设计、合同管理、质量管理等都有重要影响。毫无疑问，法规和标准对项目有着重大的影响，项目能否成立及能否正常实施并带来经济效益，在很大程度上受制于项目涉及的法规和标准。

社会文化环境影响 IT 项目管理的职业道德规范及 IT 项目管理中的激励方式。IT 项目管理的职业道德规范是从事 IT 项目管理工作的人员提供 IT 项目管理信息以保证 IT 项目管理目标实现的行为准则，也是 IT 项目管理职业化的保证。而企业的文化也在许多方面对 IT 项目有所反映。例如，在组织的价值观、行为准则、信仰、期望上；在组织的政策、程序上；在对上下级关系的观点上及其他方面上，组织文化常常会对项目产生直接的影响。文化差异和价值观的不同给项目管理带来了很大的复杂性，忽略文化上的禁忌会使项目陷入困境甚至完全失败。例如，在一个开拓型的组织中，项目组所提出的非常规性的或高风险性的建议更容易被采纳；在一个等级制度严格的组织中，一个高度民主的项目经理可能容易遇到麻烦；而在一个很民主的组织中，一个注重等

级的项目经理同样也会受到挑战。因此，项目管理应注重项目的文化和意识环境，要了解当地文化，尊重当地习俗，通过不同文化的良好沟通和交流，逐步实现文化与意识的深度融合，以增进理解、减少摩擦、取长补短、互相促进，获取项目成功。

2.4 项目经理的责任和权力

项目经理是项目组织的核心和项目团队的灵魂，是实现项目目标的责任人，对项目进行全面的管理。同时项目经理在项目中的角色又好像一个交响乐队的指挥，需要协调各团队的活动，使其成为一个和谐的整体，适当完成各自的工作。项目经理的管理能力、经验水平、知识结构、个人魅力等都对项目的成败起着关键的作用。

2.4.1 项目经理的地位和作用

由于 IT 项目的挑战性，在项目管理中，人是最重要的因素。所以项目经理在项目管理中起着关键的作用，是公司执行项目活动并实现项目目标的责任人，对公司负责——全面履行公司所签合同中的所有要完成的目标。项目经理是项目实施的最高领导者、组织者、责任者，在项目管理中起到决定性的作用。作为项目的责任人，项目经理应确保项目全部工作在预算范围内按时、优质地完成，并使利益相关者满意。因而项目经理必须对上级组织负责、对项目客户负责、对项目本身负责及对项目团队成员负责。

项目经理是项目有关各方协调配合的桥梁和纽带，处在项目各方的核心地位。负责沟通、协商、解决各种矛盾、冲突、纠纷的关键人物是项目经理。他对项目行使管理权，也对项目目标的实现承担全部责任。他所扮演的角色是任何其他人不可替代的。项目经理作为企业法人委派在项目管理上的代表，按合同履约是他一切行动的最高准则，拒绝承担合同以外的其他各方强加的干预、指令、责任是他的基本权力。项目经理是项目信息沟通的发源地和控制者，在项目实施过程中，来自项目外的重要信息、指令要通过项目经理来汇总、沟通、交涉；对项目内部，项目经理是各种重要指标、决策、计划、方案、措施、制度的决策人和制定者。

传统的项目经理通常只是一个技术方面的专家和任务执行者。随着全球性竞争的加剧和客户发展战略性合作需求的增长，对项目经理的要求也越来越高。现代项目经理不仅要有运用各种管理工具来进行项目计划和控制的专业技术能力，还要有经营管理等其他多方面的能力，包括对项目团队成员的激励及与客户的策略保持一致的能力。项目经理必须通过人的因素来熟练运用技术因素，以达到其项目目标。也就是说，他必须使项目团队成为一个配合默契、具有积极性和责任感的高效率群体。

从项目管理的需要出发，项目经理的工作原则如下。

● 项目经理应该熟悉国际、国内项目承包有关的法律、法规，严格遵守所在国家、地区的法律制度，依法履行公司的义务，并维护公司的权益。

● 项目经理在项目实施中，应注意充分利用公司的人力、技术、管理等各类资源，发挥项目团队的整体优势、整体水平，完成项目开发任务。

● 项目经理在项目实施中，应协调好项目组织与公司各部门及项目组织内部的力量，尽力实现公司的经营方针和企业规定的项目收益目标。

● 项目经理要始终掌握项目的进展情况和潜在的问题，把主要精力集中于控制项目的进度和费用、提高工作效率和保证产品质量等重要环节，及时纠正偏差，使项目按计划目标顺利实施。

● 项目经理要了解客户的要求，提供他们希望的和应得到的各种服务。要保持与客户的信息交流和联络，特别是在与项目进展和费用有关的事务方面；与客户保持良好的协作关系，保证客户最终满意地接收项目。

- 项目经理要保持与公司有关部门的信息交流，及时地把有关合同执行情况和客户的意向转达给他们，并及时把项目实施中的重要问题向上级领导汇报，以取得公司领导和主管部门的指导和帮助。

2.4.2 项目经理的职责

项目经理作为项目管理的基石，他的管理、组织、协调能力，他的知识素质、经验水平和领导艺术，甚至是个人性情都对项目管理的成败有着决定性的影响。项目经理的职责定义须视具体的项目而定，通常其最基本的职责是领导项目的计划、组织和控制工作，以实现项目目标。简单地说，项目经理对项目负有以下主要职责。

1. 确保项目目标实现

履行合同义务，监督合同执行，处理合同变更，项目经理以合同当事人的身份，运用合同的法律约束手段，把项目各方统一到项目目标和合同条款上来。保证用户满意这一项基本职责是检查和衡量项目经理管理成败、水平高低的基本标志。

2. 开发计划

项目总目标一经确定，项目经理的职责之一就是将总目标分解，划分出主要工作内容和工作量，确定项目阶段性目标的实现标志、交付成果和进度控制点，制定项目阶段性目标和项目总体控制计划。项目经理的任务就是计划、计划、再计划。完善合理的计划对于项目的成功至关重要。在项目的实施过程中，还要根据项目的实际进展情况，在必要的时候调整各项计划方案。

3. 组织实施

项目经理组织实施项目的职责主要体现在两个方面：其一，设计项目团队的组织结构，对各职位的工作内容进行描述，并安排合适的人选，以及对项目所需的人力资源进行规划、开发；其二，对于大型项目，项目经理应该决定哪些任务由项目团队完成，哪些任务由承包商完成。组织实施还有一个更重要的内容是营造一种高绩效的工作环境。

4. 项目控制

在项目实施过程中，项目经理要时刻监控项目的运行，建立和完善项目团队内部的信息管理系统，包括会议和报告制度，保证信息交流的畅通。积极预防、防止意外的发生，及时解决出现的问题，同时要预测可能的风险和问题，保证项目在预定的时间、资金、资源下顺利完成。

2.4.3 项目经理的权力

实行项目经理负责制最重要的就是授予项目经理充分的权力，以保证项目的顺利实施。权责对等是管理的一条基本原则，项目经理承担在一定约束条件下的权力，也就是说要给项目经理授权，而项目经理获得权力以后，必须通过项目团队完成项目任务，因此他还必须放权于项目团队成员。

1. 生产指挥权

项目经理有权按项目合同的规定，根据项目随时出现的人、财、物等资源变化情况进行指挥调度，对施工组织进行设计和安排计划，也有权在保证总目标不变的前提下进行优化和调整，以保证能对实施中临时出现的各种变化应付自如。

2. 项目团队的组建权

项目团队的组建权包括两个方面：首先是项目经理班子或管理班子的组建权；其次是项目团队成员的选拔权。项目经理需要组建一个制定决策、执行决策的机构，也就是项目经理班子或管理班子，负责项目各阶段的工作。因此，授予项目经理组建班子的权力至关重要，这包括：项目经理班子人员的选择、考核和聘用；对高级技术人才、管理人才的选拔和调入；对项目经理班子成员的任命、考核、升迁、处分、奖励、监督指挥甚至辞退等。建立起一支高效协同的项目团队是保证项目成功的另一关键因素。这包括：专业技术人员的选拔、培训和调入，管理人员的配备，后勤人员的配备，团队成员的考核、激励、处分乃至辞退等。

3. 财权

项目经理必须拥有承包范围内的财务决策权。在财务制度允许的范围内，项目经理有权安排承包费用的开支，有权在工资奖金范围内决定项目团队内部的计酬方式、分配方法、分配原则和方案，确定奖金分配。对风险应变费用、赶工措施费用等都有使用支配权。具体包括：① 分配权，即项目经理有权决定项目团队成员的利益分配，包括计酬方式、分配的方案原则等。项目经理还有权制定奖罚制度，对超额完成工作者、效率较高者发放一定的奖金；相反，则可扣除一定的奖金或工资。② 费用控制权，项目经理在财务制度允许的范围内拥有费用支出和报销的权力，例如，聘请技术顾问、管理顾问的费用支出，工伤事故、索赔等项的营业外支出。

4. 技术决策权

技术决策权主要是指有权审查和批准重大技术措施和技术方案，以防止决策失误造成重大损失。必要时有权召集技术方案论证会或外请咨询专家，以防止决策失误。

2.4.4 项目经理的能力

项目经理除了应在对项目的计划、组织和控制等方面发挥领导作用外，还应具备一系列技能，来激励团队成员取得成功，赢得客户的信赖。合格的项目经理还应具备以下能力。

1. 获得项目资源的能力

项目经理通过树立自己的形象，借助各种关系和高层领导，通过正常途径获得项目资源。通常，获得资源和人员并不困难，但获得符合质量和数量要求的资源和人员却是困难的。高级管理层通常会患"非理性优化"的毛病。尽管其他人不会因为这种毛病而痛苦，可是项目经理就不同了，他的项目团队的遭遇可能会很严重。项目经理的职责是要确保项目有恰当等级的资源。当项目团队为了取得成功需要某种特定的资源时，不应有任何得不到的理由——即使项目可能出现临时性的停顿也是如此。对于软件项目来说，重要的资源是人才，项目经理应具备人才开发的能力。不但能够获取适合项目的人才，还能对项目人员进行训练、培养和激励。通过鼓励成员积极进取、不断学习，使其为项目作出更大的贡献。

2. 消除障碍和解决问题的能力

各种纠纷、冲突和矛盾在项目管理中难以避免。当纠纷与冲突对项目管理功能产生危害时，会导致项目决策失误、进度延缓、项目搁浅，甚至彻底失败。所以项目经理应保持对冲突的敏锐观察，识别冲突可能产生的不同后果，尽量利用对项目管理有利的冲突，同时减轻和消除对项目产生严重危害的矛盾。在项目生命周期的早些阶段，危机通常与资源的需求有关。如果预算被削减，总体的削减必然转化为具体的资源数量的减少。在项目进展过程中，更多的危机与技术问题、供应商问题及客户问题有关。例如，在某个系统集成项目中，当某个分包商提供的硬件系统不能正常运行时，供应商问题就出现了。客户的问题更加严重，通常，这些问题开始于客户问"这个东西可以……吗？"，这属于范围蔓延问题。有经验的项目经理都是好的"消防队员"。如果不学会"灭火"技能，项目经理的职位就当不好，也就很难让客户和公司高层满意。

3. 领导能力和权衡能力

团队领导并不领导团队，而是领导组成团队的个人。团队成员各有各的优点、缺点和偏好。要想领导一个团队，必须首先学会领导团队中的每一个人。领导是一项一对一的活动。心理学家和团队专家哈维·罗宾斯说："团队领导最重要的技巧就是要学会与各式各样的人打交道。你必须了解人们希望你怎样对待他们，然后才能让他们跟随你。"

项目经理还要负责做出为了使项目取得成功所必须付出的权衡。在对项目的成本、进度和绩效进行权衡时，项目经理是关键人物。这几项中哪一项比其他项更具有更高的优先权取决于与项目、客户和所在的组织有关的许多因素。对于一个给定的项目，如果成本比时间更重要，项目经理会允许项目延期而不允许发生额外的成本。如果项目已经成功地完成了大部分的技术要求，并且如果客户愿意，不去追求其他剩余的技术要求，节省时间和成本就成为客户的选择。另一种权衡发生在项目与项目之间或项目中的各子项目之间。经常会有两个或更多的项目为获得同样的资源而竞争。其结果是，一个项目有较快进展的代价可能是其他项目的进展缓慢。如果一个项目经理在同样的项目生命周期负责两个项目时做出了这样的权衡，那么，不管哪个项目成功了，项目经理还是失败的。因此，管理两个或更多项目的项目经理应该通过确保这些项目处在不同的生命周期阶段来尽可能地避免这个问题。

4. 沟通能力

良好的人际交往能力是项目经理必备的技能。项目经理一定是一个良好的沟通者，他需要与项目团队、客户、公司高层管理者、承包商等进行定期的交流。经常进行有效的沟通，可以保障项目的顺利进行，及时发现潜在的问题、征求到改进项目工作的建议、保证客户的满意度、避免发生意外。尤其在项目工作的早期，更需要进行非常完善的沟通，与项目团队建立起一个良好的工作关系，并使客户对项目的预期目标有一个清晰的理解。项目经理必须能够积极地倾听别人的声音，帮助寻求新的问题解决方案，并鼓励团队一起为项目目标协力工作。项目经理要明确前景，合理授权和努力营造一个积极的、充满活力的工作环境，并树立积极正确的工作榜样，以有效地领导项目团队。

项目经理还必须能与管理人员、相关部门、项目的合作伙伴、客户、项目组成员进行气氛融洽的谈判和广泛的沟通。如果项目经理不是一个熟练的谈判者和冲突解决者，要完成这些职责是不可能的。获得资源需要谈判，处理问题、冲突和解燃眉之急等都需要谈判和解决冲突的方案。当项目经理需要领导项目取得成功并在此过程中做出必要的权衡时，也需要这样的技能。

5. 管理时间的能力

优秀的项目经理能够充分掌握和利用好项目时间。项目工作要求人们有充足的精力，因为需要同时面临许多工作活动及无法预见的事情，并尽可能有效地利用时间，项目经理要能够辨明先后主次，把握好时间。

6. 灵敏性

项目经理需要有很敏锐的政治触角，同时对于项目成员之间或项目成员与其他利益相关者之间的冲突要有灵敏的感觉。项目经理还需要有 IT 技术方面的敏感，能感觉到何时会出现技术问题或何时项目会滞后于进度计划。大多数项目都存在一定的变更，一般要在相互有抵触的目标之间进行权衡。因此，具有一定的应变能力对项目经理来说也是非常重要的。在努力实现目标的过程中，项目经理必须具有灵活性和创造性，有时还需要有较好的耐性。他们还必须坚持让大家都了解、理解项目的真正需要。

案例研究

针对问题：如何帮助组织在 IT 项目管理上取得更有效的进展？如何划分 IT 项目的周期，在每个阶段应当关注什么？怎样才能迅速整体提高内部项目管理水平、提高项目管理执行绩效？

案例 A　神州数码项目管理体系剖析

在首届"国际软件行业项目管理论坛"中有这样一组对比数字令人深思：印度大软件企业的项目按计划完成率在 95% 以上；国内某些软件企业的项目按计划完成率不过 70% 左右，其中全球软件开发项目中只有 16% 能按计划完成。是什么造成了这样的效果差距？答案是项目管理。项目管理凭借对工作范围、时间、成本和质量四大因素把控的优势，能够使任务过程标准化，减少工作疏漏，并确保资源有效利用，最终让用户满意。在当今商业机构间的全球化竞争中，IT 企业越来越明显地感觉到，随着用户需求的不断增长，技术不再是难题，规范化管理被提到重要位置。国内的 IT 企业在不断寻求新的管理方法时，纷纷选择了项目管理。项目管理作为 IT 项目开发与项目成功的重要保证，已成为公认的 IT 企业的核心竞争力之一。

（1）解析神州数码项目管理体系

神州数码是较早实践项目管理的 IT 企业之一，从小到几个人·月的项目，大到几百人·年的项目，从产品研发项目到工程实施、技术维护等项目，所采用的开发环境、技术路线和管理模式真可谓是千差万别。那么神州数码是如何对这种多元化的 IT 项目实施进行有效、及时的管理，保证项目达到既定的进度、成本和质量目标呢？

神州数码在长期的项目实践过程中积累了丰富的项目管理实施经验和软件开发经验，在此基础上，经过不断的总结、提炼，神州数码逐步建立起公司的项目管理体系。

1998 年，神州数码的软件开发顺利通过 ISO9001 认证，标志着公司将自己的项目管理纳入了 ISO 的管理体系，从而进一步规范化、标准化地进行项目的实施；1999 年公司的系统集成全面通过了 ISO9001 认证；2001 年公司又通过了 ISO9000 2000 版的复评。

2000 年 6 月，神州数码发布了自己的项目监控体系（PMS），从公司层面对所有运行中的软件项目进行统一的监督和管理，确保每一个项目的质量符合标准。

2002 年 1 月，神州数码软件产品部通过 SEI 的 CMM2 评估，对所有的软件产品开发项目实施 CMM 的项目管理体系。这证明了神州数码软件开发能力的全面提升，更标志着神州数码在软件开发过程的规范化管理方面已全面与国际接轨。

通过不同阶段的工作，神州数码现在的 IT 项目管理体系已经覆盖了公司范围内所有软件项目类型，实现了公司级、部门级和项目级不同层面对项目进行有效的管理和监督，确保项目在既定的时间和成本范围内，达到计划目标，满足客户的需求。

（2）核心思想的保障

神州数码认为，项目管理体系的核心思想是对项目、过程和人员的集成管理。如何提高项目运作的整体效率？神州数码主要是通过两条途径：一是提高过程能力；二是加强人员的管理能力和技术素养。为此，一方面，神州数码在本组织范围内培育和建立起过程持续改进的文化氛围，运用过程体系（ISO9000、CMM 和项目管理监控体系）的改进来不断积累过程财富。同时，注意将组织的知识固化于过程之中。另一方面，过程的丰富和积累有赖于人员的能力和经验，神州数码公司凭借其完善的培训体系（如项目经理资质培训与认证、专项技术培训、过程培训等）充分保证项目组成员获得工作所需的必要技能。在项目的实践中，过程能力和人员能力相辅相成地发挥作用，从而形成了提高、固化、再提高的过程持续改进的循环状态。

神州数码项目管理的基础是项目计划，通过项目周报、里程碑报告等方式来跟踪项目的实际执行状况，并参照项目计划比对偏差，从而采取相应的措施来保证项目的顺利进行。神州数码在项目执行的过程中，从以下 3 个层面对项目的状况进行跟踪和监督。

● 项目经理在项目初期编写工作说明书、制订项目计划，并在项目执行过程中通过管理项目组的日常活动跟踪项目的进展状况，根据实际完成的工作更新项目计划。如果项目计划出现重大变更，则要申请变更项目计划，根据变更后的项目计划来执行工作。

● 部门经理根据项目经理报告的项目计划、项目周报和里程碑报告等方式跟踪项目的阶段偏差（进度、成本）、质量状况、需求变更、风险管理等内容，判断项目中存在的风险并采取相应的措施，处理项目组解决不了的问题。当项目出现重大偏差时，决定是否变更项目计划及采取有效措施。

● 位于公司层面的项目管理部收集整个公司范围内所有项目的项目周报和项目里程碑报告，并通过数据汇总与分析，计算项目 TQC（进度、质量和成本）偏差情况，然后根据偏差情况采取相应的措施。项目管理部根据不同的项目类型为项目组指定质量经理（软件产品项目）或项目监理（工程实施项目），对项目进行阶段检查，判断项目的执行情况，提供项目对公司的项目管理体系的遵循情况。

（3）统一、灵活、改进原则

神州数码项目管理体系的基础是基于 IDEAL 模型的过程改进，旨在提高客户满意度，最终服务于公司的商业目标。考虑到过程改进和商业目标的要求，神州数码项目管理体系在制定和维护的过程中遵循以下 3 条原则。

● 体系的统一性。其要求出于管理上的需要。对于不同类型的项目，公司制定了不同的管理过程，对于不同类型的项目所使用的共同过程，则进行统一维护，确保体系内部的一致性和连续性；对于同一类型不同工作内容的项目则遵循统一的管理流程，在对项目进行监控和监督的过程中，可以使用相同的比较基准，横向比较各个项目的执行情况，如项目的进度阶段偏差和成本阶段偏差。

● 体系的灵活性。其要求出于具体工作的需要。在项目开始执行时，则根据项目的技术特征、业务特征和风险分析等情况，确定项目所使用的软件开发生命周期模型，生命周期模型定义了项目组所使用的软件过程。而项目组所使用软件过程作为神州数码项目管理体系的一个子集，在执行的过程中接受独立于项目组的质量经理（CMM）或项目监理（ISO9000）的检查和审计，保证项目组所执行的过程与组织级的过程保持一致。

● 体系的改进机制。神州数码项目管理体系强调体系的持续改进，通过局部实施、机制设计、培训等多种渠道保证体系的持续改进。通过项目组收集和总结经验，根据实际情况确定是否需要对过程进行修改或加强培训。从而实现"强项全面推广、弱项及时加强"的良性改进机制。

（4）量体裁衣，对症下药

神州数码的项目管理体系适用于不同的项目类型，包括产品研发项目、工程实施项目、维护项目、ERP 实施等不同的项目类型。针对项目的特点及体系改进的需要，神州数码可以采用不同的项目管理方式。

● 对于产品研发项目采用 SEI 所定义的 SW-CMM1.1 模型。

● 对于 ERP 实施项目采用 ERP 厂商自己定义的项目实施模型。

● 对于实施项目和维护项目则采用 ISO9000 所定义的模型进行管理。

● 对于所有的项目类型使用神州数码自己所定义的基于 TQC 度量指标的项目监控体系进行统一跟踪和监督。

参考讨论题：

1. 神州数码的项目管理体系具有哪些特征？神州数码是如何提高项目运作的整体效率的？

2. 神州数码通过什么方法对项目进行跟踪和监控？

3. 检索有关资料，举例说明加强项目过程管理给神州数码带来的好处。

4. 为什么组织需要裁剪 PMBOK 指南中的项目管理信息来创建自己的方法？

习　题

一、选择题

1. 随着项目生命周期的进展，资源的投入（　　　）。

A. 逐渐变大　　　　　　　　　　　　　B. 逐渐变小

C. 先变大再变小　　　　　　　　　　　D. 先变小再变大

2. 确定项目是否可行是在哪个过程完成的？（　　　）

A. 项目启动　　　　B. 项目计划　　　　C. 项目执行　　　　D. 项目收尾

3. 软件项目的生命周期可以从（　　　）的角度进行认识。

A. 项目的承担方　　　B. 客户的角度　　　C. 项目的类型　　　D. 采用的技术

4. 项目的复杂性和多样性要求项目经理具备（　　　）。

A. 领导能力　　　　　　　　　　　　　B. 建设项目团队的能力

C. 冲突处理能力　　　　　　　　　　　D. 解决问题的能力

5. 项目的外部环境包括（　　　）。

A. 法规和标准　　　　　　　　　　　　B. 经济环境

C. 项目组织文化　　　　　　　　　　　D. 社会的文化和意识

二、填空题

1. 检查点是指在＿＿＿＿＿＿＿＿＿＿＿＿对项目进行检查，比较实际与计划之间的差异，并根据差异进行调整。

2. 项目过程是指＿＿＿＿＿＿＿＿的行动序列，包括＿＿＿＿＿＿＿＿和＿＿＿＿＿＿＿两类。

3. 项目计划一般应包括进度计划、＿＿＿＿＿＿＿＿、＿＿＿＿＿＿＿＿、组织计划和沟通等方面的计划。

4. IT 管理咨询项目的实施一般分为：项目准备、需求调研、业务流程重组与企业信息化解决方案设计、＿＿＿＿＿＿＿＿、解决方案讨论确定、＿＿＿＿＿＿＿＿、辅助运行等阶段。

5. 实行项目经理负责制最重要的就是＿＿＿＿＿＿＿＿＿＿＿＿＿＿，以保证项目的顺利实施。

三、简答题

1. 简述信息系统生存期与软件项目的生命周期的区别。

2. 在项目中设立里程碑有哪些好处？

3. 为什么说项目"多、快、好、省"的理想情况很难达到？

4. 你认为一名合格的项目经理应具备哪些素质和能力？各自有何用途？

5. 为什么项目经理应该是一个通才而不应是一个技术专家？

6. 简述项目的控制涉及的内容。了解项目管理过程是如何与项目管理知识域相关的。

7. 简述软件开发项目与 IT 系统集成类项目的管理过程。

8. 评审一个组织应用项目管理过程组来管理 IT 项目的案例研究，理解有效的项目启动、项目计划、项目执行、项目监控和项目结束对项目成功的贡献。

实践环节

1. 上网搜索国内外关于项目管理专业和行业范围的指导性实施准则（如美国的 C/SCSC）都有哪些。

2. 上网搜索我国关于 IT 系统集成企业的认证、行业管理政策是怎样的。

第 3 章

IT 项目的策划与启动

为了避免项目的盲目启动、仓促上马，导致项目的投入产出分析不清，项目重复建设，组织混乱，给后期的实施、维护、使用带来极大的风险，做好项目启动前的论证工作，在满足当前业务需求和长远战略需求之间作好平衡，确保项目建设的成功，强调项目策划、立项管理是十分必要的。本章将介绍项目识别、项目的可行性研究、项目利益相关者分析、定义项目范围和项目启动的概念与过程等内容。

3.1 项目识别和可行性研究

人类在生产活动、经济和社会活动中会遇到各种各样的问题，从而产生出各种各样的设想、主意、建议和计划。现代项目管理认为，项目是将人们的设想变为现实的一项根本手段。市场需求、经营需求、顾客需求、技术进步、国家政策是 IT 项目产生的根本，无论是哪一种方式产生的 IT 项目，都需要识别出项目的机遇和风险，并进行可行性研究。

3.1.1 项目机会研究

1. 发现问题并提出设想

人们要想将在生产、管理活动中产生的一些设想、主意、建议和计划变为现实，首先要找出为解决什么样问题而要开展一个具体项目。通常，这类问题都是关系一个企业或组织的生存与发展的关键性问题或瓶颈性问题。这种问题是开展一个项目的基本前提和必要条件。所以项目管理将"发现问题"作为一个项目的起点。当然，在发现问题的基础上，还需要进一步分析问题并找出解决问题的办法，即提出项目的基本设想。在发现问题和提出设想的基础上，还需要分析和识别是否存在能够解决问题、实现设想，从而使企业或组织获得发展机遇的条件。这既包括企业或组织自身内部条件的分析，更重要的是有关外部环境和机遇的分析与研究。

IT 项目通常有几种产生方式。

- IT 项目可能是由企业信息化、政府信息化的需要而产生，经过一定的论证后确定。
- IT 企业根据市场情况和趋势分析，从市场利益出发，自己寻找项目机会，经过一定的论证后确定。
- 从外界引入，初步的可行性研究已经完成，项目的提出者与投资者在进行详细研究后确定实施该项目。
- 项目的提出者做完了所有的论证工作，并引入风险投资，确定项目。
- 外部环境变化，引发了一个项目。

不管项目从哪里来，由谁提出，前期都需要做大量的工作，否则项目的风险会大大增加。信息系统在组织中的功能通常是支持性的，因此，确立 IT 项目时必须了解项目与组织目前的需求和未来的需求之间的关系。虽然 IT 项目的产生是由于各种不同的原因，但是启动 IT 项目是为了满足一系列可行的业务需求。业务问题的解决方案由一系列的业务目标决定，包括成本的最低目标、提高服务效率的目标、提供服务的结构目标，以及所有这些目标的综合。

2. 项目机会研究

机会研究是项目产生的重要方式，通常它表现为一个全方位的搜索过程。在经过大量的数据分析和整理工作，甚至是市场分析后可以获得项目的概念。具体可分为如下几类：

① 地区研究。这是通过分析所处特定地区的地理位置、自然特征、人口统计特征、地区经济结构、经济发展等状况，选择投资和发展方向，鉴别指定地区的各种投资机会。

② 部门（产业）研究。这是通过分析所指定的部门特征、投资者、经营者所处部门（产业）的地位和作用、增长情况、能否做出扩展等，进行的方向性选择，鉴别某个指定部门的各种投资机会。

③ 资源研究。这是通过分析某些资源的分布情况、资源存储量、可利用程度、已利用状况、可利用的制约条件等信息，识别利用这些资源的机会。

④ 项目投资者的 SWOT 分析。这是分析项目投资者实施经营选定的项目意向具有哪些优势、劣势、机会和威胁。首先通过寻找项目发展投资的"机会"和存在的"威胁"，再分析如何将其存在的"威胁"转化为投资"机会"的途径，然后再进行优、劣势的评价。

机会研究最终要为投资经营决策者提供可选择的项目发展方向或投资意向，研究成果可通过机会研究报告来体现。在一般机会研究的基础上，还需要对具体项目进行深入的可行性研究，从而为决策者提供可供选择的项目建议或投资提案。在可行性研究报告中，可提出若干个可比选的方案和论证依据。

3.1.2 可行性研究

机会研究产生项目，可行性研究确定项目。可行性亦即实现的可行性和取得成功的可能性。可行性研究是对拟选的技术方案、项目需求进行全面的技术经济分析论证，预测、评价其投资效果、可行性程度并予以优选，以便进行投资决策的一种科学方法。技术的先进性、经济的合理性和建设的可能性是可行性研究始终不渝的目标。

1. 可行性研究的目标和作用

项目的可行性研究是项目开始阶段的重要工作，需要对项目所涉及的领域、投资额度、投资效益、采用的技术、所处的环境、产生的社会效益等多方面进行全面的评价，以便能够确定项目的投资价值。

（1）可行性研究的目的

可行性研究是对项目从管理上、技术上、经济上、实现上的难点进行阐述，逐步理清楚客户的需求，并在需求的基础上，规划总体解决方案，以作为项目投入产出评估的依据、产品选型的依据，以及后续方案实施的约束。它的质量直接影响项目的实施效果。进行可行性研究的目的是为了解决以下问题。

① 技术的先进性和适用性。任何一个项目从根本上说都是为了获得最大的收益，这就要求项目采取先进可靠的技术。因为项目从机会研究再到项目实施需要经过相当长的时间，并且需要投入大量的人力、物力和财力。如果技术上不能保持相对的先进性，很可能造成项目在建成之后的很短时间内，由于被更为先进的技术取代而遭到淘汰，造成重大的损失。同时，可行性研究一定要保持技术的适用性，这是由于生产关系要适应生产力的发展所决定的。生产关系一定要适应生产力的发展，高于或低于生产力都会影响其发展。如果技术过高，很可能在实际操作中由于和

其他各方面协调不当而不能被运用。技术上的先进性和适用性要同时兼顾，不能为追求先进性而忽略了适用性，也不能为了适用性而忽略了先进性。

② 经济上的盈利性和合理性。没有企业愿意将大量的资金、人力和物力投入到赔钱的项目中去，因此经济上的盈利性是非常容易理解的。经济上的合理性是指一定的投入在正常情况下会得到一定的产出，项目所实现的盈利水平是合理的，与所估计的值是比较接近的。

③ 运行环境上的可能性和可行性。由于 IT 项目通常是支持性的、是为了满足一系列可行的业务需求，而企业是在社会环境中工作的，除了经济、技术因素外，还有许多社会因素对于项目的开展起着制约的作用。例如，与项目直接相关的管理者是否对项目的开展抱着支持态度，如果存在各种误解甚至抱有抵触的态度，那应该说条件还不成熟，至少应该做好宣传解释工作，项目才能开展。另外，如果有的企业的管理制度正在变革之中，这时软件系统的改善工作就应作为整个管理制度改革的一部分，在系统的总目标和总的管理机制制定之后，项目才能着手进行。如果企业人员的文化水平比较低，在短时期内这种情况不会有根本性的变化，这时如果考虑大范围地使用新技术，那也是不现实的。所有这些社会的因素、人的因素都必须考虑在内。另外，在法律、法规方面，开发的系统会不会构成法律侵权，会不会跟国家的相关政策、法律发生冲突等也必须考虑。

（2）可行性研究的作用

① 为决策提供依据。科学的决策就是根据项目的实际情况，在调查、统计、分析的基础上对技术、经济和运行环境等因素进行论证。建立在业务需求分析基础上的项目投入与价值分析，往往是比较粗略的宏观感受。业务人员在提出信息化需求时，可能并没有充分考虑它与其他系统之间的关系，这样得出的投入与产出分析也是很粗略的。如果在此基础上，通过设计可行性方案，分析清楚该项目的定位及与其他系统的关系，相信投入产出的分析将更有说服力。投资者需要在多方论证的基础上，编制可行性研究报告，其结论是投资者投资决策的依据。

② 可行性研究是项目设计的依据。虽然项目可行性研究与项目设计是分别进行的，但项目设计要严格按照可行性研究报告的内容进行，对可行性研究报告中已确定的规模、方案、标准、投资额度等控制指标不得随意改变。项目设计中的新技术、新产品也都必须经过可行性研究才能被采用。同时，可行性研究也是项目实施的主要依据。

③ 项目评估的依据。项目评估是指在可行性研究的基础上，通过论证分析，对可行性研究报告进行评估，提出项目是否可行，是否为最好的选择方案，为作出最后决策提供咨询意见。这项工作可以由专业的咨询评估机构来完成。例如，银行就可在对可行性研究报告进行审查和评估之后，决定是否对该项目贷款或决定贷款金额的大小。

④ 为商务谈判、签订有关合同协议提供依据。有些项目可能需要引进技术、设备。可行性方案的制定是建立在业务需求的基础上，是不受任何产品影响的。因而它是后续产品选型的依据，它使得企业可以在产品选型过程中始终坚持以自身的需求和规划为原则来选择产品与方案，而不至于受到供应商解决方案的误导。例如，与供应商谈判时，要以可行性研究报告的有关内容（设备选型、处理能力、技术先进性等）为依据。在可行性研究报告被批准后，才能与相关软件、设备供应商进行合同谈判和签订合同。

（3）可行性研究的前提

对所建议的项目进行可行性研究的前提如下。

① 要求。说明对所建议开发的项目的基本要求，例如，功能、性能；输出，如报告、文件或数据，对每项输出要说明其特征，如用途、产生频度、接口及分发对象；输入，说明系统的输入，包括数据的来源、类型、数量、数据的组织及提供的频度；用图表的方式表示出最基本的数据流程和处理流程，并辅之以叙述；在安全与保密方面的要求；同本系统相连接的其他系统；完

成期限等。

② 目标。说明所建议系统的主要开发目标，例如，人力与设备费用的减少；处理速度的提高；控制精度或生产能力的提高；管理信息服务的改进；辅助决策系统的改进；人员利用率的改进等。

③ 条件、假定和限制。说明对这项开发给出的条件、假定和所受到的限制，例如，所建议系统的运行寿命的最小值；进行系统方案选择比较的时间；经费、投资方面的来源和限制；法律和政策方面的限制；硬件、软件、运行环境和开发环境方面的条件和限制；可利用的信息和资源；系统投入使用的最晚时间等。

2. 可行性研究的步骤

可行性分析一般包括初步可行性分析、详细可行性分析、提交可行性研究报告 3 个阶段。每个阶段都是一个独立的分析过程，根据项目情况也可以跨越阶段来进行。

（1）初步可行性研究

初步可行性研究一般是对市场或客户情况进行调查后，对项目进行的初步评估。详细可行性研究需要对项目在技术、经济、运行环境、法律等方面进行深入的调查研究和分析，对于一个大型项目，可能是一项费时、费力的工作。因此，进行初步可行性研究，可以从以下几个方面进行衡量，以便是否决定开始详细可行性研究。

● 分析项目的前途，从而决定是否应该继续深入调查研究；

● 初步估计和确定项目中的关键技术核心问题，以确定是否有可能解决；

● 初步估计必须进行的辅助研究，以解决项目的核心问题，并判断是否具备必要的技术、实验、人力条件作为支持。

因此，通过项目的初步可行性研究就应当能够回答以下一些问题。

● 项目建设的必要性。

● 项目建设的周期。

● 项目需要的人力、物力和财力。

● 项目功能和目标是否可以实现？

● 项目的经济效益、社会效益是否可以保证？

● 项目从技术上、经济上是否合理等？

经过初步的可行性研究，可以形成初步可行性研究报告，对项目进行比较全面的描述、分析和论证，以便把是否开始全面的可行性论证作为决策的参考，当然，也可以作为形成项目建议书的一个参考文献。通过初步分析，一般就可以确定是否立项。

（2）详细可行性研究

详细可行性研究是指在项目决策前进行详尽的、系统的、全面的调查、研究、分析，对各种可能的技术方案进行详细的论证、比较，并对项目建设完成后可能产生的经济、社会效益进行预测和评价，最终提交的可行性研究报告将成为进行项目决策和评估的依据。进行详细可行性研究的依据是调查分析报告，技术、产品或工具的有关资料，需求建议书或项目建议书批准后签订的意向性协议，国家、企业的法律、政策、规划和标准等。

IT 项目详细可行性研究的内容一般可归纳如下。

● 概述。提出项目开发的背景、必要性和经济意义，研究项目工作的依据和范围，产品交付的形式、种类、数量。

● 需求确定。调查研究国内外客户的需求情况，对国内外的技术趋势进行分析，确定项目的规模、目标、产品、方案和发展方向。

● 现有资源、设施情况分析。调查现有的资源，包括硬件设备、软件系统、数据、规章制度等，以及这些资源的使用情况和可能的更新情况。

- 初步设计技术方案。确定项目的总体和详细目标、范围，总体的结构和组成，核心技术和关键问题、产品的功能与性能。
- 项目实施进度计划建议。
- 投资估算和资金筹措计划。
- 项目组织、人力资源、计划培训计划。包括现有人员的规模、组织结构、人员层次、个人技术能力、人员技术培训计划等。
- 经济和社会效益分析。
- 合作与协作方式等。

当完成这些方面的可行性分析工作后，将以可行性研究报告的形式提交详细可行性研究的成果。

3. 可行性研究的主要内容

可行性研究是建立在初步调查基础之上的。如果企业管理者或决策者的需求不迫切，或者条件尚不具备，就是不可行或不必要。一般来说，没有迫切的需要，勉强地开展项目的建设，是很难取得好的效果的。因此，需要分析和论证开发项目的必要性。IT 项目的可行性分析还应从以下 3 个方面考虑。

1）技术可行性分析

技术可行性是指在现有的技术条件下，能否达到用户所提出的要求，所需要的物理资源是否具备、是否能够得到。例如，对加快速度的要求、对存储能力的要求、对通信功能的要求等，都需要根据现有的技术水平认真考虑。此外，还要考虑开发人员的技术水平。软件项目属于知识密集型项目，对技术要求较高，如果缺乏足够的技术力量，或者单纯依靠外部力量进行开发是很难成功的。技术可行性分析需要确认的是：项目准备采用的技术是先进的、成熟的，能够充分满足用户在应用上的需要，并足以从技术上支持系统的成功实现。在进行技术可行性分析时，一般应当考虑以下问题。

① 进行项目开发的风险。在给定的限制范围和时间期限内，能否设计出预期的系统，并实现必须的功能和性能？

② 人力资源的有效性。可以用于项目开发的技术人员队伍是否可以建立？是否存在人力资源不足、技术能力欠缺等问题？是否可以在市场上或者通过培训获得所需要的熟练技术人员？

③ 技术能力的可能性。相关技术的发展趋势和当前所掌握的技术是否支持该项目的开发？市场上是否存在支持该技术的开发环境、平台和工具？

④ 设备（产品）的可用性。是否存在可以用于建立系统的其他资源，如一些设备及可行的替代品？

技术可行性往往决定了项目的方向，一旦开发人员在评估技术可行性时估计错误，将会出现严重的后果，造成项目在根本上的失败。

2）经济可行性分析

经济可行性分析就是估计项目的成本和效益，分析项目在经济上是否合理。如果不能提供项目所需的经费，或者不能提高企业的利润，或者在一定时期内不能回收投资，经济上就是不可行的。经济可行性分析包括以下内容。

（1）成本分析

进行经济可行性分析，首先要估计成本，并以项目成本是否在项目资金限制范围内作为项目的一项可行性依据。IT 项目的成本包括系统开发成本与维护成本。系统开发成本包括：设备（各种硬件/软件及辅助设备的购置、运输、安装、调试、培训费等）、机房及附属设施（电源动力、通信、公共设施费）、软件开发费用等。系统维护成本包括：系统维护费（软件、设备、网络通信）、系统运行费用（人员费用、易耗品、办公费用）等。在估计费用时，切忌估计得过低。例如，只算主机，不算辅助设备；只算开发费，不算维护费；只算一次性投资，不算经常性开支。如果费用估计得过低，会使可行性研究得出的结论不正确，影响系统的建设。

（2）直接经济效益分析

影响经济可行性的另一因素是经济效益。经济效益可分为直接经济效益和间接经济（社会）效益。直接经济效益是系统投入运行后，对利润的直接影响，例如，节省人员、压缩库存、加快资金周转、减少废品等。把这种效益与系统投入、运行费用相比，可以估计出投资回收期。信息系统的经济效益是在系统投入使用之后的若干年里逐渐产生出来的，而资金投入则是当前之事。为了更加合理地计算经济效益，在未来效益中产生的资金需要转换为现值进行计算。

资金折现公式是：资金折现值 = 资金未来值/$(1+t)^T$

其中：t 是银行利率，T 是年份。

衡量经济效益的指标主要有如下几个。

- 纯收入。指系统在估算的正常使用期内产生的资金收益被折算为现值之后，再减去项目的成本投入后的值。
- 投资回收期。指系统投入使用后产生的资金收益折算为现值，到项目资金收益等于项目的成本投入时所需要的时间。动态投资回收期的计算公式如下：

$$P_t = 净现金流量现值累计开始出现正值的年份 - 1 +$$
$$上年净现金流量现值累计的绝对值/当年净现金流量现值$$

例如，假设在某企业管理信息系统的开发过程中，人力、设备、支撑软件等各项成本总计预算是 20 万元。计划一年开发完成并投入使用。表 3 - 1 所列为预计有效的 5 年生命周期内的逐年经济收益与折现计算。其中，银行年利率假设是 6%。

表 3 - 1　逐年经济收益与折现计算

年	逐年收益/元	$1/(1+0.06)^n$	折现值/元
1	50 000	0.94	47 000
2	80 000	0.89	71 200
3	80 000	0.84	67 200
4	80 000	0.79	63 200
5	60 000	0.75	4 500
收益总计			293 600

由表 3 - 1 可以推出以下结果：纯收入 = 293 600 - 200 000 = 93 600（元）。

投资回收期 = 3 + (200 000 - 47 000 - 71 200 - 67 200)/63 200 = 3.23（年）。

- 投资回收率。指根据系统的资金收益进行的利息折算，可以将其与银行利率做比较。设 P 为现在的投资额；F_i 为第 i 年年底的效益（$i = 1, 2, \cdots$）；n 为系统的使用寿命；j 为投资回收率。则现在的投资额是：$P = F_1(1+j) + F_2(1+j)^2 + \cdots + F_n(1+j)^n$。

显然，若项目的投资回收期超过了所开发系统的正常使用期，或项目的投资回收率低于银行利率，或纯收入为负值，则项目在经济效益上不具有可行性。

（3）间接经济（社会）效益分析

IT 系统的效益大部分是难以用货币形式表现出来的社会效益，例如，系统运行后，可以更加及时地得到更准确的信息，对管理者的决策提供了有力的支持，改善了企业形象，增加了竞争力等，这些都是间接效益。根据国外的统计，信息系统的效益，按其重要性排列如下。

- 提供了以前提供不了的统计报表与分析报告；
- 提供了比以前准确、及时、适用、易理解的信息；
- 对领导决策提供了有力支持；
- 促进了体制改革，提高了工作效率；
- 减少了人员费用；
- 改进了服务，增强了顾客信任度，增强了企业的竞争力；
- 改善了工作条件。

除了上述关键因素分析外，还可进行敏感性分析，例如，当设备和软件配置、处理速度要求、系统的工作负荷类型和负荷量等因素变化时，对成本和效益产生的影响的估计。

3）运行环境可行性分析

IT 项目的产品多数是一套需要安装并运行在客户单位的软件、相关说明文档、管理与运行规程。只有系统正常使用，并达到预期的技术指标、经济效益和社会效益指标，才能称 IT 项目开发是成功的。而运行环境是制约信息系统在客户单位发挥效益的关键。因此，需要从管理体制、管理方法、规章制度、人员素质、数据资源、硬件平台等多方面进行评估，以确定系统在交付以后，是否能够在客户单位顺利运行。

在实际项目中，系统的运行环境往往是需要再建立的，这就为项目运行环境可行性分析带来了不确定因素。因此，在进行环境运行可行性分析时，可以重点评估是否可以建立系统顺利运行所需要的环境，以及建立这个环境所需要进行的工作，以便可以将这些工作纳入项目计划之中。

IT 项目也涉及合同责任、知识产权等法律方面的可行性问题。特别是在系统开发和运行环境、平台和工具方面，以及产品功能和性能方面，往往存在一些软件版权问题，是否能够购置所使用的环境、工具的版权，有时也可能影响项目的建立。

在进行了全面可行性分析研究后，应该得出分析结论。可行性分析的结论应该明确指出以下内容之一：项目各方面条件都已经基本具备，可以立即开发；目前项目实施的基本条件不具备，如资金缺口太大、项目技术难以在规定的时间内有所突破等，可建议终止项目，或者推迟到某些条件具备以后再进行；某些条件准备不充分，可建议修改、调整原来的系统目标，使其成为可行。

4）可行性研究报告

可行性分析的结果要用可行性研究报告的形式编写出来，内容包括以下几部分。

第 1 部分

    （1）项目背景
- 项目名称
- 项目承担单位、主管部门及客户
- 承担可行性研究的单位
- 可行性研究工作的依据
- 可行性研究工作的基本内容
- 基本术语和一些约定

    （2）可行性研究的结论
- 项目的目标、规模
- 技术方案概述及特点
- 项目建设的进度计划
- 投资估算和资金筹措计划

- 项目财务和经济评价
- 项目综合评价结论

第 2 部分

（3）项目提出的技术背景

- 国家、地区、行业或企业发展规划
- 客户业务发展及需求的原因、必要性

（4）项目的技术发展现状

- 国内外的技术发展历史、现状
- 新技术的发展趋势

（5）编制项目建议书的过程及必要性

第 3 部分　现行系统业务、资源、设施情况分析

（6）市场情况调查分析

- 项目所产生产品的用途、功能、性能市场调研
- 市场相关（或替代）产品的调研
- 项目开发环境、平台、工具所需要产品的市场调研
- 市场情况预测

（7）客户现行系统业务、资源、设施情况调查

- 客户拥有的资源（硬件、软件、数据、规章制度等）及使用情况调查
- 客户现行系统的功能、性能、使用情况调查
- 客户需求

第 4 部分　项目技术方案

（8）项目总体目标

- 项目的目标、范围、规模、结构
- 技术方案设计的原则和方法
- 技术方案特点分析
- 关键技术与核心问题分析

第 5 部分　项目实施进度计划

（9）项目实施进度计划

- 项目实施的阶段划分
- 阶段工作及进度安排
- 项目里程碑

第 6 部分　投资估算与资金筹措计划

（10）项目投资估算

- 项目总投资概算
- 资金筹措方案
- 投资使用计划

第 7 部分　人员及培训计划

（11）项目组人员组成

- 项目组组织形式
- 人员构成
- 培训内容及培训计划

第 8 部分　不确定性分析

（12）项目风险
- 关键技术、功能、性能（需求）不完全确定性分析
- 其他不可预见性因素分析

第 9 部分　经济和社会效益预测与分析

（13）经济效益预测

（14）社会效益分析与评价

第 10 部分　可行性研究结论与建议

（15）可行性研究报告结论
- 可行性研究报告结论、"立项"建议
- 可行项目的修改建议和意见
- 不可行项目的问题和处理意见
- 可行性研究中争议问题及结论

可行性分析报告要尽量取得有关管理者的一致认识，并经过主管领导批准，才可付诸实施，进入下一阶段。

3.1.3　项目决策

决策是在充分占有信息和资料的前提下所进行的一种创造性劳动，因此充分占有信息是决策的先决条件。从这一基本思想出发，可行性分析是项目决策的基础。如果不进行充分的可行性分析研究，所策划的结果可能与实际需求背道而驰，甚至得出错误的结论，并直接影响项目的实施。

1. 项目决策的概念

项目决策是指按照一定的程序、方法和标准，对项目的投资规模、投资方向、投资结构、投资分配及投资项目的选择和布局方面所作的判断，即对投资是否必要和可行做出一种选择。项目决策有两个涵义：一可称为决定，即确定某项投资项目是否应当兴建或选用哪个方案。在经过分析论证以后，最后由决策部门或负责人结合各方面的意见，拍板定案，做出最后的决定。二可称为决策工作。对任何事情的决定，总应从最早的想法，经过调查、分析思考，使最初的想法进一步明确和深化，进而通过对各种可行性方案的反复比较、权衡利弊，选择一个比较完善和成熟的方案，最后做出采纳这个方案或否定原有想法的决策。

项目决策是对投资项目的一些根本性问题，诸如拟建设项目的方案确定、项目的必要性、合理性等重大问题做出最终的判断和决定。因此，项目决策的正确与否，直接关系到项目的成败，对企业的经济效益甚至是国家经济的发展都有重要的影响。

2. 项目决策的要素

① 决策者。决策者的任务是进行决策。决策者可以是个人、委员会或某个组织，一般指领导者或领导集体。

② 可供选择的方案、行动或策略。参谋人员的任务是为决策者提供各种可行的方案，包括了解研究对象的属性，确定目的和目标。属性是指研究实体的特征，它们是客观存在的，是可以度量的，并可由决策者主观选定。例如，在对项目是否投资进行分析时，内部收益率、投资回收期等是属性。目的是表明选择属性的方向，例如，是大好还是小好，反映了决策者的要求和渴望。目标是给出了参数的目的。例如，目的是选择一种投资收益率高的项目，那么以收益率 10％ 为目标。

③ 准则。准则是衡量选取方案，包括目的、目标、属性、正确性的标准，在决策时有单一准则和多准则两种情况。

④ 事件。事件是指不为决策者所控制的、客观存在的、将要发生的状态。

⑤ 后果。每一件事的发生都会产生某种结果，例如，获得收益或损失。

⑥ 决策者的价值观。价值观是指决策者的效用和偏好，例如，决策者对项目风险的承受程度和主观价值观念。

3. 项目选择

如何把握好项目的选择呢？首先应对项目本身进行全方位的了解，突出考察项目的 4 个要素。

- 项目的合法性。选择项目时，首先要考虑项目是否符合国家的产业政策。国家提倡和鼓励的项目，是国家在一定时期内重点扶持、优先发展的产业，必将拥有广阔的市场前景。反之，凡是国家限制发展的和明令禁止的项目，都不能考虑。因为那是没有出路的，甚至是违法的。

- 项目的科技含量。项目科技含量的高低，标志着市场竞争力的强弱，决定着产品生命周期的长短，同时直接关系着经济效益的好坏，只有把眼光瞄准高科技项目，坚持"不断发展"的思路，才能收到"一次投资，终生受益"的理想效果。

- 项目的成熟度。IT 项目的核心是技术，成熟可靠的技术才能保证项目在实施过程中能得心应手，运作自如。实验室的技术处于实验阶段，应慎重采用。项目应遵循"成熟先进"的原则选择所采用的技术和产品，方能相对保证投资的安全。

- 项目的适用性。项目的生存和发展，是依赖市场来承载的。市场对某项目的接纳程度，主宰着该项目的兴衰沉浮。因此，项目的适用性强弱，直接关系到它所衍生的产品在市场中的地位和份额。一个适用性较差的项目，它面对的市场是十分狭小的，其结果肯定是不战而败。

要选择一个好项目，不仅仅对项目有较高的要求标准，同时还需要与投资者本身的经营能力、资金实力及市场等条件综合考虑，全面评估，这样方能相得益彰。

3.2 项目相关利益者分析

一个项目会涉及许多组织、群体或个人的利益，这些组织、群体或个人都是这一项目的相关利益主体（或叫作相关利益者、项目干系人）。项目的管理者必须全面地识别出项目的相关利益主体，分析、确认和管理好项目相关利益主体的需求和期望，才能使项目获得成功。

3.2.1 项目主要的利益相关主体

项目各相关利益主体（项目干系人）是指那些积极参与该项目工作的个体和组织，或者那些由于项目的实施或项目的成功其利益会受到正面或反面影响的个体和组织。项目管理工作组必须识别哪些个体和组织是项目的涉及人员，确定他们的需求和期望，然后设法满足和影响这些需求、期望，以确保项目能够成功。一个项目的主要相关利益主体包括下述几类。

1. 项目的业主

项目的业主是指项目的投资人和所有者。项目业主是一个项目的最终决策者，他拥有对于项目的工期、成本、质量和集成管理等方面的最高决策权力，因为项目是属于他所有的。项目业主有时是项目的直接用户，有时甚至还是项目的实施者。例如，对于一个信息系统集成项目而言，业主一般就是系统的最终用户；而对于一个企业的技术攻关项目或技术改造项目而言，项目的业主、用户和实施者就有可能都是企业自身。业主将对项目的管理起决定性的影响作用。

2. 项目的客户

项目的客户是使用项目成果的个人或组织。任何一个项目都是为项目客户服务的，都是供项目客户使用的，所以在项目管理中必须认真考虑项目客户的需要、期望和要求。一个项目的客户可能是非常单一的，也可能是非常广泛的。例如，一个具体的管理信息系统开发项目的客户可能只是一个企业。一个项目的客户有时可能会是多层次的，对于那些客户涉及面广而且层次多的项目，更需要很好地确认项目的各种客户。

3. 项目经理

项目经理是负责管理整个项目的人。项目经理既是一个项目的领导者、组织者、管理者和项目管理决策的制定者，也是项目重大决策的执行者。一个项目经理需要领导和组织好自己的项目团队，需要做好项目的计划、实施和控制等一系列的项目管理工作，而且还需要制定各种的决策。但是在有关项目工期、质量和成本等方面的重大决策上，项目经理就需要听命于项目业主/客户或者项目最主要的相关利益者。由于 IT 项目的技术性要求，往往需要项目经理掌握核心的技术，以利于其核心作用的发挥。项目经理对于一个项目的成败是至关重要的，所以他必须具有很高的管理技能和较高的素质，他必须能够积极与他人合作并能够激励和影响他人的行为，为实现项目的目标与要求服务。

4. 项目实施组织

项目的实施组织是指完成一个项目主要工作的承担企业或组织。一个项目的实施组织可能是项目业主委托的业务项目实施组织，也可能是项目业主自己内部的单位或机构。组织中现有的业务或项目是本项目开展的环境，同时也与本项目的开发形成竞争关系。这种竞争体现在资金、人才和设备等资源的分配、占有等方面，因而如何协调与公司现有资源和项目之间的关系，是项目经理需要考虑的问题之一。

5. 项目团队

项目团队是具体从事项目全部或某项具体工作的组织或群体。项目团队是由一组个体成员，为实现项目的一个或多个目标而协同工作的群体。一个项目可能会有为完成不同项目任务的多个项目团队，也可能只有一个统一的项目团队。

6. 项目的其他相关利益主体

除了上述各种项目相关利益主体之外，一个项目还会有供应商、贷款银行、政府主管部门等相关利益主体。这些不同的项目相关利益主体的需要、期望、要求和行为都会对项目的成败发生影响，都需要在项目管理中给予足够的重视。例如，政府主管部门对于项目的管理规定，供应商的竞价能力，贷款银行的各种政策等。这些要素都会直接或间接地影响到项目的成败。

3.2.2　项目相关利益主体之间的关系

相关利益主体之间的关系既有相互一致的一面，也有相互冲突的一面。项目相关利益主体的要求和期望有时是不统一的，这就造成了项目相关利益主体会有一些不同的目标，有时这些目标还会发生相互冲突。例如：委托开发管理信息系统的企业或部门，作为项目的业主会要求在系统技术性能得到保障的基础上，系统的开发成本越低越好，但是承包系统开发的公司的要求和期望是在保证技术性能的基础上能够获得最大的业务利润，即项目的造价（开发费用）越高越好。通常，项目相关利益主体之间的关系主要包括下面几种。

1. 项目业主与项目实施组织之间的利益关系

项目业主与项目实施组织之间的利益关系在很大程度上决定了一个项目的成败。通常，二者的利益关系既有相互一致的一面，这使项目业主与项目实施组织最终形成了一种委托和受托，或者委托与代理的关系（如果项目业主和项目实施组织之间没有这种利益一致，就无法形成项目业主与实施组织之间的合作关系）；也有利益相互冲突的一面（因为双方各自都有独立的利益、期望和目标），这会影响到项目的成功实施。例如，在一个管理咨询项目中，项目业主与管理咨询公司之间由于有共同的利益而形成了委托与受托的关系，但是项目业主会希望尽量降低管理咨询的成本，使自己获得更多的利益；但是管理咨询公司则希望尽量提高管理咨询项目的成本或造价，从而获得更多的业务收入。通常，如果不能够正确地处理这种双方利益的冲突，就会形成项目实施组织被迫中止合作或被迫采取偷工减料的做法，使整个项目出现问题。项目业主与项目实施组织的这种利益冲突一般需要按照互利的原则，通过友好协商的方法，运用委托代理合同的方式来解决。因此，在项目管理中，项目业主与项目实施组织之间都需要通过签署各种合同去保障双方的利益、调整双方的利益关系。

2. 项目业主与项目其他相关利益主体之间的利益关系

项目业主与项目其他相关利益主体之间同样存在着利益一致的一面和利益冲突的一面。通常，项目业主与其他项目相关利益主体之间利益一致的一面使得项目得以成立，而利益冲突的一面使得项目出现问题或失败。对于可能发生的项目业主与项目其他相关利益主体之间的利益冲突，项目的管理者必须在项目管理中予以充分的重视，设法做好事前的预测和控制，努力合理地协调这些利益关系和解决这些利益冲突，以保障项目的成功。

3. 项目实施组织与项目其他相关利益主体之间的利益关系

项目实施组织与项目其他相关利益主体也会发生各种利益关系，也包括利益一致和利益冲突两个方面。虽然项目实施组织与项目其他相关利益主体的利益关系没有项目业主与其他相关利益主体之间的利益关系那么直接和紧密，但是同样会有许多利益冲突的地方，也存在着由于利益冲突导致项目失败的危险。例如，一个信息系统集成公司不仅会与项目业主发生项目预算方面的利益冲突，而且会与系统的最终用户发生利益冲突，因为项目业主单位的中层管理者和下层信息处理者会因为项目实施组织所开发的信息系统改变了他们原有的权力分配（有的人拥有了更多的信息，从而拥有了更大的权力，而有的人因此而失去了一部分权力），威胁到他们的地位，改变了他们的工作和他们的未来发展（有的人可能会因为不适应信息系统的挑战而失去工作或提升的机会）而与项目实施组织发生冲突，甚至会人为地给信息系统开发设置障碍（例如，在系统的用户需求调查中不提供真实的需求等），会设法抵制信息系统项目的开发（例如，在系统转换中不提供支持，或反对在本部门使用信息系统等）从而使整个信息系统的开发失败。项目实施组织与项目其他相关利益主体之间的利益关系和冲突也需要项目管理者采取各种方法进行合理的协调，努力地消除利益冲突，从而使项目获得成功。

现代项目管理的实践证明，要解决项目各相关利益者目标的分歧还是要以顾客的期望为准。但是，这并不是意味着可以忽略其他项目各相关利益者的要求与期望。对于项目管理而言，不同项目相关利益主体之间的利益冲突和目标差异可以通过采用合作伙伴式管理和其他解决方案予以解决。这意味着在一个项目的管理中，从项目的定义阶段开始就要充分了解项目相关利益主体各方面的要求和期望，就应该充分考虑项目全部相关利益主体的利益关系；而在项目的计划阶段合理安排和照顾好项目各利益相关主体的利益，协调好项目各相关利益主体在项目目标方面的冲突和差异；同时在项目的实施阶段努力维护好项目各相关利益主体的不同利益，设法达到甚至超过各方面的需要和期望，最终成功地完成整个项目。

3.3　识别项目需求、界定项目范围

在项目启动和计划阶段，首先要明确项目需求，才能对项目进行计划、成本、质量等项目管理的其他要素的控制。在这个阶段，需要在用户和开发组织之间就给定系统需求达成共识，并在项目运作的整个过程中，以这个共识为基线，控制项目进行。为了确保项目能够满足客户需要、符合合同规定，并在预定的日期和预算内完成，不仅需要做好需求开发工作，还要对需求进行有效的管理。

3.3.1 识别需求、编制需求建议书

识别需求工作将对软件项目、IT 项目能否最终达到预期目标产生至关重要的影响。对于开发应用系统、软件产品的项目而言，好的需求管理是成功的关键因素。需求应该是来源于用户调查，即客户的需要；来源于某个特定行业的一些抽象的提炼。所谓需求，必须要考虑用户自身的特性与要求，并且是参照行业规范进行业务分析的结果。这些从客户处获得的"需要"，被分析、确认后形成完整的文档。该文档详细地说明了产品"必须或应当"做什么或对于模糊的部分不做什么。通过识别需求，可以明确对项目的定义。项目定义是将建设意图和初步构思，转换成定义明确、系统清晰、目标具体、具有明确可操作性的方案。项目定义确定项目实施的总体构思，主要解决两个问题。第一个问题是明确项目定位。项目定位是指项目的功能、建设的内容、规模、组成等，也就是项目建设的基本思路。项目定义的第二个问题是明确项目的建设目标。项目的建设目标包括质量目标、投资目标、进度目标等多个方面。

1. 识别需求

从客户的角度而言，识别需求是项目启动过程和整个项目生命周期内的最初活动，客户通过识别商业或市场需求、机会，确定投资方向和项目机会。在这个过程中，将为项目的目标确定、可行性分析和项目立项提供直接、有效的依据，为需求建议书的撰写提供基础。当然在识别需求、机会和问题的时候，必须清晰地定义问题和需要。这也就意味着要进行大量的问题信息、资料的收集工作。例如，一个企业发现其资源利用率很低、浪费很大、管理的头绪太多，那么企业准备启动 ERP 系统前，势必需要调查清楚当前企业资源和资源利用的实际情况，以及对企业管理和成本造成的影响程度，尽量确定清楚问题的数量和等级，看是否真的需要建立 ERP 系统。一旦确定了相关问题和需求，并证实了项目将会获得很大收益，客户（或投资方）就可以开始准备需求建议书了。

从开发方的角度而言，识别需求是得到客户的需求建议书后，或者只是得到客户初步需求意向后，项目团队从技术实现、应用和项目实施的角度识别客户实际存在的问题、基本意图和真实想法，从而与客户有效地沟通，准确分析需求和问题，为制订可行、合理、正确的技术及实施解决方案提供依据，为立项决策提供参考。开发方可以提交一份清晰的需求分析说明书，请客户予以确认，达成最终的需求共识。

在企业信息化过程中，常见的做法是将提出应用系统建设的意向作为项目启动的开始阶段来管理，其意义就在于对意向进行统筹规划，保证系统建设的整体合理性。在意向提出阶段，业务部门发现需要由信息化手段来实现的业务需求，并提出建设信息化系统的期望。由于信息化项目的意向伴随着业务发展的全过程，因此，意向的统筹管理与规划对企业的信息化始终是一个难题。

2. 编制需求建议书

制订需求建议书（Request For Proposal，RFP）的目的，就是从客户的角度进行全面、详细的论述，论述为了达成确定的需求需要做何具体的准备。对于一个项目而言，特别是对于较复杂的项目而言，RFP 应当是全面的，并且能够提供足够而详细的信息，以使承包商或项目团队能针对客户的具体需求相应地准备一份有竞争力的、合理的项目申请书或项目建议书。

需求建议书一般包含以下主要内容。

- 满足需求的工作陈述。该陈述应涉及项目工作范围，介绍客户需要的软、硬件提供商或项目团队完成的工作任务和工作基础单元。

- 客户提出的相关要求。这些要求规定了所要进行的项目应满足的技术标准、质量要求、进度要求、数量及其他软、硬件提供方案能够满足的各项参数、指标。例如，对于一个软件开发

项目，为了今后的系统维护考虑，客户会提出培训需求，如必须有通过认证培训的对操作系统维护人员、数据库系统维护人员等的 5 天培训，要求在工程实施前完成等。有些要求有可能就是检验工作的标准，在以后的项目验收中可能会作为客户确认的、通过验收的必要条件之一。

- 项目所应提交的交付物/成果或达到的相关项目目标。这里的交付物应该是软、硬件提供商提交的具体的实体内容。但不一定只是项目最终的交付成果，也可能是双方协商确定的里程碑完成报告、项目的进度报告等。例如，一个集成系统初次验收后的系统试运行报告也可作为一个具体的交付物。

- 客户供应条款、合同形式、付款方式。可以通过此需求，让软、硬件提供商了解客户合同订立的原则、付款的可能形式，以做好商务上的洽商准备。

- 客户对项目建议书的要求。这项要求在客户需要进行招标的项目中比较常见。客户通常会提供有关申请书（或投标文件）的格式和内容的规定，如不能少于和多于多少页等；也会对申请书的提交时间做出严格的最后期限规定，以便在同一时间公平地评估、评价。

- 承包商的评价标准。客户据此来评价相互竞争的承包商的项目建议书，为选择最终的承包商提供参考。

以上内容不一定是最全面的，当然，也不是所有的项目都需要需求建议书，或者都包含以上全部内容，可能有的就是口头交流，这需要根据项目的具体情况而定。例如，对于一个项目，企业认为完全没有必要对外承包实施，自己就可以组织很少的人力完成，这时就可以根据情况选择是否需要制订需求建议书。如果是一个非招标项目，可以根据情况决定是否将后两项内容写入需求建议书，而对于招标项目，该需求建议书可以转化成招标文件的一部分。

3.3.2 软件工程的需求管理过程

需求管理过程保证软件需求以一种技术形式描述一个产品应该具有的功能、性能和性质等。需求管理从需求获取开始贯穿于整个项目生命周期，力图实现最终产品同需求的最佳结合。需求管理的目的就是要控制和维持需求的事先约定，保证项目开发过程的一致性，使客户得到他们最终想要的产品。需求管理包括以下内容。

1. 定义需求

当完成用户需求调查后，首先对《用户需求说明书》进行细化，对比较复杂的用户需求进行建模分析，以帮助开发人员更好地理解需求。当完成需求的定义及分析后，需要将此过程书面化，要遵循既定的规范将需求形成书面的文档——《需求规格说明书》。然后邀请同行专家和用户（包括客户和最终用户）一起评审《需求规格说明书》。

2. 需求确认

需求确认是需求管理过程中的一种常用手段。确认有两个层面的意思：第一是进行系统需求调查与分析的人员与客户间的一种沟通，通过沟通来对不一致的需求进行剔除；另外一个层面的意思是指，对于双方达成共同理解或获得用户认可的部分，双方需要进行承诺。

3. 建立需求状态

跟踪每个需求的状态是需求管理的一个重要方面。需求状态是指用户需求的一种状态变换过程。为什么要建立需求状态？在整个生命周期中，存在着几种不同的情况，在需求调查人员或系统分析人员进行需求调查时，客户存在的需求可能有多种，一类是客户可以明确，且清楚提出的需求；一类是客户知道需要做些什么，但又不能确定的需求；另一类是客户本身可以得出这类需求，但需求的业务不明确，还需要等待外部信息；还有是客户本身也说不清楚的需求。对于这些需求，在开发的过程中，存在如表 3 - 2 所示的几种情况。

表 3 - 2　需求状态表

状态值	定　　义
已建议	该需求已被有权提出需求的人建议
已批准	该需求已被分析，估计了其对项目余下部分的影响，已用一个确定的产品版本号或创建编号分配到相关基线中，开发团队已同意实现该需求
已实现	已实现需求代码的设计、编写和单元测试
已验证	使用所选择的方法已验证了实现的需求，如测试和检测，经审查该需求跟踪与测试用例相符
已删除	计划的需求已从基线中删除，但包括一个原因说明和做出决定的人员

在每一可能的状态类别中，如果周期性地报告各状态类别在整个需求中所占的百分比将会改进项目的监控工作。

4. 需求评审

对软件产品的评审有两类方式：一类是正式的技术评审，也称同行评审；另一类是非正式技术评审。对于任何重要的软件产品，都应该至少执行一次正式的技术评审。在进行正式评审前，需要有人员对其要进行评审的工作产品进行把关，确认其是否具备进入评审的初步条件。

需求评审的规程与其他重要工作产品（如系统设计文档、源代码）的评审规程非常相似，主要区别在于评审人员的组成不同。前者由开发方和客户方的代表共同组成，而后者通常来源于开发方内部。

评判需求优劣的主要指标有：正确性、清晰性、无二义性、一致性、必要性、完整性、可实现性、可验证性、可测性。如果有可能，最好可以制定评审的检查表。

需求分析报告形成以后，还需要组织对需求的评审，以达成项目关系人对需求的一致认可。这一过程可包括如下几部分。

- 制订评审计划。制订评审的工作计划，确定评审小组成员，准备评审资料。
- 需求预审查。评审小组成员对需求文档进行预审。
- 召开评审会议。召开评审会议，对《需求规格说明书》进行评审。
- 调整需求文档。根据评审发现的问题，对需求进行重新分析和调整。
- 重审需求文档。针对评审会议提出的问题，对调整后的需求文档进行重新审查。

5. 需求承诺

需求承诺是指开发方和客户方的责任人对通过了同行评审的需求阶段的工作产品做出承诺，同时该承诺具有商业合同的同等效果。需求承诺的示例如下。

需求承诺

×××项目需求文档——《×××需求规格说明书》，版本号：×.×.×，是建立在×××与×××双方对需求的共同理解基础之上，同意后续的开发工作根据该工作产品开展。如果需求发生变化，双方将共同遵循项目定义的"变更控制规程"执行。需求的变更将导致双方重新协商成本、资源和进度等。

　　　　　甲方签字　　　　　　　　　　　　　　　　乙方签字

6. 需求跟踪

在整个开发过程中，进行需求跟踪的目的是建立和维护从用户需求开始到测试之间的一致性与完整性，确保所有的实现是以用户需求为基础，确保对于需求实现全部覆盖，同时确保所有的输出与用户需求的符合性。常见的需求跟踪有两种方式。

- 正向跟踪。以用户需求为切入点，检查《需求规格说明书》中的每个需求是否都能在后继工作产品中找到对应点。
- 逆向跟踪。检查设计文档、代码、测试用例等工作产品是否都能在《需求规格说明书》中找到出处。

正向跟踪和逆向跟踪合称为"双向跟踪"。不论采用何种跟踪方式，都要建立与维护"需求跟踪矩阵"。需求跟踪矩阵保存了需求与后续开发过程输出的对应关系。矩阵单元之间可能存在"一对一"、"一对多"或"多对多"的关系。表 3-3 所示是简单的需求跟踪矩阵示例。

表 3-3 需求跟踪矩阵

需求代号	需求规格说明书 V1.0	设计文档 V1.2	代码 1.0	测试用例	测试记录
R001	标题或标识符	标题或标识符	代码文件名称		测试用例标识
R002	…	…	…		…
…	…	…	…		…

使用需求跟踪矩阵的优点是很容易发现需求与后续工作产品之间的不一致，有助于开发人员及时纠正偏差，避免干冤枉活。

7. 需求变更控制

现实世界的软件系统可能有不同的严格程度和复杂性，所以事先预言所有的相关需求是不可能的。系统原计划的操作环境会改变，用户的需求会改变，甚至系统的角色也有可能改变。实现和测试系统的行为可能导致对正在解决的问题产生新的理解和考虑，这种新的认识就有可能导致需求变更。需求变更通常会对项目的进度、人力资源产生很大的影响，这是软件开发企业非常畏惧的问题，也是必须面临与需要处理的问题。

3.3.3 PMBOK 的范围管理

IT 项目管理的第一个活动是项目范围的确定，对 IT 项目范围的描述必须是有界定的。可以通过考虑信息系统应用的背景、目标、功能和性能等几个方面的内容对项目范围进行界定。范围说明给出与问题相关的主要数据、功能和行为，更为重要的是它以量化的方式约束了这些特性。按照 PMBOK 的定义，范围是指产生项目产品所包括的所有工作及产生这些产品的过程。项目范围为项目范围管理标出一个界限，或分出哪些属于应该做的，哪些不包括在项目工作之中。项目范围管理的核心是：为了顺利完成项目而设置了一些过程，这些过程的目的是确保项目包括且仅仅包括所要求的工作（交付成果）。这一控制过程的含义同时还是确保项目组和用户对作为项目结果的产品及生产这些产品所用到的过程有一个共同的理解。范围管理的过程包括如下几方面。

① 启动。项目在启动阶段，通过调查、分析、评估和选择等方法决定项目是否要做。正式开始启动一个项目的时候就会产生一个输出，即项目章程，它正式承认项目的存在并对项目提供一个概要。

② 范围计划。它是项目进一步形成的文档，包括用来衡量一个项目或项目阶段是否已顺利完成的标准。通常的范围计划的输出的是项目组制定的范围说明书和范围管理计划。

③ 范围定义。这是把项目的主要交付成果细分成较小的、更容易管理的部分，在这个过程中，项目组要对项目建立工作分解结构（Work Breakdown Structure，WBS）。

④ 范围核实。它是指用户对项目范围的正式认定。项目用户要在这个过程中，正式接受项目可交付成果的定义。

⑤ 范围变更控制。它是指对项目范围变更实施的控制，包括对造成范围变更的因素施加影

响，以确保这些变更得到一致认可；确定范围变更已经发生；当范围发生变化时，对实际的变更进行管理。

1. 项目范围计划编制的依据

项目范围计划编制的依据包括产品描述、项目许可、约束条件和假定等。

① 产品描述。产品描述包括产品要求和产品设计，其中产品要求应反映已经达成共识的用户要求，而产品设计则应满足上述要求。此外，产品描述中应含有产品的商业需求或其他导致项目产生的原因等内容。

② 项目许可。项目许可是正式确认项目存在的文档。当项目在合同环境下执行时，所签订的合同常作为卖方的项目许可。

③ 约束条件。约束条件是制约项目组织选择的因素。例如，事先确定的预算就有可能限制项目团队的范围、人员配备及进度计划的选择等。项目在合同环境下执行时，所签订的合同通常成为约束条件。

④ 假定。假定影响项目计划的各个方面的因素，它是渐进明细的一部分，项目团队经常确定、归档和验证所用的假定，并作为他们计划编制的一部分。假定通常包含一定程度的风险。例如，如果一个关键人物能够参加项目的具体日期不确定，那么项目团队就要假定一个具体的开始时间。

2. 项目范围计划技术

常用的项目范围计划技术有：产品分析、收益/成本分析、备选方案识别技术和专家评定等。

① 产品分析。进行产品分析是为了对项目产品有一个更好的理解，可使用多种技术来进行分析，其中包括产品分解分析系统工程、价值分析、功能分析、质量函数等技术。

② 收益/成本分析。收益/成本分析就是对各种项目和产品方案可见的或潜在的成本和收益进行估算，然后用投资收益率或投资回收期等财务指标评价各方案的相对优越性。

③ 备选方案识别技术。备选方案识别技术是指可供识别、确定方案的所有技术，最常用的有头脑风暴法、横向思维法等。

④ 专家评定。可聘请专家对各方方案进行评定，这些专家可以来自项目执行组织、内部的其他部门；也可以来自咨询公司、行业或专业团队、技术协会等。通过范围说明、详细依据和范围管理计划。

3. 项目范围计划编制

① 范围说明。范围说明是确认或建立一个项目范围的共识，是未来项目决策的基准文档。随着项目的进展，范围说明可能需要根据项目范围的变更而进行修改和细化。范围说明可以是一个独立的文档，内容包括以下几个方面。

- 项目论证。项目论证是描述创建项目的理由，它是评估未来效益的基础。
- 项目产品的描述。项目产品的描述根据项目所要产出的产品或服务的基本特征进行描述。
- 项目的可交付成果。项目的可交付成果是层次子产品的总和，各自得到完整或满意的完成就标志着项目的完成。
- 项目目标。范围说明通过确定项目目标和主要可交付成果，为项目队伍和项目用户之间达成协议奠定基础。

② 详细依据。详细依据是包括项目有关假定和约束条件的文档，项目管理的其他过程可能会使用这些文档。

③ 范围管理计划。范围管理计划包括的内容有：如何管理项目范围及如何将变更纳入到项目范围之内；项目范围稳定性评价，包括项目范围变化的可能原因、频率和幅度。

4. 项目范围变更管理

项目范围变更控制关心的是对造成项目范围变更的因素施加影响，并控制这些变更造成的后果，确保所有请求的变更与推荐的纠正，通过项目整体变更控制过程进行处理。项目范围控制也在实际变更出现时，用于管理这些变更并与其他控制过程结合为整体。

1）项目范围变更的原因分析

项目范围的变化在项目变化中是最重要、最受项目经理关注的变化之一。通过工作分解结构详细界定的项目的需求、范围，确定了项目的工作边界，明确了项目的目标和主要的项目可交付成果。而如果项目的范围发生了变化，就必然会对项目产生影响，这种影响有的可能有利于项目目标的实现，但更多的则不利于项目目标的实现。

项目范围变更的原因是多方面的，例如，用户要求增加产品功能、技术问题导致设计方案修改而增加开发内容。项目经理在管理过程中必须通过监督绩效报告、当前进展情况等来分析和预测可能出现的范围变更，在发生变更时遵循规范的变更程序来管理变更。

在进行项目范围变更控制之前，还必须清楚项目范围变化的影响因素，从而有效地进行项目范围变化的控制。项目范围变化的规律可能因项目而异，但通常情况下，项目范围变化一般受以下因素的影响。

- 项目的生命周期。项目的生命周期越长，项目的需求、范围就越容易发生变更。
- 项目的组织。项目的组织越科学、越有力，则越能有效制约项目范围的变化。反之，缺乏强有力组织保障的项目的范围则较容易发生变化。
- 项目经理的素质。高素质的项目经理善于在复杂多变的项目环境中应付自如，正确决策，从而使项目范围的变化不会造成对项目目标的影响。反之，在这样的环境中，往往难以驾驭和控制项目。

除了上述因素以外，还有其他若干因素。例如，对项目的需求识别和表达不准确，计划出现错误，项目范围需要变化；项目中原定的某项活动不能实现，项目范围也需要变化；项目的设计不合理，项目范围更需要变化。外部环境发生变化，新技术、手段或方案出现，项目范围需要变化；客户需求发生变化，项目范围也需要变化等。

2）项目范围控制的主要步骤

① 在收集到已完成活动的实际范围和项目变更带来的影响的有关数据，并据此更新项目范围后，对范围进行分析并与原范围计划进行比较，找出要进行纠正的地方。

② 对需要采取措施的地方确定应采取的具体措施。

③ 估计所采取的纠正措施的效果，如果所采取的纠正措施仍无法获得满意的范围调整，则重复以上步骤。

3）对范围变化的控制

范围变化控制是关于影响造成项目变化的因素，并尽量使这些因素向有利的方面发展；判断项目变化范围是否已经发生；一旦范围变化已经发生，就要采取实际的处理措施。范围变化控制必须与其他控制管理程序（进度控制、成本控制、质量控制及其他控制）结合在一起用。为规范项目变更管理，需要制定明确的变更管理流程，其主要内容是识别并管理项目内外引起扩大或缩小项目范围的所有因素。

（1）范围变更控制实施的基础和前提

- 进行工作任务分解。建立工作任务分解结构是确定项目范围的基础和前提。
- 提供项目实施进展报告。提供项目实施进展报告就是要提供与项目范围变化有关的信息，以便了解哪些工作已经完成，哪些工作尚未完成，哪些问题将可能发生，这些将会如何影响项目的范围变化等。

● 提出变更要求。变更要求一般以书面的形式提出,其方式可以是直接的,也可以是间接的。变更要求可能来自项目内部,也可能来自项目外部;可能是自愿的,也可能是被迫的。这些改变的可能是要求扩大项目范围或缩小范围。

● 项目管理计划。项目管理计划应对变更控制提出明确要求和有关规定,以使变更控制做到有章可循。

(2)范围变更控制的工具和技术

● 范围变更控制系统。该系统用于明确项目范围变更处理程序,包括计划范围文件、跟踪系统和偏差控制与决策机制。范围变更控制系统应与全方位变更控制系统相集成,特别是与输出产品密切相关的系统的集成。这样才能使范围变更的控制能与其他目标或目标变更控制的行为相兼顾。当要求项目完全按合同要求运行时,项目范围变更控制系统还必须与所有相关的合同要求相一致。

● 偏差分析。项目实施结果测量数据用于评价偏差的大小。判断造成偏离范围基准的原因,以及决定是否应当采取纠正措施,都是范围控制的重要组成部分。

● 补充规划。影响项目范围的变更请求批准后,可能要求对工作分解结构与工作分解结构词汇表、项目范围说明书与项目范围管理计划进行修改。批准的变更请求有可能成为更新项目管理计划组成部分的原因。

● 配置管理系统。正式的配置管理系统是可交付成果状态的程序,可确保对项目范围与产品范围的变更请求是经过全面透彻考虑并形成文件后,再交由整体变更控制过程处理的。

4)项目范围变更控制的作用

项目范围变更控制的作用主要体现在以下几个方面。

● 合理调整项目范围。范围变更是指对已经确定的、建立在已审批通过的 WBS 基础上的项目范围所进行的调整与变更。项目范围变更常常伴随着对成本、进度、质量或项目其他目标的调整和变更。

● 纠偏行动。由于项目的变化所引起的项目变更偏离了计划轨迹,产生了偏差,为保证项目目标的顺利实现,就必须进行纠正。所以,从这个意义上来说,项目变更实际上就是一种纠偏行动。

● 总结经验教训。导致项目范围变更的原因、所采取的纠偏行动的依据及其他任何来自变更控制实践中的经验教训,都应该形成文字、数据和资料,以作为项目组织保存的历史资料。

5)变更控制委员会

在变更控制机制中,一般会包括一个变更控制委员会,负责批准或抵制变更要求。在一些大的复杂的项目中,可能会有很多变更控制委员会,他们负有不同的职责。CCB 是变更控制委员会(Change Control Board)的简称。项目范围变更很可能需要额外的项目资金、额外的资源与时间,因此,应建立包括来自不同领域的项目利益相关者在内的变更控制委员会,以评估范围变更对项目或组织带来的影响。这个委员会应当由具有代表性的人员组成,而且有能力在管理上做出承诺。一般来说,CCB 需要界定以下几个问题:范围变更发生时要确定项目经理能做些什么和不能做些什么;规定一个大家都同意的办法,以便提出变更并评估其对项目基准的影响;说明批准或者不批准变更所需的时间、工作量、经费。

3.4 项目工作分解

在明确项目需求之后,就需要把工作分解,明确应完成的任务或活动。在此基础之上再进行资源的分配与进度计划,并估计项目的成本。定义任务或活动的方法可以通过建立工作分解结构

（Work Breakdown Structure，WBS）的技术来实现。WBS 有两种含义：一是指分解后的结果；二是指分解方法。工作分解结构是为方便管理和控制而将项目按等级分解成易于识别和管理的子项目，再将子项目分解成更小的工作包，直至最后分解成具体的工作包（或工作单元）的系统方法。WBS 是项目管理的基本方法之一，工作分解合理与否，关系到项目管理的有效性。

3.4.1　工作分解结构

当要解决的问题过于复杂时，可以将问题进行分解，直到分解后的子问题容易解决，然后分别解决这些子问题。工作分解是对需求的进一步细化，是最后确定项目所有任务范围的过程。WBS 是一个分级的树形结构，是对项目从粗到细的分解过程，它每细分一个层次，表示对项目元素更细致的描述。只有包含在 WBS 中的工作才是该项目的工作，不包括在 WBS 中的工作就不是该项目的工作。

WBS 的建立对项目来说意义非常重大，它使得原来看起来非常笼统、模糊的项目目标一下子清晰起来，使得项目管理有了依据，项目团队的工作目标清楚明了。如果没有一个完善的 WBS 或者范围定义不明确，变更就不可避免地会出现，很可能造成返工、延长工期、降低团队士气等一系列不利的后果。

在进行任务分解时，可以采用图表的形式或清单的形式表达任务分解的结果。

（1）图表形式

采用图表形式的工作分解过程就是进行任务分解时利用图表表达分解层次和结果的方式。图 3-1 是一个软件需求分析的工作分解结构图，它是基于流程进行分解的。从图 3-1 中可以看出，在 WBS 中反映了项目工作的层次结构、对各个工作包（工作单元）的编码和关于工作任务的概括描述。

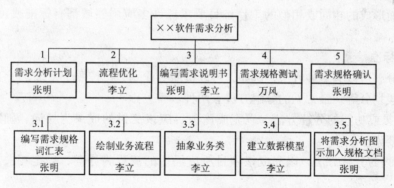

图 3-1　工作分解结构图

• 分解层次与结构。由于项目本身的复杂程度、规模大小各不相同，因此项目可分成很多级别，从而形成了工作分解结构的不同层次。工作分解结构每细分一个层次表示对项目元素更细致的描述。分支最底层的细目叫作工作包。工作包是完成一项具体工作所要求的一个特定的、可确定的、可交付及独立的工作包，可为项目控制提供充分而合适的管理信息。WBS 结构应以等级状或树状结构来表示，其底层范围应该很大，代表详细的信息，能够满足项目执行组织管理项目时对信息的需要，结构上的上一个层次应比下一层要窄，而且该层次的用户所需的信息由本层提供，以后以此类推，逐层向上。如果项目经理把某个工作任务外包或者分包给另一个组织，那么，这个组织必须在更详细的层次上计划和管理这个工作任务。

• WBS 编码设计。工作分解结构中的每一项工作都要编上号码，用来唯一确定其在项目工作分解结构中的身份，这些号码的全体叫作编码系统。编码系统同项目工作分解结构本身一样重要，在项目规划和以后的各个阶段，项目各基本单元的查找、变更、费用计算、时间安排、资源安排、质量要求等各个方面都要参照这个编码系统。编码设计与结构设计是相互对应的。结构的每一层次代表编码的某一位数，有一个分配给它的特定的代码数字。在最高层次，项目不需要代码。

（2）清单形式

采用清单形式的工作分解，就是将分解结果以清单的表述形式进行层层分解的方式。例如，对图 3-1 所示的项目，用清单形式表示如下。

1　需求分析计划

2　流程优化

3　编写需求说明书

3.1　编写需求规格词汇表

3.2　绘制业务流程

3.3　抽象业务类

3.4　建立数据模型

3.5　将需求分析图示加入规格文档

4　需求规格测试

5　需求规格确认

3.4.2　任务分解的过程

在进行任务分解时应保持唯一的分解标准。任务分解应该根据需求分析的结果和项目相关的要求，同时参照以往的项目分解结果进行。虽然每个项目是唯一的，但是 WBS 经常能被"重复使用"，有些项目在某种程度上是具有相似性的。例如，从每个阶段看，许多项目有相同或相似的周期和因此而形成的相同或相似的工作细目要求。许多应用领域都有标准或可以当作样板用的 WBS。

1. 分解的标准

对工作的分解可以有多种方法，例如，可以按照专业划分，按照子系统、子工程划分，按照项目的不同阶段划分等。最常见的分解方法有两种。

● 基于成果或功能的分解方法，以完成该项目应该交付的成果为导向，确定相关的任务、工作、活动和要素。

● 基于流程的分解方法，以完成该项目所应经历的流程为导向，确定相关的任务、工作、活动和要素。

采用何种方法进行分解，应针对项目的具体情况加以确定，但并非对任何项目都可以任意选择。进行任务分解一般不能采用双重标准。选择一种项目分解标准之后，在分解过程中应该统一使用此标准，避免因使用不同标准而导致的混乱。例如，在软件需求项目的例子（见图 3-1）中，如果按子系统划分标准进行分解的结果为：

1　用户管理子系统

2　文档管理子系统

3　设备管理子系统

4　财务子系统

如果同时使用两个标准进行任务分解，就可能有如下混乱结果。

1　用户管理子系统

2　文档管理子系统

3　设备管理子系统

4　财务子系统

5　需求分析计划

6　流程优化

7　编写需求说明书

8　需求规格测试

9　需求规格确认

采用多种标准分解，通常会导致任务的重叠，所以应采用统一标准进行分解。

2. 分解步骤

一般来说，任务分解的步骤如下。

① 确认并分解项目的主要组成要素。通常，项目的主要组成要素是这个项目的工作细目。项目目标作为第一级的最整体的要素。项目的组成要素应该用有形的、可证实的结果来描述，目的是为了便于检测。当明确了主要组成要素后，这些要素就应该用项目工作怎样开展、在实际中怎样完成的形式来定义。有形的、可证实的结果既包括服务，也包括产品。

② 确定分解标准。按照项目实施管理的方法分解，可以参照 WBS 模板进行任务分解，而且分解标准要统一。分解要素是根据项目的实际管理而定义的，不同的要素有不同的分解层次。

③ 确认分解是否详细，分解结果是否可以作为费用和时间估计的标准，明确责任。在确定"粒度"时应遵循以下原则。

* 功能技术的原则。考虑到每一阶段到底需要什么样的技术或知识。

* 组织结构。考虑项目分解应适应组织管理的需要。

* 考虑使用者。不同层次实际上是面对不同的使用者的。一般编码人员应该只关心 WBS 的最底层。子项目负责人、项目组内不同小组的负责人要了解比较详细的内容，项目经理可能比较关注最上面几层的内容。因此，对象不同，内容、要求也不同。

* 考虑执行者。在需求确定后，项目的执行者不同，他们的专业、知识、经验和掌握的信息也不同。

* 地理位置。主要考虑实施处于不同地区的子项目等。

④ 确定项目交付成果。交付成果是有衡量标准的，以此检查交付结果。

⑤ 验证分解正确性，并建立一套编码体系。编码的上层一般以可交付成果为导向，下层一般为可交付成果的工作内容。编码的原则如下。

* 编码应能反映出任务单元在整个项目中的层次和位置，例如，1.2、2.3.2 显然是在不同层的不同位置。

* 当发生任务增、删时，整个层次体系不会发生巨大变化，只是在恰当的位置进行增、删。

* 编码便于进行任务索引。

* 编码便于与其他过程管理相互参照。

3. 分解结果的检验

在实际项目过程中，进行项目的工作分解是一项比较复杂和困难的任务，工作分解结构的好坏直接关系到整个项目的实施。任务分解后，需要核实分解的正确性。

* 更低层次的细目是否必要和充分？如果不必要或者不充分，这个组成要素就必须重新修改（增加、减少或修改细目）。

* 最底层的工作包是否有重复？如果存在重复现象就应该重新分解。

* 每个细目都有明确的、完整的定义吗？如果不是，这种描述需要修改或补充。

* 是否每个细目可以进行适当的估算？谁能担负起完成这个任务？如果不能进行恰当的估算或无人能进行恰当的估算，修正是必要的，目的是提供一个充分的管理控制。

4. 任务分解的注意事项

对于实际的项目，特别是对于较大的项目而言，在进行工作分解的时候，还要注意以下几点。

- 要清楚地认识到，确定项目的分解结构就是将项目的产品或服务、组织、过程这 3 种不同的结构综合为项目分解结构的过程，也是给项目的组织人员分派各自角色和任务的过程。应注意收集与项目相关的所有信息。
- 对于项目最底层的工作要非常具体，而且要完整无缺地分配给项目内外的不同个人或者组织，以便于明确各个工作的具体任务、项目目标和所承担的责任，也便于项目的管理人员对项目的执行情况进行监督和业绩考核。任务分解结果必须有利于责任分配。
- 对于最底层的工作包，一般要有全面、详细和明确的文字说明，并汇集编制成项目工作分解结构词典，用以描述工作包、提供计划编制信息（如进度计划、成本预算和人员安排），以便于在需要时随时查阅。
- 并非工作分解结构中所有的分支都必须分解到同一水平，各分支中的组织原则可能会不同。
- 任务分解的规模和数量因项目而异，先分解大块任务，然后再细分小的任务；最底层是可控和可管理的，避免不必要的过细，最好不要超过 7 层。按照 IT 项目的平均规模来说，推荐任务分解时至少分解到一周的工作量（40 小时）。

需要注意的是，任何项目不是只有唯一正确的工作分解结构。例如，两个不同的项目团队可能对同一项目做出两种不同的工作分解结构。决定一个项目的工作分解详细程度和层次多少的因素包括：为完成项目工作任务而分配给每个小组或个人的任务和这些责任者的能力；在项目实施期间管理和控制项目预算、监控和收集成本数据的要求水平。通常，项目责任者的能力强，项目的工作结构分解就可以粗略一些，层次少一些；反之，就需要详细一些，层次多一些。而项目成本和预算的管理控制要求水平高，项目的工作结构分解就可以粗略一些，层次少一些；反之，就需要详细一些，层次多一些。因为项目工作分解结构越详细，项目就会越容易管理，要求的项目工作管理能力就会相对低一些。

5. 责任分配及成本分解

在 WBS 的基础上，就可以对每个工作包所投入的资源、人力进行分解和估算，就可以得到如表 3-4 所示的项目责任分配与成本估算表。

表 3-4　项目责任分配与成本估算表

WBS 编号	预算/元	责任者	WBS 编号	预算/元	责任者
1	0.1	张明	3.3	0.15	李立
2	0.46	李立	3.4	0.1	李立
3	0.46	张明、李立	3.5	0.02	张明
3.1	0.04	张明	4	0.08	万凤
3.2	0.15	李立	5	0.1	张明

3.5　制定 IT 项目章程

在项目管理中，启动阶段是识别和启动一个新项目或项目新阶段的过程。完整的项目启动过程是指从项目的产生、项目概念的开发、机会研究，然后到通过可行性分析、选择、优化、确定所要进行的项目，直到最后项目正式启动。

1. 项目的核准和立项

一个项目只有在可行性研究或初步计划完成之后才能正式启动。一般包括编写立项报告，在通过审批后召开启动会议，任命项目经理，项目正式启动。对于一个小项目，只要可行、合法，不必经过有关部门的批准就可以实施。但对于大项目一般需要申报到有关部门，待其核准、审批通过后，才能启动。这一过程称为项目立项。

立项报告是项目启动阶段的重要文档，需要将从意向提出、需求确认，到可行性方案论证，到产品选型各阶段产生的重要内容整理形成文档。还包括任命项目经理、建立项目组织机构、申请项目经费，然后按公司的管理流程，交相关部门会签，成为确认项目合法性的文件。后序的所有项目活动都要以立项报告为依据。

2. 制定项目章程

项目章程明确给出了项目定义，说明了它的特点和最终结果，规定了项目的发起人、项目经理和团队领导，以及相互交流的方式。项目章程主要由以下要素构成。

项目的正式名称、项目发起人、项目经理、项目目标、关于项目的业务情况、项目的可交付成果、团队开展工作的一般性描述、开展工作的基本时间安排、项目资源、预算、成员及供应商等。

项目章程的作用有：授权项目，对项目进行完整定义，确定项目发起人，确定项目经理，确保项目经理对项目负责，从项目发起人的角度分配给项目经理权力等。在我国，大多数 IT 企业的项目开发任务书就是一种项目章程。

在项目章程规定的范围内，项目经理比总经理大，与此相关的事情，由项目经理负责。这样在项目实施期间，就可以按照项目章程规定，由项目经理来调动项目人员，而采购设备（往往不是一次性采购，而是根据项目进度购买）时也就不需要一次次找总经理，只要是章程规定范围内的，由项目经理签字就可以了。

3. 项目启动

项目只有在已经进行了可行性研究、得到了上级部门的核准、资源配置基本就绪等条件下才能正式启动。项目的启动就是正式承认一个新项目的存在或一个已有项目应当进入下一阶段的过程。项目正式启动一般有几个明确的标志：一是任命项目经理，开始组建项目团队；二是召开项目启动会议。

（1）立项启动准备

项目启动的准备工作比较烦琐，具体事宜取决于项目所在的管理环境的要求。在项目启动准备期，可以准备一个项目启动检查清单，以确保项目启动工作有序，避免疏漏。一般说来，项目启动会准备工作包括：建立项目管理制度、整理启动会议资料等。其中建立项目管理制度是非常关键而且容易被忽略的一项工作，主要包括：

- 项目考核管理制度；
- 项目费用管理制度；
- 项目例会管理制度；
- 项目通报制度；
- 项目计划管理制度，明确各级项目计划的制订、检查流程，例如，整体计划、阶段计划、周计划；
- 项目文件管理流程，明确各种文件名称的管理和制定文件的标准模版，例如，汇报模板、例会模板、日志、问题列表等。

（2）召开项目启动会议

项目启动准备工作完成后，就可以召开项目启动会议了。启动会议是项目开工的正式宣告，参加人员应该包括项目组织机构中的关键角色，例如，管理层领导、项目经理、供应商代表、客户代表、项目监理、技术人员代表等。

在软件项目开发中需要跟用户的各个层面打交道，但现实往往是用户单位的员工根本不了解IT公司在给自己的企业做什么，因此有必要召开一个正式的项目启动会议，向双方员工传递项目的信息，激发全体员工对项目的热情。在项目启动会议上，双方领导要讲话，特别是用户方的领导要强调项目的意义。例如，联想上ERP项目时，就专门召开了全体员工誓师大会，柳传志亲自到会讲话，把ERP项目摆到关乎企业生死存亡的高度，并亲手将一面大旗授予ERP项目的负责人。柳传志还说："有人说现在上ERP是找死，但现在如果不上就是等死，我们与其在这里等死，为什么不去拼搏一把呢？"事实证明，这不仅极大地鼓舞了项目组成员的斗志，同时也使全体员工明白这不仅仅是信息部门的事情，而是公司从上到下都要关心的事情。

项目启动会的任务包括：

- 阐述项目的背景、价值、目标；
- 项目交付物介绍；
- 项目组织机构及主要成员职责介绍；
- 使双方人员彼此认识，清楚各个层次的接口；
- 项目初步计划与风险分析；
- 项目管理制度；
- 项目将要使用的工作方式。

实际上，项目启动会议已经涉及项目计划阶段的初期内容，这也印证了在PMBOK体系中启动阶段与计划阶段的重叠。

为了增强团队凝聚力，可以在会上举行项目组宣誓或誓师宣言，形成"成则举杯相庆，败则拼死相救"的团队精神。内部造势不仅可以让各个部门了解项目，创造条件服务项目组，而且可以给项目组成员以压力和动力，使其意识到项目的意义和团队精神的重要性。在项目章程的基础上，企业应该形成具体的项目任务书，细分到各部门、个人，发到总经理、专家小组、开发部、财务部、市场部销售部、行政人力资源部等相关部门。

一个项目的成功启动绝不是靠项目团队或项目经理就可以的，必须具备内部和外部两个条件，所以，双方的高层管理者都要高度重视，尤其是在目前中国的公司文化环境下，项目经理需要把"项目章程"作为尚方宝剑，而客户方的信息主管同样需要将自己领导的讲话精神作为尚方宝剑。营造了内外两个良好的环境，项目启动就是水到渠成的事，项目组成员就可以集中精力投入到实施中去，项目的成功也有了更大的保证。

案例研究

针对问题：如何把要管理的IT项目定义清楚？项目经理需要授权吗？项目启动一定要按规程办吗？销售部门跟客户所签合同要求我们的完工时间根本不可能做到，但合同也已经签了，怎么办？

案例A　如何启动项目

海正公司的赵晓东最近心里挺烦。公司前一段签了一个100多万的单子，由于双方老板很熟，且都希望项目尽快启动，在签合同时也没有举行正式的签字仪式。合同签完，公司老板很快指定赵晓东及其他 8 名员工组成项目组，由赵晓东任项目经理。公司老板把赵晓东引见给客户老板，客户老板在业务部给他们安排了一间办公室。

项目进展开始很顺利，赵晓东有什么事都与客户老板及时沟通。可客户老板很忙，经常不在公司。赵晓东想找其他部门的负责人，可他们不是推托说做不了主，就是说此事与他无关，有的甚至说根本就不知道这事儿。问题得不到及时解决不说，很多手续也没人签字。

项目组内部问题也不少，有的程序员多次越过赵晓东直接向老板请示问题；几个程序员编的软件界面不统一；项目支出的每笔费用，财务部都要求赵晓东找老板签字。赵晓东频繁打电话给老板，其他人心里想，赵晓东怎么老是拿老板来压人。由此，赵晓东与项目组其他人员和财务部的人员产生了不少摩擦，老板也开始怀疑赵晓东的能力。

赵晓东的遭遇相信很多项目经理都亲身经历过，尤其是刚刚开始做行业客户的公司，往往是公司的老板和客户单位的某个主管关系不错或业务人员关系做得很到位，公司老板希望赶紧做完项目，因此，常常跳过项目启动环节，直接指令项目经理进入实施阶段。结果项目刚开始就麻烦不断。

参考讨论题：
1. 赵晓东遇到了什么问题？
2. 做项目启动的目的是什么？项目启动会的任务有哪些？
3. 在项目启动时应该注重哪些问题？
4. 为什么说"好的开始是成功的一半"？
5. 在项目启动时为什么要给项目经理授权？

案例 B　项目论证

A 公司是国内领先的 IT 设备制造厂商，经过多年的企业信息化实践，网络基础建设和办公自动化建设已经具备相当的规模，并取得了良好的应用效果。同时，以 ERP/SCM/CRM 为主体的信息化应用架构也初步建成。此外，作为提高产品创新能力的产品数据管理系统（PDM）也在建设当中。随着公司研发业务管理的不断深化，对产品研发的项目管理提出了更高的要求。虽然公司整体的研发项目管理体系尚未形成，但研发管理部门仍然希望将部分研发项目的核算用信息化手段来实现，以提高核算准确度。紧迫的需求被提到了公司信息化项目部门的面前。过去的几年，公司在信息化建设方面的投入巨大，难免有一些急于上马的项目的投入与产出并不十分理想。而且由于市场环境的迅速变化，相应的业务模式也在不断地改变，从而给信息化系统的适应性提出了相当高的要求。过去的有些项目启动时期没有很好地考虑到这些问题，造成一些项目盲目启动、盲目建设，建成后才发现已经不适应业务的变化。因此，公司对于项目上马的决策已经趋于理性，严格要求做好项目启动前的论证工作，在满足当前紧迫的业务需求和长远的战略需求之间掌握好平衡，确保项目建设的成功。

小王作为信息化项目部任命的项目启动管理的负责人，着手处理该项目启动前的可行性论证工作。小王发现，这个需求在年初规划时并没有提出项目意向，属于规划外的项目。在与业务部门的沟通中，他发现业务部门对于整体项目管理的模式并不十分清晰，目前需要解决的项目核算问题仅仅是项目管理中非常具体的一个需求，至于项目其他方面的管理，以及如何与产品开发过程结合起来，如何利用产品数据管理系统等，都没有考虑。项目建设的系统只是一个项目管理的临时解决方案。对方案的风险也没有进行详细的分析。而业务部门认为需求已经十分清晰，项目的价值也是毋庸置疑的，至于以后怎样与研发平台的产品数据管理系统结合起来，那要等立项后，做出了详细的方案才会有答案。此外，业务部门还推荐了几个产品供应商，希望能尽快选定产品，开展实施。

　　如果在立项环节出现延误，影响了业务的开展，信息化项目部要承担责任。小王认为业务部门的要求十分无理，需求、方案、投入、产出、风险及业界的产品情况等很多问题都还没有清楚，根本谈不上选型。在沟通过程中，业务部门的人员对小王的工作极为不满，向信息化项目部经理进行投诉。

　　参考讨论题：

1. 在"部分研发项目的核算用信息化手段来实现"的问题上，双方存在哪些分歧？
2. 在项目启动阶段形成统一的认知，对于实施信息化项目的企业有什么重要意义？
3. 在项目立项前应该做哪些方面的论证？
4. 可行性分析的作用和目的是什么？

习　题

一、选择题

1. 可行性论证通常发生在项目生命周期的哪个阶段？（　　）。

A. 识别 　　　　　　　 B. 结束 　　　　　　 C. 规划 　　　　　　 D. 实施

2. 在启动一个 IT 项目时，应该明确（　　）。

A. 项目的可行性 　　 B. 项目目标 　　　　 C. 识别需求 　　　　 D. 历史资料

3. 项目正式启动的明确标志是（　　）。

A. 召开启动会议 　　 B. 任命项目经理 　　 C. 可行性研究 　　　 D. 以上皆是

4. 关于 WBS 的说法不正确的是（　　）。

A. WBS 最底层的项目通常称作工作包

B. 因为工作包在 WBS 最底层，所以不可以再分

C. 对于一个较大的项目，WBS 的结构通常分为 4～6 层

D. WBS 的第一层为可交付成果

5. 工作的分解可以从（　　）角度进行分解。

A. 按照项目不同的阶段 　　　　　　　　　 B. 按照专业划分

C. 按照项目的交付成果 　　　　　　　　　 D. 按照人员的专业特长

二、填空题

1. 项目启动过程是指从项目的产生，到项目概念的开发，然后到通过＿＿＿＿＿＿＿、＿＿＿＿＿＿＿、＿＿＿＿＿＿＿，确定所要进行的项目，直到最后项目正式启动。

2. 项目的成功启动绝不是仅靠项目团队或项目经理就可以的，必须具备＿＿＿＿＿＿和＿＿＿＿＿＿＿两个条件。

3. 可行性研究的前提是要求、＿＿＿＿＿＿、＿＿＿＿＿＿、＿＿＿＿和＿＿＿＿＿。

4. 项目各相关利益者（或项目的干系人）是指那些积极参与该项目工作的个体和组织，或者是那些由于项目的实施或项目的成功其＿＿＿＿＿＿＿＿＿＿＿＿＿＿＿＿的个体和组织。

5. 初步可行性评估包括：分析项目的前途、估计和确定项目中的关键技术核心问题和＿＿＿＿＿＿＿＿＿＿＿＿＿＿＿＿。

三、简答题

1. 什么是项目可行性分析？项目可行性分析包括几个阶段？
2. 选择项目时一般要考虑哪些因素？
3. 一般项目会有哪些相关利益主体？他们之间最大的冲突是什么？最大的统一是什么？
4. 简述项目决策的因素。

5. 什么是项目范围？简述项目范围管理的过程。

6. 简述任务分解的步骤。

7. 召开项目启动会有哪些作用和意义？

8. 简述软件项目详细可行性研究的内容。

实践环节

1. 从以下几个题目中选择一个，考虑起实施的可行性，并就此进行可行性分析，撰写可行性分析报告。

（1）建立校内旧书、学习资料转让系统。

（2）开发图书管理系统。

（3）建立学籍管理系统。

（4）为学校餐厅提供网上订餐服务的系统。

（5）建立就业指导网站。

2. 根据可行性分析报告中确定的系统目标，分析本项目的主要利益相关主体对项目的具体需求是什么？

3. 确定项目范围，创建项目的 WBS，制订范围管理计划，并撰写项目章程。

第 4 章

IT 项目时间管理

按时、保质完成项目是对项目的基本要求，但 IT 项目工期拖延的情况却时常发生。因而合理地安排项目时间是项目管理中的一项关键内容。项目时间管理就是采用科学的方法确定项目进度，编制进度计划和资源供应计划，进行进度控制，在与质量、费用目标协调的基础上，实现项目的进度目标。本章介绍项目时间管理中涉及的基本概念和内容、时间管理的基本方法，重点介绍适合 IT 项目的进度估算方法及项目进度计划的制定等内容。

4.1　项目时间管理概述

项目时间管理又称为进度管理，是指为保证项目各项工作及项目总任务按时完成所需要的一系列的工作与过程。时间管理的主要目标是最短时间、最少成本、最小风险，即在给定的限制条件下，用最短时间、最小成本，以最少风险完成项目工作。时间是一种特殊的资源，以其单向性、不可重复性、不可替代性有别于其他资源。如项目的资金不够，还可以贷款，可以集资，即借用别人的资金；但如果项目的时间不够，就无处可借。项目时间管理包括：活动定义、活动排序、活动历时估算、制定进度计划和进度计划控制 5 个过程。

4.1.1　活动定义

项目活动定义是一个过程，它涉及确认和描述一些特定的活动，是指为完成项目而必须进行的具体的工作。将项目工作分解为更小、更易管理的工作包（也称为活动或任务），这些小的活动应该是能够保障完成交付产品的、可实施的详细任务，完成了这些活动就意味着完成了 WBS 中的项目细目。通过活动定义这一过程可使项目目标体现出来。在项目管理中，活动的范围可大可小，一般应根据项目的具体情况和管理的需要来确定。项目活动是编制进度计划、分析进度状况和控制进度的基本工作包。

1. 活动定义的输入

活动定义的输入包括以下内容。

① 工作分解结构。为了保证项目能按时完成，要根据工作分解结构对项目中的所有活动进行分解，列出活动清单。工作分解着眼于工作成果，而活动分解是对完成工作成果必须进行的活动进行分解，使之变成易执行、易检查的活动，有具体期限和明确的资源需求。

② 范围的叙述。在定义项目活动时，必须对包含在范围陈述中的项目的必要性和项目目标加以考虑。

③ 历史资料。在定义项目活动的过程中，要考虑历史资料，这既包括项目前期工作收集和积累的各种信息，也包括项目组织或其他组织在以往类似的项目中都包含哪些活动等内容。

④ 约束因素。约束因素将限制项目管理组织的选择。

⑤ 假设前提。要考虑这些假设的真实性、确定性，假设通常包含一定的风险，假设是对风险确认的结果。

2. 活动定义的输出

活动定义产生 3 个结果：活动清单、详细说明和更新了的工作分解结构。活动清单应该包括对相应工作的定义和一些细节说明，以便于项目其他过程的使用和管理。在项目实施中，要将所有活动列成一个明确的活动清单，并且让项目团队的每一个成员能够清楚有多少工作需要处理。如表 4 - 1 所示为项目活动清单的示例。当然，随着项目活动分解的深入和细化，工作分解结构可能需要修改，这也会影响项目的其他部分。例如，工期估计，在更详尽地考虑了活动后，工期可能会有所调整，因此完成活动定义后，要更新项目工作分解结构上的内容。

表 4 - 1 项目活动清单

活动编号	活动名称	输　入	输　出	内　容	负责人	协作单位	相关活动
1	编码	设计报告	程序	编写程序	张明		
2	单元测试	程序代码	测试报告	动态测试	李立	张明	
3	集成测试	单元测试	测试报告	功能测试	万风	张明	

4.1.2　活动排序

在时间管理中另一个很重要的内容就是确定活动的顺序关系，只有明确了活动之间的各种关系，才能更好地对项目进行时间安排。活动排序是通过识别项目活动清单中各项活动的相互关联与依赖关系，并据此对项目各项活动的先后顺序进行合理安排的项目时间管理工作。在产品描述、活动清单的基础上，要找出项目活动之间的依赖关系和工作顺序。在这里，既要考虑团队内部希望的特殊顺序和优先逻辑关系，也要考虑内部与外部、外部与外部的各种依赖关系及为完成项目所要做的一些相关工作，例如，在最终的硬件环境中进行软件测试等工作。一般较小的项目或一个项目阶段的活动排序可以通过人工排序的方法完成，但是复杂项目的活动排序多数要借助于计算机软件完成。为了制定项目时间（工期或进度）计划，必须准确合理地安排项目各项活动的顺序，并依据这些活动顺序确定项目的各种活动路径，以及由这些项目活动路径构成的项目活动网络。这些都属于项目活动排序工作的范畴。

1. 活动之间的依赖关系

在确定活动之间的依赖关系时需要必要的业务知识，因为有些强制性的依赖关系（或称为硬逻辑关系）是来源于业务知识领域的基本规律。一般来说，决定活动之间关系的依据有以下几种。

① 强制性依赖关系。强制性依赖关系是工作任务中固有的依赖关系，是一种不可违背的逻辑关系。它是因为客观规律和物质条件的限制造成的，有时也称为内在的相关性。例如，需求分析要在系统设计之前完成，单元测试活动是在编码完成之后进行的。

② 软逻辑关系。软逻辑关系是由项目管理人员确定的项目活动之间的关系，是人为的、主观的，是一种根据主观意志去调整和确定的项目活动的关系，也可称为指定性相关或偏好相关。例如，安排计划时，哪个模块先开发，哪些任务同时做好一些，都可以由项目管理者根据资源、进度来确定。

③ 外部依赖关系。外部依赖关系是项目活动与非项目活动之间的依赖关系，例如，环境测试依赖于外部提供的环境设备等。

2. 活动关系的表示工具和方法

通常采用网络图的形式表示活动的依赖关系。网络图是活动排序的一个输出，它可以展示项目中各个活动之间的逻辑关系，表明项目任务将如何进行和以什么顺序进行。进行历时估算时，网络图可以表明项目将需要多长时间完成；当改变某项活动历时时，网络图可以表明项目历时将如何变化。在网络图中可以将项目中的各个活动及其逻辑关系表示出来，从左到右画出各个任务的时间关系图。网络开始于一个任务、工作、活动或里程碑，结束于一个任务、工作、活动或里程碑。有些活动有前置任务或后置任务，前置任务是在后置任务前进行的活动，后置任务是在前置任务后进行的活动，前置任务和后置任务表明项目中的活动将如何进行和以什么顺序进行。常用的网络图有单代号网络图和双代号网络图。

（1）单代号网络图

单代号网络图也称为节点法，如图4-1所示。构成单代号网络图的基本特点是用节点表示活动（任务），箭线表示各活动（任务）之间的逻辑关系。单代号工作位于节点上，也就是说每一个节点表示一个工作，用箭头表示工作的先后顺序和相互关系。在图4-1中，活动1（系统规划）是活动2（需求分析）的前置任务，活动3（系统设计）是活动2（需求分析）的后置任务。

（2）双代号网络图

双代号网络图也称为箭线法。在双代号网络图中，活动用箭头表示，对活动的描写在箭线上。节点表示事件。由于可以使用前后两个事件的编号来表示这项活动的名称，故称为双代号网络图。一个节点事件表示前一道工序的结束，同时也表示后一道工序的开始。如图4-2所示是图4-1的双代号网络图。箭尾代表活动开始，称为紧前事件；箭头代表活动结束，称为紧随事件。节点2是活动"系统规划"的紧随事件，又是"需求分析"的紧前事件，表示"系统规划"结束和"需求分析"开始。

图4-1　单代号网络图　　　　　　　　图4-2　双代号网络图

在绘制用箭头表示活动的网络图中，每个活动必须由唯一的紧前事件号组成。图4-3（a）中的活动A、B由相同的紧前事件号1和紧随事件号2组成，这是不允许的。为了表达这种情况，引入"虚活动"的概念。这种活动不消耗时间，在网络图中用一个虚箭头表示。引入虚活动之后，在图4-3中，可将图4-3（a）改写为图4-3（b）或图4-3（c），逻辑上都是正确的。用节点表示活动的优点是其逻辑性不用虚活动就能表达清楚。

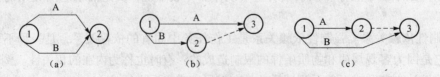

图4-3　虚活动示意图

需要注意的是，在双代号网络图和单代号网络图中都不允许存在环路或条件分支。如果要出现这样的情况，可以考虑使用图形评审技术或系统动力学中的模型。

（3）绘制网络图

网络图的编制过程就是网络模型的建立过程，它是利用网络图编制网络计划，以实现对项目时间及资源合理利用的第一步。网络图的编制可以分为以下3个步骤。

① 项目分解。要绘制网络图,首要的问题是进行项目分解,明确项目工作的名称、范围和内容等。

② 工作关系分析。在深入了解项目、对项目资源和空间有充分考虑的基础上,通过比较、优化等方法进行工作关系分析,以确定工作之间合理、科学的逻辑关系,明确工作的紧前和紧后关系,并形成项目工作列表或活动一览表。

③ 编制网络图。根据活动一览表和网络图原理绘制网络图。例如,某软件需求分析项目的活动、紧前活动序列和工期估计如表 4 - 2 所示,其网络图如图 4 - 4 所示。

表 4 - 2 活动、紧前活动序列和工期估计

活 动	紧前活动	工时估计:天
1 需求分析计划	—	3
2 流程优化	1	7
3 编写需求规格词汇表	2	2
4 绘制业务流程	2	2
5 抽象业务类	4	2
6 建立数据模型	5	2
7 将分析图示加入规格说明文档	3,6	1
8 需求规格测试	7	3
9 需求规格确认	8	3

图 4 - 4 网络图

编制网络图时要注意以下几个问题。

• 一个网络图只有一个开始点和一个结束点。因为项目只有一个开始时间和一个结束时间,所以项目计划也只有一个开始节点和一个结束节点。如果几项活动同时开始或者同时结束,在双代号网络图中可以将这几项活动的开始节点合并为一个节点;而在单代号网络图中可以设置一个虚拟开始(或者结束)活动,作为该网络图的开始节点(或者结束节点)。

• 网络图是有方向的,不应该出现循环回路。从网络图中某一节点出发,沿着某条路径,最后如果又回到该出发节点,所经过的路径就形成了循环回路,这时网络图所表示的逻辑关系就会出现混乱,各个活动之间的先后次序将无法判断。

• 一对节点不能同时出现两项活动。如果有这种情况,必须引入虚活动。虚活动是为了表明相互依存的逻辑关系,消除活动与活动之间含混不清的现象而设置的,它既不消耗资源,也不占用时间。

• 网络图中不能出现无箭头箭线和双箭头箭线。网络图中箭头所指的方向是表示活动进行的先后次序,如果出现无头箭线和双头箭线,活动先后顺序就会无法判断,会造成各个活动之间逻辑关系混乱。

• 网络图中不能出现无节点的箭线。无节点的箭线不符合网络图中关于活动的定义。无箭尾节点箭线和无箭头节点箭线都是不允许出现的。

● 在同一个网络图中的所有节点，不能出现相同的编号。如果用数字编号，一般要求每根箭线箭头节点的编号要大于其箭尾节点的编号。

3. 具有搭接关系的活动

活动之间的关系既有简单的、无活动重叠（搭接）的情况，即活动关系是基本的从结束到开始的关系；也有比较复杂的或所谓重叠的活动关系。活动之间的搭接关系主要有以下 4 种情况，如图 4 – 5 所示。

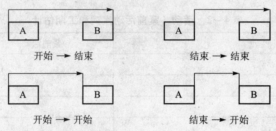

图 4 – 5 项目各活动之间的关系

其中：

开始→结束——A 活动开始的时候，B 活动结束；

开始→开始——A 活动开始的时候，B 活动也开始；

结束→结束——A 活动结束的时候，B 活动也结束；

结束→开始——A 活动结束的时候，B 活动开始。

4.1.3 活动历时估算

项目活动历时估算是指对已确定的项目活动的完成时间进行估算的工作。它是项目进度计划的基础工作，直接关系到整个项目所需的总时间。完成一项活动所需的时间，除了取决于活动本身所包含的任务难度和数量外，还受到其他许多外部因素的影响，如项目的假设前提和约束条件、项目资源供给等。

1. 历时估算主要依赖的数据基础

① 工作活动的详细清单。

② 项目约束和假设前提。

③ 资源需求。大多数活动的时间将受到分配给该活动的资源情况及该活动实际需要的资源情况的影响。例如，当人力资源减少一半时，活动的历时一般来说会增加一倍。

④ 资源能力。资源能力决定了可分配资源数量的大小，对多数活动来说其历时将受到分配给它们的人力及设备材料资源的明显影响。例如，一个全职的项目经理处理一件事情的时间将会明显少于一个兼职的项目经理处理该事件的时间。

⑤ 历史信息。类似的历史项目活动的资料，对于项目历时的确定是有借鉴意义的。一般包括项目档案、公用的活动历时估算数据库、项目工作组的知识等。

2. 确定历时的主要方法

① 专家判断。专家判断主要依赖于专家的经验和知识，当然其时间估算结果也具有一定的不确定性和风险。因此，最好是得到多个专家的意见，在此基础上采用一定的方法来获得更为可信的估计结果。

② 类比估计。类比估计意味着以先前类似的实际项目的历时来估计当前项目活动的时间。

③ 单一时间估计法。估计一个最有可能的活动的实现时间，此方法适用于关键路径（CPM）

网络。

④ 3 个时间估计法。对于一个项目，若含有高度不确定性历时估算的活动，可以从 3 个角度来估计历时：乐观时间 (t_0)、最可能时间 (t_m)、悲观时间 (t_p)，赋予每个时间一个权重，最后综合计算得出活动的期望历时 t。

项目工期估算是根据项目范围、资源状况计划列出项目活动所需要的工期。估算的工期应该现实、有效并能保证质量。所以在估算工期时要充分考虑活动清单、合理的资源需求、人员的能力因素及环境因素对项目工期的影响。在对每项活动的工期估算中应充分考虑风险因素对工期的影响。项目工期估算完成后，可以得到量化的工期估算数据，将其文档化，同时完善并更新活动清单。

4.1.4 项目进度安排

进度是指活动或工作进行的速度，项目进度即为项目进行的速度。确定项目进度则是指根据已批准的建设文件或签订的承包合同，对项目的建设进度做进一步的具体安排。项目进度计划可分为：需求分析进度计划、系统设计进度计划、设备供应进度计划等。而实施进度计划，可按实施阶段分解为不同阶段的进度计划；也可按项目的工作结构分解。进度计划是对执行的活动和里程碑制定的工作计划日期表，它也是跟踪项目进展状态的依据。

1. 工期

项目工期又可细分为开发工期与合同工期。开发工期是指项目从正式开工到全部建成或交付使用所经历的时间。开发工期是具体安排项目计划的依据。开发工期一般按日历月计算，有明确的起止年月，并在建设项目的可行性研究报告中有具体规定。合同工期是指完成合同范围内的工程项目所经历的时间，它从接到开工通知的日期算起，直到完成合同规定的工程项目。确定工期有两个前提：一是确定交付日期，然后安排计划；二是确定使用的资源，然后安排计划。

2. 项目进度安排

制定项目的进度计划意味着明确定义项目活动的开始和结束日期，这是一个反复确认的过程。进度计划的确定应根据项目网络图、估算的活动工期、资源需求、资源共享情况、项目执行的工作日历、进度限制、最早和最晚时间、风险管理计划、活动特征等统一考虑。

安排进度一般有两种形式：一种是加强日期形式，以活动之间前后关系限制活动的进度，例如，一项活动不早于某项活动的开始或不晚于某项活动的结束；另一种是关键事件或主要里程碑形式，以定义为里程碑的事件作为要求的时间进度的决定性因素，制定相应时间计划。

3. 进度计划的编制工具

（1）甘特图（Gantt Chart 或 Bar Chart）

甘特图是表示项目各阶段任务开始时间与结束时间的图形，它把计划和进度安排组织在一起。甘特图用水平线段表示阶段任务；线段的起点和终点分别对应任务的开始时间和结束时间；线段的长度表示完成任务所需要的时间。表 4-3 为甘特图的示例。

在甘特图中，每一个任务是否完成的标志并不是能否持续下一阶段的任务，而是必须交付应当交付的文档或通过评审。如果要表示项目当前的进展情况，可以使用不同颜色的横线来表示。甘特图可以很方便地进行项目计划和计划控制，由于其简单易用，而且容易理解，因此被广泛地应用到项目管理中。即使在大型工项目中，它也是高级管理层了解全局、基层安排进度的好用的工具。

图 4-6 是用 Project 软件生成的一个 IT 项目甘特图。项目的所有任务都列在左边的工作任务栏中，水平条说明了每个任务的持续时间。当多个时间条在同一个时间段出现时，则蕴涵着任务之间存在平行关系。菱形表示里程碑。

甘特图的优点是表明了各任务的计划进度和当前进度，能动态反映项目的进展情况。甘特图

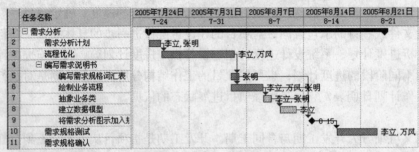

图 4 – 6　某 IT 项目甘特图

的缺点是不能反映某一项任务的进度变化对整体项目的影响，它把各项任务看成是独立的工作，没有考虑项目之间存在着因果关系和逻辑关系。

（2）里程碑图

里程碑是项目中关键的事件及关键的目标时间，项目里程碑是排序工作中很重要的一部分，是项目成功的重要因素。里程碑图的示例如表 4 – 3 所示。

表 4 – 3　里程碑图的示例

里程碑事件	1 月	2 月	3 月	4 月	5 月	6 月	7 月	8 月
1 签署分包合同			◆					
2 技术规范定稿				◆				
3 系统审查					◆			
4 子系统测试						◆		
5 第一单元交付							◆	
6 生产计划完成								◆

（3）关键线路法（Critical Path Method，CPM）

19 世纪 50 年代后期，随着科学技术和生产的迅速发展，出现了许多庞大而复杂的科研和工程项目，它们工序繁多、协作面广，常常需要大量人力、物力和财力。因此，如何合理而有效地把它们组织起来，使之相互协调，在有限资源的条件下，以最短的时间和最低费用，最好地完成整个项目就成为一个突出的重要问题。CPM 就是在这种背景下出现的。关键线路法通过反复调整项目活动的计划安排和资源配置方案，可使项目活动网络中的关键路径逐步优化，最终确定出合理的项目工期计划。

（4）计划评审技术（Program Evaluation and Review Technique，PERT）

计划评审技术是用网络图来表达项目中各项活动的进度和它们之间的相互关系，并在此基础上，进行网络分析，计算网络中各项时间参数，确定关键活动与关键路线，利用时差不断地调整与优化网络，以求得最短的周期。在此基础上，还可将成本与资源问题考虑进去，以求得综合优化的项目计划方案。因这种方法都是通过网络图和相应的计算来反映整个项目的全貌，所以又称为网络计划技术。

4.1.5 关键线路法

关键线路法（CPM）是一种运用特定的、有顺序的网络逻辑和估算出的项目活动工期，确定项目每项活动的最早与最晚开始和结束时间，并做出项目工期网络计划的方法。关键路径法关注的是项目活动网络中关键路径的确定和关键路径总工期的计算，其目的是使项目工期能够达到最短。因为只有时间最长的项目活动路径完成之后，项目才能够完成，所以一个项目中最长的活动路径被称为"关键路径"。

1. 活动时间计算方法

① 活动最早开始时间（ES）。每一个活动都必须在其前序活动结束后才能够开始，前序活动的最早结束时间就是可能获得的最早开始时间，简称为活动最早开始时间，可用 ES (i, j) 来表示，其中 i 为前序活动，j 为本活动。它等于该活动的箭尾事件的最早时间。

② 活动最早结束时间（EF）。它是活动最早可能结束时间的简称，等于活动最早开始时间加上该活动的作业时间，可用 EF (i, j) 来表示。

③ 活动最迟结束时间（LF）。它是在不影响活动最早结束的条件下，活动最迟必须结束的时间，简称为活动最迟结束时间。它等于活动箭头事件的最迟时间，可用 LF (i, j) 来表示。

④ 活动最迟开始时间（LS）。它是在不影响项目最早结束的条件下，活动最迟必须开始的时间，简称为活动最迟开始时间。可用 LS (i, j) 来表示。

活动时间的计算公式如下：

活动最早开始时间（ES）＝所有前序活动的 EF 中的最晚时间

活动最早结束时间（EF）＝本活动的 ES ＋本活动的工时估算

活动最迟结束时间（LF）＝所有后序活动的 LS 中的最早时间

活动最迟开始时间（LS）＝本活动的 LF －本活动的工时估算

根据上面的计算公式，从网络起始点正向经过整个网络至结束点，可以得出所有活动的 ES 和 EF。这种方法称为正推法。因此，正推法是用来确定项目各活动的最早开始时间和最早结束时间。如果从网络结束点逆向经过网络至开始点，可计算出所有活动的 LS 和 LF，这种方法称为逆推法。因此，逆推法是用来确定项目各活动的最迟开始时间和最迟结束时间。上述计算公式是用于结束—开始的依赖关系。

例如，图 4–7 所示为附有最早开始时间、最早结束时间、最迟开始时间、最迟结束时间的网络图。

在图 4–7 中，最后一项活动"需求规格确认"的最早结束时间为 23 天。假设项目单位要求完工时间是 20 天，二者相差 3 天。根据上面的计算方法，可以得到上面例子中各个事件的最迟时间。

2. 分析关键路径的方法

关键线路法的优化策略是，通过确定项目各活动的最早、最迟开始和结束时间，计算最早、最迟的时间差，可以分析每一活动相对时间的紧迫程度及工作的重要程度，这种最早、最迟时

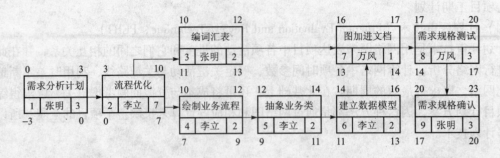

图 4 - 7　附有开始时间、结束时间的网络图

间的差额称为机动时间。机动时间为零的活动通常称为关键活动。关键路径法的主要目的就是确定项目中的关键活动，以保证实施过程中能区分重点，保证项目按期完成。所谓项目的关键路径就是在所有从开始活动到终止活动的路径中，路径上所有活动工时估算相加最大的那些路径。

　　考虑上面的例子。假设是从第 1 项活动开始实施这个项目的，我们发现有 2 条路径可以通向活动 9。它们分别是：

　　1—2—3—7—8—9，总共需要时间为 $3 + 7 + 2 + 1 + 3 + 3 = 19$ 天；

　　1—2—4—5—6—7—8—9，总共需要时间为 $3 + 7 + 2 + 2 + 2 + 1 + 3 + 3 = 23$ 天。

　　这些路径中，1—2—4—5—6—7—8—9 是最长的，需要花费 23 天，这意味着 23 天是整个网络能够完工的关键时间，1—2—4—5—6—7—8—9 就是关键路径，通常用加黑或加粗线来表示（见图 4 - 8）。

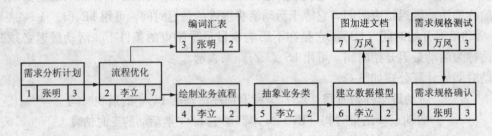

图 4 - 8　网络的关键路径图

　　需要注意的是，一个项目的关键路径可能不止一条。所有关键路径上的活动就称为关键活动。

3. 活动的机动时间

　　在不影响项目最早结束时间的条件下，活动最早开始（或者结束）时间可以推迟的时间，称为该活动的时差。在不影响整个项目结束时间的前提下，活动允许调整的时间称为总时差。如果总时差为零，开始和结束的时间没有一点机动的余地，由这些活动和事件所组成的线路就是网络中的关键路径。显然，总时差为零的活动就是关键活动。这种用计算活动总时差的方法确定网络图中的关键活动和关键路径是确定关键路径的最常用的方法。总时差可以按以下公式计算。

$$总时差 = LF - EF（右下角 - 右上角）$$

或：
$$总时差 = LS - ES（左下角 - 左上角）$$

在不影响后续活动开始时间的前提下，活动允许调整的时间称为自由时差，计算公式为

$$自由时差 = \min\{ES(紧后活动)\} - ES - 活动历时估算$$

上面例子中各个活动的总时差、自由时差的计算结果如表 4 - 4 所示。

表 4 - 4　项目进度表

活　　动	紧前活动	工时估计	最早时间		最迟时间		总时差	自由时差
			开始	结束	开始	结束		
1 需求分析计划	—	3	0	3	-3	0	-3	0
2 流程优化	1	7	3	10	0	7	-3	0
3 编写需求规格词汇表	2	2	10	12	11	13	1	4
4 绘制业务流程	2	2	10	12	7	9	-3	0
5 抽象业务类	4	2	12	14	9	11	-3	0
6 建立数据模型	5	2	14	16	11	13	-3	0
7 将图加入规格说明	3, 6	1	16	17	13	14	-3	0
8 需求规格测试	7	3	17	20	14	17	-3	0
9 需求规格确认	8	3	20	23	17	20	-3	0

在这个例子中总时差是负值，表明完成这个项目缺少时间余量，必须减少某些活动的工期才能按要求的时间完成任务。反之，若总时差为正值，表明这条路径上各项活动花费的时间总量可以延长，不必担心不能如期完工。减少哪些活动的工期才能按时完成任务呢？显然，只有减少关键路径中的工期，才能减少整个项目的工期。在本例中关键路径为：1—2—4—5—6—7—8—9。所以减少活动 3 的工期不能使整个项目的工期减少。因为活动 3 不是关键路径上的活动。

时差可以帮助我们分析每一工作相对时间紧迫程度及工作的重要程度。当一个任务的总时差大于零的时候，说明实际开始时间早于最迟开始时间，在时间安排上存在"富余"；当时差为零时，表明没有"富余"；当时差小于零时，说明已经存在延误。利用时差是资源调配的重要手段，可以将紧缺资源从时差较长的活动调到关键活动上去。所以总时差的计算起到了度量一个活动在项目进度计划中的时间安排的可调整程度的作用。

4.1.6　计划评审技术

计划评审技术（PERT），是用网络图来表达项目中各项活动的进度和它们之间的相互关系，并在此基础上，进行网络分析，计算网络中各项时间参数，确定关键活动与关键路线，利用时差不断地调整与优化网络，以求得最短周期。PERT 的理论基础是将项目的风险等因素考虑进来，假设项目持续时间及整个项目完成时间是随机的，且服从某种概率分布。PERT 可以估计整个项目在某个时间内完成的概率，重点在于时间控制。PERT 和 CPM 两者有发展一致的趋势，常常被结合使用，以求得时间和费用的最佳控制。

1. 活动的时间估计

乐观的时间估计（t_0）是假定一切都按照计划进行，而且在只遇到最少的困难的情况下，估计项目活动所需的时间。这种情况发生的概率大约为 1%。悲观的时间估计（t_p）是假定一切都不能按照计划进行，而且有大量的潜在困难将会发生的情况下，估计项目活动所需的时间。这种情况发生的概率大约也是 1%。最可能的时间估计（t_m）是指在一切情况都比较正常的条件下，项目活动最可能需要的时间。

为了确定最合理的时间估计，可将这 3 个时间合并为单个时间期望值（t），但首先必须假设标准方差是时间需求范围的 1/6，并且活动所需要的时间概率分析可以近似用 β 分布来表示，由此可得出，期望时间 t 的计算公式：$t = (t_0 + 4 \times t_m + t_p)/6$。

以表 4-5 为例，可从表中看出，有些活动的工期是确定已经知道的，也就是说 t_0，t_m，t_p 都是一样的，如活动 3；有些活动的最可能时间和乐观时间相同（$t_0 = t_m$），如活动 8；有些活动的最可能时间和悲观时间相同（$t_p = t_m$）。

表 4-5　项目活动时间表

活　动	紧前活动	乐观时间	最可能时间	悲观时间	工时估计
1 需求分析计划	—	2	3	4	3
2 流程优化	1	4	7	10	7
3 编写需求规格词汇表	2	2	2	2	2
4 绘制业务流程	2	1	2	3	2
5 抽象业务类	4	1	2	3	2
6 建立数据模型	5	2	2	2	2
7 将图加入规格说明	3, 6	1	1	1	1
8 需求规格测试	7	2	2	8	3
9 需求规格确认	8	2	3	4	3

为了对各个活动工期的不确定性进行测算，引入方差的概念。假设活动工期的概率分布可用 β 分布表示，并假设标准差 σ 为时间需求范围的 1/6，即 $\sigma = (t_p - t_0)/6$。标准差可以由方差求出，方差的计算公式为：$\sigma^2 = [(t_p - t_0)/6]^2$。根据表 4-5 得到的结果如表 4-6 所示。

表 4-6　根据表 4-5 可得到的结果

活　动	期望时间 t	方差	标准差
1 需求分析计划	3	0.109	0.33
2 流程优化	7	1	1
3 编写需求规格词汇表	2	0	0
4 绘制业务流程	2	0.109	0.33
5 抽象业务类	2	0.109	0.33
6 建立数据模型	2	0	0
7 将图加入规格说明	1	0	0
8 需求规格测试	3	1	1
9 需求规格确认	3	0.109	0.33
项　　目		2.44	1.56

2. 活动工期的概率分布

根据概率论及上述假设，不难得出以下结论。

① 实际工期 = $t \pm \sigma$ 发生的概率为 68.3%；

② 实际工期 = $t \pm 2\sigma$ 发生的概率为 95.5%；

③ 实际工期 = $t \pm 3\sigma$ 发生的概率为 99.7%，如图 4-9 所示。

这样就能计算出某个活动和某条路径上的总工期与标准差。总工期为：该路径上所有活动的估算值之和。对应的路径总工期的方差 = 该路径上所有活动的方差之和。

图 4-7 所示项目的 PERT 总历时估计是 23 天，标准差 $\sigma = 1.56$。所以这个项目总历时估计的概率如表 4-7 所示。即在 21.44～24.56 天内完成项目的概率是 68.3%；项目在 19.82～26.12 天内完成的概率是 95.5%；项目在 18.32～27.68 天内完成的概率是 99.7%。

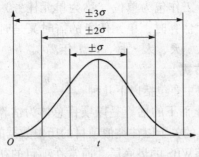

图 4-9　正态概率分布

表 4-7　项目完成的概率分布

历时估计 $t = 23$，$\sigma = 1.56$				
	范　围	概　率	从	到
t_1	$\pm\delta$	68.3%	21.44	24.56
t_2	$\pm 2\delta$	95.5%	19.82	26.12
t_3	$\pm 3\delta$	99.7%	18.32	27.68

当活动项数较少时，进度计划常用甘特图法编制。如控制性总进度计划、实施性分部或分项工程的进度计划，因它们的活动均较少，因此常用甘特图法编制。用甘特图法编制的进度计划具有活动的开始和结束时间明确、直观等特点。但当活动项数较多时，甘特图对活动间的逻辑关系不能清楚表达，进度的调整比较麻烦，进度计划的重点也难以确定。与此相反，网络计划技术可以弥补上述不足。因此，当活动项数较多时，目前用得较普遍的是网络图法。CPM 是一个带有"确定性"的方法：每一项活动只用到一种时间估算。而 PERT 是一种预先假设的随机偏差。CPM 方法包括了一个数学过程，以评估项目工期和项目成本间的平衡。

4.2　软件项目的工作量和进度估算

软件项目不同于其他项目，可以更多地应用路径规划技术，它更多地关注工作任务的分解、软件规模评估和时间评估。而对软件项目的工作量的估计，也有其特定的估算方法。

4.2.1　软件项目的工作量估算

工作量的含义是完成一个任务所需要的人力与时间。项目经理把工作量分配给具体的工程师，把工作量分布在详细的项目计划中，这就是依据工作量所进行的项目管理。所以工作量提供了项目管理的基础。

1. 软件项目工作量的度量

软件开发项目的工作量主要指软件开发各过程中所花费的工作量。与传统的制造业不同，软件的成本可以不考虑原材料和能源的消耗，主要是人的劳动的消耗。另外，软件项目的开发过程没有一个明显的制造过程，它的开发过程具有明显的一次性过程特征。因此，软件开发工作量应是从软件计划、需求分析、设计、编码、单元测试、集成测试到验证测试整个开发过程所花费的工作量，作为工作量测算的依据。采用什么样的生命期模型，对使用什么样的工作量估算方法有很大的影响。例如，采用面向对象技术为主的开发技术与传统的开发技术，在工作量的估算上当然不同，这些都需要根据软件开发的具体特点进行选择。

软件项目工作量估算的结果是项目任务的人力和需时。在进行工作量估算时，度量的任务需时是讨论以任务元素、子任务、工作包为单位（称为单元任务）的需时，它是计算成本、制定进度计划的依据。而在进行进度估算时，单元任务的需时又是时间进度计划安排的基本数据来源。软件工作量的单位一般为人·天、人·月、人·年。

2. 软件项目工作量的估算方式

软件项目工作量的估算方式主要包括以下几种。

① 自上而下的估算法。自上而下的估算是以项目总体为估算对象，在收集上层和中层管理人员的经验判断，以及可以获得的关于以往类似项目的历史数据的基础上，从工作分解结构的上部向下部依次分配、传递，直至 WBS 的最底层。通常在项目的初期或信息不足时进行，此时只确定了初步的工作分解结构，很难将项目的基本工作包详细列出来。因此估算的基本对象可能就是整个项目或其中的子项目，估算精度较差。这种估算方式的优点是估算工作量小，速度快。缺点是估算出来的工作量盲目性大，有时会遗漏被开发系统的某些部分。

② 自下而上的估算法。自下而上的估算是先估算各个工作包的工作量，然后自下而上将各个估算结果汇总，算出项目总的工作量的估算方法。这种方式的优点是估算各个部分的准确性高。缺点是缺少各项子任务之间相互联系所需的工作量，还可能缺少许多与软件开发有关的系统级工作量（例如，配置管理、质量管理、项目管理）。所以往往估算值偏低，必须用其他方法进行检验和校正。当然，这种估算本身也要花费较多的时间或费用。

③ 自上而下和自下而上相结合的估算。采用自上而下的估算方式虽然简便，但估算精度较差；采用自下而上的估算方式，所得结果更精确，并且项目所涉及活动资源的数量更清楚，但估算工作量大。为此，可将两者结合起来，取长补短。即采用自上而下与自下而上相结合的方法进行工作量估算。自上而下和自下而上相结合的估算可针对项目的某一个或几个重要的子项目进行详细具体的分解，从该子项目的最低分解层次开始估算工作量，并自下而上汇总，直至得到该子项目的估算值；之后，以该子项目的估算值为依据，估算与其同层次的其他子项目的费用；最后，汇总各子项目，得到项目总的工作量估算。

3. 软件项目工作量估算的其他构成因素

在进行软件项目工作量估算时除了要考虑需求分析、设计、编码、测试等的工作量，还不能忽略以下几方面的工作量估计。

① 用于各模块、子系统、软件系统与硬件、网络系统之间集成的测试、调试等的工作量。

② 用于编写用户文档和设计文档的工作量。

③ 用于需求管理、配置管理、质量管理、风险管理等支持过程的工作量。

④ 用于项目管理的工作量。

4. 软件项目工作量估算的其他影响因素

对软件项目工作量估算有影响的因素主要包括以下几个。

① 复杂程度。包括问题领域、算法复杂性、程序设计语言、软件复用量、可靠性等性能要求、系统平台复杂性、资源的限制等。

② 人为因素。包括开发人员的能力、经验、稳定性，开发组织的管理能力、用户配合的程度等。

③ 工程因素。包括开发技术的难度、进度的紧迫性、项目团队的凝聚力、多点开发等。

④ 意外事件。

4.2.2 软件项目进度的估算

软件项目进度估算常用的估算方法有：计划评审技术、关键路径法、类推估算法、定额估算法、基于承诺的进度估算法等。下面介绍类推估算法、定额估算法与基于承诺的进度估算法，其他估算方法将在第 5 章详细介绍。

1. 类推估算法

这是一种将估算项目的总体参数与类似项目进行直接比较得出结果的方法。类推估算法估计结果的精确度取决于历史项目数据的完整性和准确度。因此，用好类推估算法的前提条件之一是组织建立起较好的项目评价与分析机制，对历史项目的数据分析是可信赖的。其基本步骤如下。

① 整理出项目功能列表和实现每个功能的代码行。

② 标识出每个功能列表与历史项目的相同点和不同点，特别要注意历史项目做得不够的地方。

③ 通过步骤①和②得出各个功能的估计值。

④ 产生对项目规模的总体估计。

在软件项目中用类推估算法，往往还要解决可复用代码的估算问题。估计可复用代码量的最好办法就是由程序员或分析员详细地考察已存在的代码，估算出新项目可复用的代码中需重新设计的代码百分比、需重新编码或修改的代码百分比及需重新测试的代码百分比。根据这 3 个百分比，用下面的计算公式计算等价新代码行数。

$$等价代码行 = \frac{重新设计\% + 重新编码\% + 重新测试\%}{3} \times 已有代码行$$

例如，在需要编写 10 000 行代码的模块中，假定 30% 需要重新设计，50% 需要重新编码，70% 需要重新测试，那么其等价的代码行数为

$$\frac{30\% + 50\% + 70\%}{3} \times 10\,000 = 5\,000$$

类推估算法通常比其他方法简便易行，费用低，但它的精度也低。类推估算法的优点是这种估算是基于实际经验和实际数据的，所以可信度较高。有两种情况可以使用这种方法，其一是以前完成的项目与新项目非常相似；其二是项目估算专家或小组具有必需的专业技能。这种方法的局限性在于很多时候没有真正类似项目的历史数据，因为项目的独特性和一次性使多数项目之间不具备可比性。

2. 定额估算法

定额估算法是根据项目规模的结果来推测进度的方法。定额估算法是比较基本的估算项目历时的方法，估算公式为

$$T = Q/(R \times S)$$

式中：T——活动的持续时间，可以用小时、日、周等表示；

Q——活动的工作量，可以用人·月、人·天等单位表示；

R——人力或设备的数量，可以用人或设备数等表示；

S——开发（生产）效率，以单位时间完成的工作量表示。

此方法适合规模比较小的软件项目。例如，小于 10 000 LOC（代码行）或者小于 6 人·月的项目。假设一个软件项目的规模估算是 $Q = 6$ 人·月，如果有 5 个开发人员，即 $R = 5$ 人，而每个开发人员的开发效率是 $S = 1.2$，则时间进度估算结果是 $T = 6/(5 \times 1.2) = 1$ 个月，即这个项目需要 1 个月完成。

3. 基于承诺的进度估算法

基于承诺的进度估算法是从需求出发去安排进度，不进行中间工作量（规模）估计，根据对客户的要求做出的进度承诺而进行的进度估计，它本质上不是进度估算。其优点是有利于开发者对进度的关注。缺点是客户的要求往往比较乐观，一般会低估 20%～30%。

4. 估算方法的选择

很显然，采用前述几种不同的进度计划方法本身所需的时间和费用是不同的。CPM 法要把

每个活动都进行分析，如活动数目较多，还需用计算机求出总工期和关键路径，因此花费的时间和费用将更多。PERT 法可以说是制订项目进度计划方法中最复杂的一种，所以花费的时间和费用也最多。应该采用哪一种进度计划方法，主要应考虑下列因素。

① 项目规模的大小。很显然，小项目应采用简单的进度计划方法，大项目为了保证按期按质达到项目目标，就需考虑用较复杂的进度计划方法。

② 项目的复杂程度。在这里应该注意到，项目的规模并不一定总是与项目的复杂程度成正比。

③ 项目的紧急性。在项目急需进行，特别是在开始阶段，需要对各项工作发布指示，以便尽早开始工作时，如果用很长时间去编制进度计划，就会延误时间。

④ 对项目细节掌握的程度。如果在开始阶段项目的细节无法确定，CPM 和 PERT 法就无法应用。

⑤ 总进度是否由一两项关键活动所决定。如果项目进行过程中有一两项活动需要花费很长时间，而这期间可把其他准备工作都安排好，那么对其他工作就不必编制详细复杂的进度计划了。

⑥ 有无相应的技术力量和设备。例如，没有计算机，CPM 和 PERT 法有时就难以应用。而如果没有受过良好训练的合格的技术人员，也就无人胜任用复杂的方法编制进度计划的工作。

此外，根据情况不同，还需考虑客户的要求，能够用在进度计划上的预算等因素。到底采用哪一种方法，需要全面考虑以上各个因素。

4.2.3 IT 项目时间管理的特点

IT 项目具有建设的一次性和结构与技术复杂等特点，无论是进度编制，还是进度控制，均有它的特殊性，主要表现在以下几个方面。

① 时间管理是一个动态过程。一个大的软件项目往往需要一年，甚至是几年的时间。一方面，在这样长的时间里，工程建设环境在不断变化；另一方面，实施进度和计划进度会发生偏差。因此，在项目实施中要根据进度目标和实际进度，不断调整进度计划，并采取一些必要的控制措施，排除影响进度的障碍，确保进度目标的实现。

② 项目进度计划和控制是一个复杂的系统工程。进度计划按工程单位可分为整个项目的总进度计划、单位工程进度计划、分部分项工程进度计划等；按生产要素可分为投资计划、设备供应计划等。因此，进度计划十分复杂。而进度控制更复杂，它要管理整个计划系统，而绝不仅限于控制项目实施过程中的实施计划。

③ 时间管理有明显的阶段性。由于各阶段工作内容不一，因而相应有不同的控制标准和协调内容。每一阶段进度完成后都要对照计划做出评价，并根据评价结果做出下一阶段工作的进度安排。

④ 时间管理风险性大。由于时间管理是一个不可逆转的工作，因而风险较大。在管理中既要沿用前人的管理理论知识，又要借鉴同类工程进度管理的经验和成果，还要根据本工程特点对进度进行创造性的科学管理。

4.3 编制项目进度计划

制定合理的工作进度计划是非常重要的，它不仅为统筹安排打下基础，而且可以为各个阶段对资源的利用提供计划。编制项目计划应由项目经理负责，由技术人员、项目管理专家、参与项目工作的其他人员参加，利用一些分析工具进行编制。

4.3.1 编制项目进度计划的目的和依据

项目进度计划是在工作分解结构的基础上对项目及其每个活动做出的一系列的时间规划。项目进度计划不仅规定了整个项目及各阶段的工作，还具体规定了所有活动的开始日期和结束日期。

根据项目进度计划所包含内容的不同，项目进度计划可分为项目总体进度计划、分项进度计划和详细进度计划等。这些不同的进度计划构成了项目的进度计划系统。当然，不同的项目，其进度计划的划分方法有所不同。软件项目进度计划需要安排所有与该项目有关的活动，但在软件项目开发中，所有活动并不都是完全独立的、顺序进行的，有些活动是可以并行的。制定项目进度计划时，必须协调这些并行的任务并且组织这些工作，以使资源的利用率达到最优化。同时，还必须避免由于关键路径上的任务没有完成而导致整个项目的推迟。

1. 编制进度计划的目的

① 制订项目的详细进度计划，明确每项活动的起止时间，控制时间和节约时间；

② 协调资源，使资源在需要的时候可以获得；

③ 预测在不同时间上所需的资源的级别，以便赋予项目各项活动不同的优先级；

④ 为项目的跟踪控制提供基础；

⑤ 满足严格的完工时间约束。

2. 编制进度计划的依据

在编制项目进度计划以前的各项项目时间管理工作所生成的文件，以及项目其他计划管理所生成的文件都是项目进度计划编制的依据。其中最主要的有以下几项。

① 项目网络图。这是在"活动排序"阶段所得到的项目各项活动及它们之间逻辑关系的示意图。

② 项目活动工期的估算文件。这也是项目时间管理前期工作得到的文件，这是对于已确定项目活动的可能工期的估算文件。

③ 项目的资源要求和共享说明。这包括有关项目资源质量和数量的具体要求，以及各个项目活动以何种形式与项目其他活动共享何种资源的说明。当几个活动同时需要某一资源时，计划的合理安排就显得十分重要。

④ 项目作业的各种约束条件。在制订项目进度计划时，有两类主要的约束条件必须考虑：强制的时间（客户或其他外部因素要求的特定日期）、关键时间或主要的里程碑（客户或其他投资人要求的项目关键时间或项目工期计划中的里程碑）。

⑤ 项目活动的提前和滞后要求。任何一项独立的项目活动都应该有关于其工期提前或滞后的详细说明，以便准确地制订项目的工期计划。例如，对项目定购和安装设备的活动可能会允许有一周的提前或两周的延期时间。

⑥ 对于 IT 项目还应考虑生产率问题。根据人员的技能考虑完成软件的生产率。例如，每天只能用半天进行工作的人，通常至少需要两倍的时间完成某活动。大多数活动所需的时间与人的能力和资源有关。不同的人，级别不同，生产率不同，成本也不同。对同一工作有经验的人员需要时间和资源都更少。

4.3.2 编制项目进度计划

项目进度计划是项目专项计划中最为重要的计划之一，这种计划的编制需要反复地试算和综合平衡，因为它涉及的影响因素很多，而且它的计划安排会直接影响到项目总体计划和其他专项计划。所以编制这种计划时，需要项目主要干系人、项目组织的主要负责人参与，明确各自的职责，安排项目活动相应的时间进度。

1. IT 项目进度计划的基本内容

① IT 项目综合进度计划。按照 IT 项目的特点和实施规律，将所有工作按前后顺序排列，明确其相互制约的关系，估算每一工作所需要的时间，进而计算出各分项或阶段工程的工期，再计算出整个 IT 项目所需的总工期，直到达到计划目标确定的合理工期为止。

② IT 项目采购工作进度计划。对于一些系统集成类的 IT 项目，可能需要一些采购工作，需要编制采购计划，按照 IT 项目综合进度计划中对各项设备和系统软件等到达现场的时间要求，确定出实施的具体日期。

③ IT 项目实施进度计划。IT 项目实施进度计划是根据估算各项工作所需的工时数，以及计划投入的人力和人工天数，求出各项工作所需的实施期，然后按照实施顺序的要求，制订出整个项目的实施进度计划。

④ IT 项目验收进度计划。IT 项目验收进度计划是对 IT 项目实施过程即将结束时进行的验收进度安排的计划。这将使项目业主、承包商、项目团队成员等有关方面做到心中有数，据此安排好各自的工作，以便顺利验收。验收工作可能会比较短，也可能会很长。有些项目需要通过实际的使用来进行验收，例如，电信的通信计费等 IT 项目。

⑤ IT 项目的维护计划。IT 项目的维护工作量很大，持续时间也会很长，有必要对维护工作制订相应的进度计划。有时维护计划是验收计划的一部分。

2. 项目进度计划编制的步骤

① 选择模板。项目模板会给你一个比较全面的参考，如果模板适合本项目，则会给计划工作带来更多的方便。在选择了合适的模板后，只需要替换本项目特有的内容即可很容易地得到一个初始的项目进度计划。在该模板中，你需要重点关注的是项目的带有典型特征的、有标准的关键控制点的网络图。

② 确定任务。对项目进行认真的工作分解，检查项目的目标日期及其他约束条件，以此作为确定任务阶段的划分参考。如果需要设备，则需要检查设备清单，并了解清楚各类主要设备、资源的现行交货周期，在项目计划中做好标识。

③ 确定时间值。实际的工作时间应细化到：一周工作几天、每天工作几个小时。要充分考虑正常工作时间，去掉节假日等。在正常工作时间内，去掉打电话、抽烟、休息等时间后的有效工作时间。根据所建项目的规模，对网络图中各个工作分配其工作时间，注明能发出设备采购订货单的最早可能日期、注明阶段划分及里程碑点。在安排这些关键日期的过程中，对那些肯定会有的中间工序也要适当地考虑进去。

④ 进行资源分配计划评审。要保证资源与进度的相对平衡。在将项目设计和实施两个部分的网络图中各个关键控制点工作的完工日期协调一致后，需要检查每一个主要设计任务和主要实施人员负荷值。根据该项目的需求和规模来确定合理的人力负荷值。按照计划的进度周期取其平均值，可以算出平均人力负荷值。计划的人力负荷峰值一般不宜超过平均人力负荷值的 1.5 倍。

⑤ 画出网络计划图。如果采用项目管理软件工具画图，则这部分工作实际上在前面几个步骤中就已经实现了。

3. 制订项目进度计划的方法

不同类型的工程进度计划，采用的编制方法也有所不同。

① 系统分析法。在不考虑资源和约束的情况下，通过计算所有项目的最早开始时间和最晚结束时间等方法，可以计算出项目的工期，以此来安排进度计划。编制进度的基本方法有甘特图法、CPM 和 PERT 等方法，前面已经有所介绍，这里不再赘述。

② 资源平衡法。使用系统分析法制定项目工期计划的前提是项目的资源充足，但是，实际

中多数项目都存在资源限制，因此有时需要使用资源平衡法去编制项目的进度计划。这种方法的基本指导思想是"将稀缺资源优先分配给关键路径上的项目活动"。这种方法制订出的项目工期计划常常比使用系统分析法编制的项目进度计划的工期要长，但是更经济和实用。为了缩短关键活动所需的时间，也可以考虑延长工作时间、周末工作、增加工作班次等方法。缩短那些导致最初进度延长活动所需时间的另一条途径是采用不同的技术或设备，这样也可以在提高生产率的前提下，缩短所需时间。另外，快速跟进也是缩短项目总体所需时间的一种方法。

③ 项目管理软件是广泛应用于项目工期计划编制的一种辅助方法。使用特定的项目管理软件就能够运用系统分析法的计算方法，综合考虑资源平衡，快速地编制出多个可供选择的项目进度计划方案，最终选定一个满意的方案。这对于优化项目进度计划是非常有用的。当然，尽管使用项目管理软件，但最终决策还是需要由人来做出。

④ 计算机模拟方法。这种方法是用计算机模拟在不同的假设下项目所需的时间。常用的技术是蒙特卡罗模拟方法。这种方法是要确定每个活动所需时间的概率分布，然后通过计算来产生该概率下可能出现的活动时间，通过多次模拟就可以通过概率统计分析的方法得出该活动所需的时间估计。在模拟过程中还可以考虑到风险等多种可能影响活动时间的因素。

4. 制订进度计划工作的结果

项目进度计划编制工作的结果是给出了一系列的项目进度计划文件。

① 项目进度计划书。通过项目进度计划编制而给出的项目进度计划书，至少应包括每项活动的计划开始日期和计划结束日期等信息。一般在项目资源配置得到确认之前，这种项目进度计划只是初步计划，在项目资源配置得到确认之后才能够得到正式的项目进度计划。项目进度计划文件可以使用摘要的文字描述形式给出，也可使用图表的形式给出。

② 项目进度计划书的支持细节。这是关于项目进度计划书中各个支持细节的说明文件。例如，项目进度计划书的支持细节可以包括：所有已识别的假设前提和约束条件说明、项目资源配置的说明、项目现金流量表、项目的设备采购计划和其他一些项目工期计划的保障措施等。

③ 项目进度管理的计划安排。项目进度管理的计划安排是有关如何应对项目进度计划变更和有关项目实施的作业计划管理安排。这一部分内容既可以整理成正式的项目进度计划管理文件，也可以作为项目进度计划正式文件的附件，或只是做一个大体上的框架说明即可。但是无论使用什么方式，它都应该是整个项目进度计划的一个组成部分。

④ 更新后的项目资源需求。在项目进度计划编制中会出现对于项目资源需求的各种改动，因此，在项目进度计划制订过程中需要对所有的项目资源需求改动进行必要的整理，并编制成一份更新后的项目资源需求文件。这一文件将替代旧的项目资源需求文件，并在项目进度计划管理和资源管理中使用。

4.4 IT 项目进度控制

时间就是金钱，效率就是生命。项目进度的失控必然导致人力、物力的浪费，甚至有可能影响到工程质量和安全。因此，进度控制工作是项目管理工作的重要内容。进度控制是指持续收集项目进展数据，掌握项目计划的实施情况，将实际情况与进度计划进行对比，分析其差距和造成这些差距的原因，必要时采取有效的纠正或预防措施，使项目按照项目进度计划中预定的工期目标进行，防止延误工期。对项目进度的控制可从控制项目进度变更原因和实际进度变更两方面着手进行。进度控制的目标与投资控制的目标和质量控制的目标是对立和统一的关系，控制项目的进度并不意味着一味追求进度，还要满足质量、经济、安全等方面的要求。

4.4.1 IT 项目进度控制的特点

IT 项目与一般建设工程有许多相似之处，也有许多不同的特点，这就使其项目控制工作具有明显的特殊性。

1. 相似点

项目控制的中心任务是科学地规划和控制项目投资、进度和质量三大目标；控制的基本方法是目标规划、动态控制、组织协调和合同管理；控制工作均贯穿于策划、设计和实施整个项目的全过程。因此，IT 项目的控制可借鉴建设工程控制的基本流程。建设工程实施与控制的"三控"、"两管"原则完全适用于 IT 项目的实施与控制，即通过投资控制、进度控制、质量控制及合同管理和信息管理来对项目进行监督和管理。

2. 不同点

① IT 项目科技含量高、专业性强、知识更新快、一体化的程度高，应用范围也比较广，具有智力、知识密集的特点。在技术继承度上，IT 项目创新成分多，新开发的工作量大，是多种学科技术领域的综合与交叉。

② IT 项目涉及的设备品种多、更新换代快、配套严格，对环境（湿度、温度、防静电、防雷、接地等）有专门的技术要求。由于牵涉的专业比较复杂，技术性比较强，所涉及的领域宽广，使得 IT 项目不但具有挑战性，而且可能出现的问题会很多，从而对监督和控制的要求很高。

③ IT 项目的不可预见性高，风险程度大；用户需求容易随着形势发展而发生急速的变化，甚至有许多需求超过新技术的发展。

④ IT 项目行业新颖、人员年轻；往往对重大信息系统建设的难度估计不足，对建设过程、模式、手段的认识不足。

⑤ IT 项目的投资额度大、工期长短不一；对从业人员要求高，不仅要求具有丰富的实践经验和很快掌握先进技术的能力，还要知识面宽、通晓国家标准和行业规范。

⑥ IT 项目控制的另外一个难点是对无形产品设计、开发过程的监督和管理。因为软件开发过程不可见，受人的知识水平、情绪等方面的影响较大。

⑦ 软件项目内容的隐性和分散性。软件项目通常不如其他项目那么具体，并易于集中收集和整理，它往往分散在不同的人的手中或头脑里。因此，计划要求以文本文档和图形文档相结合的形式出现。文本主要记录项目的约束和限制、风险、资源、接口约定等方面的内容，对于进度和资源分解、职责分解、目标分解最好通过项目管理软件工具来进行规划和管理，以利于项目的跟踪和调整。

进度控制的作用主要包括以下几点。

• 在项目进度计划实施过程中，对项目进行不断的进度监控是为了掌握进度计划的实施状况，并将实际情况与计划进行对比分析，在实际进度向不理想方向偏离并超出了一定的限度时采取纠正措施，使项目按预定的进度目标进行，避免工期的拖延。

• 进度的更新。进度更新是指根据进度执行情况对计划进行调整。如有必要，必须把计划更新结果通知有关方面。进度更新有时需要对项目的其他计划进行调整。在有些情况下，进度延迟十分严重以致需要提出新的基准进度，给下面的工作提供现实的数据。

• 纠正措施。指采取纠正措施使进度与项目计划一致。在时间管理领域中，纠正措施是指加速活动以确保活动能按时完成或尽可能减少延迟时间。

• 教训与经验。进度产生差异的原因，采取纠正措施的理由及其他方面的经验和教训应被记录下来，成为执行组织在本项目和今后其他项目的历史数据与资料。

4.4.2　IT 项目进度控制

进度控制主要是监督进度的执行状况，及时发现和纠正偏差、错误。在控制中要考虑影响项目进度变化的因素、项目进度变更对其他部分的影响因素、进度表变更时应采取的实际措施。项目进度计划的更新既是进度控制的起点，也是进度控制的终点。项目进度控制按照控制执行人员来划分可以分为：项目组内控制、企业控制、用户方控制、第三方控制。

① 项目组内控制：项目组内以项目经理为主，组织项目组成员进行持续自我检查，对照项目计划，及时发现偏差并进行调整。

② 企业控制：项目组以外，企业领导层及生产部门、项目管理部门、质量管理部门、财务管理部门对项目进行控制。项目组一般应该定期提交项目状态报告给项目干系人，使他们了解项目的真实进展情况。

③ 用户方控制：用户方对于项目的进度、质量是最关心的，所以有责任感的用户方会定期或不定期地获取项目进展的信息，作为他们进行项目控制的依据。用户方的控制措施主要是在发现问题后提出警告。当然，合同签订后项目的价格是固定的，所以他们对项目进度更为关心。

④ 第三方控制：有些项目委托项目监理机构进行项目控制。作为第三方的监理机构，对于项目的成功是有利的。理论上讲，监理单位利益独立于双方之外，可以客观公正地提出相关意见和措施，保证项目的质量、进度及投资。同时，第三方监理拥有很强的咨询能力，可以帮助双方解决一些技术和管理难题，促进项目进展。既可以对信息工程建设项目实施成功与否做公正客观的评价，又可以使用户和系统开发商双方的市场行为规范起来，客观上促进开发商提供高质量的符合客户业务需求的信息系统，从而提高客户对建设系统的信心。

1. 项目进度控制的依据

项目进度控制的主要依据包括以下几个方面。

① 项目进度计划文件。项目进度计划文件是项目进度控制最根本的依据，它提供了度量项目实施绩效和报告项目进度计划执行情况的基准和依据。

② 项目工期计划实施情况报告。这一报告提供了项目进度计划实施的实际情况及相关的信息。例如，哪些项目活动按期完成了，哪些未按期完成，项目进度计划的总体完成情况等。通过比较项目进度计划和项目进度计划实施情况报告可以发现项目进度计划实施的问题和差距。

③ 项目变更的请求。项目变更请求是对项目计划任务所提出的改动要求。它可以是由业主/客户提出的，也可以是项目实施组织提出的，或者是法律要求的。项目的变更可能是要求延长或缩短项目的工期，也可能是要求增加或减少项目的工作内容。但是，无论哪一方面的项目变更都会影响到项目进度计划的完成，所以项目变更的请求也是项目进度计划控制的主要依据之一。

④ 项目进度管理的计划安排。项目进度管理的计划安排给出了如何应对项目进度计划变动的措施和管理安排。这包括项目资源方面的安排、应急措施方面的安排等。这些项目进度管理的安排也是项目进度计划控制的重要依据。

2. 项目计划进度控制的流程

项目计划进度控制流程如图 4 - 10 所示。

3. 项目进度控制的类型

① 控制层次。不同层次的项目管理部门对项目进度控制的内容是不同的。项目进度控制按照不同管理层次可分为以下 3 类。

- 项目总进度控制。项目经理等高层次管理部门对项目中各里程碑事件进行进度控制。
- 项目主进度控制。主要是项目部门对项目中每一主要事件的进度控制。在多级项目中，这些事件可能就是各个分项目。

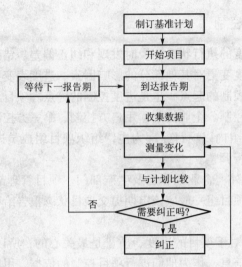

图 4 – 10　项目计划进度控制流程图

　　● 项目详细进度控制。主要是各作业部门对各个具体作业进度计划的控制，这是进度控制的基础。

　　② 作业控制。作业控制的内容就是采取一定的措施，保证每一项作业按计划完成。作业控制是以工作分解结构的具体目标为基础的，也是针对具体工作环节的。通过对每项作业进行质量检查，以及对其进展情况进行监控，以期发现作业正在按计划进行还是存在缺陷，然后由项目管理者下达指令，调整或重新安排存在缺陷的作业，以保证其不致影响整个项目工作的进行。

　　③ 进度控制。项目进度控制是一种循环的例行性活动，其活动分为 4 个阶段：编制计划、实施计划、检查与调整计划、分析和总结。

　　4. 项目执行信息的收集

　　在整个报告期内，需要收集以下数据和信息：

　　① 实际执行的数据。包括活动开始或结束的实际时间、使用或投入的实际资源和成本等。

　　② 有关项目范围、进度计划和预算变更的信息。

　　信息和数据的收集方法有以下几种。

　　① 发生概率统计法。即对某一事项发生的次数进行记录的收集方法，主要用于延误报告次数、无事故天数、运行故障次数等。

　　② 原始数据记录法。用于对项目中实际资源投入量和项目产出技术指标进行统计。

　　③ 经验法。这类指标的定量或定级来源于人的主观意志。

　　④ 指标法。对一些较难或者甚至无法直接获得的对象的有关信息，寻找一种间接的度量或指标。

　　⑤ 口头测定方式。这种方式常用于测定成员的合作质量、士气高低、项目开发方和业主间合作的程度等。

　　5. 项目进度分析

　　项目计划都是推估出来的，再好的计划也未必是最合理的，也未必十全十美。项目计划中的完成期限可能是理想的状态，所以在进行项目跟踪控制时，需要对不合理的计划进行及时的修正。引起项目进度变更的原因有很多，其中可能性最大的有：编制的项目进度计划不切实际；人为因素的不利影响；设计变更因素的影响；资金、设备的准备等原因的影响；不可预见的政治、经济等项目外部环境等因素的影响。在这些引起项目进度变更的影响因素中，部分是项目管理者可以实施控制的（如进度计划的制订、人为因素的影响、资金、设备的准备等），部分是项目管理者无法实施控制的（如项目外部环境）。因此，对项目进度变更的影响因素的控制要把重点放在可控因素上，力争有效控制这些可控因素，为项目进度计划的实施创造良好的内部环境。对于不可控的影响因素，要及时掌握变更信息并迅速加工利用，对项目进度进行适时、适度的调整，最大限度地为项目进度营造一个适宜的外部环境。项目进度控制不仅要注意主要任务或关键路径上的任务的工期，也要注意一些次要任务的进展，以防止次要任务拖延，影响主要任务和关键路径上的任务。

项目的进展情况报告主要反映以下几个方面的内容。

① 项目进展简介。列出有关重要事项，对每一个事项，叙述近期的成绩、完成的里程碑及其他一些对项目有重大影响的事件（如采购、人事、业主等）。

② 项目近期趋势。阐述从现在到下次报告期间将要发生的事件，对每个将要发生的事件进行简单说明，并提供一份下一期的里程碑图表。

③ 预算情况。一般以清晰、直观的图表反映近期的预算情况，并对重大的偏差作出解释。

④ 困难与危机。困难是指力所不能及的事情。危机是指对项目造成重大险情的事。

⑤ 人、事表扬等。

6. 各种进度控制报告和报表

① 日常报告。日常报告是为报告有规律的信息。一般按计划的时间安排报告时间，有时根据资源利用期限发出日常报告，有时每周甚至每天提供报告。

② 例外报告。此种报告的方式用于为项目管理决策提供信息报告。

③ 特别分析报告。此种报告常用于宣传项目特别研究成果或对项目实施中发生一些问题进行特别评述。

④ 项目进度控制报表。主要包括以下几类：

- 关键点检查报告；
- 项目执行状态报告；
- 任务完成报告；
- 重大突发性事件的报告；
- 项目变更申请报告；
- 项目进度报告；
- 项目管理报告；
- 项目进度控制总结。

4.4.3　进度控制的工具和方法

项目进度控制的主要方法是规划、控制和协调。规划是指确定项目总进度控制目标和分进度控制目标，并编制其进度计划。控制是指在项目实施全过程中进行的检查、比较及调整。协调是指协调参与项目的各有关单位、部门和人员之间的关系，使之有利于项目的进展。

进度控制所采取的措施主要有组织措施、技术措施、合同措施、经济措施和管理措施等。组织措施是指落实各层次的进度控制人员、具体任务和工作责任；建立进度控制的组织系统；按照项目的结构、工作流程或合同结构等进行项目的分解，确定其进度目标，建立控制目标体系；确定进度控制工作制度，如检查时间、方法、协调会议时间、参加人员等；对影响进度的因素进行分析和预测。技术措施主要是指采取加快项目进度的技术方法。合同措施是指项目的发包方和承包方之间，总包方与分包方之间等通过签订合同明确工期目标，对项目完成的时间进行制约。经济措施是指实现进度计划的资金保证措施。管理措施是指加强信息管理，不断地收集项目实际进度的有关信息资料，并对其进行整理统计，与进度计划相比较，定期提出项目进展报告，以此作为决策依据之一。

常用的进度检查方法如下。

1. 甘特图检查法

利用甘特图进行进度控制时，可将每天、每周或每月的实际进度情况定期记录在甘特图上，用以直观地比较计划进度与实际进度，检查实际执行的进度是超前、落后，还是按计划进行。若通过检查发现实际进度落后了，则应采取必要措施，改变落后状况；若发现实际进度远比计划进度提前，可适当降低单位时间的资源用量，使实际进度接近计划进度。这样常可降低相应的成本费用。例如，在甘特图中用实心和空心的横道线分别表示实际进度与计划进度，差别极易分清。通过计划与实际的比较，为项目管理者明确实际进度与计划进度之间的偏差，为采取调整措施提出了明确任务。这是进度控制中最简单的工具。但是，这种工具仅适用于项目中各项工作都是按均匀的速度进行，即每项工作在单位时间内所完成的任务量是各自相等的。

2. S 形曲线检查法

S 形曲线检查法是在计划实施前绘制出计划的 S 形曲线，在项目进行过程中，将进度实际执行情况绘制在计划 S 形曲线图中，与计划进度相比较的一种方法。S 形曲线是一个以横坐标表示时间，纵坐标表示工作量完成情况的曲线图。该图的具体表达方式可以是实物工程量大小、工时消耗或费用支出额，也可用相应的百分比来表示。S 形曲线检查法如图 4 - 11 所示，其能直观地反映项目实际进度情况。在项目实施过程中，每隔一段时间将实际进展情况绘制在原计划的 S 形曲线上进行直观比较。通过比较，可得到以下信息。

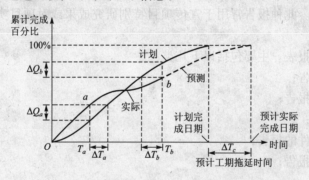

图 4 - 11　S 曲线检查法

① 实际工程进展速度。当实际进展点落在计划 S 形曲线左侧时，表明实际进度超前，如图 4 - 11 中的 a 点；如果项目实际进展点落在计划 S 形曲线右侧，表明此时实际进度拖后，如图 4 - 11 中的 b 点；如果工程实际进展点正好落在计划 S 形曲线上，则表示此时实际进度与计划进度一致。

② 项目实际进度超前或拖后的时间。在 S 形曲线比较图中可以直接读出实际进度比计划进度超前或拖后的时间。如图 4 - 11 所示，ΔT_a 表示 T_a 时刻实际进度超前的时间；ΔT_b 表示 T_b 时刻实际进度拖后的时间。

③ 工程量的完成情况。

④ 后续工程进度预测。如图 4 - 11 中虚线表示若后期工程按原计划速度实施，则总工期拖延的预测值为 ΔT_c。

3. 香蕉形曲线检查法

"香蕉" 形曲线是由两条 S 形曲线组合成的闭合曲线。从 S 形曲线检查法中可知，按某一时间开始实施项目的进度计划，其计划实施过程中进行时间与累计完成任务量的关系都可以用一条 S 形曲线表示。对于一个项目的网络计划，在理论上总是分为最早和最迟两种开始与完成时间的。因此，一般情况下，任何一个项目的网络计划，都可以绘制出两条曲线。其一是计划以各项工作的最早开始时间安排进度而绘制的 S 形曲线，称为 ES 曲线。其二是计划以各项工作的最迟开始时间安排进度而绘制的 S 形曲线称为 LS 曲线。两条 S 形曲线都是从一个计划的开始时刻开始和一个完成时刻结束，因此两条曲线是闭合的。一般情况下，其余时刻 ES 曲线上的各点均落在 LS 曲线相应点的左侧，形成一个形如"香蕉"的曲线，故此称为香蕉形曲线。

在项目的实施过程中，进度控制的理想状况是任一时刻按实际进度描绘的点，应落在该"香蕉"形曲线的区域内。香蕉形曲线的作图方法与 S 形曲线的作图方法基本一致，所不同之处在于它是分别以工作的最早开始时间和最迟开始时间而绘制的两条 S 形曲线的结合。其具体步骤如下。

① 以项目的网络计划为基础，确定该实施项目的工作数目 n 和计划检查次数 m，并计算时间参数 ES_i、LS_i（$i = 1$，2，$\cdots$，n）；

② 确定各项工作在不同时间计划完成的任务量，分为以下两种情况。

● 以项目的最早时标网络图为准，确定各工作在各单位时间的计划完成任务量，用 TES (i, j) 表示，即第 i 项工作按最早时间开工，在第 j 时刻完成的任务量（$i = 1$，2，$\cdots$，n；$j = 1$，2，$\cdots$，m）。

● 以项目的最迟时标网络图为准，确定各工作在各单位时间的计划完成任务量，用 TEF (i, j) 表示，即第 i 项工作按最迟开始时间开工，在第 j 时刻完成的任务量（$i = 1$，2，$\cdots$，n；$j = 1$，2，$\cdots$，m）。

③ 计算项目总任务量。

④ 计算在 j 时刻完成的总任务量分为两种情况。

⑤ 计算在 j 时刻完成项目总任务量百分比也分为两种情况。

⑥ 绘制香蕉形曲线。描绘各时刻完成的总任务量，并连接各点得 ES 曲线。描绘各时刻完成的总任务量，并连接各点得 LS 曲线，由 ES 曲线和 LS 曲线组成香蕉形曲线。

在项目实施过程中，按同样的方法，将每次检查的各项工作实际完成的任务量，代入上述各相应公式，计算出不同时间实际完成任务量的百分比，并在香蕉形曲线的平面内给出实际进度曲线，便可以进行实际进度与计划进度的比较。

如图 4 – 12 所示，香蕉形曲线表明了项目进度变化的安全区间，实际发生的进度变化如不超出两条曲线限定的范围，就属于正常变化，可以通过调整开始和结束的时间使进度控制在计划的范围内。如果实际进度超出这一范围，就要引起重视，查清情况，分析出现的原因。如果有必要，应迅速采取纠正措施。顺便指出，香蕉形曲线不仅可以用于进度控制，还是成本控制的有效工具。

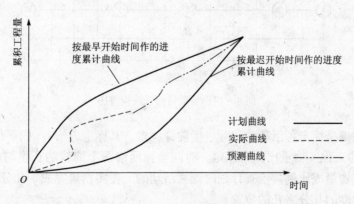

图 4 – 12　香蕉形曲线图

4. 前锋线检查法

前锋线检查法是一种有效的进度动态管理方法。前锋线又称为实际进度前锋线，它是在网络计划执行中的某一时刻正在进行的各项活动的实际进度前锋的连线。前锋线一般是在时间坐标网络图上标示的。时标网络计划绘制在时标表上，如图 4－13 所示。时标表可分为有日历的时标表和无日历的时标表两种。

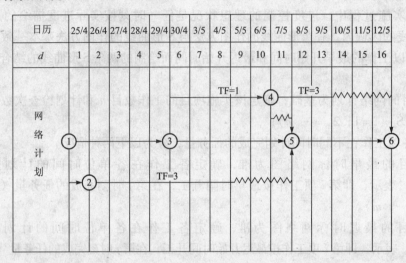

图 4－13　时标网络计划

在时标网络计划中，以实线表示工作，实线的长度与其所代表的工作的工期值大小相对应；虚工作仍以虚箭线表示；用波形线（或者虚线）把实线部分与其紧后工作的开始节点连接起来，以表示自由时差。绘制该图时，节点的中心必须对准时间的标示刻度线。从时间坐标轴开始，自上而下依次连接各线路的实际进度前锋，即形成一条波折线，这条波折线就是前锋线。图 4－14 是一份时间坐标网络计划用前锋线进行检查的示例图。该图有 2 条前锋线，分别记录了 2 日和 4 日 2 次检查的结果。

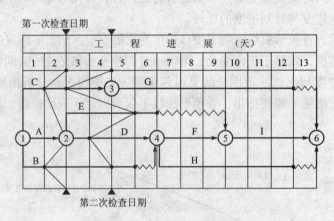

图 4－14　某项目前锋线检查图

画前锋线的关键是标定各活动的实际进度前锋位置。其标定方法有以下两种。

① 按已完成的工程实物量比例来标定。时间坐标网络图上箭线的长度与相应活动的历时对应，也与其工程实物量成比例。检查计划时刻某活动的工程实物量完成了几分之几，其前锋点自左至右标在箭线长度的几分之几的位置。

② 按尚需时间来标定。有时活动的历时是难于按工程实物量来换算的，只能根据经验或用

其他办法来估算。要标定该活动在某时刻的实际进度前锋，就要用估算办法估算出从该时刻起到完成该活动所需要的时间，从箭线的末端反过来自右到左进行标定。

进度前锋线的功能包括两个方面。

① 分析当前进度。以表示检查时刻的日期为基准，前锋线可以看作是描述实际进度的波折线。处于波峰上的线路，其进度相对于相邻线路超前，处于波谷上的线路，其进度相对于相邻线路落后。在基准线前面的线路比原计划超前，在基准线后面的线路比原计划落后。画出前锋线，整个工程在该检查计划时刻的实际进度状况便可一目了然。按一定时间间隔检查进度计划，并画出每次检查时的实际进度前锋线，可形象地描述实际进度与计划进度的差异。检查时间间隔愈短，描述愈精确。

② 预测未来进度。通过对当前时刻和过去时刻两条前锋线的分析比较，可根据过去和目前情况，在一定范围内对工程未来的进度变化趋势做出预测。

可引进进度比的概念进行定量预测。前后两条前锋线间某线路上截取的线段长度 ΔX 与这两条前锋线之间的时间间隔 ΔT 之比称为进度比，用 B 表示。进度比 B 的数学计算式为

$$B = \frac{\Delta X}{\Delta T}$$

B 的大小反映了该线路的实际进展速度的大小。某线路的实际进展速度与原计划相比快、慢或相等时，B 相应地大于 1、小于 1 或等于 1。根据 B 的大小，就有可能对该线路未来的进度做出定量的分析。

一条线路上的不同活动之间的进展速度可能不一样，但对于同一活动，特别是持续时间较长的活动，上述预测方法对于指导施工、控制进度是十分有意义的。根据实际进度前锋线的比较分析可以判断项目进度状况对项目的影响。关键工作提前或拖后将会对项目工期产生提前或拖后影响；而非关键工作的影响，则应根据其总时差的大小加以分析和判断。一般来说，非关键工作的提前不会造成项目工期的提前；非关键工作如果拖后，且拖后的量在其总时差范围之内，则不会影响总工期；但若超出总时差的范围，就会对总工期产生影响，若单独考虑该工作的影响，其超出总时差的数值，就是工期拖延量。需要注意的是，在某个检查日期，往往并不是一项工作提前或拖后，而是多项工作均未按计划进行，这时则应考虑其交互作用。

4.4.4 项目进度优化与控制

编制一个好的项目计划，需要不断地完善，需要不断进行优化、评审、修改、再评审等，最后才可以确定出成为基准的项目计划。刚刚得到的计划仅是一个初步的方案，如果与要求有差距，就要进行项目计划优化，调整资源，解决资源冲突。

1. 工期优化

工期优化是指在不改变项目范围的前提下，压缩计算工期，以满足规定工期的要求，或在一定约束条件下使工期最短。在进行工期优化时，首先应在保持系统原有资源的基础上对工期进行压缩。如果还不能满足要求，再考虑增加资源。在不增加资源的前提下压缩工期有两条途径：一是不改变网络计划中各项工作的持续时间，通过改变某些活动间的逻辑关系达到压缩总工期的目的；二是改变系统内部的资源配置，削减某些非关键活动的资源，将削减下来的资源调集到关键工作中去以缩短关键工作的持续时间，从而达到缩短总工期的目的。

由于关键路径的长度就是项目的工期，所以要压缩项目工期就必须缩短关键活动的时间。在实际项目管理工作中，压缩任何活动的持续时间都会引起费用的增加。因此，在压缩关键活动的工期时要抓住问题的关键：怎样合理地压缩工期使项目的花费代价最小，或者在最佳费用限额确定下如何保证压缩的工期最多，寻求工期和费用的最佳结合点。

工期优化的步骤如下。

① 计算网络计划中的时间参数，并找出关键路径和关键活动。

② 按规定工期要求确定应压缩的时间。

③ 分析各关键活动可能的压缩时间。

④ 确定将压缩的关键活动，调整其持续时间，并重新计算网络计划的计算工期。

⑤ 当计算工期仍大于规定工期时，重复上述步骤，直到满足工期要求或工期不能再压缩为止。

⑥ 当所有关键活动的持续时间均压缩到极限，仍不满足工期要求时，应对计划的原技术、组织方案进行调整，或对规定工期重新审定。

例：假设每个活动存在一个"正常"的进度和"压缩"进度，一个"正常"的成本和"压缩"后的成本。如果活动在可压缩的进度内，压缩与成本的增长成正比，缩短工期的单位时间成本可用以下公式计算：

$$（压缩成本 - 正常成本）/（正常时间 - 压缩时间）$$

如图 4 – 15 所示是一个有 A、B、C、D 4 项活动的网络图。

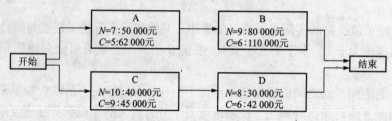

注：N=正常估计；C=压缩估计

图 4 – 15 项目网络图

其中 A→B 的工期为 16 周，费用是 172 000 元；C→D 的工期为 18 周，费用是 87 000 元。关键路径为 C→D，项目工期为 18 周，总费用是 200 000 元。

如果将项目的工期分别压缩到 17 周、16 周、15 周，并且保证每个任务在可压缩的范围内，必须满足两个前提：

· 首先必须找出关键路径；

· 保证压缩之后的成本最小。

根据上述两个条件，首先选择可以压缩的活动，然后根据压缩后的情况计算总成本最小的情况。各活动的压缩时间成本为

A 活动 （62 000 – 50 000）/（7 – 5）= 6 000（元/周）

B 活动 （110 000 – 80 000）/（9 – 6）= 10 000（元/周）

C 活动 （45 000 – 40 000）/（10 – 9）= 5 000（元/周）

D 活动 （42 000 – 30 000）/（8 – 6）= 6 000（元/周）

如果工期压缩到 17 周，可以压缩的任务有 C 和 D，但 C 的成本最小，故选择压缩活动 C，所以，压缩到 17 周后的总成本是 205 000 元。

同理，如果将工期压缩到 16 周，关键路径仍为 C、D，可以压缩的任务有 C 和 D，虽然活动 C 比活动 D 每周压缩成本低，但活动 C 已达到它的应急时间 9 周了。因此，仅有的选择是压缩活动 D 的进程。所以，压缩到 16 周后的总成本是 211 000 元。

如果将工期压缩到 15 周，关键路径为 C、D 与 A、B，可以压缩的任务有 A、B 和 D，为了压缩到 15 周，必须在两条关键路径中都压缩 1 周。因此，选择 A 和 D 活动。所以，压缩到 15

周后的总成本是 223 000 元。

2. 对后续活动及工期影响的分析

当发现某项活动的进度有延误，并对后续活动或总工期有影响时，一般需要根据实际进度与计划进度比较分析结果，以保持项目工期不变、保证项目质量和所耗费用最少为目标，做出有效对策，进行项目进度更新，这是进行进度控制和进度管理的宗旨。进度计划执行过程中的调整究竟有无必要还应视进度偏差的具体情况而定。当出现进度偏差时，除要分析产生的原因外，还需要分析此种偏差对后续活动产生的影响。偏差的大小及此偏差所处的位置，对后续活动及工期的影响程度是不相同的。分析的方法主要是利用网络图中总时差和自由时差来进行判断。具体分析步骤如下。

① 当进度偏差体现为某项工作的实际进度超前。根据网络计划技术原理可知，非关键工作提前非但不能缩短工期，可能还会导致资源使用发生变化，管理稍有疏忽甚至可能打乱整个原定计划，给管理者的协调工作带来麻烦。对关键工作而言，进度提前可以缩短计划工期，但由于上述原因实际效果不一定好。因此，当进度计划执行中有偏差体现为进度超前时，若幅度不大不必调整；当超前幅度过大时才必须调整。

② 当进度偏差体现为某项工作的实际进度滞后。此种情况下是否调整原定计划通常应视进度偏差和相应工作总时差及自由时差的比较结果而定。根据网络计划原理定义的工作时差概念可知，当实际进度滞后时，是否对进度计划做出调整的具体情形如下。

● 若出现进度偏差的工作为关键工作，势必影响后续工作和工期，必须调整。

● 若出现进度偏差的工作为非关键工作，且滞后工作天数超过其总时差，会使后续工作和工期延误，必须调整。

● 若出现进度偏差的工作为非关键工作，且滞后工作天数超过其自由时差而未超过总时差，不会影响工期，只有在后续工作最早开工不宜推后的情况下才进行调整。

● 若出现进度偏差的工作为非关键工作，且滞后工作天数未超过其自由时差，对后续工作和工期无影响，不必调整。

3. 动态调整与优化控制

调整进度的方案可有多种，需要择优选择。基本的调整方法有以下几种。

① 赶工。赶工是指利用休息日或下班后的时间继续实施项目工作。这是对费用和进度进行权衡的一种方法。赶工通过增加费用来压缩总工期。

② 关键任务调整。关键任务无机动时间，其中任一工作持续时间的缩短或延长都会对整个项目工期产生影响。因此，关键任务的调整是项目进度更新的重点。主要有以下两种情况。

● 关键任务的实际进度较计划进度提前时，若仅要求按计划工期执行，则可利用该机会降低资源强度及费用，即选择后续关键工作中资源消耗量大或直接费用高的子项目在已完成关键任务提前的范围内予以适当延长；若要求缩短工期，则应重新计算与调整未完成工作，并编制、执行新的计划，以保证未完成关键工作按新计算的时间完成。

● 关键任务的实际进度较计划进度落后时，调整的方法主要是缩短后续关键工作的持续时间，将耽误的时间补回来，保证项目按期完成。

③ 改变活动间的逻辑关系。该方法主要是改变关键路径上各活动间的先后顺序及逻辑关系来实现缩短工期的目的。例如，若原进度计划中的各项活动采用分别实施的方式安排，即某项活动结束后，才做另一项活动。对这种情形，只要通过改变活动间的逻辑关系及前后活动实施搭接施工，便可达到缩短工期的目的。采用这种方法调整时，会增加资源消耗强度。此外，在实施搭接施工时，常会出现施工干扰，必须做好协调工作。

④ 改变活动持续时间。该方法的着眼点是调整活动本身的持续时间，而不是调整活动间的

逻辑关系。例如，在工期拖延的情况下，为了加快进度，通常是压缩关键路径上有关活动的持续时间。又如，某活动的延误超出了它的总时差，这会影响到后续活动及工期。若工期不允许拖延，此时，只有采取缩短后续活动的持续时间的办法来实现工期目标。

⑤ 非关键工作的调整。当非关键路径上工作的时间延长但未超过其时差范围时，因其不会影响项目工期，一般不必调整，但有时，为更充分地利用资源，也可对其进行调整；当非关键路径上某些工作的持续时间延长而超出总时差范围时，则必然影响整个项目工期，关键路径就会转移。这时，其调整方法与关键路径的调整方法相同。非关键工作的调整不得超出总时差，且每次调整均需进行时间参数计算，以观察每次调整对计划的影响，其调整方法有 3 种：一是在总时差范围内延长其持续时间；二是缩短其持续时间，三是调整工作的开始或完成时间。

⑥ 增减工作项目。由于编制计划时考虑不周，或因某些原因需要增加或取消某些工作，则需重新调整进度计划，计算网络参数。增加工作项目，只是对原遗漏或不具体的逻辑关系进行补充；减少工作项目，则是对提前完成的工作项目或原不应设置的工作项目予以删除。增减工作项目不应影响原计划总的逻辑关系和原计划工期，若有影响，应采取措施使之保持不变，以便使原计划得以实施。

⑦ 资源调整。若资源供应发生异常时，应进行资源调整。资源供应发生异常是指因供应满足不了需要，如资源强度降低或中断，影响到计划工期的实现。资源调整的前提是保证工期不变或使工期更加合理。资源调整的方法是进行资源优化。

⑧ 重新编制计划。当采用其他方法仍不能奏效时，则应根据工期要求，将剩余工作重新编制进度计划，使其满足工期要求。

案例研究

针对问题：俗话说计划赶不上变化，IT 项目的需求又总是变化，制订项目进度计划有意义吗？怎样才能制订合理的进度计划？应细化到何种程度？怎样找出影响整个 IT 项目总工期的任务？编制进度计划，重点应该考虑哪些因素呢？

案例 A 工期拖了怎么办？

某公司准备开发一个软件产品。在项目开始的第一个月，项目团队给出了一个非正式的、粗略的进度计划，估计产品开发周期为 12～18 个月。一个月以后，产品需求已经写完并得到了批准，项目经理制定了一个 12 个月期限的进度表。因为这个项目与以前的一个项目类似，项目经理为了让技术人员去做一些"真正的"工作（设计、开发等），在制订计划时就没让技术人员参加，自己编写了详细的进度表并交付审核。每个人都相当乐观，都知道这是公司很重要的一个项目。然而没有一个人重视这个进度表。公司要求尽早交付客户产品的两个理由是：① 为下一个财年获得收入；② 有利于确保让主要客户选择这个产品而不是竞争对手的产品。团队中没有人对尽快交付产品产生异议。

在项目开发阶段，许多技术人员认为计划安排得太紧，没考虑节假日，新员工需要熟悉和学习的时间也没有考虑进去，计划是按最高水平的人员的进度安排的。除此之外，项目组成员也提出了其他一些问题，但基本都没有得到相应的重视。

为了缓解技术人员的抱怨，计划者将进度表中的计划工期延长了两周。虽然这不能完全满足技术人员的需求，但这还是必要的，在一定程度上减轻了技术人员的工作压力。技术主管说：产品总是到非做不可时才做，所以才会有现在这样一大堆要做的事情。

计划编制者抱怨说：项目中出现的问题都是由于技术主管人员没有更多的商业头脑造成的，

他们没有意识到为了把业务做大，需要承担比较大的风险，技术人员不懂得做生意，我们不得不促使整个组织去完成这个进度。

在项目实施过程中，这些争论一直很多，几乎没有一次能达成一致意见。商业目标与技术目标总是不能达成一致。为了项目进度，项目的需求规格说明书被匆匆赶写出来。但提交评审时，意见很多，因为很不完善，但为了赶进度，也只好接受。

在原来的进度表中已经对系统设计安排了修改的时间，但因前期分析阶段拖了进度，即使是加班加点工作，进度也是拖延了。这之后的编码、测试计划和交付物也因为不断修改需求规格说明书而不断进行修改和造成返工。

12 个月过去了，测试工作的实际进度比计划进度落后了 6 周，为了赶进度，人们将单元测试与集成测试同步进行。但麻烦接踵而来，由于开发小组与测试小组同时对代码进行测试，两个组都会发现错误，但是开发人员忙于完成自己的工作，对测试人员发现的错误响应很迟缓。为了解决这个问题，项目经理命令开发人员优先解决测试组提出的问题，而项目经理也强调测试的重要性，但最终的代码中还是问题很多。

现在进度已经拖后 10 周，开发人员加班过度，经过如此长的加班时间，大家都很疲惫，也很灰心和急躁，工作还没有结束，如果按照目前的进度方式继续的话，整个项目将比原计划拖延 14 周的时间。

参考讨论题：

1. 在本案例中，我们能吸取什么教训？
2. 编制计划时，邀请项目组成员参与有哪些好处？
3. 项目各方对项目进度的控制要求各有什么不同？
4. 编制进度计划时需要考虑哪些重要因素？
5. 一个成功的项目管理的基础是什么？

案例 B　小丁该怎么办？

某系统集成公司现有员工 50 多人，业务部门分为销售部、软件开发部、系统网络部等。经过近半年的酝酿后，在今年 1 月份，公司的销售部直接与某银行签订了一个银行前置机的软件系统的开发合同。合同规定，6 月 28 日之前系统必须投入试运行。在合同签订后，销售部将此合同移交给了软件开发部，进行项目的实施。项目经理小丁做过 5 年的系统分析和设计工作，但这是他第一次担任项目经理。小丁兼任系统分析工作。此外，项目组还有 2 名有 1 年工作经验的程序员，1 名测试人员，2 名负责组网和布线的系统工程师。项目组成员均全程参加项目。在承担项目之后，小丁组织大家制定了项目的 WBS，并依照以前的经历制订了本项目的进度计划，简单描述如下：

① 应用子系统开发。

- 1 月 5 日～2 月 5 日需求分析。
- 2 月 6 日～3 月 26 日系统设计和软件设计。
- 3 月 27 日～5 月 10 日编码。
- 5 月 11 日～5 月 30 日系统内部测试。

② 综合布线：2 月 20 日～4 月 20 日完成调研和布线。

③ 网络子系统：4 月 21 日～5 月 21 日设备安装、联调。

④ 系统内部调试、验收。

- 6 月 1 日～6 月 20 日试运行。
- 6 月 28 日系统验收。

春节后，在 2 月 17 日小丁发现系统设计刚刚开始，由此推测 3 月 26 日很可能完不成系统设计。

参考讨论题：

1. 请分析造成项目进度拖延的原因有哪些？
2. 从技术人员转为管理人员，作为项目经理的小丁应关注哪些问题？
3. 小丁对进度计划的控制应该怎样做？
4. 小丁应采用哪些管理措施来保证项目整体进度不被拖延？

习 题

一、选择题

1. 所谓关键路径即（   ）。
A. 决定项目最早完成日期的活动路线
B. 是项目网络图中最短的路线
C. 关键路径是固定不变的，在网络图中不受其他活动的影响
D. 关键路径中的活动是最重要的

2. 项目计划的主要目的，就是指导项目的（   ）。
A. 成本控制   B. 计划进度   C. 范围核实   D. 具体实施

3. 绘制网络活动不必考虑（   ）。
A. 网络活动的表示形式（活动以节点还是以箭线表示）
B. 活动的先后逻辑关系
C. 网络图中的事件编号
D. 网络图中的箭线长短

4. 运用 PERT 技术可以（   ）。
A. 估计整个项目的完成时间
B. 估计项目中完成某项工作的时间
C. 估计整个项目在某个时间内完成的概率
D. 估计整个项目在某个时间内完成某项工作的概率

5. 运用 PERT 或 CPM，项目管理者不能获得的信息是（   ）。
A. 项目的持续时间估计   B. 确定哪些活动是关键的
C. 随着时间进度项目经费使用情况   D. 某些项目可压缩的时间

二、填空题

1. 项目活动是指_____而必须进行的_____工作。

2. 活动间的强制性依赖关系是工作任务中_____的关系，有时也称为_____的相关性。

3. 估计项目活动工期的常用方法包括：_____、_____和_____。

4. 按照控制执行人员来划分，可以将项目控制分为：项_____、_____、_____、第三方控制。

5. 进度计划是说明项目中各项工作的_____、_____、_____及相互依赖衔接关系的计划。

三、简答题

1. 简述项目活动之间都存在哪些关系。

2. 简述时间管理包括哪些内容。

3. 简述绘制网络图的步骤及注意事项。

4. 简述软件项目常用的进度估算方法。

5. 简述编制项目进度计划都有哪些依据。

6. 简述项目进度的控制过程。

7. 调整项目进度可以从哪些方面考虑?

8. 项目时间管理与其他项目专项管理是什么关系和有什么不同之处?

实践环节

接续上章实践环节确定的项目,利用 Project 软件,完成以下任务。

1. 制订项目计划,理解项目日历、任务日历、资源日历的含义。

2. 应用工作分解结构 WBS 技术,在甘特图中输入任务和工期。

3. 创建里程碑。

4. 使用大纲组织任务列表 WBS 结构。

5. 了解影响任务排定的因素,识别关键路径。

6. 建立前置任务。

7. 为项目选择日历。

8. 更改工作日的工作时间。

9. 为任务分配日历。

10. 学习任务的限制类型及设置方法。

第5章

IT 项目成本管理

在计算机发展的早期，硬件成本在整个计算机系统中占很大的百分比，而软件成本占很小的百分比。随着计算机应用技术的发展，特别是在今天，在大多数应用系统中，软件已成为开销最大的部分。为了保证 IT 项目能在规定的时间内完成任务，而且不超过预算，成本的估算和管理控制非常关键。本章将介绍 IT 项目成本（费用）管理的基本概念、信息系统成本的构成、项目资源计划的编制、项目成本的估算、预算及成本控制方法等内容。

5.1　成本管理概述

项目成本管理主要与完成活动所需资源的成本有关。然而，项目成本管理也必须考虑决策对项目产品的使用成本的影响。例如，减少设计方案的次数可能会减少产品的成本，但却增加了今后顾客的使用成本，这个广义的项目成本称为项目的生命周期成本。狭义的项目成本（费用）是指因为项目而发生的各种资源耗费的货币体现。项目成本管理是指为保障项目实际发生的成本不超过项目预算，使项目在批准的预算内按时、按质、经济、高效地完成既定目标而开展的成本管理活动。成本管理包括项目资源规划、项目成本估算、成本预算、成本控制等过程。

5.1.1　项目成本与成本基础

项目成本按其产生和存在的形式的不同可分成总成本（全生命周期项目成本）、直接成本、间接成本、固定成本和可变成本等。

1. 全生命周期项目成本

全生命周期项目成本指在项目生命周期中每一阶段的全部资源耗费。全生命周期项目成本的概念源于工程项目的全面造价管理。所谓全面造价管理，就是对工程项目的全过程、全要素、全体人员、全风险的成本管理观念。对于 IT 项目成本管理及 IT 企业的综合资产管理，全面造价管理的理念日益显示出其科学性和必要性。IT 项目的特点是前期开发成本和后期维护费用都很高，而且项目开发成功与否直接影响项目后期维护成本的高低。全生命周期项目成本考虑的是权益总成本，因此，对于 IT 项目来说，既要考虑开发阶段的成本费用，也要估算后期系统维护的成本费用。软件系统的使用问题及后期的实施服务费用都是 IT 项目的成本费用。

2. 项目直接成本

项目的直接成本主要是指与项目有直接关系的成本费用，是与项目直接对应的，包括直接人工费用、直接材料费用、其他直接费用等。直接成本是进行项目成本估算的基础部分，也是最容易进行量化的部分，通常也构成项目成本的大部分金额。因此，项目直接成本的划分和估算标准是其成本估算客观准确的基本保证。

3. 项目间接成本

项目间接成本是指不直接为某个特定项目，而是为多个项目发生的支出。该类支出与多个项目相关，不会全额记入某一个项目，而应当依照项目资源的占用比例确定的分配关系，分摊到所有相关的项目，并分别记入不同项目各自的成本费用中去。例如，办公楼租金、水电费等都应被所有的项目共同承担。

4. 项目管理费用

项目管理费用是指为了组织、管理和控制项目所发生的费用。项目管理费用一般是项目的间接费用，主要包括管理人员费用支出、差旅费用、固定资产和设备使用费用、办公费用、医疗保险费用及其他一些费用等。

5.1.2 IT 项目成本构成

IT 项目造价昂贵，并以经常超过预算著称。由于 IT 项目成本管理自身的困难所致，许多 IT 项目在成本管理方面都不是很规范。尽管 IT 项目成本超支的原因复杂，但并非没有解决办法。实际上结合 IT 项目的成本特点，应用恰当的项目成本管理技术和方法可以有效地改变这种情况。

1. IT 项目成本的分类

为了方便对 IT 项目的成本进行管理，可以从不同角度对其费用进行不同的分类。

① 软件产品的生产不是一个重复的制造过程，项目成本是以"一次性"开发过程中所花费的代价来计算的。因此，IT 项目开发成本的估算应该以整个项目开发全过程所花费的人工费用作为主要依据，并且应按阶段进行估算。从系统生命周期构成的两阶段即开发阶段和维护阶段看，IT 项目的成本由开发成本和维护成本构成。其中开发成本由软件开发成本、硬件成本和其他成本组成，包括软件的分析/设计费用（包含系统调研、需求分析、系统设计）、实施费用（包含编程/测试、硬件购买与安装、系统软件购置、数据收集、人员培训）及系统切换等方面的费用。维护成本包括运行费用（包含人工费、材料费、固定资产折旧费、专有技术及技术资料购置费）、管理费（包含审计费、系统服务费、行政管理费）及维护费（包含纠错性维护费用及适应性维护费用等）。实际上，如果在开发阶段项目组织管理得不好，系统维护阶段的成本就可能大大超过开发阶段的成本。

② 从财务角度来看，列入 IT 项目的成本如下。

- 硬件购置费。例如，计算机及相关设备的购置费，不间断电源、空调等的购置费。
- 软件购置费。例如，操作系统软件、数据库系统软件和其他应用软件的购置费。
- 人工费。主要是技术人员、操作人员、管理人员的工资福利费等。
- 培训费。
- 通信费。例如，购置网络设备、通信线路器材、租用公用通信线路等的费用。
- 基本建设费。例如，新建、扩建机房的费用，购置计算机机台、机柜等的费用。
- 财务费用。
- 管理费用。例如，办公费、差旅费、会议费、交通费。
- 材料费。如打印纸、包带、磁盘等的购置费。
- 水、电、气费。
- 专有技术购置费。
- 其他费用。例如，资料费、固定资产折旧费及咨询费。

2. IT 项目成本的特点

① 人工成本高。由于 IT 项目具有知识密集型特点，对项目实施人员的专业技术水平要求较高，这种高层次的专业人员的脑力劳动的报酬标准通常远高于一般的体力劳动者。所以，员工的

薪金通常占到整个项目预算较高的比例。

② 直接成本低，间接成本高。IT 项目成本与一般工程项目相比，直接成本在总成本中所占的比例相对较低，而间接成本却占到较高的比例。IT 行业成本管理本身就处于较低的水平，没有相对统一的间接成本分摊标准和依据，所以，对于多项目间接成本的划分和归属就非常不清晰，严重影响了对项目成本的有效监控管理。

③ 维护成本高且较难确定。维护成本的高低与项目实施的结果是密切相关的。一个成功的 IT 项目的后期维护成本较低。但通常在 IT 项目实施过程中的干扰因素很多，项目的变更也时常出现，使得项目的执行结果通常与预期存在较大的偏差，这就会给后期维护工作带来很多麻烦。一些项目在实际的使用过程中通常会出现预先没有料到的问题，维护工作相当复杂，费用也就居高不下。

④ 成本变动频繁，风险成本高。所谓风险成本，是指项目的不确定性带来的额外成本。IT 项目的多变性是其实施过程中的重要特点之一。项目变更后，其成本范围就可能超出了原先的项目计划和预算，这样很不利于项目的整体控制。因此产生的沟通、协调费用，甚至项目返工等风险，都给成本控制增加了难度，从而大大增加了项目的总成本。

3. 影响 IT 项目成本的因素

现代项目成本管理首先考虑的是以最低的成本完成项目的全部活动，但同时也必须考虑项目成本对于项目成果和质量的影响，这是现代项目成本管理与传统项目成本管理的重要区别。例如，在决策项目成本时，为了降低项目成本而限制项目辅助管理或项目质量审核工作的要求和次数，这会给项目成果和质量带来影响，甚至最终可能会提高项目的成本或增加项目用户的使用成本。同时，项目成本管理不能只考虑项目成本的节约，还必须考虑项目带来的经济收益的提高。项目中的各种工作可以说都与成本有关。项目成本影响因素是指能够对项目成本的变化造成影响的因素。IT 项目成本的影响因素有很多，主要影响因素如下。

（1）项目质量对成本的影响

项目质量是指项目能够满足业主或客户需求的特性与效用。一个项目的实现过程就是项目质量的形成过程，在这一过程中为达到质量要求需要开展两个方面的工作。其一是质量的检验与保障工作，其二是质量失败的补救工作。这两项工作都要消耗资源，从而都会产生项目的质量成本。如果项目质量要求越高，项目质量检验与保障成本就会越高，项目的成本也就会越高。因此，项目质量是项目成本最直接的影响因素之一。

质量对成本的影响可以用质量成本构成示意图来表示，如图 5－1 所示。质量成本由质量故障成本和质量保证成本组成。质量故障成本是指为了排除产品质量原因所产生的故障，保证产品重新恢复功能的费用；质量保证成本是指为了保证和提高产品质量而采取的技术措施所消耗的费用。质量保证成本与质量故障成本是相互矛盾的，项目产品的质量越低，由于质量不合格引起的损失就越大，即质量故障成本越高；质量越高，相应的质量保证成本也越高，故障就越少，由故障引起的损失也相应越少。因此需要建立一个动态平衡关系。

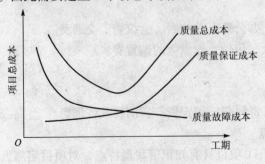

图 5－1　质量成本构成示意图

（2）工期对成本的影响

项目的工期是整个项目或项目某个阶段或某项具体活动所需要或实际花费的工作时间周期。从这层意义上说，项目工期与时间是等价的。在项目实现过程中，各项活动消耗或占用的资源都是在一定的时点上或时期中发生的。所以项目的成本与工期直接相关并随着工期的变化而变化。对于 IT 项目，工期的长短对项目的成本影响很大，缩短工期需要更多的、技术水平更高的人员，直接成本费用就会增加。同时，IT 项目存在着一个可能的最短进度，这个最短进度是不能突破的，如图 5-2 所示。在大多数情况下，增加更多的开发人员会减慢开发速度而不是加快进度。例如，一个人 5 天写 1 000 行程序，5 个人 1 天内不一定能写 1 000 行程序，40 个人 1 小时不一定写出 1 000 行程序。增加人员会存在更多的交流和管理时间。

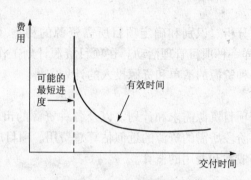

图 5-2　进度与费用的关系图

（3）管理水平对成本的影响

项目的管理水平对项目的成本也会产生重大的影响，有时还是根本性的。因为在 IT 项目的成本管理过程中主要存在以下问题。

① 项目成本预算和估算的准确度差。由于客户的需求不断变化，使得工作内容和工作量不断变化。一旦发生变化，项目经理就会追加项目预算。预算频频变更，等到项目结束时，实际成本和初始计划就会偏离很大。此外，项目预算往往会走两个极端：过粗和过细。预算过粗会使项目费用的随意性较大，准确度较低；预算过细会使项目控制的内容过多，弹性差，变化不灵活，管理成本加大。

② 缺乏对项目成本事先估计的有效控制。在开发初期，对成本不够关心，忽略对成本的控制，只有在项目进行到后期，实际远离计划，出现偏差的时候，才进行成本控制，这样往往导致项目超出预算。

③ 缺乏成本绩效的分析和跟踪。在传统的项目成本管理中，将预算和实际进行数值对比，但很少有将预算、实际成本和工作量进度联系起来，考虑实际成本和工作量是否匹配的问题。

较高的管理水平可以提高预算的准确度，加强对项目预算的执行和监管，可将工期严格限制在计划许可范围内；对设计方案和项目计划更改造成的成本增加、减少和工期的变更，可以进行较为有效的控制。较高水平的项目管理还可以达到减少风险损失的效果。

（4）人力资源对成本的影响

项目团队的人员素质也是影响成本的重要因素。对高技术能力、高技术素质的人才，其本身的人力资源成本是比较高的，但可以产生高的工作效率、高质量的产品、较短的工期等间接效果，从而总体上可使成本降低；而对于一般人员，还需要技术培训，他们对项目的理解及工作效率相对低下，工期会延长，需要雇用更多的人员，造成成本的增加。因此，人力资源也是影响成本的重要因素。

（5）价格对成本的影响

中间产品和服务、硬件、软件的价格对成本也会产生直接的影响，价格对项目预算的估计影响很大。

5.1.3 项目成本管理过程

项目成本管理的过程包括制订资源计划；对项目成本进行估算、预算；在项目实施过程中对项目成本进行控制和预测，不断调整项目成本计划。对于 IT 项目来说，成本的管理重点基本上可以用估算和控制来概括，首先对项目的成本进行估算，然后形成成本管理计划，在项目开发过程中，对项目施加控制使其按照计划进行。

1. 项目资源计划

项目资源计划是指通过分析、识别和确定项目所需资源的种类（人力、设备、材料、资金等）、多少和投入时间的这样一种项目管理活动。在项目资源计划工作中最为重要的是确定出能够充分保证项目实施所需各种资源的清单和资源投入的计划安排。

2. 项目成本估算

项目成本估算是指根据项目资源需求和计划，以及各种资源的市场价格或预期价格等信息，估算和确定出为完成项目各阶段所需的资源的近似估算总费用。项目成本估算最主要的任务是确定用于项目所需人、设备等成本和费用的概算。

3. 项目成本预算

项目成本预算是一项制订项目成本控制基线或项目总成本控制基线的项目成本管理工作。这主要是根据项目的成本估算为项目各项具体活动或工作分配和确定其费用预算，以及确定整个项目总预算这两项工作。项目成本预算的关键是合理、科学地确定出项目的成本控制基准（项目总预算）。

4. 项目成本控制

项目成本控制是指在项目的实施过程中，将项目的实际成本控制在项目成本预算范围之内的一项成本管理工作。这包括依据项目成本的实际发生情况，不断分析项目实际成本与项目预算之间的差异，通过采用各种纠偏措施和修订原有项目预算的方法，使整个项目的实际成本能够控制在一个合理的水平。

5. 项目成本预测

项目成本预测是指在项目的实施过程中，依据项目成本的实际发生情况和各种影响因素的发展与变化，不断地预测项目成本的发展和变化趋势与最终可能出现的结果，从而为项目的成本控制提供决策依据的工作。

事实上，上述这些项目成本管理工作相互之间并没有严格独立而清晰的界限，在实际工作中，它们常常相互重叠和相互影响。同时在每个项目阶段，上述项目成本管理的工作都需要积极地开展，只有这样才能做好项目成本的管理工作。

5.2 项目资源计划

任何一个项目的实施都需要占用各种资源，项目资源是完成项目所必需的各种实际投入。编制项目资源计划就是确定完成项目活动所需各种资源的种类和每种资源的需要数量。

5.2.1 项目资源分类

资源可理解为一切具有现实和潜在价值的东西。完成项目必须要消耗劳动力（人力资源）、材料、设备、资金等有形的资源，同时还可能需要消耗一些无形的资源。而且项目耗用资源的质量、数量、均衡状况对项目的工期、成本有着不可估量的影响。在任何项目中，资源并不是无限制的，也并不是可以随时随地获取的，项目的费用、技术水平、时间进度等都会受到可支配资源的限制。所以在项目管理活动中，项目资源能够满足需求的程度及它们与项目实施进度的匹配都是项目成本管理必须计划和安排的。如果一个项目的资源配置不合理或使用不当，就会使项目工期拖延或者使实际成本超出预算成本。

IT 项目的资源按照其使用特点分为以下 3 类。

1. 项目环境资源

项目环境资源就是通用的标准化的资源。例如，在软件开发项目中，通常支持软件开发项目的环境包括硬件和软件两大部分。其中硬件提供了一个支持软件的工作平台，这些设备是生产优质软件所必需的。因此，项目计划者必须明确并规定这些硬件及软件在项目实施过程中的可用性和可用时间。尽管这些标准化的资源通常有着比较透明的标准价格，但不同的企业使用这些资源的效率和能力是不同的。即使是完成相同的项目，对于不同的企业，因开发能力不同，其环境资源的成本仍然可能是不一样的。

2. 可重用资源

可重用资源是指在多个项目中可以重复使用的资源。资源的可重用性必须建立在对资源的合理使用及对以往项目不断整理和积累的基础之上。在 IT 项目中，比较成型的文档模板或软件构件、可重用的工程过渡性材料或设备等都是比较常见的可重用资源。如果可直接使用的资源模块或材料设备能够满足项目的需求，即采纳它。因为获得和集成可直接使用的资源模块所花费的成本一般总是低于开发同样的新资源所花费的成本。在项目中使用已有的资源，还可以降低项目的风险，并缩短项目工期。

3. 人力资源

人力资源指项目实施所需要的人员及人员的可得情况。人力资源在 IT 项目中是相当重要的。在编制项目计划时，对于项目组的人员职位（如管理者、高级工程师、软件开发人员等）、人数及专业技能都要描述清楚。同时，要在项目实施过程中尽可能地保持人员的稳定性。因为绝大多数 IT 项目的实施人员都会与客户进行大量的信息交流，要充分领会客户的现状和要求，中途换人通常会使这种信息沟通受到阻碍而对项目产生严重的影响，尤其是会延误工期，增加成本。

资源描述就是将项目相关的各种资源的名称、数量、价格、可用性、可用时间、持续性等有关信息进行分类详细描述。资源描述是对资源进行有效利用的必要工作，可以对资源进行合理的整理、分类并将其及时安排到相应的项目中去。资源的可用性必须在项目的最初就建立起来，这样才可以形成整个项目管理期间随时可调用的"资源库"。

项目的资源通常源于项目所在企业，编制项目的资源库应当立足于企业目前所拥有的可用资源，将该项目可以调用的企业相关资源进行汇总整理，详细描述各种资源的具体情况，就可以得到一个项目可用资源的总体概况。

5.2.2 编制项目资源计划的主要依据

编制项目资源计划是在分析、识别项目的资源需求，确定项目所需投入的资源种类、数量和时间的基础上，制订科学、合理、可行的项目资源供应计划的项目成本管理活动。项目资源计划涉及决定什么样的资源（人力、设备、材料）及多少资源将用于项目的每一项工作执行过程中。因此，它必然是与费用估计相对应的，是项目成本估计的基础。编制项目资源计划的依据主要包括以下几个方面。

1. 工作分解结构 WBS

在 WBS 中确定了项目可交付成果，明确了哪些工作是属于项目该做的，而哪些工作不应包括在项目之内，对它的分析可进一步明确资源的需求范围及其数量，因此在编制项目资源计划中应该特别加以考虑。利用 WBS 编制项目资源计划时，工作划分得越细、越具体，所需资源的种类和数量就越容易估计。工作分解自上而下逐级展开，各类资源需要量可以自下而上逐级累加，这样便可得到整个项目的各类资源需要。

2. 项目进度计划

项目进度计划是项目计划中最主要的，是其他各项计划（如质量计划、资金使用计划、资源供应计划）的基础。项目资源计划必须服务于项目进度计划，什么时候需要何种资源是围绕项目进度计划的需要而确定的。

3. 历史资料

历史信息记录了以前类似项目使用资源的需求情况，例如，已完成同类项目在项目所需资源、项目资源计划和项目实际消耗资源等方面的历史信息。此类信息可以作为新项目资源计划的参考资料。

4. 资源库描述

资源库描述是对项目拥有的资源存量的说明。对它的分析可确定资源的供给方式及其获得的可能性，这是编制项目资源计划所必须掌握的。例如，在项目的早期设计阶段需要哪些种类的设计工程师和专家顾问，对他们的专业技术水平有什么要求；而在项目的实施阶段需要哪些专业技术人员和项目管理人员，需要哪些设备等。资源库详细的数量描述和资源水平说明对于资源安排有特别重要的意义。

5. 组织策略

项目实施组织的企业文化、项目组织的组织结构、项目组织获得资源的方式和手段方面的方针体现了项目高层在资源使用方面的策略，可以影响到人员招聘、物资和设备的租赁或采购，对如何使用资源起重要作用。例如，项目组织是采用零库存的资源管理政策，还是采用经济批量订货的资源管理政策等。因此，在编制项目资源计划的过程中还必须考虑项目的组织方针，在保证资源计划科学合理的基础上，尽量满足项目组织方针的要求。项目组织的管理政策也会影响项目资源计划的编制。

5.2.3 项目资源计划的编制步骤

项目资源计划的编制步骤包括资源需求分析、资源供给分析、资源成本比较与资源组合、资源分配与计划编制。

1. 资源需求分析

通过分析确定工作分解结构中每一项任务所需的资源数量、质量及其种类，确定了资源需求的种类后，根据有关项目领域中的消耗定额或经验数据，确定资源需求量。一般可按照以下步骤确定资源数量。

① 计算工作量；
② 确定实施方案；
③ 估计人员需求量；
④ 估计设备、材料需求量；
⑤ 确定资源的使用时间。

2. 资源供给分析

资源供给的方式多种多样，可以从项目组织内部解决，也可以从项目组织外部获得。资源供给分析要分析资源的可获得性、获得的难易程度及获得的渠道和方式，可分别从内部、外部资源两方面进行分析。

3. 资源成本比较与资源组合

确定需要哪些资源和如何得到这些资源后，就要比较这些资源的使用成本，从而确定资源的组合模式（即各种资源所占比例与组合方式）。完成同样的工作，不同的资源组合模式，其成本有时会有较大的差异。要根据实际情况，考虑成本、进度等目标要求，具体确定合适的资源组合方式。

4. 资源分配与计划编制

资源分配是一个系统工程，既要保证各个任务得到合适的资源，又要努力实现资源总量最少、使用平衡。在合理分配资源使所有项目任务都分配到所需资源，而所有资源也得到充分的利用的基础上，编制项目资源计划。项目资源计划通常以各种形式的表格反映。例如，在软件项目中人力资源是最主要和最复杂的资源，其他资源相对比较简单，因此，可以用人力资源需求表作为资源计划的主要内容。如表 5 - 1 所示为某软件项目的人力资源需求表。

表 5 - 1　某软件项目人力资源需求表

任务名称	人力资源名称	工作量/（人·月）	资源数量/人	工期/月
项目管理	项目经理	10	1	10
系统需求分析	系统分析师	4	2	2
系统总体设计	系统架构师	4	2	2
系统详细设计	系统设计师	6	3	2
软件编码	程序员	60	15	4
系统测试	系统测试工程师	6	3	2
文档编写	文档编辑	2	2	1
合计		92	28	

从表 5 - 1 中，可以明确地知道该项目需要什么人、什么时候需要及人力资源在整个项目周期中的分布和累计情况。

5.2.4　编制项目资源计划的方法与工具

编制项目资源计划有许多方法，其中主要有以下几种。

1. 德尔菲（专家）评估法

专家评估法是指由项目成本管理专家根据经验和判断去确定和编制项目资源计划的方法。这种方法通常又有两种具体的形式：专家小组法与德尔菲法。专家小组法是指组织一组专家在调查研究的基础上，通过召开专家小组座谈会的方式，共同探讨，提出项目资源计划方案，然后制订出项目资源计划的方法。德尔菲法是采用函询调查的办法，将讨论的问题和必要的背景材料编制成调查表，采用通信的方式寄给各位专家，利用专家的智慧和经验进行信息收集，而后将他们的意见进行归纳、整理，匿名反馈给专家，再次征求意见。然后再进行归纳、反馈。这样经过多次循环以后，就可以得到意见比较一致且可靠性较高的意见。该方法也可以应用在成本估算、进度安排、风险评估等多个方面。

（1）德尔菲法的具体做法

① 设计调查表。调查表是德尔菲法中信息集中与反馈的主要工具，它的设计直接影响到调

查的质量，因此要根据调查的内容下一番工夫。在设计调查表时，应注意以下几点。

- 对德尔菲法做出简要说明。
- 提出的调研问题必须十分明确，含义只能有一种解释，不能有歧义，不能有组合事件。
- 措辞要确切，要避免含糊不清的和缺乏定量标准的用语。
- 必须选择与调查目的有关的问题，数量要适中，问题过多专家们不耐烦，问题过少反映不了调查目的。
- 在调查表中留下足够的地方让专家填写自己的意见。

② 选择应答的专家。选择专家是德尔菲法中另一项重要的工作。一般来讲，应选择在所调查的领域中具有丰富的理论知识与实践经验的人，或者虽然不在本领域工作，但知识渊博，能够举一反三，并且对本领域也有一定研究的专家。还要考虑他们是否愿意承担任务，是否有足够的时间和精力完成任务。在寄发调查表之前，应先征求专家们的意见，看他们是否应答。至于专家的人数应根据调查研究的问题来确定，人数太少，缺乏全面性，限制代表面，影响调查精度；人数太多，又难于组织，开支也大，并且结果处理也比较繁杂，一般以 5～11 人为宜。

③ 征询专家的意见。这一阶段的工作通常分为几轮进行。各轮需要做的工作依次为：客观地提出问题，让专家们在背靠背、互不通气的情况下，各自独立做出自己的回答。然后将自己的预测意见，以无记名的方式反馈给调查机构。调查机构的调查者收回调查表后，应将其进行归纳、整理、分析，剔除次要问题，再做一个调查表。

- 调查机构的调查者将重新设计的调查表同第一轮中专家们回答各个问题的综合材料一起，再次寄给他们，并要求专家们结合这些材料重新考虑并修正自己的意见。如果某位专家的意见大大偏离了中心值，需要求他说明理由。
- 调查机构的调查者将第二轮反馈回来的信息综合后，再次寄给应答专家，并要求他们再次修改自己的意见，并充分地阐述理由。在第三轮反馈材料的基础上要求应答专家提出最后的意见及依据。根据问题的复杂程度，调查者才能决定调查工作需要几轮才能得到比较满意的答案。有时，两轮或三轮就可以得到比较满意的答案。

（2）德尔菲法的特点

① 经济性。德尔菲法中的调查采用通信的方式，这样可在使用较少经费的情况下聘请较多的专家，因此德尔菲法是一种比较经济的方法。

② 匿名性。在以德尔菲法进行的调查中，专家组成员发表意见时均采用匿名的形式，且彼此互不告知。因此，专家们无论发表怎样的意见，均无损于自己的权威，且可以清除专家们之间的心理影响。参加应答的专家们，从反馈回来的问题调查表中得到了集体的意见和目前的状况，以及同意或反对各种观点的理由，并依据这些做出各自的新判断，从而排除了专家之间的相互影响，减少了面对面的会议所具有的缺点。专家不会受到没有根据的判断的影响，反对的意见也不会受到压制。

③ 客观性。德尔菲法调查中，由于采用一套较为客观的调查表格，并且寄信、资料、整理、归纳等都是按照一套科学的程序进行的，因而可以排除组织者的主观干扰与影响，其结果是较为客观的。

（3）对德尔菲法的评价

德尔菲法是系统分析法在意见和价值判断领域内的一种有益延伸。它可以对调查结果进行传统的定量分析；同时它能够对未来发展的各种可能或期待出现的事件做出概率统计，能够为决策者提供多种方案选择的可能性。而用其他调查方法一般较难获得这样重要的、以概率表示的明确答案。

德尔菲法的核心内容之一是问卷调查的循环和反馈，通过循环和反馈，调查者可以得到比较完整的判断和结论。应用这种方法进行软科学研究，周期较短、费用较低。

德尔菲法也有一定的不足。例如，它受人的主观因素影响较大，对各种意见的可靠程度和科学依据缺乏统一的标准，理论上缺乏深刻的逻辑论证等，这些都需要在使用时加以注意。

2. 资料统计法

资料统计法是指使用历史项目的统计数据资料，计算和确定项目资源计划的方法。这种方法中使用的历史统计资料必须有足够的样本量，而且有具体的数量指标以反映项目资源的规模、质量、消耗速度等。通常这些指标又可以分为实物量指标、劳动量指标和价值量指标。实物量指标多数用来表明物质资源的需求数量，这类指标一般表现为绝对量指标。劳动量指标主要用于表明人力的使用，这类指标可以是绝对量指标也可以是相对量指标。价值量指标主要用于表示资源的货币价值，一般使用本国货币币值表示的活劳动或物化劳动的价值。利用资料统计法计算和确定项目资源计划能够得出比较准确合理和切实可行的项目资源计划。但是这种方法要求有详细的历史数据，并且要求这些历史数据具有可比性，所以这种方法的推广和使用有一定难度。

3. 编制项目资源计划的常用工具

常用的编制项目资源计划的工具包括：资源矩阵、资源甘特图、资源负荷图或资源需求曲线、资源累计需求曲线等。资源矩阵、资源数据表以表格的形式显示项目的任务、进度及其需要的资源的品种、数量及各项资源的重要程度，其格式分别如表 5-2 和表 5-3 所示。资源甘特图就是利用甘特图技术对项目资源的需求进行表达，格式详见图 5-3。资源负荷图一般以条形图的方式反映项目进度及其资源需求情况，格式详见图 5-4。资源需求曲线以线条的方式反映项目进度及其资源需求情况，分为反映项目不同时间资源需求量的资源需求曲线（其格式如图 5-4 所示）和反映项目不同时间对资源的累计需求的资源累计需求曲线（其格式如图 5-5 所示）。

表 5-2　某项目资源矩阵

工作	资源需要					相关说明
	资源 1	资源 2	…	资源 $n-1$	资源 n	
工作 1						
工作 2						
⋮						
工作 m						

表 5-3　某项目资源数据表

资源需求种类	资源需求总量	时间安排（不同时间资源需求量）						相关说明
		1	2	3	…	$T-1$	T	
资源 1								
资源 2								
⋮								
资源 n								

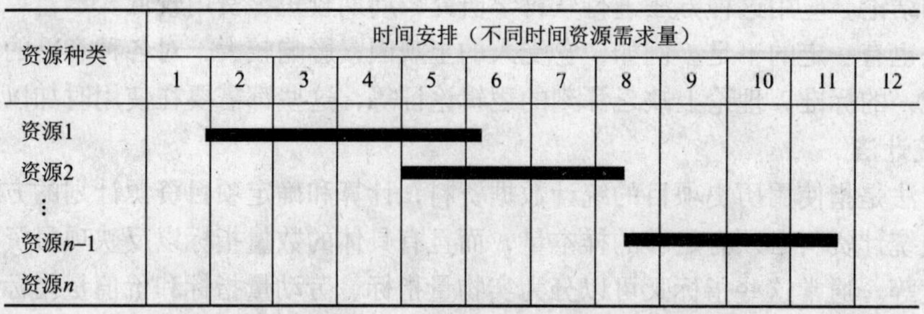

资源种类	时间安排（不同时间资源需求量）											
	1	2	3	4	5	6	7	8	9	10	11	12
资源1												
资源2												
⋮												
资源n–1												
资源n												

图 5 – 3　某项目资源甘特图

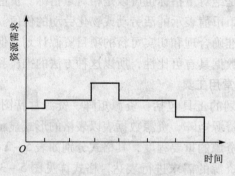

图 5 – 4　某项目资源负荷图

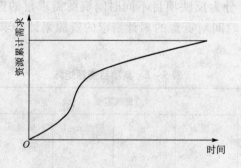

图 5 – 5　某项目资源累计需求曲线

5.3　项目成本估算

项目成本估算是项目成本管理的一项核心工作，其实质是通过分析去估计和确定项目成本的工作。这项工作是确定项目成本预算和开展项目成本控制的基础和依据。

5.3.1　项目成本估算过程

项目成本估算是根据项目资源计划及各种资源的价格信息，粗略地估算和确定项目各项活动的成本及其项目总成本的项目管理活动。

1. 成本估算的依据

项目成本估算的主要依据包括：项目范围说明；工作分解结构 WBS；资源计划；资源单位价格；历史信息（同类项目的历史资料始终是项目执行过程中可以参考的最有价值的资料，包括项目文件、共用的费用估算数据及项目工作组的知识等）；会计报表（说明各种费用信息项的代码结构，这有利于项目费用的估算与正确的会计科目相对应）。

● 工作分解。工作分解就是采用工作分解结构（WBS）模式，将整体成本分解到若干细化的工作包中，使成本的估算能够分块、分项进行，使各个工作包的成本估算依据能够做到尽量准确和合理。

● 资源需求。资源需求是进行成本核算的基础，用来说明所需资源的类型和数量。资源需求通过前述的资源计划方法可以获得。

● 资源单价。资源单价是为计算项目成本所用的，通过确定每种资源的单价，与资源的需求数量相乘即可得资源的成本。如果某项资源的单价不清楚，则必须首先对资源进行估价。

● 分项工作时间。分项工作时间是对项目各个组成部分和总体实施时间的估算。由于目前的财务成本相当重视资金时间价值的概念，所以，分项工作历时时间的估算，将影响到所有成本估算中计入资金占用成本的项目。

● 历史信息。历史信息是指所有涉及项目策划、实施、评估等事件的信息的汇总。一般历史信息的来源主要有项目文档、商业成本估算数据库、项目成员的知识面等方面。

● 资金成本参数。资金成本参数是充分估算项目成本的一种方式。资金成本在项目成本估算中是用机会成本的概念来计量的。无论是货币资源还是实物资源，当某一个项目对其发生实际占用的时候，该货币或实物资源就失去了进行其他投资机会的可能，也就失去了从其他投资机会中获取收益的可能。资金成本参数方法将这些可能在其他各种投资机会中预计获得的最大收益作为该小项目的机会成本，并以资金成本的方式合并到项目的总成本估算中去，使项目的成本估算更加具有项目经营意义的特点。

成本估算是对完成项目各项任务所需资源的成本所进行的近似估算，根据估算精度的不同可分为多种项目估算。在项目初期要对项目的规模、成本和进度进行估算，而且基本上是同时进行的。因为在项目初始阶段许多项目的细节尚未确定，所以只能粗略地估计项目的成本。但是在项目完成了技术设计之后就可以进行更详细的项目成本估算，而等到项目各种细节已经确定之后就可以进行详细的项目成本估算了。因此，项目成本估算在一些大项目的成本管理中都是分阶段做出不同精度的成本估算，而且这些成本估算是逐步细化和精确的。

项目成本估算不同于项目的商业定价，成本估算是对一个可能的费用支出量的合理推算，是完成项目范围内工作活动所需要的全部费用。而商业定价包括了预期的利润和成本费用，项目成本估算是商业定价的基础。

2. 项目成本的资金预算方法

为了确定开展一个项目所需的资金，企业必须对项目的期望收益、风险和费用进行详细的分析。在对财务资源的竞争又很激烈的环境里，投资收益和项目收益的信息将成为决定项目是否通过的关键因素。一般项目资金的预算模型主要包括以下几个方面。

① 项目的资金流。这是对项目整个资金投入和年收益的长期的跟踪。

② 项目资金的时间价值。计算公式如下：

$$V = V_0(1 + P)^t$$

式中：V 为资金的未来价值，V_0 为资金的现在价值，P 为资金的年平均利润率，t 为投资周转时间。

③ 投资回收期分析。投资回收期分析通过计算企业资金流入来确定它收回所有投资所需的时间。在这种方法里，投资回收期短的项目比投资回收期长的项目更有优势。从理论上讲，回收期短的项目比投资回收期长的项目风险要小，因为企业能够更快地回收它的投资。

④ 项目的净收入。这种方法专注于通过将所有折扣现金流加在一起后得到的最终金额。企业应该考虑净收入为正的项目或者那些投资收益高于投入的项目。

⑤ 内部资金返回率。这是一个折扣率，资金流的当前价值等于它最初的投资，即内部返回

率是当前净资产为零的折扣返回率。

3. IT 项目成本估算方法

在项目进展的不同阶段，项目的工作分解结构的层次可以不同，根据项目成本估算单元在WBS 中的层次关系，可将成本估算分为 3 种：自上而下的估算、自下而上的估算、自上而下和自下而上相结合的估算。

（1）自上而下的估算

自上而下的估算实际上是以项目成本总体为估算对象，在收集上层和中层管理人员的经验判断，以及可以获得的关于以往类似项目的历史数据的基础上，将成本从工作分解结构的上部向下部依次分配、传递，直至 WBS 的最底层。

（2）自下而上的估算

自下而上的估算是先估算各个工作包的费用，然后自下而上将各个估算结果汇总，算出项目费用总和。采用这种估算方法的前提是确定了详细的 WBS，能做出较准确的估算。当然，这种估算本身要花费较多的费用。该方法的特点是，大量的工作是在中下层进行的，并逐层向上传递和沟通。正是每项工作的执行者进行他所负责部分的成本估算，而不是不熟悉该工作的人去做，所以，预算的专业性、合理性和准确性都会大大提高。但另一方面，也存在着某些员工过分夸大项目活动所需资源数量的风险，因此，需要管理者正确判断估算的可靠性，并从全局的角度进行适当的调整。

（3）自上而下和自下而上相结合的估算

自上而下和自下而上相结合的估算针对项目的某一个或几个重要的子项目进行详细具体的分解，从该子项目的最低分解层次开始估算费用，并自下而上汇总，直至得到该子项目的成本估算值；之后，以该子项目的估算值为依据，估算与其同层次的其他子项目的费用；最后，汇总各子项目的费用，得到项目总的成本估算。

4. 软件开发成本估算过程

软件项目开发成本估算过程如图 5-6 所示。从图 5-6 中可以看出，过去的项目数据分析对成本估算的各个阶段都有参考价值，因此，对已完成项目的成本数据分析十分重要。

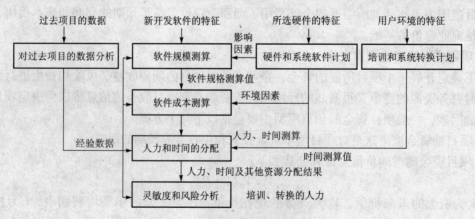

图 5-6　软件项目开发成本估算过程

5.3.2　软件项目成本估算方法

软件开发成本是指软件开发过程中所花费的工作量及相应的代价。在成本估算过程中，对软件开发成本的估算是最困难和最关键的。在对软件项目成本进行估算时，除了常用的成本估算方法外，还有一些软件项目成本估算特有的方法，下面分别加以介绍。

1. LOC 法

代码行（Line of Code，LOC）是衡量软件项目规模最常用的概念，指所有的可执行的源代码行数，包括可交付的工作控制语言语句、数据定义、数据类型声明、等价声明、输入/输出格式声明等。一代码行的价值和人·月平均代码行数可以体现一个软件生产组织的生产能力。组织可以根据对历史项目的审计来核算组织的单行代码价值。

例如，某软件公司统计发现该公司每一万行 C 语言源代码形成的源文件（.c 和 .h 文件）约为 250 K。某项目的源文件大小为 3.75 M，则可估计该项目源代码大约为 15 万行，该项目累计投入工作量为 240 人·月，每人·月费用为 10 000 元（包括人均工资、福利、办公费用公摊等），则该项目中 1 LOC 的价值为：（240×10 000）/150 000＝16 元/LOC。该项目的人·月平均编码行数为 150 000/240＝625 LOC/（人·月）。

2. 功能点估计法

1979 年 IBM 公司首先开发了功能点（Function Point，FP）估计法，用于在尚未了解设计的时候评估项目的规模。功能点估计法是一种按照统一方式测定应用功能的方法，最后的结果是一个数。这个结果数可以用来估计代码行数、项目成本和项目周期。不过要正确、一致地应用这种方法还需要大量的实践。

功能点估计法是用系统的功能数量来测量其软件规模，它以一个标准的单位来度量软件产品的功能，与实现产品所使用的语言和技术没有关系。该方法包括两个评估，即评估产品所需要的内部基本功能和外部功能。然后根据技术复杂度因子（权）对它们进行量化，产生产品规模的最终结果。功能点计算由下列步骤组成。

① 首先确定待开发的程序必须包含的功能（例如，回溯、显示）。国际功能点用户组（International Function Point Users Group，IFPUG）已经公布了相关标准，说明哪些部分组成应用的一个功能。不过他们是从用户的角度来说明，而不是从程序设计语言的角度。通常来说，一个功能等价于处理显示器上的一屏显示或者一个表单。

② 对每一项功能，通过计算 4 类系统外部行为或事务的数目，以及 1 类内部逻辑文件的数目来估算由一组需求所表达的功能点数目。在计算未调整功能点计数时，应该先计算功能计数项。这 5 类功能计数项分别如下。

● 外部输入。外部输入指用户可以根据需要通过增、删、改来维护内部文件。只有那些对功能的影响方式与其他外部输入不同的输入才计算在内。因此，如果应用的一个功能是两个数做减法，那么它的 EI（外部输入）＝1 而不是 EI＝2。另一方面，如果输入 A 表示要求做加法，而输入 S 表示做减法，那么这时 EI 就是 2。

● 外部输出。外部输出指那些向用户提供的用来生成面向应用的数据的项。只有单独算法或者特殊功能的输出才计算在内。例如，用不同字体输出字符的过程算作 1，不包括错误信息。若用数据的图表表示外部输出则算作 2（其中 1 个是代表数据，另外 1 个是代表样式）。分别输送到特殊终端文件（例如，打印机和监视器）的数据也要分别计数。

● 外部查询。外部查询指用户可以通过系统选择特定的数据并显示结果。为了获得这项结果，用户要输入选择信息抓取符合条件的数据。此时没有对数据的处理，是直接从所在的文件抓取信息。每个外部独立的查询计为 1。

● 外部文件。这种文件是在另一系统中驻留、由其他用户进行维护的。该数据只供系统用户参考使用。这一项计算记录在应用程序外部的文件中的单一数据组的数量。

● 内部文件。内部文件指客户可以使用它们负责维护的数据。每个单一的用户数据逻辑组计为 1。这种逻辑组的联合不计算在内；处理单独一个逻辑组的每个功能域都使此项数值加 1。

③ 在估算中对 5 类功能计数项中的每一类功能计数项按其复杂性的不同分为简单（低）、一

般（中）和复杂（高）3个级别。功能复杂性是由某一功能的数据分组和数据元素共同决定的。计算数据元素和无重复的数据分组个数后，将数值和复杂性矩阵对照，就可以确定每项功能的复杂性属于高、中、低中的哪一等级。表5-4是5类功能计数项的复杂等级。产品中所有功能计数项加权的总和，就形成了该产品的未调整功能点计数（UFC）。

表5-4　5类功能计数项的复杂度权重

项 \ 权重	复杂度权重因素		
	简单	一般	复杂
外部输入	3	4	6
外部输出	4	5	7
外部查询	3	4	6
外部文件	5	7	10
内部文件	7	10	15

④ 这一步是要计算项目中14个技术复杂度因子（TCF）。表5-5是14个技术复杂度因子，每个因子的取值范围是0～5。实际上我们给出的仅仅是一个范围，它反映出对当前项目的不确定程度。而且，这里同样要求用一致的经验来估计每个变量的值。同样复杂的外部输出产生的功能点计数要比外部查询、外部输入多出20%～33%。由于一个外部输出意味着产生一个有意义的需要显示的结果，因此相应的权值应该比外部查询、外部输入高一些。同样，因为系统的外部文件通常承担协议、数据转换和协同处理，所以其权值就更高。内部文件的使用意味着存在一个相应的处理，该处理具有一定的复杂性，所以具有最高的权值。

表5-5　技术复杂度因子

F_1	可靠的备份和恢复	F_2	数据通信
F_3	分布式函数	F_4	性能
F_5	大量使用的配置	F_6	联机数据输入
F_7	操作简单性	F_8	在线升级
F_9	复杂界面	F_{10}	复杂数据处理
F_{11}	重复使用性	F_{12}	安装简易性
F_{13}	多重站点	F_{14}	易于修改

表5-6显示每个因子取值范围的情况。技术复杂度因子的计算公式为

$$TCF = 0.65 + 0.01 \times \sum F_i$$

式中：$i = 1, 2, \cdots, 14$，F_i 的取值范围是 0～5，所以 TCF 的结果范围是 0.65～1.35。

表5-6　技术复杂因子的取值情况

调整系数	描　　述
0	不存在或没有影响
1	不显著的影响
2	相当的影响
3	平均的影响
4	显著的影响
5	强大的影响

⑤ 最后根据功能点计算公式 FP = UFC × TCF 计算出调整后的功能点总和。式中：UFC 表示未调整功能点计数，TCF 表示技术复杂因子。功能点计算公式的含义是：如果对应用程序完全没有特殊的功能要求（即综合特征总值 = 0），那么功能点数应该比未调整的（原有的）点数降低 35%（这也就是 "0.65" 的含义）。否则，除了降低 35% 之外，功能点数还应该比未调整的点数增加 1% 的综合特征总值。

尽管功能点计算方法是结构化的，但是权重的确定是主观的，另外要求估算人员要仔细地将需求映射为外部和内部的行功能，必须避免双重计算。所以，这个方法也存在一定的主观性。

功能点可以按照一定的条件转换为软件代码行（LOC）。表 5 − 7 就是一个转换表，它是针对各种语言的转换率，这个表是根据业界的经验研究得出的。

表 5 − 7　功能点到代码行的转换表

语　言	代码行/FP
汇编语言	320
C	128
C ++	64
Pascal	90
VB	32
JAVA2	46
SQL	12

3. 经验成本估算模型

下面简单介绍两种成本估算模型，若需要详细了解，请参阅有关资料。

（1）SLIM 模型

1979 年前后，Putnam 在美国计算机系统指挥中心资助下，对 50 个较大规模的软件系统花费估算进行研究，并提出 SLIM 商业化的成本估算模型，SLIM 基本估算方程（又称为动态变量模型）为

$$L = C_K K^{\frac{1}{3}} t_d^{\frac{4}{3}}$$

式中：L 和 t_d 分别表示可交付的源指令数和开发时间（单位为年）；K 是整个生命周期内人的工作量（单位为人·年），可从总的开发工作量 ED = 0.4K 求得；C_K 是根据经验数据而确定的常数，表示开发技术的先进性级别。如果软件开发环境较差（没有一定的开发方法，缺少文档，采用评审或批处理方式），取 C_K = 6 500；如果开发环境正常（有适当的开发方法、较好的文档和评审及交互式的执行方式），C_K = 10 000；如果开发环境较好（自动工具和技术），则取 C_K = 12 500。

变换上式，可得开发工作量方程为

$$K = \frac{L^3}{C_K^3 t_d^4}$$

（2）COCOMO 模型

由 TRW 公司开发的结构性成本模型 COCOMO（Constructive Cost Model）是最精确、最易于使用的成本估算方法之一。该模型按其详细程度分为 3 级：基本 COCOMO 模型、中级 COCOMO 模型和高级 COCOMO 模型。基本 COCOMO 模型是一个静态单变量模型，它用一个以已估算出来的源代码行数（LOC）为自变量的函数来计算软件开发工作量。中级 COCOMO 模型则在用 LOC 为自变量的函数计算软件开发工作量的基础上，再用涉及产品、硬件、人员、项目等方面属性的

影响因素来调整工作量的估算。高级 COCOMO 模型包括中级 COCOMO 模型的所有特性，但用上述各种影响因素调整工作量估算时，还要考虑对项目过程中分析、设计等各步骤的影响。

COCOMO 模型的核心是方程 $ED = rS^c$ 和 $TD = a(ED)^b$ 给定的幂定律关系定义。其中 ED 为总的开发工作量（到交付为止），单位为人·月；S 为源指令数（不包括注释，但包括数据说明、公式或类似的语句）；常数 r 和 c 为校正因子；TD 为开发时间。若 S 的单位为 10^3，ED 的单位为人·月。经验常数 r、c、a 和 b 取决于项目的总体类型（结构型、半独立型或嵌入型），见表 5 – 8。工作量和进度的 COCOMO 模型见表 5 – 9。

表 5 – 8　项目总体类型

特　　　性	结构型	半独立型	嵌入型
对开发产品目标的了解	充分	很多	一般
对软件系统有关的工作经验	广泛	很多	中等
为软件一致性需要预先建立的需求	基本	很多	完全
为软件一致性需要外部接口规格说明	基本	很多	完全
关联的新硬件和操作过程的并行开发	少量	中等	广泛
对改进数据处理体系结构算法的要求	极少	少量	很多
早期实施费用	极少	中等	较高
产品规模（交付的源指令数）	<5 万行	<30 万行	任意
实例	批数据处理 科学模块 事务模块 熟悉的操作系统、编译程序 简单的编目生产控制	大型事务处理系统 新的操作系统数据库管理系统 大型编目生产控制 简单的指挥系统	大而复杂的事务处理系统 大型的操作系统 宇航控制系统 大型指挥系统

表 5 – 9　工作量和进度的基本 COCOMO 方程

开发类型	工　作　量	进　度
结构型	$ED = 2.4S^{1.05}$	$TD = 2.5(ED)^{0.38}$
半独立型	$ED = 3.0S^{1.12}$	$TD = 2.5(ED)^{0.35}$
嵌入型	$ED = 3.6S^{1.20}$	$TD = 2.5(ED)^{0.32}$

通过引入与15个成本因素有关的 r 作用系数将中级 COCOMO 模型进一步细化，这15个成本因素见表 5 – 10。根据各种成本因素将得到不同的系数，虽然中级 COCOMO 方程与基本 COCOMO 方程相同，但系数不同，由此得出中级 COCOMO 工作量估算方程，见表 5 – 11。对基本和中级模型，可根据经验数据和项目的类型及规模来估算项目各阶段的工作量和进度。这两种估算方程可应用到整个系统中，并以自顶向下的方式分配各种开发活动的工作量。

表 5 – 10　影响 r 值的15个成本因素

类型	成　本　因　素
产品属性	1. 要求的软件可靠性　2. 数据库规模　3. 产品复杂性
计算机属性	4. 执行时间约束　5. 主存限制　6. 虚拟机变动性　7. 计算机周转时间
人员属性	8. 分析人员能力　9. 应用经验　10. 程序设计人员能力　11. 虚拟机经验　12. 程序设计语言经验
工程属性	13. 最新程序设计实践　14. 软件开发工具的作用　15. 开发进度限制

表 5－11 中级 COCOMO 工作量估算方程

开发类型	工作量估算方程
结构型	$(ED)_{NOM} = 3.2S^{1.05}$
半独立型	$(ED)_{NOM} = 3.0S^{1.12}$
嵌入型	$(ED)_{NOM} = 2.8S^{1.20}$

高级 COCOMO 模型允许将项目分解为一系列的子系统或者子模型，这样可以在一组子模型的基础上更加精确地调整一个模型的属性。当成本和进度的估算过程转换到开发的详细阶段时，就可以使用这一机制。高级的 COCOMO 模型对于生命周期的各个阶段使用不同的工作量系数。

例 5－1 表 5－12 给出了某软件开发成本估算的应用示例。

表 5－12 某软件开发成本估算

功能点估计	数量	复杂度权重	功能点	计算
外部输入	10	4	40	10×4
外部接口文件	3	7	21	3×7
外部输出	4	5	20	4×5
外部查询	6	4	24	6×4
逻辑内表	7	10	70	7×10
总功能点			175	上述各项求和
JAVA 语言等价值			46	根据参考文献估算
源代码行估算		假设 TCF = 1	8 050	$175 \times 1 \times 46$
中级 COCOMO 工作量估算（结构型）			29.28	$3.2 \times 8.05^{1.05}$
总劳动力时间（160 小时/月）			4 684.8	29.28×160
劳动力单位时间成本（120 元/小时）			120	
总功能点估算			562 176	$4\,684.8 \times 120$

4. 综合成本估算方法

这是一种自底向上的成本估算方法，即从模块开始进行估算，步骤如下。

① 确定代码行。

首先将功能反复分解，直到可以对为实现该功能所要求的源代码行数做出可靠的估算为止。对各个子功能，根据经验数据或实践经验，可以给出极好、正常和较差 3 种情况下的源代码估算行数期望值，分别用 a、m、b 表示。

② 求期望值 L_e 和偏差 L_d。

$$L_e = (a + 4m + b)/6$$

式中，L_e 为源代码行数据的期望值，如果其概率遵从 β 分布，并假定实际的源代码行数处于 a、m、b 以外的概率极小，则估算的偏差 L_d 取标准形式：

$$L_d = \sqrt{\sum_{i=1}^{n} \left(\frac{b-a}{6}\right)^2}$$

式中，n 表示软件功能数量。

③ 根据经验数据，确定各个子功能的代码行成本。

④ 计算各个子功能的成本和工作量，并计算任务的总成本和总工作量。

⑤ 计算开发时间。

⑥ 对结果进行分析比较。

例 5 - 2 下面是某个 CAD 软件包的开发成本估算。

这是一个有与各种图形外部设备（如显示终端、数字化仪和绘图仪等）的接口的微机系统，其代码行的成本估算见表 5 - 13。

表 5 - 13 代码行的成本估算

功　能	a	m	b	L_e	L_d	元/行	行/ （人·月）	成本/ 元	工作量/ （人·月）
用户接口控制	1 800	2 400	2 650	2 340	140	14	315	32 760	7.4
二维几何图形分析	4 100	5 200	7 400	5 380	550	20	220	107 600	24.4
三维几何图形分析	4 600	6 900	8 600	6 800	670	20	220	136 000	30.9
数据结构管理	2 950	3 400	3 600	3 350	110	18	240	60 300	13.9
计算机图形显示	4 050	4 900	6 200	4 950	360	22	200	108 900	24.7
外部设备控制	2 000	2 100	2 450	2 140	75	28	140	59 920	15.2
设计分析	6 600	8 500	9 800	8 400	540	18	300	151 200	28.0
总计				33 360	1 100			656 680	144.5

第一步：列出开发成本表。表中的源代码行数是开发前的估算数据。观察表 5 - 13 的前 3 列数据（a、m、b）可以看出：外部设备控制功能所要求的极好与较差的估算值仅相差 450 行，而三维几何图形分析功能相差达 4 000 行，这说明前者的估算把握性比较大。

第二步：求期望值和偏差值，计算结果列于表 5 - 13 的第 4 列和第 5 列。整个 CAD 系统的源代码行数的期望值为 33 360 行，偏差为 1 100。假设把极好与较差两种估算结果作为各软件功能源代码行数的上、下限，其概率为 0.99，根据标准方差的含义，可以假设 CAD 软件需要 32 000 ~ 34 500 行源代码的概率为 0.63，需要 26 000 ~ 41 000 行源代码的概率为 0.99。可以应用这些数据得到成本和工作量的变化范围，或者表明估算的冒险程度。

第三步和第四步：对各个功能使用不同的生产率数据，即元/行，行/（人·月），也可以使用平均值或经调整的平均值。这样就可以求得各个功能的成本和工作量。表 5 - 13 中的最后两项数据是根据源代码行数的期望值求出的结果。计算得到总的任务成本估算值为 657 000（表中为 656 680，此处取 657 000）元，总工作量为 145（表中为 144.5，取整）（人·月）。

第五步：使用表 5 - 13 中的有关数据求出开发时间。假设此软件处于"正常"开发环境，即 $C_K = 10\,000$，并将 $L \approx 33\,000$，$K = 145$（人·月）≈ 12（人·年），代入方程：

$$t_d = (L^3 / C_K^{\,3} K)^{1/4}$$

则开发时间为

$$t_d = (33\,000^3 / 10\,000^3 \times 12)^{1/4} \approx 1.3 \ （年）$$

第六步：分析 CAD 软件的估算结果。这里要强调存在标准方差 1 100 行，根据表 5 - 13 中的源代码行估算数据，可以得到成本和开发时间偏差，它表示由于期望值之间的偏差所带来的风险。由表 5 - 14 可知：源代码行数在 26 000 ~ 41 000 之间变化（准确性概率保持在 0.99 之内），成本在 512 200 ~ 807 700 元之间变化。同时如果工作量为常数，则开发时间为 1.1 ~ 1.5 年。这些数值的变化范围表明了与项目有关的风险等级。由此，项目管理人员能够在早期了解风险情况，并建立对付偶然事件的计划。最后还必须通过其他方法来交叉检验这种估算方法的正确性。

表 5 – 14   成本和开发时间偏差

表 5 – 14   成本和开发时间偏差

	源代码/行	成本/元	开发时间/年
$-3 \times L_d$	26 000	512 200	1.1
期望值	33 000	650 100	1.3
$3 \times L_d$	41 000	807 700	1.5

5.3.3   项目成本估算的结果

项目成本估算是项目各活动所需资源消耗的定量估算，这些估算可以用简略或详细形式表示。项目成本估算的结果主要包括以下几个方面。

1. 项目成本估算文件

这是通过采用前述项目成本估算方法而获得的项目成本估算最终结果文件。项目成本估算文件是对完成项目所需费用的估计和计划安排，它对完成项目活动所需资源、资源成本和数量进行概略或详细的说明。这包括对于项目所需人员、设备和其他科目成本估算的全面描述和说明。另外，这一文件还要全面说明和描述项目的不可预见费等内容。项目成本估算文件中的主要指标是价值量指标，为了便于在项目实施期间或项目实施后进行对照，项目成本估算文件也需要使用其他的一些数量指标对项目成本进行描述。例如，使用劳动量指标（人·天、人·月或人·年）。

不同的 IT 项目其成本的构成明细是不同的，下面以典型的系统集成项目（见表 5 – 15）、网站建设项目（见表 5 – 16）和软件开发项目（见表 5 – 17）为例说明 IT 项目成本估算表的编制内容。

表 5 – 15   系统集成项目投资成本估算表   单位：千元

投资资产类型	投资资产细分	规格/型号	计价单位	单价/千元	数量	预计实际成交金额/千元	备注
光纤	光纤						
	光纤合						
	光纤面板						
	光纤耦合器						
	其他消耗材料						
综合布线	区域1						
	区域2						
	门禁、监控						
机房装修	室内装修						
	UPS						
	空调						
	机房消防						
	监控系统						
网络设备	中心交换机						
	路由器						
	防火墙						
	接入服务器						
	无线设备						
	网管软件						

续表

投资资产类型	投资资产细分	规格/型号	计价单位	单价/千元	数量	预计实际成交金额/千元	备注
主机服务器	应用服务器1						
	应用服务器2						
	数据库服务器						
	目录服务器						
	E-mail 服务器						
	WWW 服务器						
系统集成费用							
维护服务费							
培训费							
总计：							

表 5-16　网站建设项目投资成本估算表　　　　　　　单位：千元

名　　称	系统安装、配置	软件开发费用	总　　价	备　　注
WWW 服务				
DNS 服务				
数据库服务				
目录服务				
计费服务				
DHCP 服务				
Proxy 服务				
E-mail 服务				
软件部分总计				
培训费用				
维护费用				

表 5-17　软件开发项目投资成本估算表　　　　　　　单位：千元

任务种类	人员级别	人员数量	小时工资标准	金　　额
总体规划、协调	项目主管			
项目执行	项目经理			
系统分析与设计	分析师、架构师			
高级编程	高级程序员			
编程	普通程序员			
软件测试和文档	测试工程师			
软件维护与服务	中级程序员			
应用培训	培训工程师			

2. 细节说明文件

这是对于项目成本估算文件的依据和考虑细节的说明文件。文件的主要内容包括以下几方面。

● 项目范围的描述。因为项目范围是直接影响项目成本的关键因素，所以这一文件通常与

项目工作分解结构和项目成本估算文件一起提供。

• 项目成本估算的基础和依据文件。包括制定项目成本估算的各种依据性文件、各种成本计算或估算的方法说明，以及参照的各种国家规定等。

• 项目成本估算各种假定条件的说明文件。包括在项目成本估算中所假定的各种项目实施的效率、项目所需资源的价格水平、项目资源消耗的定额估计等假设条件的说明。

• 项目成本估算可能出现的变动范围的说明。这主要是关于在各种项目成本估算假设条件和成本估算基础与依据发生变化后，项目成本可能会发生什么样的变化、多大的变化的说明。

3. 项目成本管理计划

这是关于如何管理和控制项目成本变动的说明文件，是项目管理文件的一个重要组成部分。项目成本管理计划文件可繁可简，具体取决于项目规模和项目管理主体的需要。一个项目开始实施后有可能会发生各种无法预见的情况，从而危及项目成本目标的实现。为了防止、预测或克服各种意外情况，就需要对项目实施过程中可能出现的成本变动，以及相应需要采取的措施进行详细的计划和安排。项目成本管理计划的核心内容就是这种计划和安排，以及有关项目不可预见费的使用管理规定等。

5.4 项目成本预算

项目成本预算是在项目成本估算的基础上，更精确地估算项目总成本，并将其分摊到项目的各项具体活动和各个具体项目阶段上，为项目成本控制制订基准计划的项目成本管理活动，又称为项目成本计划。项目成本预算也是一种控制机制。预算可以作为一种比较标准而使用，一种度量资源实际使用量与计划用量之间差异的基线标准。

5.4.1 成本预算概述

成本估算的输出结果是成本预算的基础与依据，成本预算则是将已批准的估算分摊到项目工作分解结构中的各个工作包，然后在整个工作包之间进行每个工作包的预算分配，这样才可能在任何时点及时地确定预算支出是多少。

1. 项目预算的特征

由于进行预算时不可能完全预计到实际工作中所遇到的问题和所处的环境，所以对预算计划的偏离总是有可能会出现。如果出现了偏离，就需要对相应的偏离进行考察，以确定是否会突破预算的约束和采取相应的对策，避免造成项目失败或者效益不佳的后果。项目预算的 3 大特征如下。

• 计划性。在项目计划中，根据工作分解结构，项目被分解为多个工作包，形成一种系统结构，项目成本预算就是将成本估算总费用尽量精确地分配到 WBS 的每一个组成部分，从而形成与 WBS 相同的系统结构。因此，预算是另一种形式的项目计划。

• 约束性。项目管理者在制订预算的时候均希望能够尽可能"正确"地为相关活动确定预算，既不过分慷慨，以避免浪费和管理松散；也不过于吝啬，以免项目任务无法完成或者质量低下，故项目成本预算是一种分配资源的计划。预算分配的结果可能并不能满足所涉及的管理人员的利益要求，而表现为一种约束，所涉及人员只能在这种约束的范围内行动。

• 控制性。控制性是指项目预算的实质就是一种控制机制。管理者的任务不仅是完成预定的目标，而且也必须使得目标的完成具有效率，即尽可能地在完成目标的前提下节省资源，这样才能获得最大的经济效益。所以，管理者必须小心谨慎地控制资源的使用，不断根据项目进度检查所使用的资源量，如果出现了对预算的偏离，就需要进行修改，因此，预算可以作为一种度量

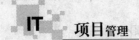

资源实际使用量和计划量之间差异的基线标准而使用。

此外，项目成本预算在整个计划和实施过程中起着重要的作用。成本预算和项目进展中资源的使用相联系，根据成本预算，项目管理者可以实时掌握项目的进度。如果成本预算和项目进度没有联系，那么管理者就可能会忽视一些危险情况。例如，费用已经超过了项目进度所对应的成本预算，但没有突破总预算约束的情形。

2. 编制项目成本预算的原则

为了使成本预算能够发挥它的积极作用，在编制成本预算时应掌握以下一些原则。

● 项目成本预算要与项目目标相联系（包括项目质量目标、进度目标）。成本与质量、进度之间关系密切，3 者之间既统一又对立。所以，在进行成本预算、确定成本控制目标时，必须同时考虑到项目质量目标和进度目标。项目质量目标要求越高，成本预算越高；项目进度越快，项目成本越高。因此，编制成本预算，要与项目的质量计划、进度计划密切结合，保持平衡，防止顾此失彼，相互脱节。

● 项目成本预算要以项目需求为基础。项目成本预算同项目需求直接相关，项目需求是项目成本预算的基石。如果以非常模糊的项目需求为基础进行预算，则成本预算不具有现实性，容易发生成本的超支。

● 项目成本预算要切实可行。编制的成本预算过低，经过努力也难达到；实际费用很低，预算过高，预算便失去作为成本控制基准的意义。故编制项目成本预算，要根据有关的财经法律、方针政策，从项目的实际情况出发，充分挖掘项目组织的内部潜力，使成本指标既积极可靠，又切实可行。

● 项目成本预算应当有一定的弹性。项目在执行的过程中，可能会有预料之外的事情发生，包括国际、国内政治经济形势变化和自然灾害等，这些变化可能对项目成本预算的实现产生一定影响。因此，编制成本预算，要留有充分的余地，使预算具有一定的适应条件变化的能力，即预算应具有一定的弹性。通常可以在整个项目预算中留出 10% ～ 15% 的不可预见费，以应付项目进行过程中可能出现的意外情况。

3. 成本预算的依据和方法

项目成本预算的依据主要有：成本估算、工作分解结构、项目进度计划等。其中成本估算提供成本预算所需的各项工作与活动的预算定额；工作分解结构提供需要分配成本的项目组成部分；项目进度计划提供需要分配成本的项目组成部分的计划开始和预期完成日期，以便将成本分配到发生成本的各时段上。

项目成本预算的方法与成本估算相同，在此不再赘述。

5.4.2 项目成本预算的步骤

项目成本预算计划的编制工作包括将项目估算分摊到项目工作分解结构中的各个工作包；进行每个工作包的预算分配；根据项目计划的具体说明，对每一项活动进行时间、资源和成本的预算；项目成本预算调整。

1. 分摊总预算成本

分摊总成本到各成本要素中去，例如，人工、设备和分包商，再到工作分解结构中适当的工作包，并为每一个工作包建立总预算成本（Total Budgeted Cost，TBC）。为每个工作包建立 TBC 的方法有两种：一种是自上而下法，即在总项目成本之内按照每一工作包的工作范围，以总项目成本的一定比例分摊到各个工作包中；另一种方法是自下而上法，它是依据与每一个工作包有关的具体活动而做成本估计的方法。每一部分的总预算成本就是组成各部分的所有活动的成本总和。软件开发项目的成本最主要的是人力资源成本，而人力资源成本体现为各个项目成员薪资水平乘以他所花费工作日的总和，因此人力资源成本其重点在于合理地安排和使用合适的人力资源。

例 5 - 3 某软件项目成本估算的结果是 1.2 万元。要求：编制该项目的成本预算。

分析：项目预算总成本分解，如图 5 - 7 所示。

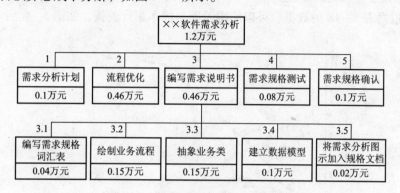

图 5 - 7　项目预算总成本分解示意图

分摊到各部分的数字表示为完成所有与各部分有关的活动的总预算成本。无论是自上而下法还是自下而上法，都被用来建立每一任务的总预算成本，所以所有任务的预算总和不能超过项目的总预算成本。

2. 制订累计预算成本

一旦为每一任务立了总预算成本，就要把总预算成本分配到各任务的整个工期中去，每期的成本估计是根据组成该阶段的各个活动进度确定的。当每一任务的总预算成本分摊到工期的各个区间时，就能确定在这一时间内用了多少预算。这个数字用截至某期的每期预算成本总和来表示。这一合计数，称作累计预算成本（CBC），可作为分析项目成本绩效的基准。

对于某软件需求分析项目，如表 5 - 18 所示为该项目部分预算成本表。该项目总预算是 1.2 万元人民币，预计工期为 20 天。为了监控成本，需要把每项活动的费用按天分摊。预算累计量就是从项目启动到报告期之间所有预算成本的求和。从表 5 - 18 可以看出，本项目到 12 天的预算累计量是 7 500 元人民币。

表 5 - 18　项目每天分摊预算与预算累计表　　　　　　　　　　单位：千元

活　　动	天													活动小计
	1	2	3	4	5	6	7	8	9	10	11	12	…	
1 需求分析计划	0.3	0.3	0.4											1
2 流程优化				0.8	0.8	0.9	0.7	0.7	0.7					4.6
3 编写需求规格词汇表										0.4				0.4
4 绘制业务流程											0.8	0.7		1.5
⋮														
预算累计	0.3	0.6	1	1.8	2.6	3.5	4.2	4.9	5.6	6	6.8	7.5		7.5

5.4.3　成本预算的结果

在将项目各工作包的成本预算分配到项目工期的各个时段以后，就能确定项目在何时需要多少成本预算和项目从起点开始累计的预算成本，这是项目资金投入与筹措和项目成本控制的重要依据。项目成本预算的主要结果是获得基准预算，具体体现在以下几个方面。

1. 基准预算

项目基准预算又称为费用基准，它以时段估算成本进一步精确、细化编制而成，通常以时间－成本累计曲线（S 曲线）的形式表示，是按时间分段的项目成本预算，是项目管理计划的重要组成部分，用来度量项目的绩效。

例 5 - 4 根据表 5 - 18 的数据，可以给出时间－成本累计曲线，如图 5 - 8 所示。

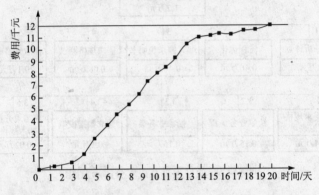

图 5 - 8　时间 - 成本累计曲线

整个项目的累计预算成本或每一阶段的累计预算成本，在项目的任何时期都能与实际成本和工作绩效作对比。对项目或阶段来说，仅仅将消耗的实际成本与总预算成本进行比较容易引起误解，因为只要实际成本低于总预算成本，成本绩效看起来总是好的。在例 5 - 3 中，可能会认为只要实际总成本低于 1.2 万元，项目成本就得到了控制。但当某一天实际总成本超过了总预算成本 1.2 万元，而项目还没有完成，那该怎么办呢？到了项目预算已经超出而仍有剩余工作要做的时候，要完成项目就必须增加费用，此时再进行成本控制就太晚了。为了避免这样的事情发生，就要利用累计预算成本而不是总预算成本作为标准来与实际成本作比较。如果实际成本超过累计预算成本时，就可以在不算太晚的情况下及时采取改正措施。

2. 实际成本累计

一旦项目开工就必须记录实际成本和承付款项，以便将它们与累计预算成本进行比较。实际成本累计就是从项目启动到报告期之间所有实际发生成本的累加。为了记录项目的实际成本，必须建立定期收集支出资金数据的制度，这一制度包括收集数据的步骤和报表。将项目各项活动每天发生的实际成本记录下来，根据工作分解结构统计建立会计结构表，以便能将支出的每项实际成本分摊到各个工作包，而每一个工作包的实际成本就能汇总并与其累计预算成本加以比较。

例 5 - 5 承例 5 - 3，假设现在项目进行到第 11 天，将前 11 天的实际成本填入表 5 - 19 中，可以看出到第 11 天为止，实际成本累计是 6 100 元人民币。

表 5 - 19　项目每天实际成本累计表　　　　　　　　　　　单位：千元

活　　动	天										活动小计
	4	5	6	7	8	9	10	11	12	…	
1 需求分析计划	1.0										1.0
2 流程优化	0.6	0.6	0.5	0.7	0.5	0.6	0.7				4.2
3 需求规格词汇表								0.3			0.3
4 绘制业务流程								0.6			0.6
5……											
每天实际成本小计	1.6	0.6	0.5	0.7	0.5	0.6	0.7	0.9			
从项目开始累计成本	1.6	2.2	2.7	3.4	3.9	4.5	5.2	6.1			

将报告期的累计实际成本与累计预算成本相比，可以知道经费开支是否超出预算。若实际成本累计小于累计预算成本，则说明没有超支。但这仅仅是就时间进程而言的，没有与项目的工作进程直接比较。虽然，经费开支没有超出预算，但是，如果没有完成相应的工作量，也不能说明成本计划执行得好。因此，监控成本计划，还要引入盈余累计指标。

3. 盈余累计

　　我们把一项活动从开工到报告期实际完成的百分比称为完工率。一项活动总的分摊预算与该项活动的完工率的乘积称为盈余量。例如，活动"流程优化"分摊的预算是 4 600 元，在前 3 天完成任务的 45%，前 4 天完成任务的 60%，前 5 天完成任务的 75%，则活动在第 3、4、5 天的盈余量分别是 2 070 元（4 600 ×45% = 2 070）、2 760 元、3 450 元。

　　盈余累计就是从项目启动到报告期之间各项活动盈余量之和。表 5 – 20 是某软件需求分析项目的前 8 天的盈余累计。

表 5 – 20　项目累计盈余表 单位：千元

活　　动	天										活动小计
	4	5	6	7	8	9	10	11	12	…	
1 需求分析计划	1.0	1.0	1.0	1.0	1.0						1.0
2 流程优化	0.46	1.15	2.07	2.76	3.45						2.76
3 需求规格词汇表											
4 ……											
盈余累计	1.46	2.15	3.07	3.76	4.45						

　　将累计分摊预算成本、累计实际成本和累计盈余量 3 个指标——计算后，可以绘制出累计量的比较表，如表 5 – 21 所示。

表 5 – 21　项目 3 个累计量比较表 单位：千元

项　　目	天									
	1	2	3	4	5	6	7	8	…	20
累计分摊预算成本	0.3	0.6	1.0	1.8	2.6	3.5	4.2	4.9		
累计实际成本	0.3	0.6	1.0	1.6	2.2	2.7	3.4	3.9		
累计盈余量	0.3	0.6	1.0	1.46	2.15	3.07	3.76	4.45		

　　利用表 5 – 21，也可以画出累计预算成本、累计实际成本和累计盈余量 3 条曲线，直观说明整个项目的绩效情况。

4. 成本绩效分析

　　进行成本绩效分析时，通常选用 4 个指标：总预算成本（TBC）、累计预算成本（CBC）、累计实际成本（CAC）和累计盈余量（CEV）。一般是将 CBC、CAC、CEV 曲线画在同一个坐标轴上，以此来分析项目成本的绩效，如图 5 – 9 所示。

　　衡量成本绩效的指标是成本绩效指数（Cost Performance Index，CPI），用于衡量正在进行的项目的成本效率。计算 CPI 的公式为

成本绩效指数（CPI）= 累计盈余量（CEV）/累计实际成本（CAC）

　　例 5 – 6　承例 5 – 3，第 8 天的 CPI = 4 450 元/3 900 元 = 1.14。

　　在报告期若累计实际成本小于累计分摊预算成本，而且累计盈余量大于成本累计，说明成本计划和进度计划都得到较好的控制。而如果累计盈余量小于实际成本累计，说明没完成进度计

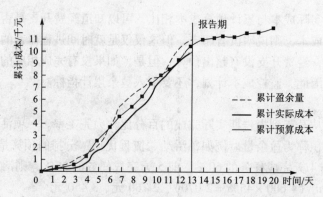

图 5 - 9　累计预算成本、累计实际成本和累计盈余量曲线

划。若某报告期累计实际成本大于累计分摊预算成本，即实际发生成本超出预算，说明成本计划没有得到很好的执行。在这种情况下，若累计盈余量也大于分摊预算累计，说明虽然开支超出了预算，但实际完成的工作量也超过了计划工作量，估计问题不大。

另一个衡量成本绩效的指标是成本差异（Cost Variance，CV），它是累计盈余量与累计实际成本之差。计算 CV 的公式为

$$成本绩效指数（CV）= 累计盈余量（CEV）- 累计实际成本（CAC）$$

例 5 - 3 所示的软件需求分析项目在第 8 天的 CV = 4 450 - 3 900 元 = 550（元）。

这一结果表明，到第 8 天工效值比已花费的实际成本多 550 元，它是工程绩效超前实际成本的另一个指标。

5.4.4　项目费用与资源的优化

1. 费用优化

费用优化又称为时间成本优化，目的是寻求最低成本的进度安排。进度计划所涉及的费用包括直接费用和间接费用。直接费用是指在实施过程中耗费的、构成工程实体和有助于工程形成的各项费用；而间接费用是由公司管理费、财务费用等构成。一般而言，直接费用随工期的缩短而增加，间接费用随工期的缩短而减少，如图 5 - 10 所示。

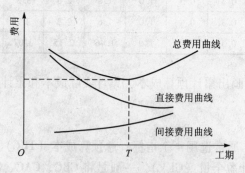

图 5 - 10　工期 - 费用优化曲线

直接费用和间接费用之和为总费用。在图 5 - 10 所示的总费用曲线中，总存在一个总费用最少的工期，这就是费用优化所寻求的目标。寻求最低费用和最优工期的基本思路是从网络计划的各活动持续时间和费用的关系中，依次找出能使计划工期缩短，而又能使直接费用增加最少的活动，不断地缩短其持续时间，同时考虑其间接费用叠加，即可求出工程费用最低时的最优工期和工期确定时相应的最低费用。

2. 资源优化

资源供应状况对项目进度有直接的影响。资源优化包括:"资源有限—工期最短"和"工期固定—资源均衡"两种。

(1) 资源有限—工期最短

资源有限—工期最短是通过调整计划安排以满足资源限制条件,并使工期延长最少的方法。其优化步骤如下。

① 计算网络计划每天的资源的需用量。

② 从计划开始日期起,逐日检查每天资源需用量是否超过资源的限量,如果在整个工期内每天均能满足资源限量的要求,可行的优化方案就编制完成。否则必须进行计划调整。

③ 调整网络计划。对资源有冲突的活动做新的顺序安排。顺序安排的选择标准是工期延长的时间最短。

④ 重复上述步骤,直至出现优化方案为止。

(2) 工期固定—资源均衡

工期固定—资源均衡是通过调整计划安排,在工期保持不变的条件下,使资源尽可能均衡的过程。可用方差 σ^2 或标准差 σ 来衡量资源的均衡性,方差越小越均衡。利用方差最小原理进行资源均衡的基本思路是:用初始网络计划得到的自由时差改善进度计划的安排,使资源动态曲线的方差值减到最小,从而达到均衡的目的。设规定工期为 T_s,$R(t)$ 为 t 时刻所需的资源量,R_m 为日资源需要量的平均值,则可得方差和标准差的计算公式:

$$\sigma^2 = \frac{1}{T_s} \sum_{t=1}^{T_s} \left(R(t) - R_m \right)^2$$

即有:

$$\sigma^2 = \frac{1}{T_s} \sum_{t=1}^{T_s} R^2(t) - R_m^2$$

或

$$\sigma = \sqrt{\frac{1}{T_s} \sum_{t=1}^{T_s} R^2(t) - R_m^2}$$

由于上式中规定工期 T_s 与日资源需要量平均值均为常数,故要使方差最小,只需使 $\sum_{t=1}^{T_s} R^2(t)$ 为最小。因工期是固定的,所以,求方差 σ^2 或标准差 σ 最小的问题只能在各活动的总时差范围内进行。

5.5 成本控制

项目的成本控制是在项目实施过程中,根据项目实际发生的成本情况,修正初始的成本预算,尽量使项目的实际成本控制在计划和预算范围内的一项项目管理工作。成本控制的基础是在项目计划中对项目制订出合理的成本预算。项目成本控制的主要目的是控制项目成本的变更,涉及项目成本的事前、事中、事后控制。项目成本的事前控制指对可能引起项目成本变化的因素的控制;事中控制指在项目实施过程中的成本控制;事后控制指当项目成本变动实际发生时对项目成本变化的控制。

5.5.1 项目成本控制的原则和内容

实施项目的成本控制首先要弄清控制成本的着眼点,找出影响成本变化的主要因素,然后对

这些主要因素进行重点监控。

1. 成本控制的原则

① 节约原则。节约就是项目人力、物力和财力的节省，是成本控制的基本原则。节约绝对不是消极地限制与监督，而是要积极创造条件，要着眼于成本的事前预测、过程控制，在实施过程中要经常检查是否出现偏差，以优化项目实施方案，提高项目的科学管理水平，实现项目费用的节约。

② 经济原则。经济原则是指因推行成本控制而发生的成本不应超过因缺少控制而丧失的收益。任何管理活动都是有成本的，为建立一项控制所花费的人力、物力、财力不能超过这项控制所能节约的成本。这条原则在很大程度上决定了项目只能在重要领域选择关键因素加以控制，只要求在成本控制中对例外情况加以特别关注，而对次要的日常开支采取简化的控制措施，如对超出预算的费用支出进行严格审批等。

③ 责权利相结合的原则。要使成本控制真正发挥效益，必须贯彻责权利相结合的原则。它要求赋予成本控制人员应有的权力，并定期对他们的工作业绩进行考评和奖惩，以调动他们的工作积极性和主动性，从而更好地履行成本控制的职责。

④ 全面控制原则。全面控制原则包括两个含义，即全员控制和全过程控制。项目成本费用的发生涉及项目组织中的所有成员，因此应充分调动他们的积极性、树立起全员控制的观念，从而形成人人、事事、时时都要按照目标成本来约束自己行为的良好局面。项目成本的发生涉及项目的整个生命周期，成本控制工作要伴随项目实施的每一阶段，才能使项目成本自始至终处于有效控制之下。

⑤ 按例外管理的原则。成本控制的日常工作就是归集各项目单元的资源耗费，然后与预算数进行比较，分析差异存在的原因，找出解决问题的途径。按照例外管理原则，为提高工作效率，成本差异的分析和处理要求把重点放在不正常、不符合常规的关键性差异，即"例外"差异分析上。确定"例外"的标准，通常有以下 4 条。

● 重要性。一般情况下，我们将成本差异额或差异率大的或对项目有重大不利影响的差异作为重要差异给予重点控制。但差异分为有利差异和不利差异，项目成本控制不应只注意不利差异，还需注意有利差异中隐藏的不利因素。例如，采购部门为降低采购成本而采购不适合系统的设备，它不但会造成浪费，导致项目成本增加，而且还会带来项目成果质量低下，故应引起高度重视。

● 可控性。有些成本差异是项目管理人员无法控制的，即使发生重大的差异，也不应视为"例外"。例如，由于国家税率的变更而带来的重大金额差异，项目管理人员对其无能为力，就不能视为"例外"，也无须采取措施。

● 一贯性。尽管有些成本差异从未超过规定的金额或百分率，但一直在控制线的上下限附近徘徊，亦应视为"例外"。它意味着原来的成本预测可能不准确，需要及时进行调整；或意味着成本控制不严，必须严格控制，予以纠正。

● 特殊性。凡对项目实施过程都有影响的成本项目，即使差异没有达到"重要性"的标准，也应受到成本控制的密切注意。例如，对设备维护费片面强调节约，在短期内虽可降低成本，但因设备维护不足可能造成"带病运转"，甚至停工修理，从而影响项目进度并最终导致项目成本超支。

2. IT 项目成本控制的内容

一般成本控制的内容包括：监控成本预算执行情况以确定与计划的偏差，对造成费用基准变更的因素施加影响；确认所有发生的变化都被准确记录在费用线上；避免不正确的、不合适的或者无效的变更反映在费用线上；确保合理变更请求获得同意，当变更发生时，管理这些实际的变更；保证潜在的费用超支不超过授权的项目阶段成本和项目成本总预算。成本控制还应包括寻找成本向正反两方向变化的原因，同时还必须考虑与其他控制过程如项目范围控制、进度控制、质量控制等相协调，以防止不合适的费用变更导致质量、进度方面的问题或者导致不可接受的项目风险。

IT 项目成本控制的主要内容包括：项目决策成本控制、招投标费用成本控制、项目设计成本控制和项目实施成本控制。

决策是项目形成并能够进入实施阶段的关键，其工作的好坏，将对项目建成后的经济效益和社会效益产生重要影响。在项目立项前需要对项目的可行性，包括市场情况、实施环境、融资状况、技术条件、人员水平等进行详细的事前研究，而完成这些工作通常需要花费一定的资金，这些资金就构成了项目的决策成本。其预算和管理就构成了决策成本控制。招投标费用成本控制是指对进行招投标工作时开支的费用进行控制。设计成本控制是指对项目的各种设计，包括总体设计、技术设计、详细设计等各种设计所需要的费用进行管理和控制。以上 3 种成本费用控制属于项目实施前的成本控制，在整个项目成本中所占的比例较少，因此，对项目成本控制的研究主要以项目实施过程中的成本控制为主。

项目实施成本控制是指对项目从启动、计划、实施，一直到项目交付收尾整个过程中，涉及的所有费用进行控制和管理的工作。在 IT 项目中涉及包括设备费、软件购置费、软件开发费、维护费、业务费等的所有开支内容。成本控制除了首先确定一个成本的范围之外，最重要的是对整个项目的成本的使用进行管理，特别是项目发生了变化或正在发生变化时，对这种变化实施管理。因此，成本控制包括查找出现正负偏差的原因。

3. 成本控制的依据

成本控制主要关心的是影响和改变费用曲线的各种因素、确定费用曲线是否改变及管理和调整实际的改变。成本控制的主要依据如下。

① 项目成本基准。项目成本基准又称费用曲线，是按时间分段计划的项目成本预算，是度量和监控项目实施过程中项目成本费用支出的最基本的依据。

② 项目执行报告。项目执行报告提供项目范围、进度、成本、质量等信息，它反映了项目预算的实际执行情况，其中包括哪个阶段或哪项工作的成本超出了预算，哪些未超出预算，究竟问题出在什么地方等。它是实施项目成本分析和控制必不可少的依据。

③ 项目变更申请。很少有项目能够准确地按照期望的成本预算计划执行，不可预见的各种情况要求在项目实施过程中重新对项目的费用做出新的估算和修改，形成项目变更请求。只有当这些变更请求经各类变更控制程序得到妥善的处理，或增加项目预算，或减少项目预算，项目成本才能更加科学、合理，符合项目的实际，并使项目成本真正处于控制之中。

④ 项目成本管理计划。项目成本管理计划确定了当项目实际成本与计划成本发生差异时如何进行管理，是对整个成本控制过程的有序安排，是项目成本控制的有力保证。

5.5.2 项目成本控制方法

对规模大且内容复杂的项目，通常是借助相关的项目管理软件和电子表格软件来跟踪计划成本、实际成本和预测成本改变的影响，实施项目成本控制。在 IT 项目成本控制中常用的控制方法如下。

1. 项目成本分析表法

项目成本分析表法是利用项目中的各种表格进行成本分析和成本控制的一种方法。常见的成本分析表有月成本分析表、成本日报或周报表、月成本计算及最终预测报告表。在表格中应当反映出 3 个主要内容：一是项目实际的实施进度和成本费用完成情况；二是计划的实施进度和成本费用预算情况；三是实际与预算的比较。每月编制月成本计算表及最终成本预测报告表，是项目成本控制的重要内容之一。该报告主要事项包括项目名称、已支出金额、竣工尚需的预计金额、盈亏预计等。月成本计算表及最终成本预测报告要在月末会计账簿截止的同时完成，并随时间推移使精确性不断增加。月成本计算表的内容如表 5-22 所示。

表 5-22　项目月成本计算表

项目名称	第　月　第　周至第　月　第　周　　起止日期：										
	数量			单价			金额			实际与预算对比	
	实际	原预算	预算调整	实际	原预算	预算调整	实际	原预算	预算调整	实际与原预算比较	实际与调整预算比较
设备费											
软件购置费											
系统集成费											
软件开发费											
其他开支											
月成本总计											
月成本对比总结											
最终成本预测											
项目损益预测											

2. 挣值分析法

挣值分析法是一种分析目标实施与目标期望之间差异的方法，常被称为偏差分析法。挣值法通过测量和计算已完成的工作的预算费用与已完成工作的实际费用和计划工作的预算费用，得到有关计划实施的进度和费用偏差，达到判断项目预算和进度计划执行情况的目的。因而它的独特之处在于以预算和费用来衡量工程的进度。挣值法取名正是因为这种分析方法中用到的一个关键数值——挣值（即是已完成工作预算），而以其来命名的。挣值法实际上是一种综合的绩效度量技术，既可用于评估项目成本变化的大小、程度及原因，又可用于对项目的范围、进度进行控制，将项目范围、费用、进度整合在一起，帮助项目管理者评估项目绩效。该方法在项目成本控制中的运用，可确定偏差产生的原因、偏差的量级和决定是否需要采取行动纠正偏差。

（1）挣值法的 3 个基本参数

① 计划工作量的预算费用（Budgeted Cost for Work Scheduled，BCWS）。BCWS 是指项目实施过程中某阶段计划要求完成的工作量所需的预算工时（或费用）。其计算公式为

$$BCWS = 计划工作量 \times 预算定额$$

BCWS 主要反映进度计划应当完成的工作量，而不是反映应消耗的工时或费用。

② 已完成工作量的预算实际费用（Actual Cost for Work Performed，ACWP）。ACWP 是指项目实施过程中某阶段实际完成的工作量所消耗的工时（或费用）。ACWP 主要反映项目执行的实际消耗指标。

③ 已完成工作量的预算成本（Budgeted Cost for Work Performed，BCWP）。BCWP 是指项目实施过程中某阶段实际完成工作量按预算定额计算出来的工时（或费用），即挣值（Earned Value）。BCWP 的计算公式为

$$BCWP = 已完成工作量 \times 预算定额$$

（2）挣值法的 4 个评价指标

① 费用偏差 CV（Cost Variance）是指检查期间 BCWP 与 ACWP 之间的差异，计算公式为：

$$CV = BCWP - ACWP$$

以图 5 – 11 为例，当上方曲线为 ACWP，下方曲线为 BCWP 时，CV 为负值，表示执行效果不佳，即实际消耗费用（或人工）超过预算值，即超支。

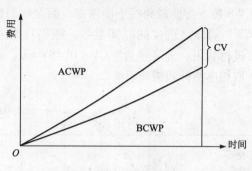

图 5 – 11　费用偏差

当上方曲线为 BCWP，下方曲线为 ACWP 时，CV 为正值，表示实际消耗费用（或人工）低于预算值，即有节余或效率高。

当 CV 等于零时，表示实际消耗费用（或人工）等于预算值。

② 进度偏差 SV（Schedule Variance）是指检查日期 BCWP 与 BCWS 之间的差异。其计算公式为：

$$SV = BCWP - BCWS$$

以图 5 – 12 为例，当上方曲线为 BCWP，下方曲线为 BCWS 时，SV 为正值，表示进度提前。

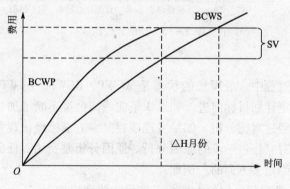

图 5 – 12　进度偏差

当上方曲线为 BCWS，下方曲线为 BCWP 时，SV 为负值，表示进度延误。

当 SV 为零时，表示实际进度与计划进度一致。

③ 费用执行指标 CPI（Cost Performed Index）是指预算费用与实际费用值之比（或工时值之比）。计算公式为：

$$CPI = BCWP/ACWP$$

当 CPI > 1 时，表示低于预算，即实际费用低于预算费用；

当 CPI < 1 时，表示超出预算，即实际费用高于预算费用；

当 CPI = 1 时，表示实际费用与预算费用吻合。

④ 进度执行指标 SPI（Schedul Performed Index）是指项目挣值与计划之比，即：

$$SPI = BCWP/BCWS$$

当 SPI > 1 时，表示进度提前，即实际进度比计划进度快；

当 SPI < 1 时，表示进度延误，即实际进度比计划进度慢；

当 SPI = 1 时，表示实际进度等于计划进度。

（3）挣值法评价曲线

挣值法评价曲线如图 5 – 13 所示，横坐标表示时间，纵坐标则表示费用（以实物工程量、工时或金额表示）。图中 BCWS 按 S 形曲线路径不断增加，直至项目结束达到它的最大值。可见 BCWS 是一种 S 形曲线。ACWP 同样是进度的时间参数，随项目推进而不断增加，也是 S 形曲线。利用挣值法评价曲线可进行费用、进度评价。CV < 0，SV > 0，表示项目执行效果不佳，即费用超支，进度延误，应采取相应的补救措施。

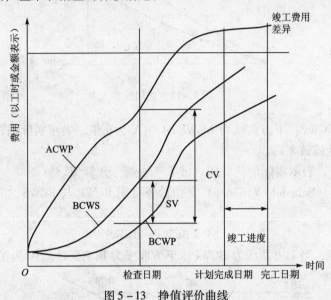

图 5 – 13   挣值评价曲线

（4）分析与建议

挣值法在实际运用过程中，最理想的状态是 ACWP、BCWS、BCWP 3 条曲线靠得很近、平稳上升，表示项目按预定计划目标前进。如果 3 条曲线离散度不断增加，则预示可能发生关系到项目成败的重大问题。经过对比分析，如果发现项目某一方面已经出现费用超支，或预计最终将会出现费用超支，则应对它作进一步的原因分析。原因分析是费用责任分析和提出费用控制措施的基础，费用超支的原因是多方面的。例如：

① 宏观因素。总工期拖延，物价上涨，工作量大幅度增加。

② 微观因素。分项工作效率低，协调不好，局部返工。

③ 内部原因。管理失误，不协调，采购了劣质设备，培训不充分，事故、返工。

④ 外部原因。上级、业主的干扰，设计的修改，其他风险等。

⑤ 另有技术的、经济的、管理的、合同的等方面原因。

原因分析可以采用因果关系分析图进行定性分析，在此基础上又可利用因素差异分析法进行定量分析，以提出解决问题的建议。

当发现费用超支时，人们提出的建议通常是压缩已经超支的费用，但这常常是十分困难的，重新选择供应商会产生供应风险，而且选择需要时间；删去工作包，这可能会降低质量、提高风险。只有当给出的措施比原计划已选定的措施更为有利，或使项目范围减小，或生产效率提高，成本才能降低。例如，改变项目实施过程，变更项目范围，向业主、承（分）包商、供应商索赔以弥补费用超支等。

（5）对完工的预测

在未完工期间，我们做了上面介绍的挣值分析，如果按照目前的进度和费用情况继续进行下去，完工时会是怎样呢？完工估计就是回答这个问题。表 5 - 23 给出了有关完工的几个参数。BAC 是原计划的全部预算。如果不考虑已经实施一段时间的实际费用使用和进度情况，假设项目按计划和预算正常完成，则 EAC = BAC。但是，实际情况有可能是进度提前或落后，费用超支或节约。根据考察前一段的情况，并根据一定的估算方法，项目管理者可能会提出最后完成时的最后成本估算 EAC。这个 EAC 可能大于或小于 BAC。用 BAC - EAC 就得到 ETC。EAC、ETC 表明在项目的某个检查点，对项目最后成本的新估计。

表 5 - 23   完工参数表

BAC	完工预算	原 预 算
EAC	完工估算	EAC：当前情况下完成项目的总费用 1. EAC = 实际费用 + （总预算成本 - BCWP）×（ACWP/BCWP）或者 2. EAC = 总预算成本 ×（ACWP/BCWP）
ETC	完工尚需估算	ETC = BAC - EAC

例 5 - 7   项目成本控制分析案例。

某项目共有 10 项任务，在第 20 周结束时有一个检查点。项目经理在该点对项目实施检查时发现，一些任务已经完成，一些任务正在实施，另外一些任务还没有开工，如图 5 - 14 所示（图中的百分数表示任务的完成程度）。各项任务已完成工作量的实际耗费成本在表 5 - 24 中的第 3 列给出。假设项目未来情况不会有大的变化，请计算该检查点的 BCWP、BCWS 和 EAC（任务完成时的预测成本），并判断项目在此的费用使用和进度情况。

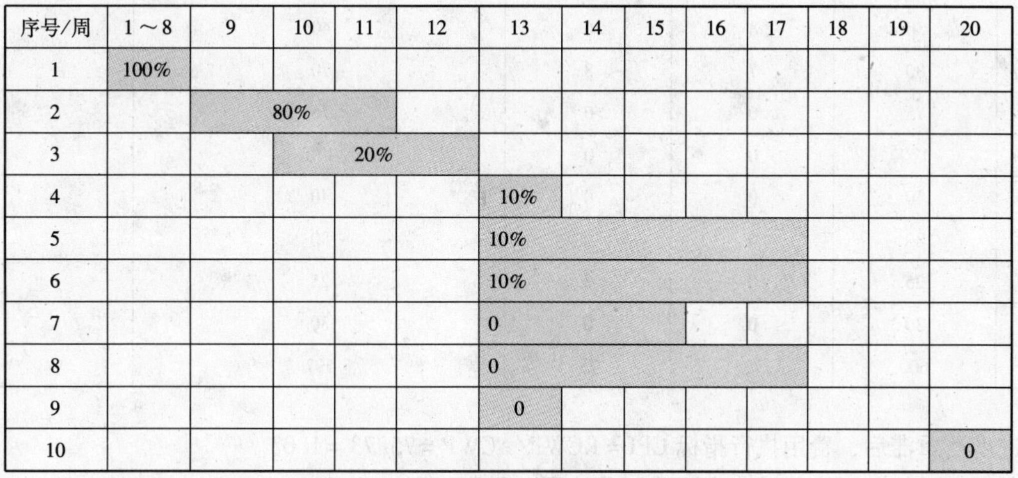

序号/周	1～8	9	10	11	12	13	14	15	16	17	18	19	20
1	100%												
2			80%										
3				20%									
4						10%							
5						10%							
6						10%							
7						0							
8						0							
9						0							
10													0

图 5 - 14   项目在第 20 周时的进度示意图

表 5 - 24   项目跟踪表（未完成）

序号	成本预算/万元	ACWP/万元	BCWP/万元	任务完成时的预测成本 EAC/万元	BCWS/万元
1	25	22			
2	45	36			
3	30	8			
4	80	7			

续表

序号	成本预算/万元	ACWP/万元	BCWP/万元	任务完成时的预测成本 EAC/万元	BCWS/万元
5	75	0			
6	170	0			
7	40	0			
8	80	0			
9	25	0			
10	30	0			
合计	600	73			

分析如下：

以任务 2 为例，计算如下：

$$BCWP = 工作预算费用 \times 当前已完成工作量 = 45 \times 80\% = 36（万元）$$

$$BCWS = 工作预算费用 \times 当前预计完成工作量 = 45 \times 100\% = 45（万元）$$

EAC 的计算：由于未来情况不会发生大的变化，所以采用第 2 种计算方式：$EAC = 45 \times 36 \div 36 = 45$（万元）。

其余任务的有关指标可同理计算，结果如表 5 - 25 所示。

表 5 - 25 项目跟踪表（已完成）

序号	成本预算/万元	ACWP/万元	BCWP/万元	任务完成时的预测成本 EAC/万元	备 注
1	25	22	25	22	
2	45	36	36	45	
3	30	8	6	40	
4	80	7	8	70	
5	75	0	0	75	
6	170	0	0	170	
7	40	0	0	40	
8	80	0	0	80	
9	25	0	0	25	
10	30	0	0	30	
合计	600	73	75	597	

进度严重滞后，费用执行指标 $CPI = BCWP/ACWP = 75/73 = 1.03$。

项目预计投资 597 万元，比原计划节约了 3 万元投资。

3. 成本因素分析法

挣值分析法没有对成本差异的原因进行深入的分析，而找差异的目的是为了在以后的工作中尽量避免差异，所以可以采用因素分析法和图像分析法对成本因素进行分析。

（1）因素分析法

因素分析法根据实际情况将成本偏差出现的原因归纳为几个相关的因素，然后用一定的方法从数值上测定各种因素对成本偏差的影响。在分析时，如果一个项目的成本偏差受到多个因素的影响，通常使用单因素分析法，即先假设一个因素变动，其他因素设为固定，计算出此因素的影响额，然后再依次去替换第 2、3 个影响因素，分别对每个影响因素进行分析，从而找出每个影响因素的影响幅度，如图 5 – 15 所示。

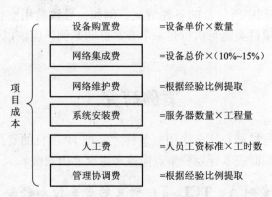

图 5 – 15　项目成本构成及直接影响因素分析图

先将项目成本的各种影响因素进行归类，并清理其相互关系，然后通过实际数据分析找出产生变化的因素，并利用变化百分比数或变化比例的数据计算形式进行影响程度的比较和影响因素敏感性分析。

（2）图像分析法

这是通过绘制成本曲线的形式，进行总成本和分项成本的比较分析，找出总成本出现偏差的原因，同时采取合理措施及时纠正。图 5 – 16 给出了一种成本偏差分析图。

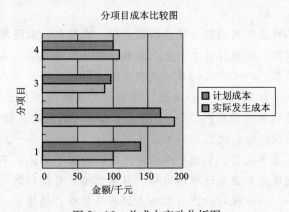

图 5 – 16　总成本变动分析图

4. 成本控制的结果

项目成本控制的结果是实施成本控制后的项目所发生的变化，包括修正成本估算、预算更新、纠正措施和经验教训。

- 成本估算更新。更新成本估算是为了管理项目的需要而修改成本信息。成本估算的更新可以不必调整整个项目计划的其他方向。更新后的项目计划成本估算是指对用于项目管理的费用资料所做的修改。如果需要，成本估算更新应通知项目的相关利益者。修改成本估算可能要求对整个项目计划进行调整。

- 成本预算更新。在某些情况下，费用偏差可能极其严重，以至于需要修改费用基准，才能对绩效提供一个现实的衡量基础，此时预算更新是非常必要的。预算更新是对批准的费用基准所做的变更，是一个特殊的修订成本估算的工作，一般仅在进行项目范围变更的情况下才进行修改。

- 纠正措施。纠正措施是为了使项目将来的预期绩效与项目成本计划一致所采取的所有行动，是指任何使项目实现原有计划目标的努力。费用管理领域的纠正措施经常涉及调整计划活动

的成本预算，例如采取特殊的行动来平衡费用偏差。

● 经验教训。成本控制中所涉及的各种情况，例如，导致费用变化的各种原因，各种纠正工作的方法等，对以后的项目实施与执行是一个非常好的案例，应该以文档的形式保存下来，供以后参考。

案例研究

针对问题： 成本管理与控制有什么作用？怎样才能把 IT 项目的费用估算得比较完整？对于软件项目怎样控制成本？编制成本计划，重点应该考虑哪些因素呢？

案例 A　TCL 项目研发的成本控制经验

TCL 集团有限公司创于 1981 年，是广东省最大的工业制造企业之一。TCL 的发展不仅有赖于敏锐的观察力、强劲的研发力、生产力、销售力，还得益于对项目研发成本的有效控制与管理，使产品一进入市场便以优越的性能价格比迅速占领市场，实现经济效益的稳步提高。

只要提到成本控制，很多人便产生加强生产的现场管理、降低物耗、提高生产效率的联想，人们往往忽略了一个问题：成本在广义上包含了设计（研发）成本、制造成本、销售成本 3 大部分，也就是说，很多人在成本控制方面往往只关注制造成本、销售成本等方面的控制。如果我们将目光放得更前一点，可以研发过程的成本控制作为整个项目成本控制的起点，这才是产品控制成本的关键。

我们知道，一个产品的生命周期包含了产品成长期、成熟期、衰退期几个阶段，这些阶段的成本控制管理重点是不同的，即设计成本、生产成本、销售服务成本。实际上，产品研发和设计是生产、销售的源头之所在。一个产品的目标成本其实在设计成功后就已经基本成型，作为后期的产品生产等制造工序（实际制造成本）来说，其最大的可控度只能是降低生产过程中的损耗及提高装配加工效率（降低制造费用）。有一个观点是被普遍认同的，就是产品成本的 80% 是约束性成本，并且在产品的设计阶段就已经确定。也就是说，一个产品一旦完成研发，其目标材料成本、目标人工成本便已基本定型，制造中心很难改变设计留下的先天不足。有很多产品在设计阶段，就注定其未来的制造成本会高过市场价格。目标价格－目标利润＝目标成本，研发成本必须小于目标成本。至于如何保证设计的产品在给定的市场价格、销售量、功能的条件下取得可以接受的利润水平，TCL 在产品设计开发阶段引进了目标成本和研发成本的控制机制。

目标成本的计算又称为"由价格引导的成本计算"，它与传统的"由成本引导的价格计算"（即由成本加成计算价格）相对应。产品价格通常需要综合考虑多种因素的影响，包括产品的功能、性质及市场竞争力。一旦确定了产品的目标，包括价格、功能、质量等，设计人员将以目标价格扣除目标利润得出目标成本。目标成本就在设计、生产阶段关注的中心，也是设计工作的动因，同时也为产品及工序的设计指明了方向和提供了衡量的标准。在产品和工序的设计阶段，设计人员应该使用目标成本的计算来推动设计方案的改进工作，以降低产品未来的制造成本。

（1）开发（设计）过程中的 3 大误区

① 过于关注产品性能，忽略了产品的经济性（成本）。设计工程师有一个通病：他们往往容易仅仅是为了产品的性能而设计产品。也许是由于职业上的习惯，设计师经常容易将其所负责的产品项目作为一件艺术品或者科技品来进行开发，这就容易陷入对产品的性能、外观追求尽善尽美，却忽略了许多部件在生产过程中的成本，没有充分考虑到产品在市场上的价格性能比和受欢迎的程度。实践证明，在市场上功能最齐全、性能最好的产品往往并不一定就是最畅销的产品，因为它必然会受到价格及顾客认知水平等因素的制约。

② 关注表面成本，忽略隐含（沉没）成本。公司有一个下属企业曾经推出一款新产品，该新品总共用了 12 枚螺钉进行外壳固定，而同行的竞争对手仅仅用了 3 枚螺钉就达到了相同的外壳固定的目的！当然，单从单位产品 9 枚螺钉的价值来说，最多也只不过是几毛钱的差异，但是一旦进行批量生产后就会发现，由于多了这 9 枚螺钉而相应增加的采购成本、材料成本、仓储成本、装配（人工）成本、装运成本和资金成本等相关的成本支出便不期而至，虽然仅仅是比竞争对手多了 9 枚螺钉，但是其所带来的隐含（沉没）成本将是十分巨大的。

③ 急于进行新产品开发，忽略了对原产品替代功能的再设计。一些产品之所以昂贵，往往是由于设计得不合理，在没有作业成本引导的产品设计中，工程师们往往忽略了许多部件及产品的多样性和复杂的生产过程的成本。而这往往可以通过对产品进行再设计来达到进一步削减成本的目的，但是很多时候，研发部门开发完一款新产品后，往往都会急于将精力投放到其他正在开发的新产品上，以求加快新产品的推出速度。

（2）在研发（设计）过程中，成本控制的 3 个原则

① 以目标成本作为衡量的原则。目标成本一直是 TCL 关注的中心，通过目标成本的计算有利于在研发设计中关注同一个目标：将符合目标功能、目标品质和目标价格的产品投放到特定的市场。因此，在产品及工艺的设计过程中，当设计方案的取舍会对产品成本产生巨大的影响时，就采用目标成本作为衡量标准。在目标成本计算的问题上，没有任何协商的可能。没有达到目标成本的产品是不会也不应该被投入生产的。目标成本最终反映了顾客的需求，以及资金供给者对投资合理收益的期望。因此，客观上存在的设计开发压力，迫使开发人员必须去寻求和使用有助于他们达到目标成本的方法。

② 剔除不能带来市场价格却增加产品成本的功能。顾客购买产品，最关心的是"性能价格比"，也就是产品功能与顾客认可价格的比值。任何给定的产品都会有多种功能，而每一种功能的增加都会使产品的价格产生一个增量，当然也会给成本方面带来一定的增量。虽然企业可以自由地选择所提供的功能，但是市场和顾客会选择价格能够反映功能的产品。因此，如果顾客认为设计人员所设计的产品功能毫无价值，或者认为此功能的价值低于价格所体现的价值，则这种设计成本的增加就是没有价值或者说是不经济的，顾客不会为他们认为毫无价值或者与产品价格不匹配的功能支付任何款项。因此，在产品的设计过程中，把握的一个非常重要的原则就是：剔除那些不能带来市场价格但又增加产品成本的功能，因为顾客不认可这些功能。

③ 从全方位来考虑成本的下降与控制。作为一个新项目的开发，TCL 认为应该组织相关部门人员进行参与（起码应该考虑将采购、生产、工艺等相关部门纳入项目开发设计小组），这样有利于大家集中精力从全局的角度去考虑成本的控制。正如前面所提到的问题，研发设计人员往往容易走入过于重视表面成本而忽略了隐含成本的误区。正是有了采购人员、工艺人员、生产人员的参与，可以基本上杜绝为了降低某项成本而引发的其他相关成本的增加这种现象的存在。因为在这种内部环境下，不允许个别部门强调某项功能的固定，而是必须从全局出发来考虑成本的控制问题。

（3）在设计阶段降低成本的 5 大措施

一般情况，从大型跨国企业的基本经验上看，在设计开发阶段通常采取下述步骤对成本进行分析和控制。

① 价值工程分析。价值工程分析的目的是分析是否有可以提高产品价值的替代方案。我们定义的产品价值是产品的功能与成本的比值，也就是性能价格比。因此有两种方法提高产品的价值：① 维持产品的功能不变、降低成本；② 维持产品成本不变、增加功能。价值工程的分析从总体上观察成本的构成，包括原材料制造过程、劳动力类型、使用的装备及外购与自产零部件之间的平衡。价值工程按照两种实现方式，来预先设定目标成本。

● 通过确认改善的产品设计（即使是新产品也应通过不同的方式适应其功能要求），在不牺牲功能的前提下，削减产品部件和制造成本。通过关注产品的功能，设计人员会经常考虑其他产品执行同样功能的零部件，提高零部件的标准化程度，这有助于提高产品质量，同时降低产品成本。

● 通过削减产品不必要的功能或复杂程度来降低成本。作为以盈利为目标的企业，TCL 所期盼的往往是性能价格比最有竞争力、市场上最畅销的产品。这就要求产品开发人员必须在目标成本的导向下，开发出性能价格比最优的产品而并非是叫好不叫座的产品。

② 工程再造。在产品设计之外，还有一个因素对产品成本和质量有决定性作用，这就是工序设计。工程再造就是对已经设计完成或已经存在的加工过程进行再设计，从而直接消除无附加值的作业，同时提高装配过程中有附加值作业的效率，降低制造成本。对新产品来说，如果能在进入量产阶段对该产品的初次设计进行重新审视，往往会发现，在初次设计过程中，存在一些比较昂贵的复杂部件及独特或者比较繁杂的生产过程，然而它们很少增加产品的绩效和功能，可以被删除或修改。因此，重视产品及其替代功能的再设计，不但具有很大的空间，而且经常不会被顾客发现，如果设计成功，公司也不必进行重新定价或使其替代其他产品。

③ 加强新产品开发成本分析，达到成本与性能的最佳结合点。加强性能成本比的分析：性能成本比也就是目标性能跟目标成本之间的比值，通过该指标的分析可以看出，新开发出来的产品是否符合原先设定的目标成本、目标功能和目标性能等相关目标。假如实际的性能成本比高于目标的性能成本比，在设计成本与目标成本相一致的前提下，说明新产品设计的性能高于目标性能，但从另一方面来说还可以通过将新产品的性能调整到与目标性能相符来达到降低和削减成本的目的。

④ 考虑扩展成本：在开发设计某项新产品时，除了应该考虑材料成本外，还得更深远地考虑到，该项材料的应用是否会导致其他方面的成本增加。譬如说，所用的材料是否易于采购、便于仓储、装配和装运。事实上，研发（设计）人员在设计某项新产品时，如欠缺全面的考虑，往往不得不在整改过程中临时增加某些物料或增加装配难度来解决它所存在的某些缺陷。而这些临时增加的物料不仅会增加材料成本，还会增加生产过程中的装配复杂度，因而间接影响到批量生产的效率，而且这也容易造成相关材料、辅料等物耗的大幅上升等，而这些沉没成本往往远大于其表面的成本。

⑤ 减少设计交付生产前需要被修改的次数。设计交付生产（正常量产）前需要被修改的次数（甚至细微修改），这是核算一个新产品开发成本投入的一个指标。很多事实显示，许多时候新产品往往要费很长时间才能批量投入市场，最大的原因是因为新产品不能一次性达到设计要求，通常需要被重新设计并重新测试好几次。假定一个公司估计每个设计错误的成本是 1 500 元，如果在新产品开发设计到生产前，每个新产品平均需要被修改的次数为 5 次，每年引进开发 15 个新项目，则其错误成本为 112 500 元。由这个简单的计算就可以看出，在交付正常量产的过程中，每一个错误（每次修改）都势必给公司带来一定的损失（物料、人工、效率的浪费等）。而为减少错误而重新设计产品的时间延误将会使产品较晚打入市场，误失良机而损失的销售额更是令人痛心。因此，研发设计人员的开发设计，在不影响成本、性能的情况下，应尽量提高一次设计的成功率。

参考讨论题：

1. TCL 认为项目成本控制的关键是什么？
2. TCL 在研发过程中的成本控制采用哪些原则？
3. 在降低成本方面 TCL 采取了哪些措施？
4. 从本案例中你获得了哪些启发？

案例 B　项目成本计算

某银行总裁最近任命雷科——银行信息技术副总裁负责开发一个网站，来提高银行的服务水平。目的是提高客户获取账户信息的便利性，使个人可以在线申请贷款和信用卡。雷科决定将这一项目分配给史密斯——两个信息技术主任中的一个。因为银行目前没有网站，雷科和史密斯一致认为项目应该从比较现有的网站开始。

在他们第 1 次会议结束时，雷科要求史密斯粗略地估算项目在正常速度下需花多长时间，多少成本。由于注意到总裁看上去非常急于启动网站，雷科还要求史密斯准备一份尽快启动网站的时间和成本估算。

在第 1 次项目团队会议上，项目团队确定出了与项目相关的 7 项主要任务。第 1 项任务是比较现有的网站，按正常速度估算完成这项任务需要花 10 天，成本为 15 000 元。但是，如果使用允许的最多加班量则可以在 7 天，18 750 元的条件下完成。一旦完成比较任务，就需要向最高管理层提交项目计划和项目定义文件，以便获得批准。项目团队估算完成这项任务按正常速度为 5 天，成本为 3 750 元；若赶工为 3 天，成本为 4 500 元。当项目团队从最高层获得批准后，网站设计就可以开始了。项目团队估计网站设计需求 15 天，45 000 元；如加班则为 10 天，58 500 元。

网站设计完成后，有 3 项任务必须同时进行：① 开发网站数据库；② 开发和编写网页代码；③ 开发网站表格。估计数据库的开发在不加班时为 10 天，9 000 元；若加班可以在 7 天，11 250 元的情况下完成。同样，项目团队估算在不加班的情况下，开发和编写网页需 10 天，1 500 元；若加班可以减少两天，成本为 19 500 元。开发网站表格的工作分包给别的公司，需要 7 天，8 400 元。开发网站表格的公司没有提供赶工多收费的方案。最后，一旦数据库开发出来，网页和表格编码完毕，整个网站需要进行测试、修改。项目团队估算需要 3 天，成本为 4 500 元。如果加班的话，则可以减少一天，成本为 6 750 元。

参考讨论题：

1. 如果不加班，完成此项目的成本是多少？完成这一项目要花多长时间？

2. 项目可以完成的最短时间为多长？在最短时间内完成项目的成本是多少？

3. 假定比较其他网站的任务执行需要 13 天而不是原来估算的 10 天，你将采取什么行动保持项目按常规进度进行？

4. 假定总裁想在 35 天内启动网站，你将采取什么行动来达到这一期限？在 35 天内完成项目将多花费多少？

习　题

一、选择题

1. 在进行项目成本管理时，编制资源计划的目的是（　　）。

A. 估计完成项目所需的资源成本　　　　B. 确定完成项目所需的资源

C. 确定可用的资源　　　　　　　　　　D. 为估计项目的成本提供基础

2. 虽然成本估算与成本预算的目的和任务都不同，但两者的依据是相同的，是（　　）。

A. 历史资料　　　B. 项目需求说明书　　　C. 工作分解结构　　　D. 资源计划

3. 下面有关成本估算和成本预算，正确的说法有（　　）。

A. 成本估算是对完成项目各项任务所需资源的成本进行的近似估算

B. 成本预算在项目成本估算的基础上，更精确地估算项目总成本

C. 成本估算的输出结果是成本预算的基础与依据

D. 成本预算是将已批准的估算进行分摊

4. 如果进度偏差与成本偏差是一样的，两者都大于 0，那么下列表述错误的是（　　）。

A. 项目实际成本比计划低　　　　　　B. 项目成本超支

C. 项目进度滞后　　　　　　　　　　D. 项目进度比计划提前

5. 成本控制的例外差异分析中确定"例外"的标准有（　　）。

A. 重要性　　　　B. 可控性　　　　　C. 一贯性　　　　　D. 特殊性

二、填空题

1. 项目成本管理的内容包括＿＿＿＿＿＿＿；对项目成本进行估算、预算；在项目实施过程中对项目成本进行＿＿＿＿＿＿＿和＿＿＿＿＿＿＿，不断调整项目成本计划。

2. 在项目管理活动中，项目资源＿＿＿＿＿＿的程度及＿＿＿＿＿＿＿＿＿＿＿的匹配都是项目成本管理必须计划和安排的。

3. 资源计划的编制步骤包括＿＿＿＿＿＿、＿＿＿＿＿＿、＿＿＿＿＿与资源组合、资源分配与计划编制。

4. 常用的编制项目资源计划的工具包括＿＿＿＿＿、＿＿＿＿＿、＿＿＿＿＿或资源需求曲线、资源累计需求曲线等。

5. 若已知 BCWS = 220 元；BCWP = 200 元；ACWP = 250 元；根据挣值分析法，则此项目的 CV 是＿＿＿＿＿＿。

三、简答题

1. 简述 IT 项目成本都有哪些分类？在估算 IT 项目成本时应注意哪些问题？

2. 编制资源计划的依据是什么？

3. 简述常用的项目资源计划的几种工具。

4. 简述德尔菲法的做法与特点。

5. 列举软件项目成本估算的方法，比较各方法的适应范围及特点。

6. 如何用挣值分析法来控制项目的成本和进度？

7. 成本预算具有哪些特征？成本的估算和预算有什么区别？各自有什么用途？

8. 简述成本控制的原则和依据。

四、应用题

游戏项目的项目经理仔细分析后确定了该项目的工作分解结构，经过讨论和估计确定了各项工作的先后关系和每项工作的初步持续时间估计，如表 5 – 26 所示。

表 5 – 26　游戏软件开发项目工作列表

序号	工作名称	持续时间/天	紧前工作	搭接关系	搭接时间/天
1	需求分析	50	—		
2	总体设计	25	1		
3	界面子系统详细设计	25	2		
4	动画子系统详细设计	25	3		
5	处理子系统详细设计	25	4		
6	界面子系统编码	20	3	SS	20
7	动画子系统编码	20	4	SS	20
8	处理子系统编码	20	5	SS	20
9	界面子系统单元测试	30	6	SF	45
10	动画子系统单元测试	30	7	SF	45
11	处理子系统单元测试	30	8	SF	45
12	系统联调与测试	50	9，10，11		

1. 根据上面的游戏软件开发项目工作列表，编制游戏软件开发项目的单代号网络计划图 A，请在图 A 的基础上完成该项目的网络计划图，并使之能够反映上面游戏软件项目工作列表的全部信息。

2. 根据绘制的单代号网络图计算该项目各项工作的最早开始时间和最早结束时间，并标注在图 A 中。（注：不进行日历转换。）

3. 根据上面的计算结果，计算该项目的总工期。

4. 计算该项目各项工作的最迟开始时间和最迟结束时间，并标注在图 A 中。

5. 计算该项目各项工作的总时差和自由时差，并标注在图 A 中。

6. 在图 A 中用双线或粗线标注该项目的关键线路。

为了更好地利用资源和对资源进行有效的管理，项目组重新对项目计划进行了调整。调整后的各项工作的工作时间、所需要的人力资源类型及其相应的工作量估计如表 5 - 27 所示。

表 5 - 27　游戏软件开发项目调整后的工作时间和工作量估计表

序号	工作名称	工作时间/天	人力资源类型	工作量估计/工时
1	需求分析	60	分析员	1 440
2	总体设计	30	设计员	1 440
3	界面详细设计	30	设计员	720
4	动画详细设计	30	设计员	720
5	处理详细设计	30	设计员	720
6	界面编码	20	程序员	800
7	动画编码	20	程序员	800
8	处理编码	20	程序员	800
9	界面单元测试	20	测试员	640
10	动画单元测试	20	测试员	640
11	处理单元测试	20	测试员	640
12	系统测试	50	设计员	800
			测试员	1 600
13	项目管理	240	管理员	1 920

7. 根据表 5 - 27 计算每项工作每天的平均工作量和每天需要安排的人力资源数量，并填入表 5 - 28 中（每天按照 8 小时工作制计算）。

表 5 - 28　游戏软件开发项目人力资源计算

序号	工作名称	人力资源类型	平均每天工作量/工时	每天需安排人数
1	需求分析	分析员		
2	总体设计	设计员		
3	界面详细设计	设计员		
4	动画详细设计	设计员		
5	处理详细设计	设计员		
6	界面编码	程序员		
7	动画编码	程序员		
8	处理编码	程序员		

序号	工作名称	人力资源类型	平均每天工作量/工时	每天需安排人数
9	界面单元测试	测试员		
10	动画单元测试	测试员		
11	处理单元测试	测试员		
12	系统测试	设计员		
		测试员		
13	项目管理	管理员		

8. 根据表 5 – 28 调整后的时间安排，游戏软件开发项目的甘特图计划如图 5 – 17 所示，时间安排以 10 个工作日为单位（双周）。请根据该甘特图在表 5 – 29 中填写人力资源计划表和在图 5 – 18 中绘制该项目的人力资源负荷图。

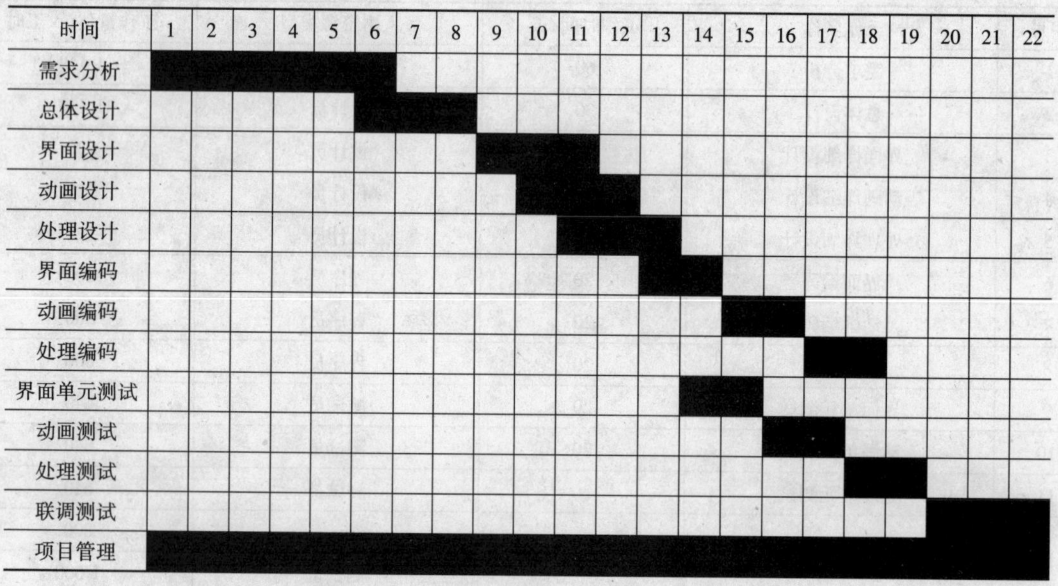

图 5 – 17　游戏软件开发项目工作计划甘特图

表 5 – 29　项目人力资源计划表（人）

时间/双周	1	2	3	4	5	6	7	8	9	10	11	12
人数												
时间/双周	13	14	15	16	17	18	19	20	21	22	23	24
人数												

9. 请依据在上题中确定的工作进度计划和人力资源计划，制定项目的费用预算安排。每项工作的费用包括人力费用和固定费用（材料、设备）两个部分，其中每项工作的固定费用的估计值已经在表 5 – 30 中给出。各类人员的小时工作量成本为

分析员：200 元/小时

设计员：150 元/小时

程序员：120 元/小时

测试员：100 元/小时

管理员：150 元/小时

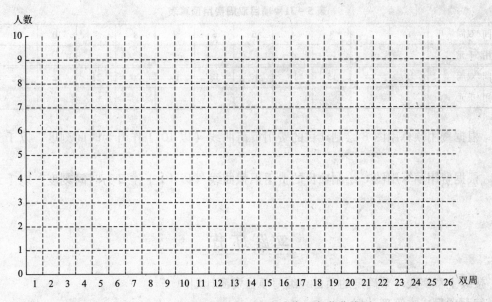

图 5 - 18 游戏软件开发项目人力资源负荷曲线图

表 5 - 30 游戏软件开发项目的费用估计

序号	工作名称	人力费用/千元	平均人力费用/ (千元/双周)	固定费用/千元	总费用/千元
1	需求分析			112	
2	总体设计			84	
3	界面详细设计			42	
4	动画详细设计			42	
5	处理详细设计			42	
6	界面编码			104	
7	动画编码			104	
8	处理编码			104	
9	界面单元测试			136	
10	动画单元测试			136	
11	处理单元测试			136	
12	系统测试			270	
13	项目管理			12	
	小计/合计				

请计算各项工作的人力费用、平均人力费用及总费用，说明计算所用的公式，并将计算结果填入表 5 - 30。计算游戏软件开发项目预算的总成本。

10. 以 10 工作日为单位（双周），计算该项目费用预算，并将计算结果填入表 5 - 31。假设各项工作的人力费用是均匀支付的，而固定费用在每项工作的头 10 天全部支付。

表 5 – 31　项目双周费用预算表

时间/双周	1	2	3	4	5	6	7	8	9	10	11	12
费用/千元												
时间/双周	13	14	15	16	17	18	19	20	21	22	23	24
费用/千元												

11. 根据费用预算用图 B 绘制项目的费用负荷曲线（以 10 工作日为时间刻度，以千元为单位）。

12. 根据费用预算用图 C 绘制项目的费用累积曲线（以 10 工作日为时间刻度，以千元为单位）。

实践环节

1. 接续上章实践环节确定的项目，编写项目资源计划。

2. 编写项目成本管理计划。

3. 利用 Project 软件，完成以下任务：

（1）创建资源工作表（人力、设备、材料），为资源添加备注，说明每个组员在组内的分工。

（2）明确最大单位和资源分配单位，指定资源组。

（3）为资源分配费率（应采用多套费率：生效日期、标准费率、加班费率、每次使用成本）和成本，然后自定义资源排序方式。

（4）给任务分配资源。

（5）分配固定的任务成本，分配规定的资源成本。

（6）审阅项目成本（每项任务的成本和每项资源的成本），设置成本的累算方式（开始、按比例、结束）。

（7）对项目分别按工时、成本、资源类型等进行排序。

（8）使用关键任务报表查看项目的成本状态。

（9）预览、工作分配报表、现金流量报表。

第 6 章

IT 项目质量管理

项目质量管理是指为确保项目质量目标而开展的项目管理活动，其根本目的是保障最终交付的项目交付成果能够符合质量要求。项目质量管理包括两个方面的内容：一是项目工作质量的管理；二是项目交付成果的质量管理，因为任何项目交付成果的质量都是靠项目的工作质量保证的。本章将介绍项目质量管理的概念、质量管理体系、软件度量、IT 项目质量保障等内容。

6.1 IT 项目质量管理概述

质量是指一组固有特性满足要求的程度，指产品或服务满足规定或潜在需要的特征和特性的总和。它既包括有形产品也包括无形产品；既包括产品内在的特性，也包括产品外在的特性。它随着应用的不同而不同，随着用户提出的质量要求不同而不同。

6.1.1 项目质量管理的概念

1. 项目质量的概念

国际标准化组织（ISO）在其《质量管理与质量保障术语》中对于质量的定义是："质量是反映实体（产品、过程或活动等）满足明确和隐含的需要能力和特性的总和"。由上述定义可以看出质量包括如下的含义。

- 所谓"实体"是指承载质量属性的具体事物。反映质量的实体包括产品、过程（服务）和活动（工作）3 种。其中："产品"是指能够为人们提供各种享用功能的有形实物；"过程"是指为人们带来某种享受的服务；而"活动"是指人们在生产产品或提供服务中所开展的作业或工作。

- 质量本身的含义是指"实体"能够满足用户需求的能力和特性的总和。这表明质量的高低并不取决于"实体"的各种能力特性是否都是最好的，只要"实体"的能力和特性总和能够满足用户的需求即可。当然，这里的"需求"包括用户"明确和隐含"的两类需求。其中："明确的需求"一般是在具体产品交易合同中标明的，"隐含的需求"一般是需要通过市场或用户调查获得的。

- 对于不同"实体"，质量的实质内容不同，即"实体"满足用户明确和隐含的需求在实质内容上也不同。对产品而言，质量主要是指产品能够满足用户使用要求所具备的功能特性，一般包括产品的性能、寿命、可靠性、安全性、经济性等具体特性。对服务（过程）而言，质量主要是指服务能够满足顾客期望的程度，因为服务质量取决于用户对于服务的预期与客户对于服务的实际体验二者的匹配程度。由于人们对于服务质量的要求和期望在不同的时间和情况下也会不同，而且顾客对于服务质量的期望与体验会随时间与环境的变化而变化，所以服务质量中

"隐含的需求"成分比较高。对活动（工作）而言，质量一般是由工作的结果来衡量的，工作的结果既可以是工作所形成的产品，也可以是通过工作而提供的服务，所以工作质量也可以用产品或服务质量来度量。反过来说，实际上是工作质量决定了工作产出物（产品或服务）的质量，因此在质量管理中对于工作质的管理是最为基础的质量管理。

产品或服务的质量特性又分为：内在的特性、外在的特性、经济方面的特性、商业方面的特性和环保方面的特性等多种特性。这些不同质量特性的具体内涵如下。

- 内在质量特性。主要是指产品的性能、特性、强度、精度等方面的质量特性。这些质量特性主要是在产品或服务的持续使用中体现出来的特性。

- 外在质量特性。主要是指产品外形、包装、装潢、色泽、味道等方面的特性。这些质量特性都是产品或服务外在表现方面的属性和特性。

- 经济质量特性。主要是指产品的寿命、成本、价格、运营维护费用等方面的特性。这些特性是与产品或服务购买和使用成本有关的特性。

- 商业质量特性。主要是指产品的保质期、保修期、售后服务水平等方面的特性。这些特性是与产品生产或服务提供企业承担的商业责任有关的特性。

- 环保质量特性。主要是指产品或服务对于环境保护的贡献或对于环境造成的污染等方面的特性。这些特性是与产品或服务对环境的影响有关的特性。

2. 项目质量管理的概念

现代项目管理中的质量管理是为了保障项目的产出物能够满足项目客户及项目各相关利益者的需要所开展的对于项目产出物质量和项目工作质量的全面管理工作。项目质量管理的概念与一般质量管理的概念有许多相同之处，但是也有许多不同之处。这些不同之处是由于上述有关项目的特性所决定的。项目质量管理的基本概念包括：项目质量方针的确定、项目质量目标和质量责任的制定、项目质量体系的建设，以及为实现项目质量目标所开展的项目质量计划、项目质量控制和项目质量保障等一系列的项目质量管理工作。

一般情况下，在项目质量管理中同样要使用全面质量管理（TQM）的思想。所谓全面质量管理的思想，国际标准化组织认为：是一个组织以质量为中心，以全员参与为基础，目的在于通过让顾客满意和本组织所有成员及社会受益而达到长期成功的一种质量管理模式。从这一定义可以看出，全面质量管理的指导思想分为两个层次：其一，一个组织的整体要以质量为核心，并且一个组织的每个员工要积极参与质量管理；其二，全面质量管理的根本目的是使全社会受益和使组织本身获得长期成功。确切地说，全面质量管理的核心思想是质量管理的全员性（全员参与质量管理的特性）、全过程性（认真管理好质量形成的全过程）和全要素性（认真管理好质量所涉及的各个要素）。

现代项目管理认为，全面质量管理的思想也必须在项目质量管理中使用和贯彻，项目质量管理必须按照全团队成员都参与的模式开展质量管理（全员性）。项目质量管理的工作内容必须贯穿项目全过程（全过程性），从项目的启动阶段、计划阶段、实施阶段、控制阶段，一直到项目最终收尾阶段。项目的质量管理要特别强调对于项目工作质量的管理，强调对于项目的所有活动和工作质量的管理和改进（全要素性），因为项目产出物的质量是由项目工作质量保障的。

当然，项目质量管理的方法与产品质量管理的方法是有很大差别的，这种差别是由项目本身所具有的一次性、独特性、创新性等特性，以及项目所具有的双重性和过程性所决定的。但是在质量管理的思想和理念上，项目质量管理和产品质量管理都认为下述理念是至关重要的。

（1）使顾客满意是质量管理的目的

全面理解顾客的需求，努力设法满足或超过顾客的期望是项目质量管理和产品或服务质量管理的根本目的。任何项目的质量管理都要将满足项目客户的需要（明确的需求、隐含的需求）

作为最根本的目的，因为整个项目管理的目标就是要提供能够满足项目客户需要的项目产出物。

（2）质量是干出来的不是检验出来的

项目质量和产品质量都是通过各种实施和管理活动而形成的结果，它们不是通过质量检验获得的。质量检验的目的是为了找出质量问题（不合格的产品或工作），是一种纠正质量问题或错误的管理工作。但是，任何避免错误和解决问题的成本通常总是比纠正错误和造成问题后果的成本要低，所以在质量管理中要把管理工作的中心放在避免错误和问题的质量保障方面，对于项目质量管理尤其应该如此。

（3）质量管理的责任是全体员工的

项目质量管理和产品质量管理的责任都应该是全体员工的，项目质量管理的成功是项目全体团队人员积极参与和努力工作的结果。因此，需要项目团队的全体成员明确和理解自己的质量责任并积极地承担自己的质量责任。项目质量管理的成功所依赖的最关键的因素是项目团队成员积极参与对项目产出物质量和项目工作质量的责任划分与责任履行的管理。

3. 理解质量成本

质量成本是指为了达到产品或服务质量要求而进行的全部工作所发生的所有成本。与质量相关的成本有如下 5 类。

① 预防成本。计划和实施一个项目以使得项目无差错或使差错保持在一个可接受范围内的成本。预防性行为，如培训、有关质量的详细研究、对供应商和分包商的质量考察等行为引起的成本都属于预防成本。

② 评估成本。评估各过程及输出所发生的成本，如产品测试、硬件设备检查和维护、整理和报告测试数据等相关的成本都属于评估成本。评估成本是为了确保一个项目无差错或使差错保持在可接受的范围内。

③ 内部故障成本。在客户收到产品之前，纠正已识别出的一个缺陷所引起的成本，如返工产品的成本、为纠正设计错误而发生的设计变更成本等。

④ 外部故障成本。外部故障成本指为在产品交付客户之前未被发现和需要更正的产品缺陷而支付的成本，如处理客户抱怨的成本。

⑤ 测量和测试设备成本。为执行预防和评估等活动而购置设备所占用的资金成本。

由于 IT 行业的特殊性，经常会花费大量的成本在软件测试和维护工作上，使得 IT 行业以高的不一致成本而著称。不一致成本是指对故障或没有满足质量期望负责的成本，作为项目经理和团队成员，要能够理解质量成本，树立正确的质量观念，对高的不一致成本负责。

6.1.2 软件质量

IT 项目的质量关键是软件的质量。软件质量与一般意义上的质量概念并无本质差别，只是软件的质量特性比较抽象、是多方面的，并且度量困难。

1. 软件质量定义

ANSI/IEEE Std 729–1983 定义软件质量为：与软件产品满足规定的和隐含的需要的能力有关的特征或特性的组合。为满足软件的各项精确定义的功能、性能需求，符合文档化的开发标准，需要相应地给出或设计一些质量特征及其组合，作为软件开发与维护中的重要考虑因素。如果这些质量特性及其组合都能在软件产品中得到满足，则这个软件的质量就是高的。更具体地说，软件质量是软件与明确叙述的功能和性能需求、文档中明确描述的开发标准及任何专业开发的软件产品都应该具有的隐含特征相一致的程度。软件质量还包括不断改进、提高内部顾客和外部顾客的满意度、缩短产品开发周期与投放市场时间、降低质量成本等。

评价软件质量应遵循的原则如下。

● 应强调软件总体质量（低成本高质量），而不应片面强调软件正确性，忽略其可维护性与可靠性、可用性与效率等；

● 软件生产的整个周期的各个阶段都应注意软件的质量，而不能只在软件最终产品验收时注意质量；

● 应制定软件质量标准，定量地评价软件质量，使软件产品评价走上评测结合、以测为主的科学轨道。

2. 软件质量的要素

从软件质量的定义中可以看出质量不是绝对的，它总是与给定的需求有关。因此对软件质量的评价总是在将产品的实际情况与给定的需求中推导出来的软件质量的特征和质量标准进行比较后得出来的。虽然软件质量具有难于定量度量的属性，但仍能提出许多重要的软件质量标准对软件质量进行评价。通常人们用软件质量模型来描述影响软件质量的特性。影响软件质量的因素分为可以直接度量的因素（例如，单位时间内千行代码中所产生的错误）和只能间接度量的因素（例如，可用性和可维护性）。McCall 把可以影响软件质量的因素分成 3 组：产品运行、产品修正和产品转移。图 6-1 描绘了软件质量特性和上述 3 组因素之间的关系。

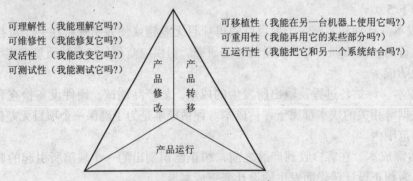

可理解性（我能理解它吗？）　　　　可移植性（我能在另一台机器上使用它吗？）
可维修性（我能修复它吗？）　　　　可重用性（我能再用它的某些部分吗？）
灵活性　（我能改变它吗？）　　　　互运行性（我能把它和另一个系统结合吗？）
可测试性（我能测试它吗？）

产品修改　　产品转移

产品运行

正确性（它按我的需要工作吗？）
健壮性（对意外环境它能适当地响应吗？）
效率（完成预定功能时它需要的计算机资源多吗？）
完整性（它是安全的吗？）
可用性（我能使用它吗？）
风险性（能按预定计划完成它吗？）

图 6-1　McCall 影响软件质量的 3 组模型

其中：

● 正确性。系统满足规格说明和用户的程度，即在预定环境下能正确地完成预期功能的程度。

● 健壮性。在硬件发生故障、输入的数据无效或操作错误等意外环境下，系统能够做出适当响应的程度。

● 效率。为了完成预定的功能，系统需要的计算资源的多少。

● 完整性。对未经授权的人使用软件或数据的企图，系统能够控制的程度。

● 可用性。系统在完成预定应该完成的功能时令人满意的概率。

● 风险性。按预定的成本和进度把系统开发出来，并且使用户感到满意。

● 可理解性。理解和使用该系统的难易程度。

● 可维修性。诊断和改正在运行现场发生的错误所需要的概率。

● 灵活性。修改或改正在运行的系统需要的工作量的多少。

● 可测试性。软件容易测试的程度。

- 可移植性。把程序从一种硬件配置和（或）软件环境转移到另一种硬件配置和（或）软件环境时，需要的工作量多少。有一种定量度量的方法是：用原来程序设计和调试的成本除移植时需要的费用。
- 可重用性。在其他应用中该程序可以被再次使用的程度（或范围）。
- 可运行性。把该系统和另外一个系统结合起来的工作量的多少。

3. 不同角度对质量的认识

从用户最感兴趣的角度来说，软件质量可以从 3 个不同的角度来看待：如何使用软件、使用效果如何、软件性能如何。从软件开发的团队的角度来说，不仅要生产出满足质量要求的软件，也对中间产品的质量感兴趣，也对如何运用最少的资源、以最快的进度生产出质量最优的产品感兴趣。从软件维护者的角度来看，对软件维护方面的特性感兴趣。对企业的管理层来说，注重的是总体效益和长远利益，也就是说质量好的软件一般可以帮助企业扩大市场；反之，质量差的软件一般会造成企业市场萎缩。

（1）对用户重要的属性

- 有效性。指的是在预定的启动时间中，系统真正可用并且完全运行所占的百分比。即有效性等于系统的平均故障时间除以平均故障时间与故障修复时间之和。有些任务比起其他任务具有更严格的时间要求，此时，当用户要执行一个任务但系统在那一时刻不可用时，用户会感到很沮丧。询问用户需要多高的有效性，并且是否在任何时间，对满足业务或安全目标有效性都是必需的。例如，一个有效性需求可能这样说明："工作日期间，在当地时间早上 6 点到午夜，系统的有效性至少达到 99.5%，在下午 4 点到 6 点，系统的有效性至少可达到 99.95%"。
- 效率。效率是用来衡量系统如何优化处理器、磁盘空间或通信带宽的。如果系统用完了所有可用的资源，那么用户遇到的将是性能的下降，这是效率降低的一个表现。拙劣的系统性能可能激怒等待数据查询结果的用户，或者可能对系统的安全性造成威胁，就像一个实时处理系统超负荷一样。为了在不可预料的条件下允许安全缓冲，可以这样定义："在预计的高峰负载条件下，10% 处理器能力和 15% 系统可用内存必须留出备用。"在定义性能、能力和效率目标时，考虑硬件的最小配置是很重要的。
- 灵活性。灵活性表明了在产品中增加新功能时所需工作量的大小。如果开发者预料到系统的扩展性，那么可以选择合适的方法来最大限度地增大系统的灵活性。灵活性对于通过一系列连续的发行版本，并采用渐增型和重复型方式开发产品是很重要的。例如，在一个开发图形软件项目中，灵活性目标可以设定为："一个至少具有 6 个月产品支持经验的软件维护程序员可在一个小时之内为系统添加一个新的可支持硬拷贝的输出设备。"
- 完整性（或安全性）。主要涉及防止非法访问系统、防止数据丢失、防止病毒入侵并防止私人数据进入系统。完整性对于通过 WWW 执行的软件已成为一个重要的议题。电子商务系统的用户关心的是保护信用卡信息，Web 的浏览者不愿意那些私人信息或他们所访问过的站点记录被非法使用。应用明确的术语陈述完整性的需求，如身份验证、用户特权级别、访问约束或者需要保护的精确数据。一个完整性的需求样本可以这样描述："只有拥有查账员访问特权的用户才可以查看客户交易历史。"
- 互操作性。互操作性表明了产品与其他系统交换数据和服务的难易程度。为了评估互操作性是否达到要求的程度，必须知道用户使用其他哪一种应用程序与你的产品相连接，还要知道他们要交换什么数据。"在线商品销售跟踪系统"的用户习惯于使用一些商业工具绘制定制商品的结构图，所以他们提出如下的互操作性需求："在线商品销售跟踪系统应该能够从工具中导入任何有效商品结构图。"
- 可靠性。可靠性是软件无故障执行一段时间的概率。健壮性和有效性有时可以看成是可靠性的一部分。衡量软件可靠性的方法包括正确执行操作所占的比例，在发现新缺陷之前系统运行的时间长度和缺陷出现的密度。根据如果发生故障对系统有多大影响和对于最大的可靠性的费用是否合理，来定量地确定可靠性需求。如果软件满足了它的可靠性需求，那么即使该软件还存在缺陷，也可以认为达到了可靠性目标。要求高可靠性的系统也是为高可测试性系统设计的。

- 健壮性。健壮性是指当系统或其组成部分遇到非法输入数据、相关软件或硬件组成部分的缺陷或异常的操作时，能继续正确运行功能的程度。健壮的软件可以从发生问题的环境中完好地恢复并且可容忍用户的错误。当从用户那里获取健壮性的目标时，应询问系统可能遇到的错误条件有哪些，并且要了解用户想让系统如何响应等。

- 可用性。它所描述的是许多组成"用户友好"的因素。可用性衡量准备输入、操作和理解产品输出所花费的努力。你必须权衡易用性和学习如何操纵产品的简易性。"在线商品销售跟踪系统"的分析员询问用户这样的问题："你能快速、简单地请求购买一个商品并浏览其他信息，这对你有多重要？"和"你请求一种购买商品大概需花多少时间？"对于定义使软件易于使用的许多特性而言，这只是一个简单的起点。对于可用性的讨论可以得出可测量的目标，例如，"一个培训过的用户应该可以在平均 3 分钟或最多 5 分钟的时间以内，完成从供应商目录表中请求一种购买商品的操作。"同样，调查新系统是否一定要与任何用户界面标准或常规的相符合，或者其用户界面是否一定要与其他常用系统的用户界面相一致。例如，在文件菜单中的所有功能都必须定义快捷键，该快捷键是由 Ctrl 键和其他键组合实现的。出现在 Microsoft Word 2003 中的菜单命令必须与 Word 使用相同的快捷键。可用性还包括对于新用户或不常使用产品的用户学习使用产品的难易程度。易学程度的目标可以经常定量地测量，例如，一个新用户用不到 30 分钟的时间适应环境后，就应该可以对一个商品提出购买请求，或者新的操作员在半天的培训学习之后，就应该可以正确执行他们所要求的任务的 95%。当定义可用性或可学性的需求时，应考虑到在判断产品是否达到需求而对产品进行测试的费用。

（2）对开发者重要的属性

- 可维护性。表明了在软件中纠正一个缺陷或做一次更改的简易程度。可维护性取决于理解软件、更改软件和测试软件的简易程度，可维护性与灵活性密切相关。高可维护性对于那些经历周期性更改的产品或快速开发的产品很重要。你可以根据修复一个问题所花的平均时间和修复正确的百分比来衡量可维护性。例如，在图形引擎项目中，需要不断更新软件以满足用户日益发展的需要，因此，设计标准以增强系统总的可维护性："函数调用不能超过两层深度，并且每一个软件模块中，注释与源代码语句的比例至少为 1∶2"。

- 可重用性。从软件开发的长远目标上看，可重用性表明了一个软件组件除了在最初开发的系统中使用之外，还可以在其他应用程序中使用的程度。比起创建一个打算只在一个应用程序中使用的组件，开发可重用软件的费用会更大些。可重用软件必须标准化、资料齐全、不依赖于特定的应用程序和运行环境，并具有一般性。确定新系统中哪些元素需要用便于代码重用的方法设计，或者规定作为项目副产品的可重用性组件库。

- 可测试性。指的是测试软件组件或集成产品时查找缺陷的难易程度。如果产品中包含复杂的算法和逻辑，或具有复杂的功能性的相互关系，那么对于可测试性的设计就很重要。如果经常更改产品，那么可测试性也是很重要的，因为需要经常对产品进行回归测试来判断更改是否破坏了现有的功能性。

（3）属性的取舍

以上分两类描述了每个项目都要考虑的质量属性，还有其他许多属性，例如，一些属性对于嵌入式系统是很重要的（高效性和可靠性），而其他的属性则用于主机应用程序（有效性和可维护性）或桌面系统（互操作性和可用性）。产品的不同部分与所期望的质量特性有着不同的组合。高效性可能对某些部分是很重要的，而可用性对其他部分则很重要。把应用于整个产品的质量特性与特定某些部分、某些用户类或特殊使用环境的质量属性要区分开。在一个理想的范围中，每一个系统总是最大限度地展示所有这些属性的可能价值。系统将随时可用，绝不会崩溃，可立即提供结果，并且易于使用。因为理想环境是不可得到的，因此，必须知道哪些属性的子集对项目的成功至关重要。然后，根据这些基本属性来定义用户和开发者的目标，使产品的设计者可以做出合适的选择。在软件中，其自身不能实现质量特性的合理平衡。在需求获取的过程中，应加入对质量属性期望的讨论，用户和开发者必须确定哪些属性比其他属性更为重要，并定出优先级。这样，才有可能提供使所有项目风险承担者满意的产品。

6.1.3 IT 项目的质量管理体系

质量管理在组织的质量职能方面是一个最大范畴的概念，它包括了许多质量管理的相关概念，从而形成了一个完整的概念体系（见图 6-2）。

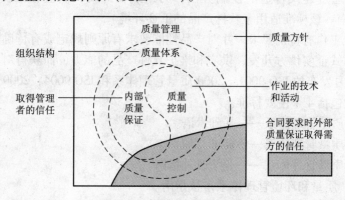

图 6-2 质量管理的概念体系

其中：质量方针被定义为由最高管理者正式颁布的本组织在质量方面的全部宗旨和目标。质量体系中的质量策划是质量管理的一部分，致力于制定质量目标并规定必要的行动过程和相关资源以实现质量目标。质量策划包括各种质量计划的制定。质量控制是指为达到质量要求所采取的作业技术和活动。质量保证是指为提供某实体能满足质量要求的适当信赖程度，在质量体系内所实施的并按需求进行证实的全部有策划的和系统的活动。质量保证有"内部"保证和"外部"保证两种，内部质量保证是取得管理者的信赖，外部质量保证是取得顾客或其他人的信赖。

在这个基础上可以确定 IT 项目质量管理的定义：在 IT 项目管理中，确定质量方针、目标和责任，并借助质量体系中的质量策划、质量控制、质量保证和质量改进等手段来实施的全部管理职能活动。

常见的 IT 企业遵循的质量标准体系如下。

1. ISO 9000：2000 标准体系

ISO 9000 是国际标准化组织提出的企业质量体系标准，它由 5 个部分组成，着眼于质量管理和质量保证。这是一个通用的质量标准，适合各类制造业和服务业，要求认证的企业有文档记录并实现符合标准规定的 20 个质量要素，证明有提供满足客户要求的产品和服务的能力。该标准只是为企业建立良好的质量体系提供指导原则，但本身并不涉及相关的实现技术。目前许多 IT 企业都通过了 ISO 9000 的认证。

① ISO 9000-1：1994 质量管理和质量保证标准的第一部分"选择和使用指南"。该标准是 ISO 9000 族标准的路线图，也是核心标准之一。一方面它阐明与质量有关的基本概念及这些概念之间的区别和相互联系；另一方面，它提供了 ISO 9000 族质量管理和质量保证国际标准的选

择和使用指南。任何一个打算建立和实施一个质量体系的组织，都应参照该指南标准。

② ISO 9000－2：1993 质量管理和质量保证标准的第二部分"ISO 9001、ISO 9002、ISO 9003"的实施指南。该标准为质量保证标准中各条款的实施提供指南，在开始实施质量保证标准初期特别有用。该标准主要面对以下用户。

- 在应用 ISO 9001、ISO 9002 或 ISO 9003 的合同中直接涉及的供方和需方；
- 为供方提供原材料、半成品、设备、服务等，并且受 ISO 9001、ISO 9002 或 ISO 9003 影响的分承包方；
- 需要对在具体情况下实施 ISO 9001、ISO 9002 或 ISO 9003 的要求的适宜性进行评估和交流的审核人员。

③ ISO 9003－3：1991 质量管理和质量保证标准第三部分"ISO 9001"在软件开发、供应和维护中的使用指南。由于软件不会"耗损"，所以设计阶段的质量活动对产品最终质量来说是至关重要的。该标准通过建议合适的控制方法，为组织在开发、供应和维护软件的过程中应用 ISO 9001提供的指南。该标准适用于软件产品的下述环境。

- 合同对设计工作有特别要求，并对产品性能要求有原则规定或有待确定之处；
- 通过适当方式证实供方开发、供应和维护软件产品的能力，而获得对其产品的信任。

④ 1999 年 11 月发布的 ISO 9001：2000 质量管理体系和 ISO 9004：2000 新标准，互相配套、共享结构。2000 版包括 4 个主要标准。

- ISO 9000：质量管理体系——基础术语。
- ISO 9000：质量管理体系——要求。
- ISO 9000：质量管理体系——业绩改进指南。
- ISO 19011：质量和环境管理体系审核指南。

新标准把原标准的 20 个质量要素改为 5 个主项，即质量管理体系，管理责任，资源管理，产品实现和测量、分析与改善。2000 版的主要变化可归纳如下。

- 基于过程的方法；
- 强调连续改进；
- 能力胜任要求；
- 质量目标要有具体可测量的目标，落实到企业的每一级，能识别当前状况，采取有效措施，监控改进效果；
- 有效的通信；
- 质量手册明确定义应用范围，包括例外、清晰的要求和应用方向；
- 预定义的客户满意度度量；
- 符合 ISO 9001 的内部评审。

ISO 9001：2000 版吸取了 CMM 的一些精髓，使两者更加接近。

2. PMBOK 的质量管理

PMBOK 的质量管理包含 3 个主要过程，它要求保证项目满足其承担需求的所需要的过程，它涵盖了"全面管理职能所有活动，这些活动决定着质量的政策、目标、责任，并通过诸如质量计划编制、质量保证、质量控制和质量改进等手段在质量体系中来实施这些活动"。

① 质量计划。确定哪些质量标准适用于该项目，并决定如何满足这些标准。

② 质量保证。定期评审总体项目绩效，以树立项目能够达到有关质量标准的信心。

③ 质量控制。监控具体项目的执行结果，以确定它们是否符合有关的质量标准，并制定适当措施来消除导致项目绩效不令人满意的原因。

从以上内容可以看出，PMBOK 的质量管理的基本方案与 ISO 9000 质量体系标准和指南中提出的方案是一致的。

3. CMM 的质量保证

软件能力成熟度模型（Capability Maturity Model，CMM）是由美国卡内基·梅隆大学软件工程研究所推出的评估软件能力与成熟度的一套标准。该标准基于众多软件专家的实践经验，侧重于软件开发过程的管理及工程能力的提高与评估，是国际上流行的软件生产过程标准和软件企业成熟度等级认证标准。

1）CMM 的结构

软件能力成熟度是指一个软件过程被明确定义、管理、度量和控制的有效程度。成熟意味着软件过程能力持续改善的过程，成熟度代表软件过程能力改善的潜力。CMM 模型包括的内容如图 6-3 所示。

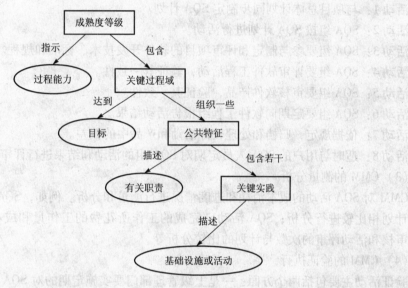

图 6-3　CMM 的主要内容

- 成熟度等级是在朝着实现成熟软件过程进化途中的一个妥善定义的平台。5 个成熟度等级构成 CMM 的顶层结构。
- 过程能力。软件过程能力描述通过遵循软件过程能实现预期结果的程度。一个组织的软件过程能力提供一种"预测该组织承担下一个软件项目时，预期最可能得到的结果"的方法。
- 关键过程域。每个成熟度等级由若干关键过程域组成。每个关键过程域都标识出一连串相关活动，当把这些活动都完成时所达到的一组目标，对建立该过程成熟度等级是至关重要的。关键过程域分别定义在各个成熟度等级之中，并与之联系在一起。
- 目标。目标概括了关键过程域中的关键实践，并可用于确定一个组织或项目是否已有效地实施了该关键过程域。目标表示每个关键过程域的范围、边界和意图。例如，关键过程域中"软件项目计划"的一个目标是软件估算已经文档化，供计划和跟踪软件项目使用。
- 公共特性。CMM 把关键实践分别归入 5 个公共特性之中：执行约定、执行能力、执行活动、测量和分析及验证实施。公共特性是一种属性，它能指示一个关键过程域的实施和规范化是否是有效的、可重复的和持久的。
- 关键实践。每个关键过程域都用若干关键实践来描述，实施关键实践有助于实现相应的关键过程域的目标。关键实践描述对关键过程域的有效实施和规范化贡献最大的基础设施和活动。例如，在关键过程域"软件项目计划"中，一个关键实践是"按照已文档化的规程制定项目的软件开发计划"。

2）CMM 的软件质量保证

CMM 指出软件质量保证的目的是为管理者提供有关软件项目过程和产品的适当可见性。CMM 规定的质量保证包括评审和审核软件磁盘及其活动，以验证其是否遵守应用规范和标准，并向项目和其他相关负责人提供评审和审查结果。

（1）CMM 软件质量保证（Software Quality Assurance，SQA）的目标

目标1：对软件质量保证活动做到有计划。

目标2：客观地验证软件产品及其活动是否遵循应用的标准、规范和需求。

目标3：将软件质量保证活动及其结果及时通知给相关小组和个人。

目标4：由上级管理部门及时处理软件项目内部解决不了的不一致问题。

（2）CMM 的质量保证活动

活动1：与项目总体计划同步制定 SQA 计划。

活动2：SQA 组按 SQA 计划进行活动。

活动3：SQA 组要参与制定和评审项目的软件开发技术、标准和规程。

活动4：SQA 组要评审软件工程活动，验证其一致性。

活动5：SQA 组要审核软件产品，验证其一致性。

活动6：SQA 组要定期向软件工程组报告活动结果。

活动7：依据规定，归档和处理软件活动和产品中的偏差。

活动8：适时与用户的 SQA 人员定期对 SQA 组的活动和结果进行评审。

（3）CMM 的测量分析

CMM 对 SQA 活动的成本消耗和进度情况进行测量和分析。例如，SQA 活动的里程碑完成情况与计划相比较进行分析；SQA 活动已完成的工作所花费的工作量和成本与计划的比较分析；产品审核和活动评审的次数与计划的比较分析等。

（4）CMM 的验证执行

验证活动主要包括两个方面：一是上级管理部门要实施定期的对 SQA 活动的评审，适当地、及时地掌握软件过程活动；二是项目负责人要定期地和根据实际需要随时地评审 SQA 的活动，实行对软件活动的跟踪和监督。

4. ISO 9001：2000 与 CMM 的比较

美国软件工程研究所（SEI）开发的软件能力成熟度模型（CMM）和国际标准化组织开发的 ISO 9000 标准系列都着眼于质量和过程管理，两者都是为了解决同样的问题，直观上是相关的，但是它们的基础却各不相同，两者之间的关系可由表6-1来描述。

表6-1 ISO 9001：2000 与 CMM 的比较

比较内容	ISO 9001：2000	CMM
管理体系	强调完整的组织体系，可以用来建立符合 ISO 9000 管理的组织管理	本身对管理体系没有明确的要求，默认组织体系是有效的、健全的
管理上的侧重	组织管理过程管理	项目管理技术管理过程的控制，用 KPA 的形式来强调各环节的管理，但缺乏整个过程的管理
管理职责	强调宏观上的管理职责	强调项目管理中不同角色的职责
文件体系	分为组织层（规范）文件和项目层文件，并将文件体系化分为质量手册、程序文件和作业指导书，层次清楚	所有文件同等对待

比较内容	ISO 9001：2000	CMM
数据分析	强调了数据分析、测量	在定量过程管理（KPA）中强调
适用范围	所有行业，但对软件行业的适用性不够强，对企业规模无要求	大型软件企业（500 人以上），对于 500 人以下的中小型企业需要进行裁剪
管理理念	以顾客满意为目标	评价软件提供商的软件成熟能力
配置管理	弱	强
需求管理	强调了合同评审，但对需求的管理很弱	对需求管理有很强的控制，但没有对合同评审进行控制
评审	有较强的管理评审，但对技术评审管理较弱	有较强的技术评审，但对管理评审的控制较弱
内部沟通	强调内部沟通	强调内部沟通，并通过组间协调（KPA）来实现
外部沟通	强调外部沟通	强调外部沟通，并通过组间协调（KPA）来实现
变更管理	弱	强（有专门的 KPA 进行控制，包括技术变更和过程变更）

虽然 ISO 9001 中的一些问题没有被 CMM 模型覆盖，两者之间的详细程度也有很大的差异，但两者之间的相关性还是很明显的。CMM 与 ISO 9001 之间最大的不同体现在两个方面：其一，CMM 模型明确强调持续的过程改进，而 ISO 9001 只要求质量体系的最小保证；其二，CMM 模型只关注软件，而 ISO 9001 适用于更大的范围。CMM 是专门针对软件开发企业设计的，因此在针对性上比 ISO 9001 要好，但需要注意的是，CMM 强调的软件开发过程管理，对于国内软件企业涉及较多的"系统集成"并没有考虑，如果单纯按照 CMM 的要求建立质量体系，则应该注意补充"系统集成"方面的内容。

5. 建立 IT 企业质量管理体系

质量管理体系是一个 IT 企业走向成熟的标志，其建立的过程也是企业逐步建立自觉的质量意识，形成企业文化的过程。不同类型的 IT 企业关注的质量焦点也不同，因此应结合企业的具体情况，建立相应的质量管理体系。

① 项目型软件企业。项目型软件企业主要以承接客户委托开发项目为主，它的关注焦点是在项目合同期内、在项目成本许可的条件下，交付客户满意的开发项目。由于客户需求的不确定性，造成需求变更和设计变更的频率大大增高，因此在"与客户有关的过程"和"设计和开发更改的控制"等方面上要特别强调。

② 产品型软件企业。产品型软件企业主要以某种产品或某类产品的研发和提供为主，它关注的焦点是产品的竞争性、版本的提升和变化等，即要注意产品的持续改进问题。此类 IT 企业应加强产品市场部门的职能，特别强调产品的"标志和可追溯性"，加强软件配置管理和市场调查，进行竞争性对比，并定期开展"顾客满意"分析等。

③ 服务型软件企业。服务型软件企业主要是提供软件应用服务，它关注的是服务的质量和服务的竞争性。此类企业一般应设立客户服务中心，如呼叫中心，在相关条款上应特别强调和重视。

④ 系统集成型 IT 企业。系统集成型 IT 企业与项目型软件企业相似，但是它具有较多的项目实施任务和设备采购任务，甚至还有一些库存管理和现场管理等方面的工作，因此也需要在相关方面特别强调和重视。

⑤ 管理咨询型 IT 企业。这类企业兼并以项目实施为主，主要要注意建立售后服务和客户满

意度等方面的质量管理工作。

6.2 软件质量的度量

软件度量是指计算机软件中范围非常广泛的测度。在软件工程领域，术语测量、测度和度量是有差别的。测量是对一个产品过程的某个属性（如范围、数量、维度、容量或大小）提供一个定量指示；测度则是确定一个测量的行为；而度量是对一个系统、构件或过程具有的某个给定属性的度的定量测量。

6.2.1 软件度量的作用

软件度量是对软件开发项目、过程及其产品进行数据定义、收集及分析的持续性定量化过程，目的在于对此加以理解、预测、评估、控制和改善。没有软件度量，就不能从软件开发的暗箱中跳将出来。通过软件度量可以改进软件开发过程，促进项目成功，提高软件产品的质量。度量取向是软件开发诸多事项的横断面，包括顾客满意度度量、质量度量、项目度量，以及品牌资产度量、知识产权价值度量等。度量取向要依靠事实、数据、原理、法则；其方法是测试、审核、调查；其工具是统计、图表、数字、模型；其标准是量化的指标。

在软件开发过程中，不同的软件开发主体，例如，软件开发组织（经营者）、软件开发项目组（管理者）及软件开发人员的软件度量内容有所不同，如表6-2所示。

表 6-2 软件开发主体及其度量内容

角 色	度 量 内 容
经营者 软件开发组织	（1）顾客满意度；（2）收益；（3）风险；（4）绩效；（5）发布的缺陷的级别；（6）产品开发周期；（7）日程与作业量估算精度；（8）复用有效性；（9）计划与实际的成本
管理者 软件开发项目组	（1）不同阶段的成本；（2）不同开发小组成员的生产率；（3）产品规模；（4）工作量分配；（5）需求状况；（6）测试用例合格率；（7）主要里程碑之间的估算期间与实际期间；（8）估算与实际的员工水平；（9）结合测试和系统测试检出的缺陷数目；（10）审查发现的缺陷数目；（11）缺陷状况；（12）需求稳定性；（13）计划和完成的任务数目
作业者 软件开发人员	（1）工作量分配；（2）估算与实际的任务期间与工作量；（3）单体测试覆盖代码；（4）单体测试检出缺陷数目；（5）代码和设计的复杂性

软件度量的效用有如下几个方面。

- 理解。获取对项目、产品、过程和资源等要素的理解，选择和确定进行评估、预测、控制和改进的基线。

- 预测。通过理解项目、产品、过程、资源等各要素之间的关系建立模型，由已知推算未知，预测未来发展的趋势，以合理地配置资源。

- 评估。对软件开发的项目、产品和过程的实际状况进行评估，使软件开发的标准和结果都得到切实的评价，确认各要素对软件开发的影响程度。

- 控制。分析软件开发的实际绩效和计划之间的偏差，发现问题之所在，并根据调整后的计划实施控制，确保软件开发良善发展。

- 改善。根据量化信息和问题之所在，探讨提升软件项目、产品和过程的有效方式，实现高质量、高效率的软件开发。

6.2.2 软件度量的分类

软件度量贯穿整个软件开发生命周期，是软件开发过程中进行理解、预测、评估、控制和改善的重要载体。一般软件度量包括 3 个维度，即项目度量、产品度量和过程度量，具体情况如表 6-3 所示。

表 6-3 软件度量 3 维度

度量维度	侧 重 点	具 体 内 容
项目度量	理解和控制当前项目的情况和状态；项目度量具有战术性意义，针对具体的项目进行	规模、成本、工作量、进度、生产力、风险、顾客满意度等
产品度量	侧重理解和控制当前产品的质量状况，用于对产品质量的预测和控制	以质量度量为中心，包括功能性、可靠性、易用性、效率性、可维护性、可移植性等
过程度量	理解和控制当前情况和状态，还包含对过程的改善和未来过程的能力预测；过程度量具有战略性意义，在整个组织范围内进行	如成熟度、管理、生命周期、生产率、缺陷植入率等

软件项目度量使得软件项目组织能够对一个软件产品的开发进行估算、计划和组织实施。例如，软件规模和成本估计、产品质量控制和评估、生产率评估等，它们可以帮助项目管理者评估正在进行的项目状态，跟踪潜在的风险，在问题造成不良影响之前发现问题，调整工作流程或任务，以及评估项目组织控制产品质量的能力。

6.2.3 软件度量

由于直接测量软件质量要素十分困难，因此可以参考 MaCall 等人定义的软件质量要素评价准则，通过这些评价准则对软件的属性进行评价，来达到间接测量软件质量的目的。而这些属性必须满足的条件是：能够比较完整、准确地描述软件质量要素；比较容易量化和测量，它们反映了软件质量的优劣。IEEE 提供的软件度量列表如表 6-4 所示。

表 6-4 IEEE 提供的软件度量列表

质量需求	质量特性	质量子特性	直接度量	度量描述（例子）
产品将在多平台和当前用户正在使用的操作系统上运行	可移植性	硬件独立	硬件依赖性	计算机硬件依赖性
		软件独立性	软件依赖性	计算机软件依赖性
		易安装型	安装时间	测量安装时间
		可重用性	能够用于其他应用软件中	计算能够或已经应用于其他软件系统的模块数量
产品将是可靠的并能提供防止数据丢失的机制	可靠性	无缺陷性	测试覆盖 审查覆盖	测量测试覆盖度 计算已做过的代码审查模块
		容错性	数据完整性 数据恢复	统计用户数据被破坏的情况 测量恢复被破坏数据的能力
		可用性	软件可用的百分比	软件可用时间除以总的软件使用时间

续表

质量需求	质量特性	质量子特性	直接度量	度量描述（例子）
产品将提供完成某些任务所必需的功能	功能性	完备性	测试覆盖	计算调用或分支测量覆盖
		正确性	缺陷密度	计算每一版本发布前的缺陷
		安全性	数据安全性 用户安全性	统计用户数据被破坏的情况 没有被阻止的非法用户入侵次数
		兼容性	环境变化	软件安装后必须修改的环境变量数量
		互操作性	混合应用环境下软件的可操作性	混合应用环境下可正确运行的数量
产品将易于使用	可使用性	易理解性	学习所用的时间	新用户学习软件特性所需时间
		易学性	学习所用的时间	新用户学会操作软件基本功能所需的时间
		易操作性	人的因素	新用户基于人类工程学对软件的消极方面的评价数量
		沟通性	人的因素	新用户基于人类工程学对软件的消极方面的评价数量

　　软件度量不能脱离它们的上下文而存在。例如，如果两名程序员写出了不同长度的代码，但却具有相同程度的可靠性、功能性、可读性和效率，那么代码行数少的那个版本可能会更优越。但是在其他的环境中，更多的代码行数则意味着生产率的提高。大量样例数据和其他度量指标一起使用，代码行数对我们而言将会有很大的意义。例如，假设可靠性的度量指标已经达到了要求的标准，这时代码行数的增长则反映了应用开发能力的增长，每小时完成的代码行数越多越好。由于度量指标的多样性，需要收集若干不同种类的数据。通常包含在收集范围内的数据有：完成工作的客观总量（例如，代码行数）；完成工作所花费的时间；缺陷率（每千行代码的缺陷数，每页文档的缺陷数等）。

　　软件度量过程的主要构架如下。

- 开发一个度量过程并使其成为企业组织中标准软件过程的一部分；
- 通过定制与整合各种过程资产来对项目及相关手续拟定过程计划；
- 执行拟定的计划和相关手续来对项目进行过程的实施；
- 当项目进一步成熟且度量需求发生改变时，对相关计划及手续进行改进以改善该过程。

1. 过程计划的制定

　　制定度量过程的计划包括两个方面的活动。

- 确认范围。该活动的根据是要明确度量需求的大小，以限定一个适合于企业本身需求的度量过程。因为在整个度量过程中是需要花费人力、物力等有限资源的，不切实际的大而全或不足以反映实际结果的需求都会影响度量过程的可靠性及企业的发展能力。
- 定义程序步骤。在确认了范围后，就需要定义操作及度量过程的步骤，在构造的同时应该成文立案。主要工作包括定义完整、一致、可操作的度量；定义数据采集方法及如何进行数据记录与保存；定义可以对度量数据进行分析的相关技术，以使用户能根据度量数据得到这些数据背后的结果。

2. 过程的实施

　　过程的实施包括两方面的活动。

- 数据的采集。该活动根据已定义的度量操作进行数据的采集、记录及存储。此外，数据还应经过适当的校验以确认有效性。在进行该项活动时应具有一定的针对性，对于不同的项目或活动，所需要的实际数据量是有差别的，而且对活动状态的跟踪也是非常重要的。软件度量的数据收集过程如图 6 – 4 所示。

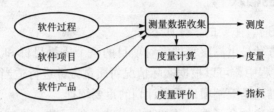

图 6 – 4　软件度量的数据收集过程

● 数据分析。该项活动包括分析数据及准备报告，并提交报告。当然进行评审以确保报告具有足够的准确性是有必要的。这些程序步骤可能会需要更新，因为报告可能没有为使用者提供有益的帮助或使用者对报告中的内容不理解，在这两种情况下，都应回馈并更新度量过程，以便再进行数据分析。

3. 过程的改善

过程的改善仅包含一个方面的活动，即优化过程。该过程活动被用于动态地改善过程并确保提供一个结构化的方式综合处理多个涉及过程改进的问题。除此以外，该活动对度量过程本身进行评估，报告的使用者会对数据的有效性进行反馈。这些反馈可能来自其他的活动，但一般都会融入到度量过程新一轮的生命周期中去，对度量过程进行新的确认及定义。

如果企业组织决定在内部开始或改善软件度量过程，组建一个度量专组是很有必要的，同时企业应为该专组提供确定和必要的资源，以便使其展开工作。在完成相应的准备工作后，就可以开始经历一个实施的过程了。

① 确认目标。企业组织必须有明确、现实的目标，进行度量的最终目标是进行改进，如果不能确定改善目标，则所有的活动都是盲目且对组织无益的。

② 对当前能力的理解及评价。正确直观地认识到企业组织当前所具有的软件能力是非常重要的。在不同的阶段，组织所能得到并分析的数据是有限的，而且对分析技术的掌握是需要一个过程的。度量专组应能够针对当前的软件能力设计度量过程，找到一个均衡点。

③ 设计度量过程。这部分工作也就是在前面所详细讨论的一部分。

④ 过程原型。度量专组应该利用真实的项目对度量过程进行测试和调整，然后才能将该过程应用到整个组织中去，专组应确保所有的项目组都能理解并执行度量过程，并帮助他们实现具体的细节。

⑤ 过程文档。到此，度量专组应该回到第一步审视度量过程是否满足了企业的目标需求，在进一步确认后应进行文档化管理，使其成为企业组织软件标准化过程中的一部分，同时定义工作的模板、角色及责任。

⑥ 过程实施。在前几步完成的情况下，可以找工作组来对度量过程进行实施，该工作组会按照已经定义的度量标准来进行过程的实施。

⑦ 程序扩展。这一步骤是实施的生命周期中的最后一个环节，不断地根据反馈进行监督、改进是该生命周期开始的必要因素。

6.3　IT 项目质量计划

IT 项目质量计划就是要将与项目有关的质量标准标识出来，提出如何达到这些质量标准和要求的设想。项目质量计划的编写就是为了确定与项目相关的质量标准并决定达到标准的一种有效方法。它是项目计划编制过程中的主要组成部分之一，并与其他的项目计划编制过程同步。

6.3.1 质量计划的输入

在编制项目质量计划时，主要的依据如下。

- 质量方针。质量方针是由高层管理者对项目的整个质量目标和方向制定的一个指导性的文件。但在项目实施的过程中，可以根据实际情况对质量方针进行适当的修正。
- 范围描述。范围描述是编制项目质量计划的重要依据。
- 产品描述。产品描述包含了更多的技术细节和性能标准，是制定项目质量计划必不可少的部分。
- 标准和规则。项目质量计划的制定必须参考相关领域的各项标准和特殊规定。

在项目中，其他方面的工作成果也会影响质量计划的制定。例如，采购计划、子产品分包计划等，其中对承包人的质量要求也影响项目的质量计划。

1. 质量方针

质量方针在质量管理中提供原则性的规定，是企业总方针的一个组成部分，由最高管理者批准。全面质量管理涉及的"以质量为中心的经营方针目标管理"是在一定时期内，公司或企业经营管理活动的纲领和预期的成果。它是公司或企业经营的方向和目标，体现了企业或公司经营的战略和策略。项目管理团队应该保证项目干系人全面获知质量方针。

2. 范围描述

范围描述是对质量计划的主要输入，因为这是揭示主要的子项目和项目目标的书面文件，后者界定了重要的项目干系人的需求。IT 项目中影响质量的范围部分包括：功能性和特色、系统输出、性能、可靠性和可维护性。在质量计划编制过程中，必须真正理解以上项目范围特性的真正意义和重要性，因为质量的最终含义是满足需求的特性的综合，只有这样，质量计划才能更好地有的放矢。

3. IT 项目质量标准

标准主要包括技术标准和业务标准两大类（当然还可以从其他角度进行分类，如基础标准、产品标准、质量标准、管理标准、工作标准、安全标准、术语标准等）。对标准化领域中需要协调统一的技术事项所制定的标准，称为技术标准。技术标准包含两个方面：一是作为开发企业的行业技术标准，包括知识体系指南、过程标准、建模标准、质量管理标准、程序语言标准、数据库标准；二是开发服务对象所在的行业技术标准，例如，安全保密标准、技术性能标准等。业务标准指的是服务对象所在的组织或行业制定的业务流程标准和业务数据标准等。运用统一的技术与业务标准能够对质量做出重大而且显著贡献的因素之一，有助于减少无效的讨论，有助于不同产品之间的兼容和衔接。

对于软件项目通常需要确定软件产品和开发过程的标准。产品标准定义了所有产品组件应该达到的特性；而过程标准则定义了软件过程应该怎么来执行。软件开发常用的技术标准包括如下内容。

- 知识体系。软件工程知识体系指南 SWEBOK2004、项目管理知识体系指南 PMBOK2000（最新的是 PMBOK2004）、组织管理标准等。
- 过程标准。CMMI、PSP、TSP、RUP、软件工程规范国家标准。（AP、XP、ASD 等开发过程思想还不能称为标准。）
- 建模标准。UML、软件工程规范国家标准。
- 质量管理标准。ISO 9001：2000、TQC、6σ。

- 程序语言标准。Java、C++、PB、编程规范。
- 数据库标准。Oracle 数据库后台规范。

表 6 - 5 为一些常见的产品或过程标准。

表 6 - 5 产品及过程标准

产品标准	过程标准
设计复审格式	设计复审行为
文档命名标准	文档应该服从过程管理的要求
程序标头格式	版本发行过程
编程标准	项目计划同意过程
项目计划格式	变化控制过程
变化请求标准	测试记录过程

4. 产品说明

一般在项目的范围管理中产品说明书的成分在范围说明书中已经有所体现，但是，产品描述经常包含可能影响质量计划编制的技术要点和其他注意事项的详细内容，因此，产品说明也是编制质量计划的一项重要参考。

6.3.2 编制质量计划的方法

在制定质量计划时，主要采取的方法和技术有如下几种。

- 效益/成本分析法。质量计划必须考虑效益与成本的关系。满足质量需求的主要标准时，就减少了重复性工作，这意味着高产出、低成本、高用户满意度。质量管理的基本原则是效益与成本之比尽可能大。
- 基准法。主要是通过比较项目的实施过程与其他同类项目的实施过程，为改进项目的实施过程提供借鉴和思路，并作为一个实施的参考标准。
- 流程图。流程图是一个由箭线和节点表示的若干因素关系图，可以包括原因结果图、系统流程图、处理流程图等。因此，流程图经常用于项目质量控制过程中，其主要目的是确定和分析问题产生的原因。
- 试验设计。试验设计对于分析整个项目的输出结果是最有影响力的因素，它可以帮助管理者确认哪个变量对一个过程的整体结果影响最大。例如，成本和进度之间的平衡。初级程序员的成本比高级程序员要低，但你不能期望他们在相同的时间内完成相同水平的工作。适当设计一个实验，在此基础上计算初级和高级程序员的不同组合的成本和工时，这样可以在给定的有限资源下确定一个最佳的人员组合。这种技术对于软件开发、设计原型解决核心技术问题和获得主要需求也是可行和有效的。但是，这种方法存在费用与进度交换的问题。

6.3.3 质量计划的输出

1. 质量计划的要求

质量计划应说明项目管理小组如何具体执行其质量策略。质量计划的目的是规划出哪些是需要被跟踪的质量工作，并建立文档，此文档可以作为质量工作的指南，帮助项目经理确保所有工作按计划完成。作为质量计划，应该满足下列要求。

- 确定应达到的质量目标和所有特性的要求。
- 确定质量活动和质量控制程序。
- 确定项目不同阶段中的职责、权限、交流方式及资源分配。

- 确定采用控制的手段、合适的验证手段和方法。
- 确定和准备质量记录。

在质量计划中应该明确项目要达到的质量目标，例如，

- 初期故障率：软件在初期故障期内单位时间内的故障数。一般以每 100 小时的故障为单位，可以用它来评价交付使用的软件质量与预测什么时候软件可靠性基本稳定。初期故障率的大小取决于软件设计水平、检查项目数、软件规模、软件调试彻底与否等因素。
- 偶然故障率：软件在偶然故障期（一般以软件交付给用户 4 个月以后为偶然故障期）内单位时间的故障数。一般以每 1 000 小时的故障数为单位，它反映了软件在稳定状态下的质量。
- 平均失效间隔时间（MTBF）：软件在相继两次失效之间正常工作的平均统计时间。在实际使用时，MTBF 通常是指当 n 很大时，系统第 n 次失效与第 $n+1$ 次失效之间的平均统计时间。对于可靠性要求高的软件，则要求 MTBF 在 1 000 ～ 10 000 小时之内。
- 缺陷密度（FD）：软件单位源代码中隐藏的缺陷数量，通常以每千行无注解源代码为一个单位。一般情况下，可以根据同类软件系统的早期版本估计 FD 的具体值。如果没有早期版本信息，也可以按照通常的统计结果来估计。典型的统计表明，在开发阶段，平均每千行源代码有 50 ～ 60 个缺陷，交付使用后平均每千行源代码有 15 ～ 18 个缺陷。

在质量计划中非常重要的一个任务是提供项目执行的过程程序，例如，项目计划的程序、项目跟踪的程序、需求分析的程序、总体设计的程序、详细设计的程序、质量审计的程序、配置管理的程序、测试过程的程序等。

2. 质量计划的编写

编制项目的质量计划要根据项目的具体情况来决定采取的计划形式，没有统一的定律。有的质量计划只是针对质量保证的计划；有的质量计划既包括质量保证计划，也包括质量控制计划。质量保证计划包括质量保证（审计、评审软件过程、活动和软件产品等）的方法、职责和时间安排等；质量控制计划可以包含在开发活动的计划中，例如，代码走查、单元测试、集成测试、系统测试等。

下面给出一个软件项目质量计划的参考模板。

1. 导言
2. 项目概述
2.1 功能概述
2.2 项目生命周期模型
2.3 项目阶段划分及其准则
3. 实施策略
3.1 项目特征
3.2 主要工作
4. 项目组织
4.1 项目组织结构
4.2 SQA 组的权力
4.3 SQA 组织及职责
5. 质量对象分析及选择
6. 质量任务
6.1 基本任务
6.2 活动反馈方式
6.3 争议上报方式

6.4 测试计划

6.5 采购产品的验证和确认

6.6 客户提供产品的验证

7. 实施计划

7.1 工作计划

7.2 高层管理定期评审安排

7.3 项目经理定期和基于事件的评审

8. 资源计划

9. 记录的收集、维护与保护

9.1 记录范围

9.2 记录的收集、维护和保存

6.4 IT 项目质量保证

质量保证的含义是为提供项目能满足质量要求的适当信赖程度，在质量体系内所实施的并按需要进行证实的全部有策划的和系统的活动。软件质量保证的目标是以独立审查的方式，从第 3 方的角度监控项目任务的执行；在项目进展过程中，定期对项目各个方面的表现进行评价；通过评价来推测项目最后是否能够达到相关的质量指标；通过质量评价来帮助项目相关人员建立对项目质量的信心。

6.4.1 IT 项目质量保证的思想

质量保证的基本思想是强调对用户负责，其思路是为了确立项目的质量能满足规定的质量要求的适当信任，必须提供相应的证据。而这类证据包括项目质量或项目的产品质量测定证据和管理证据，以证明供方有足够的能力满足需方要求。为了提供这种"证实"，项目组织必须开展有计划、有系统的活动。

质量保证的策略可以分为以下 3 个阶段。

- 以检测为重。产品制成之后进行检测，只能判断产品质量，不能提高产品质量。

- 以过程管理为重。把质量保证工作的重点放在过程管理上，对开发过程中的每一道工序都要进行质量控制。

- 以产品开发为重。在产品的开发设计阶段，采取强有力的措施来消灭由于设计原因而产生的质量隐患。

除了遵循一般项目质量保证的思想，IT 项目质量保证的思想还体现在下述理念上。

- 在产品开发的同时进行产品测试。

- 在项目的各个阶段保证质量的稳定性。

- 尽可能早地使项目质量测试自动化。

- 确保项目成员和项目文化都重视质量。

1. 平行测试过程

在产品的特性完成以后就立即对其进行测试的过程称为平行测试过程。对项目产品中的问题发现得越早、对偏差纠正得越早，就可以越有效地防止"失之毫厘，谬以千里"的严重后果。例如，如果软件产品的某个特性在第 2 周被开发出来，质量保证小组的成员紧跟着就应对其进行测试。项目开发人员和质量保证人员必须认识到产品的质量特性是由双方共同负责的，在这样一个质量保证体系下，产品的一个特性不是在其编写完成的时候就实现的，只有在其被质量保证小组测试并满足某些要求的时候，才可以认为该产品特性得以实现了。

2. 性能的稳定和集成

在质量保证计划中，项目进度的每个阶段应该包含一个性能稳定和集成的时期。性能稳定和集成时期的存在，使得小组可以在主要进度时刻将产品特性稳固化，以便进行下一步的工程任务。每隔一段时期，项目组织就应花费相应的时间对当期完成的产品特性进行测试、稳定和集成。这种周期性的性能稳定和集成方法，可以帮助开发小组、产品特性和产品质量监控小组实行步调一致。只有确保所开发产品的性能稳定下来了，项目组织才可以继续开发新特性、新代码或其他任何一项工作。

3. 自动化测试

平行测试的关键之一是尽可能地使测试过程自动化。利用自动化测试平台不仅可以降低测试成本，而且可以提高测试效率。自动化测试的过程应该集中在非用户界面的特性上，即将自动化过程集中在核心的产品性能上，避免花费更大的成本。

4. 确保项目成员和项目文化都重视质量

项目质量保证方法是否有效？质量观念是否已经成为每个项目成员对产品开发过程认识中的一部分？项目组织将如何追求项目和项目产品质量的提高？追求质量是每一个项目成员源自内在的激励，还是总把它看作"别人的工作"？以上这些问题都是在质量保证中非常重要的问题。它们有助于揭示一个项目组织在创造合格的 IT 产品时取得了什么程度的成功。建立使项目成员和项目文化都认可和重视的质量保证体系，寻求更好的质量保证方法是最终形成提高项目质量的良性循环的基础。

6.4.2 质量保证体系

从项目的角度来看，质量体系是指为实施质量管理所需要的项目组织结构、职责、程序、过程和资源。质量体系应当是组织机构、职责、程序之类的管理能力和资源的能力的综合体。质量体系有两种形式，通常把用于内部管理的质量体系称为质量管理体系；把用于需方对供方提出外部证明要求的质量体系称为质量保证体系。在这种情况下，为履行合同、贯彻法令和进行评价，可能要求提供实施各体系要素的证明。质量管理体系和质量保证体系并非是平行、独立或并列的，质量保证体系是从质量管理体系中派生出来的。

1. 质量保证体系的总体要求

通过质量保证体系，项目组织可以证实其有能力稳定地提供满足客户要求和符合法律法规要求的产品。通过体系的有效应用，包括体系持续改进的过程及保证符合顾客的要求与适用法律法规的要求，旨在增进顾客满意度。为了达到以上目的，项目组织应该按相关标准建立质量保证体系，其总体要求如下。

- 识别质量保证体系所需的过程及其在组织中的应用。
- 确定这些过程的顺序和相互作用。
- 确定为确保这些过程的有效动作和控制所需要的准则和方法。
- 确保可以获得必要的资源和信息，以支持这些过程的运作。
- 监视、测量和分析这些过程。
- 实施必要的措施，以实现对这些过程所策划的结果和对这些过程的持续改进。

在质量保证体系中，为了保证产品质量和过程质量，要根据项目风险来确定措施的种类和规模，处理由于项目规模的不断增长及随之增加的风险所带来的各种质量问题。对于软件项目来说，质量保证体系需要负责调整所有影响产品质量的因素，这些因素包括：

- 使用的方法和工具；

- 在开发和维护过程中应用的标准；
- 对开发和维护过程所进行的组织管理；
- 软件生产环境；
- 软件开发中人员的组织和管理；
- 工作人员的熟练程度；
- 对工作人员的奖励和工作条件的改善情况；
- 对外部项目转包商交付的产品的质量控制。

2. 软件项目质量保证的内容

软件质量保证的内容主要包括以下 6 类。

① 与 SQA（Software Quality Assurance，SQA）计划直接相关的工作。根据项目计划制订与其对应的 SQA 计划，定义出各阶段的检查重点，标识出检查、审计的工作产品对象，以及在每个阶段 SQA 的输出产品。定义越详细，对于 SQA 今后的工作的指导性就会越强，同时也便于项目经理和 SQA 组长对其工作的监督。编写完 SQA 计划后要组织对 SQA 计划的评审，并形成评审报告，把通过评审的 SQA 计划发送给项目经理、项目开发人员和所有相关人员。下面给出一个 SQA 计划的参考模板。

1. 质量保证计划概述

1.1　前言

1.2　目的

1.3　政策说明

1.4　范围

2. 管理

2.1　组织结构

2.2　职责

3. 记录要求

4. 质量保证程序

4.1　走查程序

4.2　检查流程

4.3　审查流程

4.4　评价流程

4.5　流程改进

5. 问题报告程序

6. 质量保证规则

附录

1. 质量保证审核表

② 参与项目的阶段性评审和审计。在 SQA 计划中通常已经根据项目计划定义了与项目阶段相应的阶段检查，包括参加项目在本阶段的评审和对其阶段产品的审计。对于阶段产品的审计通常是检查其阶段产品是否按计划、按规程输出并且内容完整，这里的规程包括企业内部统一的规程，也包括项目组内自己定义的规程。但是 SQA 对于阶段产品内容的正确性一般不负责检查，对于内容的正确性通常交由项目中的评审来完成。SQA 参与评审是从保证评审过程有效性方面入手，如参与评审的人是否具备一定资格、是否规定的人员都参加了评审、评审中对被评审的对象的每个部分都进行了评审并给出了明确的结论等。

③ 对项目日常活动与规程的符合性进行检查。这部分的工作内容是 SQA 的日常工作内容。

由于 SQA 独立于项目实施组，如果只是参与阶段性的检查和审计很难及时反映项目组的工作过程，所以 SQA 也要在两个里程碑之间设置若干小的跟踪点，来监督项目的进行情况，以便能及时反映项目中存在的问题，并对其进行追踪。如果只在里程碑进行检查和审计，即便发现了问题也难免过于滞后，不符合尽早发现问题、把问题控制在最小范围之内的整体目标。

④ 对配置管理工作的检查和审计。SQA 要对项目过程中的配置管理工作是否按照项目最初制定的配置管理计划进行监督，包括配置管理人员是否定期进行该方面的工作、是否所有人得到的都是开发过程产品的有效版本。这里的过程产品包括项目过程中产生的代码和文档。

⑤ 跟踪问题的解决情况。对于评审中发现的问题和项目日常工作中发现的问题，SQA 要进行跟踪，直至解决。对于在项目组内可以解决的问题就在项目组内部解决；对于在项目组内部无法解决的问题，或是在项目组中催促多次也没有得到解决的问题，可以利用其独立汇报的渠道报告给高层经理。

⑥ 收集新方法，提供过程改进的依据。此类工作很难具体定义在 SQA 的计划当中，但是 SQA 有机会直接接触很多项目组，对于项目组在开发管理过程中的优点和缺点都能准确地获得第一手资料。他们有机会了解项目组中管理好的地方是如何做的，采用了什么有效的方法，在 SQA 小组的活动中与其他 SQA 共享。这样，好的实施实例就可以被传播到更多的项目组中。对于企业内过程规范定义得不准确或是不方便的地方，也可以通过 SQA 小组反映到软件工程过程小组，便于下一步对规程进行修改和完善。

3. 质量审计报告

质量保证活动的一个重要输出是质量审计报告，它反映对产品或项目过程进行评估的结果，并提出改进建议。例如，如表 6 - 6 是一个软件产品审计报告的实例。

表 6 - 6　产品质量审计报告

项目名称	XX 系统	项目标识	
审计人	张明	审计对象	《功能测试报告》
审计时间	2008 - 11 - 24	审计次数	1
审计主题	从质量保证管理的角度审计测试报告		
审计项与结论			
审计要素	审计结果		
测试报告与产品标准的符合程度	与产品标准存在如下不符合项： 1）封面的标识 2）目录 3）第 2 章和第 3 章（内容与标准有一定出入）		
测试执行情况	本文的第 2 章基本描述了测试执行情况，但题目应为"测试执行情况"		
测试情况结论	测试总结不存在		
结论（包括上次审计问题的解决方案）			
由于测试报告存在上述不符合项，建议修改测试报告，并进行再次审计			
审核意见			
不符合项基本属实，审计有效！ 审核人： 审核日期：			

6.5 质量控制

质量控制是确定项目结果是否与质量标准相符，同时确定不符合质量标准的原因和消除方法，控制产品的质量，及时纠正缺陷的过程。质量控制的目的是保证项目成果的质量满足项目质量计划中说明的项目成果的质量要求。

6.5.1 常见的 IT 项目质量问题

IT 项目质量问题表现的形式多种多样，究其原因可以归纳为如下几种。

- 违背 IT 项目规律。如未经可行性论证、不做调查分析就启动项目；任意修改设计；不按技术要求实施，不经过必要的测试、检验和验收就交付使用等蛮干现象，致使不少项目留有严重的隐患。
- 技术方案本身的缺陷。系统整体方案本身有缺陷，造成实施中的修修补补，不能有效地保证目标实现。
- 基本部件不合格。选购的软件组件、中间件、硬件设备等不稳定、不合格，造成整个系统不能正常运行。
- 实施中的管理问题。许多项目质量问题往往是由于人员技术水平、敬业精神、工作责任心、管理疏忽等原因造成的。

上述质量问题产生的原因可以归纳为如下几个方面。

- 人的因素。在 IT 项目中，人是最关键的因素。人的技术水平直接影响项目质量的高低，尤其是技术复杂、难度大、精度高的工作或操作，经验丰富、技术熟练的人员是项目质量高低的关键。另外，人的工作态度、情绪、协调沟通能力也会对项目质量产生重要的影响。
- 资源要素。在项目实施过程中，如果使用一些质量不好的资源，如劣质交换机；或者按计划采购的资源不能按时到位等，会对项目质量产生非常不利的影响。
- 方法因素。不合适的实施方法会拖延项目进度、增加成本等，从而影响项目的质量控制的顺利进行。

6.5.2 质量控制分类

按照项目实施的进度可以将项目质量控制分为 3 种。

① 事前质量控制。指在项目正式实施前进行的质量控制，其具体工作内容有以下几方面。

- 审查开发组织的技术资源，选择合适的项目承包组织。
- 对所需资源质量进行检查与控制。没有经过适当测试的资源不得在项目中使用。
- 审查技术方案，保证项目质量具有可靠的技术措施。
- 协助开发组织完善质量保证体系和质量管理制度。

② 事中质量控制。指在项目实施过程中进行的质量控制，其具体工作内容有以下几方面。

- 协助开发组织完善和实施控制。把影响产品质量的因素都纳入管理状态。建立质量管理点，及时检查和审核开发组织提交的质量统计分析资料和质量控制图表。
- 严格交接检查。对关键阶段和里程碑应有合适的验收。
- 对完成的分项应按相应的质量评定标准和方法进行检查、验收并按合同或需求规格说明书行使质量监督权。
- 组织定期或不定期的评审会议，及时分析、通报项目质量状况，并协调有关组织间的业务活动等。

③ 事后质量控制。指在完成项目过程、形成产品后的质量控制，具体工作内容如下。

- 按规定的质量评价标准和办法，组织单元测试和功能测试，并进行可能的检查和验收。
- 组织系统测试和集成测试。
- 审核开发组织的质量检验报告及有关技术性文件。
- 整理有关的项目质量的技术文件，并编号、建档。

6.5.3 IT 项目的质量控制技术

质量控制的任务是策划可行的质量管理活动，然后正确地执行和控制这些活动以保证绝大多数的缺陷可以在开发过程中被发现。在一个项目里，评审和测试活动是预先策划好的。在执行过程中，根据已定义好的过程来执行这些活动。通过执行这些活动来识别缺陷，然后消除这些缺陷。

1. 帕累托图

帕累托分析指确定造成系统大多数质量问题的最为重要的几个因素。它有时称为 80/20 法则。意思是 80% 的问题经常是由 20% 的原因引起的。帕累托图是用于帮助确认问题和对问题进行排序的柱状图。该柱状图描述的变量根据发生的频率排序。

例 6-1 某软件项目在使用过程中积累了用户投诉的历史记录，如表 6-7 所示。

表 6-7 某软件的用户投诉记录统计表

系统问题	次数	相对次数百分率	累计相对次数百分率
登录问题	52	54.7%	54.7%
系统上锁	23	24.2%	78.9%
系统太慢	12	12.6%	91.5%
界面不友好	6	6.4%	97.9%
报告不准确	2	2.1%	100.0%
合计	95	100%	

图 6-5 是该软件系统按用户投诉种类显示的帕累托图。直方柱代表每种投诉的数量，曲线代表了投诉的百分比。第一类投诉占总投诉的 54.7%。前两类投诉占到总投诉的 78.9%。因此，应集中解决前两类问题，以提高软件的质量。

2. 统计抽样和标准差

统计抽样是项目质量管理中的一个重要概念，它包括抽样、可信度因子、标准差和变异性等。统计抽样包括选择样本总体的部分来检查。例如，假设某公司准备开发一个电子数据交换系统来处理所有供应商开来的发票。同时假定在过去的一年里，有来自 200 个不同的供应商开来的发票 5 万张。如果复查每张发票来考察新系统的数据是否符合要求，代价会很大。即使系统开发者确实审查了所有 200 家供应商的发票格式，他们也会发现每张表格所填写的数据类型不尽相同。研究总体的每个个体是不切实际的，如果使用统计技术，仅需要研究 100 张发票就可以确定在规划系统时所需的数据类型。决定样本大小的公式是：

$$样本大小 = 0.25 \times (可信度因子/可接受误差)^2$$

可信度因子表示被抽样的数据样本变化的可信度。依据统计学原理，可信度参数如表 6-8 所示。

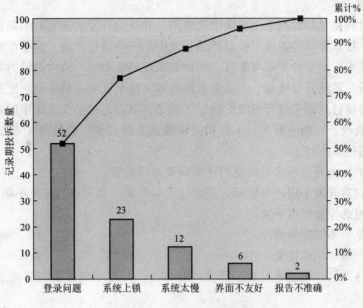

图 6-5　帕累托图示例

表 6-8　常用的可信度因子

期望的可信度	可信度因子
95%	1.960
90%	1.645
85%	1.281

例 6-2　假定上述系统开发者将接受一个 95% 的可信度，而发票样本并不包括总体中的偏差，除非这些偏差在所有发票样本总体中出现，这样，样本的大小计算如下。

$$样本大小 = 0.25 \times (1.960/0.05)^2 = 384$$

若开发者将接受一个 80% 的可信度，样本的大小计算如下。

$$样本大小 = 0.25 \times (1.281/0.20)^2 = 10$$

在统计学中与质量有关的另一个关键概念是标准差。标准差测量数据分布中存在多少偏差。一个小的标准差意味着数据集中在分布的中间，数据之间存在很小的变化。例如，在正态分布中，总体的 68.3% 分布在均值左右两侧的一个标准差（1σ）范围内。

3. 软件项目质量控制技术

软件项目质量控制的要点是：监控对象主要是项目工作结果；进行跟踪检查的依据是相关质量标准；对于不满意的质量问题，需要进一步分析其产生原因，并确定采取何种措施来消除这些问题。为了控制项目全过程中的质量，应该遵循以下一些基本原则。

- 控制项目所有过程的质量。
- 过程控制的出发点是预防不合格。
- 质量管理的中心任务是建立并实施文档管理的质量体系。
- 持续的质量改进。
- 定期评价质量体系。

软件项目质量控制的主要方法是技术评审、代码走查、代码评审、单元测试、集成测试、系统测试、验收测试和缺陷追踪等。

（1）技术评审

技术评审的目的是尽早发现工作成果中的缺陷，并帮助开发人员及时消除缺陷，从而有效地提高产品的质量。技术评审的主体一般是产品开发中的一些设计产品，这些产品往往涉及多个小组和不同层次的技术。主要的评审对象有：软件需求规格说明书、软件设计方案、测试计划、用户手册、维护手册、系统开发规程、产品发布说明等。技术评审应该采取一定的流程，这在企业质量管理体系或者项目计划中都有相应的规定，例如，下面是一个技术评审的建议流程。

① 召开评审会议。一般应有 3～5 名相关领域的人员参加，会前每个参加者做好准备，评审会每次一般不超过 2 小时。

② 在评审会上，由开发小组对提交的评审对象进行讲解。

③ 评审组可以对开发小组进行提问，提出建议和要求，也可以与开发小组展开讨论。

④ 会议结束时必须做出以下决策之一。

• 接受该产品，不需要做修改。

• 由于错误严重，拒绝接受。

• 暂时接受该产品，但需要对某一部分进行修改。开发小组还要将修改后的结果反馈至评审组。

⑤ 评审报告与记录。对所提供的问题都要进行记录，在评审会结束前产生一个评审问题表，另外必须完成评审报告。

同行评审是一个特殊类型的技术评审，是由与工作产品开发人员具有同等背景和能力的人员对产品进行的一种技术评审，目的是在早期有效地消除软件产品中的缺陷，并更好地理解软件工作产品和其中可预防的缺陷。同行评审是提高生产率和产品质量的重要手段。

（2）代码走查

代码走查也是一种非常有效的方法，就是由审查人员"读"代码，然后对照"标准"进行检查。它可以检查到其他测试方法无法监测到的错误，好多逻辑错误是无法通过其他测试手段发现的，代码走查是一种很好的质量控制方法。代码走查的第一个目的是通过人工模拟执行源程序的过程，特别是一些关键算法和控制过程，检查软件设计的正确性。第二个目的是检查程序书写的规范性。例如，变量的命名规则、程序文件的注释格式、函数参数定义和调用的规范等，以利于提高程序的可理解性。

（3）代码会审

代码会审是由一组人通过阅读、讨论和争议对程序进行静态分析的过程。会审小组由组长、2～3 名程序设计和测试人员及程序员组成。会审小组在充分阅读待审程序文本、控制流程图及有关要求和规范等文件的基础上，召开代码会审会，程序员逐句讲解程序的逻辑，并展开讨论甚至争议，以揭示错误的关键所在。实践表明，程序员在讲解过程中能发现许多自己原来没有发现的错误，而讨论和争议则进一步促使了问题的暴露。例如，对某个局部性小问题修改方法的讨论，可能发现与之有牵连的甚至能涉及模块的功能、模块间接口和系统结构的大问题，导致对需求进行重定义、重新设计和验证。

（4）软件测试

软件测试所处的阶段不同，测试的目的和方法也不同。单元测试可以测试单个模块是否按其详细设计说明运行，它测试的是程序逻辑。一旦模块完成就可以进行单元测试。集成测试是测试系统各个部分的接口及在实际环境中运行的正确性，保证系统功能之间接口与总体设计的一致性，而且满足异常条件下所要求的性能级别。系统测试是检验系统作为一个整体是否按其需求规格说明正确运行，验证系统整体的运行情况，在所有模块都测试完毕或者集成测试完成之后，可以进行系统测试。验收测试是在客户的参与下检验系统是否满足客户的所有需求，尤其是在功能和使用的方便性上。

（5）缺陷跟踪

从缺陷发现开始，一直到缺陷改正为止的全过程为缺陷追踪。缺陷追踪要一个缺陷、一个缺陷地加以追踪，也要在统计的水平上进行，包括未改正的缺陷总数、已经改正的缺陷百分比、改正一个缺陷的平均时间等。缺陷追踪是可以最终消灭缺陷的一种非常有效的控制手段。可以采用工具追踪测试的结果，表6-9就是一个缺陷追踪工具的表格形式。

表 6-9　测试错误追踪记录表

序号	时间	事件描述	错误类型	状态	处理结果	测试人	开发人
1							
2							

案例研究

针对问题： IT 项目质量管理与控制的关键是什么？过程质量和产品质量的关系是什么？对于软件项目怎样进行质量控制？进行质量控制，重点应该考虑哪些因素呢？

案例 A　IBM 的过程质量管理

IBM 公司利用过程质量管理方法解决许多公司经理都曾经遇到过的问题：如何使一个项目组就目标达成共识并有效地完成一个复杂项目。在企业内部团队活动日益增多的情况下，这种方法无疑可以帮助项目小组确定工作目标、统一意见并制定具体的行动计划，而且可以使小组所有成员统一目标，集中精力于对公司或小组具有重要意义的工作上。当然，这种方法也可以为面临困难任务、缺乏共识或在主次工作确定及方向上有分歧的工作组提供冲破疑难的方法和动力。

IBM 的过程质量管理的基础是召开一个为期两天的会议，所有小组成员都在会议上参与确定项目任务及主次分配。具体的步骤如下。

① 建立一个工作小组。工作小组应至少由与项目有关的 12 人组成。该组成员可包括副总裁、部门经理及其手下的高层经理，也可包括与项目有关的其他人员。工作小组的组长负责挑选组员，并设置一个讨论会主持人。主持人应持中立立场，他的利益不受小组讨论结果的影响。

② 召开一个为期两天的会。每一个组员及会议主持人必须到会，但非核心成员或旁听者不允许参加。最好避免在办公室开会，以免别人打扰。

③ 写一份关于任务的说明。写一份清楚简洁且征得每个人同意的任务说明。如果工作小组仅有"为亚洲市场制定经营战略计划"这样的开放性指示，编写任务说明就比较困难。如果指示具体一些，如"在所有车间引进 JIT 存货控制"，那么编写任务说明就较简单，但仍需小组事先讨论；而在会议中，应由会议主持人而不是组长来掌握进程。

④ 进行头脑风暴式的讨论。组员将所有可能影响工作小组完成任务的因素列出来。主持人将所提到的因素分别用一个重点词记录下来。每个人都要贡献自己的想法，在讨论过程中不允许批评和争论。

⑤ 找出重要成功因素。这些因素是工作小组要完成的具体任务。主持人将每一重要因素记录下来，通常可以是"我们需要……"或"我们必须……"。列重要成功因素表有 4 个要求：每一项都得到所有组员的赞同；每一项确实都是完成工作小组任务所必需的；所有因素集中起来，足以完成该项任务；表中每一项因素都是独立的——不用"和"来表述。

⑥ 为每一个重要成功因素确定业务活动过程。针对每一个重要成功因素，列出实现它的所

有因素及其所需的业务活动过程，求出总数。用下列标准，评估本企业在现阶段执行每一业务活动过程的情况：a＝优秀；b＝好；c＝一般；d＝差；e＝尚未执行。

⑦ 填写优先工作图。先将业务活动过程按重要性排序，再按其目前在本企业的执行情况排列。以执行情况（质量）为横轴，以优先程度（以每一业务活动相关的重要成功因素的数目为标准，涉及的数目越多，越优先）为纵轴，在优先工作图上标出各业务活动过程。然后在图上划出第一、二、三位优先区域。应由工作小组决定何处是处于首要地位的区域，但一般来说，首要优先工作区域是能影响许多重要成功因素且目前执行不佳的区域。但是，如果把处于第一位的优先区域划得太大，囊括了太多业务活动，就不可能迅速解决任何一个过程了。

⑧ 后续工作。工作小组会议制定了业务过程，并列出了要优先进行的工作，组长则应做好后续工作，检查组员是否改进了分配给他的业务过程，看企业或其工作环境中的变化是否要求再开过程质量管理会议来修改任务、重要成功因素或业务活动过程表的内容。

近年来，过程管理成为许多优秀企业改进绩效、不断进步的重要改革举措，它使整个企业的管理更具系统性和全局性。在这样的环境变化趋势下，IBM 的过程质量管理的确对中国企业的现代管理具有重要的指导意义和实用价值。

参考讨论题：

1. 在复杂项目开发中一般会遇到哪些问题？IBM 是如何解决这些问题的？
2. 质量管理工作小组的人员构成有哪些特点？
3. 工作小组的会议为什么最好不在办公室召开？
4. "任务说明"具有哪些特点？它起什么作用？
5. IBM 的过程质量管理可以应用于企业管理的很多方面吗？

案例 B　质量管理案例研究

一家大型医疗器械公司刚雇佣了一家著名咨询公司的资深顾问斯考特来帮助解决公司新开发的行政信息系统（EIS）存在的质量问题。EIS 是由公司内部程序员、分析员及公司的几位行政管理人员共同开发的。许多以前从未使用过计算机的行政管理人员也被 EIS 所吸引。EIS 能够使他们便捷地跟踪按照不同产品、国家、医院和销售代理商分类的各种医疗仪器的销售情况。这个系统非常便于用户使用。EIS 系统在几个行政部门获得成功测试后，公司决定把 EIS 系统推广应用到公司的各个管理层。

不幸的是，在经过几个月的运行之后，新的 EIS 产生了诸多质量问题。人们抱怨他们不能进入系统。这个系统一个月出几次故障，据说响应速度也在变慢。用户在几秒钟之内得不到所需信息，就开始抱怨。有几个人总忘记如何输入指令进入系统，因而增加了向咨询台打电话求助的次数。有人抱怨系统中有些报告输出的信息不一致。显示合计数的总结报告与详细报告对相同信息的反映怎么会不一致呢？EIS 的行政负责人希望这问题能够获得快速准确地解决，所以他决定从公司外部雇佣一名质量专家。据他所知，这位专家有类似项目的经验。斯考特的工作将是领导由来自医疗仪器公司和他的咨询公司的人员共同组成的工作小组，识别并解决 EIS 中存在的质量问题，编制一项计划以防止未来 IT 项目发生质量问题。

参考讨论题：

1. EIS 系统存在哪些质量问题？
2. 对于上述问题应该怎样做？
3. 一个项目团队如何知晓他们的项目是否交付了一个高质量产品？
4. 如果你是斯考特，你会编制出怎样一个质量计划（保证和控制）来防止未来的 IT 项目发生质量问题？

习 题

一、选择题

1. 在项目中，质量是（ ）。

A. 与客户期望的一致　　　　　　　　B. "镀金"以便使客户满意

C. 与要求、规范及适用性一致　　　　D. 与管理当局的要求一致

2. 以下不属于软件质量要素的是（ ）。

A. 完整性　　　　　B. 可理解性　　　　C. 性价比　　　　D. 可用性

3. 软件质量标准不包括（ ）。

A. 过程标准　　　　B. 建模标准　　　　C. 安全保密标准　　D. 开发方法标准

4. 项目质量管理过程中，（ ）是判断质量标准与本项目相关，并且通过项目质量管理使项目达到这些质量标准。

A. 质量规划　　　　B. 质量保证　　　　C. 质量控制　　　　D. 质量持续改进

5. 质量体系包括（ ）。

A. 质量管理体系　　B. 质量控制体系　　C. 质量保证体系　　D. 质量测试平台

二、填空题

1. 质量不仅要反映在_____，而且要反映在企业的_____。

2. 质量特性是指产品或服务满足人们明确的或隐含的需求的能力、属性和特征的总和。可以分为：内在的特性、_____、_____、_____和环保方面的特性等多种特性。

3. 质量保证的策略主要分为 3 个阶段：_____、_____和以产品开发为重。

4. 质量体系是指为实施质量管理所需要的项目_____、_____、_____、_____和资源。

5. 软件度量是对软件_____、_____收集及分析的持续性定量化过程。

三、简答题

1. 项目质量包含哪几方面的含义？质量计划一般包括哪些内容？

2. 评价软件质量应遵循哪些原则？

3. 简述 IT 项目质量保证的思想及质量控制过程。

4. 简述软件项目的质量计划包括哪些内容。编制质量计划的主要依据是什么？

5. 你认为项目质量保证与项目质量控制有没有区别？如果有，主要区别在哪里？

6. 什么是质量保证？"质量保证"与"保证质量"之间存在什么样的联系？

7. 项目质量管理与项目时间和成本管理是什么关系？为什么？

8. 简述软件项目质量控制有哪些活动及应遵循的原则。

实践环节

1. 上网搜索著名 IT 企业在质量管理方面的做法，撰写该行业质量管理的现状、特征与发展趋势。

2. 撰写著名 IT 企业的质量战略研究报告。

3. 编写项目质量计划，要求包括以下内容：

（1）明确质量管理活动中各种人员的角色、分工和职责；

（2）明确质量标准、遵循的质量管理体系；

（3）确定质量管理使用的工具、方法、数据资源和实施步骤；

（4）指导质量管理过程的运行阶段、过程评价、控制周期；

（5）说明质量评估审核的范围和性质，并根据结果指出对项目不足之处应采取的纠正措施等。

第 7 章

IT 项目风险管理

业界数据表明，最终导致 IT 项目失败的因素一开始是以风险的面目出现的，如果能够及早识别项目风险，就完全有可能通过适当的方法防止失败。当对 IT 项目有较高的期望时，一般都要进行风险分析，风险管理被认为是 IT 项目中减少失败的一种重要手段。本章介绍项目风险管理的概念、内容、方法和过程，重点介绍项目风险的识别过程、风险分析方法、风险评估技术、风险应对措施、风险监控方法等内容。

7.1 项目风险管理概述

风险就是在项目过程中有可能发生的某些意外事情，而且在最糟的情况下将对项目产生巨大的负面影响。风险管理是对项目风险从识别、分析乃至采取应对措施等一系列过程的管理工作，它包括使积极因素所产生的影响最大化和使消极因素产生的影响最小化两方面的内容。

7.1.1 风险概述

在 IT 项目的整个生命周期中，变化是唯一不变的事物。变化带来不确定性，不确定性就意味着可能出现损失，而损失的不确定性就是风险。只要是项目就有风险，因此风险管理对于项目是必需的。

1. 风险的概念

风险是指在一定条件下和一定时期内可能发生的各种结果的变化程度。在涉及风险问题的研究中，风险的定义大致可分为两类：狭义的风险定义和广义的风险定义。狭义的风险是指"可能失去的东西或者可能受到的伤害"，即可能面临的损失。广义的风险强调风险的不确定性，使得在特定的时间和给定的情况下，所从事活动的结果产生很大的差异。差异性越大，风险也越大，所面临的损失或收益都可能很大，即风险带来的不都是损失，也可能存在机会。这就是风险的本质——不确定性和损失。

从对风险的定义中不难看出，项目风险具有下列基本因素。

• 风险事件。风险事件指活动或者事件的主体未预计到会发生或未预料到其发生后的结果的事件。这些风险事件导致偏离预定的项目目标。

• 事件发生的概率。事件的发生具有不确定性，但可以根据某些方法进行度量，能够预料到一定发生或者不发生的事件不具有风险性。因此，风险事件的发生及其后果都具有偶然性。

• 事件的影响。风险事件发生后，其后果是不确定的，既可能带来损失，也可能提供机会。风险的影响是相对的，对不同的项目主体，其影响是不同的。因为人们都具备承受一定风险的能力，并因人、因时、因地、因事而异。

● 风险的因素。风险的因素指能够引起风险事件发生或增加风险事件发生机会或影响损失严重程度的因素，是引起风险的各种内外、主客观原因。风险是潜在的，只有在具备一定的条件时才可能发生。

项目风险会影响项目计划的实现，如果项目风险变成现实，就有可能影响项目的进度，增加项目的成本，甚至使项目目标不能实现。加强项目的风险管理，可以最大限度地减少风险的发生。但是，目前国内的 IT 企业不注重项目的风险管理，结果造成项目经常性地延期、超过预算，甚至失败。

2. 风险的特点

● 风险存在的客观性和普遍性。在项目的全生命周期内，风险是无处不在、无时没有的。作为损失发生的不确定性，风险是不以人的意志为转移，并超越人的主观意识的客观存在。这说明为什么虽然人类一直希望认识和控制风险，但直到现在也只能在有限的空间和时间内改变风险存在和发生的条件，降低其发生的频率，减少损失程度，而不能也不可能完全消除风险。

● 某一具体风险发生的偶然性和大量风险发生的必然性。任何一个具体风险的发生都是诸多风险因素和其他因素共同作用的结果，是一种随机现象。个别风险事故的发生是偶然的、杂乱无章的，但对大量风险事件的观察和统计分析表明，其具有明显的运动规律，这就使人们有可能用概率统计方法及其他现代风险分析方法去计算风险发生的概率和损失程度，同时也使得风险管理迅猛发展。

● 风险的可变性。这是指在项目实施的整个过程中，各种风险在质和量上是可以变化的。随着项目的进行，有些风险得到控制并消除，有些风险会发生并得到处理，同时在项目的每一阶段都可能产生新的风险。

● 风险的多样性和多层次性。大型项目的周期长、规模大、涉及范围广、风险因素数量多且种类繁杂，致使项目在全生命周期内面临的风险多种多样。大量风险因素之间的内在关系错综复杂、各风险因素与外界交叉影响又使风险显示出多层次性。在项目的不同阶段有不同的风险，并且风险会随着项目的进展而变化，不确定性也会相应减少。对于 IT 项目，最大的风险来自于项目的早期阶段，最初的决策将对今后的各个阶段产生重大影响。

3. 项目风险的分类

风险可以从不同的角度、以不同的标准进行分类。按照风险的来源可以划分为：外部风险、内部风险。按照风险的状态划分可分为：静态风险、动态风险。按照风险的影响范围可以划分为：局部风险、整体风险。按照风险的影响期限可以划分为：短期风险、长期风险。按照风险是否可以接受可分为：可接受的风险和不可接受的风险。按照风险是否可以管理可分为：可管理（控制）的风险和不可管理（控制）的风险。根据风险内容可将风险分为如下几类。

● 技术风险。技术风险是指由于与项目研制相关的技术因素的变化而给项目建设带来的风险，例如，潜在的设计、实现、接口、验证和维护、规格说明的二义性、技术的不确定性等方面的问题。就技术风险而言，一般可从技术的成熟性、复杂性及与其他项目的相关性 3 个方面来衡量风险的可能性；从技术性能、费用和进度 3 个方面来考虑风险发生的后果损失。

● 费用风险。费用风险是指由于项目任务要求不明确，或受技术和进度等因素的影响而可能给项目费用带来超支的可能性。该风险可从任务要求明确性、技术风险影响、进度风险影响、成本预算准确性、合同类型影响、合同报价影响等 6 个因素出发进行估计。

● 进度风险。进度风险是指由于种种不确定性因素的存在而导致项目完工期拖延的风险。该风险主要取决于技术因素、计划合理性、资源充分性、项目人员经验等几个方面。

● 管理风险。管理风险是指由于项目建设的管理职能与管理对象（如管理组织、领导素质、管理计划）等因素的状况及其可能的变化，给项目带来的风险。例如，由于企业工作重点的转移或人员变动而失去了高层管理者的支持。

● 社会环境风险。社会环境风险是指由于国际、国内的政治、经济技术的波动（如政策变化等），或者由于自然界产生的灾害（如地震、洪水等）而可能给项目带来的风险，这类风险属于大环境下的自然风险，一般是致命的、几乎无法弥补的风险。

● 商业风险。商业风险是指开发了一个没有人真正需要的产品或系统（市场风险）；或开发的产品不符合企业的整体商业策略（策略风险）；或生产了一个销售部不知道如何去出售的产品（销售风险）等。

如果从预测的角度对风险进行分类，可将风险分为以下 3 类。

● 已知风险。已知风险是指通过认真评估项目计划、项目的经济和技术环境，以及其他可靠的信息之后可以发现的那些风险。例如，不现实的交付时间；没有需求或范围文档；恶劣的开发环境等。

● 可预测的风险。可预测的风险是指能够从过去项目的经验中推测出来的风险。例如，人员变动；与客户之间无法沟通等。

● 不可预测的风险。不可预测的风险是指可能，但很难事先识别出来的风险。

项目经理应把重点放在对已知风险和可预测风险的管理和控制上，而不可预测的风险只能靠企业的能力来承担。

4. IT 项目的风险

对于一个项目来说，究竟存在什么样的风险，一方面取决于项目本身的特性（即项目的内因），另一方面取决于项目所处的外部环境与条件（即项目的外因）。IT 项目的风险主要表现在以下几个方面。

① 用户需求不一致、变化大。IT 项目（尤其是开发项目）的显著特点就是信息具有不对称性，掌握技术的开发人员对业务缺乏理解，而熟悉业务的用户对技术一窍不通，这样使得 IT 项目的需求分析难度更大、目的和范围更难界定。最惨重的失败是所完成的项目不能让用户满意。

② 技术变革。信息技术的发展和更新速度极快，技术和产品的生存期越来越短，因此 IT 项目的技术选择风险性较高，采用较成熟的技术既可能无法达到项目的需求，也可能意味着项目发展的潜力较小；而采用新技术开发的风险较高，往往会带来更多的风险。

③ 系统部署风险。IT 系统在部署时往往需要大量的时间开销及大量的数据初始化工作，这种工作任务艰巨且很烦琐，而系统对数据质量的要求使得这一矛盾更为突出——若 IT 项目需要大量的数据储备时这种风险也随之增长。另外，在 IT 项目运行期内，数据质量风险亦持续存在。

④ 流程重组风险。在采用新的技术或新的管理理念建设 IT 系统时，往往在方便工作的同时需要对原有流程加以增删、整合等重组活动，这种活动可能会受到操作人员的抵触，在组织管理水平较低或者存在组织政治斗争时，这种抵触会加剧，甚至非常激烈。

⑤ 组织与人力资源变动。IT 行业的人员流动性大、沟通难度大，因此一旦 IT 项目组织发生变动，往往会关系到整个项目的成败，如何维持 IT 项目组织的完整是 IT 项目管理的一个重要课题。

⑥ 开发方式风险。IT 项目往往可以采用合作、外包、自主开发等方式进行开发。自主开发往往面临技术实力不足的问题；外包可能存在合作和沟通的问题。采用多方合作方式时，风险就可能来自合作伙伴、技术及设备供应商方面。

不同的影响因素和不同的发展变化规律决定了不同的项目风险。IT 项目与普通项目的风险比较如表 7-1 所示。通过对 IT 项目与普通项目的风险比较可以发现，IT 项目往往面临更紧的预算、更少的人力资源、更短的时间、更复杂的系统，却具有更高的不确定性。

表 7-1　IT 项目与普通项目的风险比较

序号	项目	内　容
1	目的	IT 项目的目的不像通常的项目那样有比较清楚的定义。IT 项目可能在项目开始时还没有完全定义好的项目目标
2	范围	IT 项目有时缺少清晰的界限。范围蔓延和扩大经常发生
3	并行工作	尽管在创建或安装新的系统，但工作仍可以在原有系统上继续开展，使得需求也在不断变化
4	衔接项目	IT 项目面临着更复杂的衔接问题
5	技术依赖性	IT 项目中人们经常试图使用新技术、没有或仅有有限经验的技术，这增大了项目的风险水平
6	管理层的期望	高层经理们经常受到新技术的承诺的影响，进而影响 IT 项目
7	累积影响	最近的项目有赖于许多以前的项目和一些当前正在进行的项目的结果，即累积的依赖性
8	了解技术	IT 项目往往需要整合多种技术，这需要更深刻和透彻地了解技术
9	技术差距	最新技术和较早技术之间的差距会影响 IT 项目

5. 风险成本

为了预防和控制风险的发生与损失，必须在项目的各个阶段采取必要的措施。例如，在项目的前期阶段增加人力资源和经费的投入，向有关专家咨询，合理分配资源，配备合适和必要的人员，购置用于预防和控制风险的设备，加强人员培训等，这些活动都需要经费的支持。因此风险管理是要付出代价的，一般只有当风险的不利后果超过风险管理付出的代价时，才进行风险管理。为防止风险的发生或减少风险发生时造成的损失，必须采取一些预防措施，必须支付为此而产生的费用，这就是风险成本。风险成本包括有形的成本和无形的成本。

- 风险的有形成本包括风险发生时造成的直接损失和间接损失。直接损失是指人员、经费、设备等的直接流失；间接损失是指直接损失以外的人财、物、知识等的损失。

- 风险的无形成本是指由于风险所具有的不确定性而使项目在风险发生前和发生后所付出的代价。主要体现在：风险的发生减少了项目成功的机会；风险阻碍了生产率的提高和新技术的应用；风险会造成资源分配不当，使人们将更多的资源投入到风险较小的行业或者项目中。

当然，即使采用了各种预防措施，仍不代表项目风险会完全消失。事实上，由于项目的不确定性，风险总是与项目的进程相依相伴，并有其积极意义，即机会与风险并存的机会理论。在项目管理中，机会是指能给项目带来增值的时机。我们之所以承担风险，是因为我们预期冒险所带来的收益要大于可能带来的损失。图 7-1 列出了机会和风险的驱动因素。事实上，潜在的收益越大则我们承担的风险就越大。

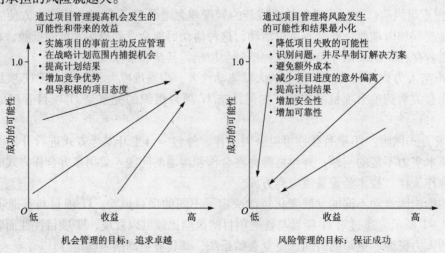

图 7-1　机会和风险的驱动因素

此外，对待风险，不同的主体承受的程度不同。风险效用或风险承受度是从潜在回报中得到满足或快乐的程度。通常情况下，风险承受的类型可分为：风险厌恶、风险中性和风险喜好 3 种，如图 7 - 2 所示。

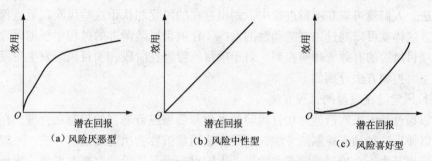

图 7 - 2　风险厌恶、风险中性和风险喜好图

纵轴代表从承担风险中得到的快乐程度或效用，横轴代表潜在回报、机会或危险机会的货币价值的数量。对于风险厌恶型的个人或组织来说，效用以递减的速度增长；风险喜好型的个人或组织对风险有很高的承受程度，而且当更多的回报处于风险中时，他们的满足程度会增加。风险中性型的个人或组织则试图在风险和回报之间取得平衡。事实上，不同风险偏好的个人或组织决定了其所采取的风险管理策略的不同。

7.1.2　风险管理概述

风险管理的目的是要在风险成为影响项目成功的威胁之前，识别、着手处理并消除风险的源头。项目风险管理是指项目管理组织对可能遇到的风险进行计划、识别、估计、评价、应对、监控的全过程，是以科学的管理方法实现最大安全保障的实践活动的总称。由于项目的风险来源、风险的形成过程、风险潜在的破坏机制、风险的影响范围及风险的破坏力错综复杂，单一的管理技术或单一的工程、技术、财务、组织、教育和程序措施都具有局限性，都不能完全奏效，必须综合运用多种方法、手段和措施，才能以最小的成本将各种不利后果减到最低程度。因此，项目风险管理是一种综合性的管理活动，其理论和实践涉及自然科学、社会科学、工程技术、系统科学、管理科学等多种学科。项目风险管理更注重项目前期阶段的风险管理和预防工作，因为这一时期项目的不确定因素较多，项目风险高于后续阶段。

1. 项目风险管理理论

按照项目风险有无预警信息，项目风险可以分成两种不同性质的风险，所以也有两种不同的项目风险管理理论。一种是针对无预警信息项目风险的管理方法和理论。由于这种风险很难提前识别和跟踪，所以难以进行事前控制，而只能在风险发生时采取类似"救火"的方法去控制或消减这类项目风险的后果。所以无预警信息项目风险的管理控制主要有两种方法：其一是消减项目风险后果的方法；其二是项目风险转移的方法（即通过外包等方式转移风险的方法）。项目风险管理的另一种理论和方法是针对有预警信息的项目风险，对于这类风险人们可以通过收集预警信息去识别和预测它，所以可以通过跟踪其发生和发展变化而采取各种措施控制这类项目风险。

风险管理力度可以分为以下 4 个层次。

- 危机管理：在风险已经造成麻烦后才着手处理它们。
- 风险缓解：事先制定好风险发生后的补救措施，但不制定任何的防范措施。
- 着力预防：将风险识别与风险防范作为软件项目的一部分加以规划和执行。
- 消灭根源：识别和消灭可能产生风险的根源。

2. 项目风险管理的方法

项目风险的渐进性给人们提供了识别和控制项目风险的可能性。因为在风险渐进的过程中，人们可以设法去分析、观察和预测它，并采取相应措施对风险及其后果进行管理和控制。如果有了正确的方法，人们就可以在项目进程中识别出存在的风险和认识这些风险发展进程的主要规律和可能后果。这样就可以通过主观能动性的发挥，在项目风险渐进的过程中根据风险发展的客观规律开展对项目风险的有效管理与控制。对于项目风险潜在阶段、项目风险发生阶段和项目风险后果阶段的主要控制方法分别如下。

（1）项目风险潜在阶段的管理方法

人们可以通过预先采取措施对项目风险的进程和后果进行适当的控制和管理。在项目风险潜在阶段都可以使用这种预先控制的方法，这类方法通常被称为风险规避的方法。一般而言，最大的项目灾难后果是由于在项目风险潜在阶段，人们对于项目风险的存在和发展一无所知。如果人们在项目风险潜在阶段就能够识别各种潜在的项目风险及其后果，并采取各种规避风险的办法就可以避免项目风险的发生。显而易见，如果能够通过项目风险规避措施使项目风险不进入发生阶段就不会有项目风险后果的发生了。例如，若已知某项目存在很大的技术风险（技术不成熟），就可以采取不使用该技术或不实施该项目的办法去规避这种风险。当不能确定地预测将来的事情时，可以采用结构化风险管理来发现计划中的缺陷，并采取行动来减少潜在风险发生的可能性和影响。通过风险管理在危机还没有发生之前就对它进行处理，这就提高了项目成功的机会，减少了不可避免风险所产生的损失。

（2）项目风险发生阶段的管理方法

人们不可能预见所有的项目风险，如果人们没能尽早识别出项目风险，或者虽然在项目风险潜在阶段识别出了项目风险，但是所采用的规避风险措施无效，这样项目风险就会进入发生阶段。在这一阶段中人们可以采用风险转化与化解的办法对项目风险及其后果进行控制和管理，这类方法通常被称为项目风险化解的方法。在风险的发生阶段，如果人们能立即发现问题、找到解决问题的科学方法并积极解决风险问题，多数情况下是可以降低、甚至防止风险后果的出现，减少项目风险后果所带来的损失。所以项目组必须建立一个应付意外事件的计划，使其在必要时能够以可控的及有效的方式作出反应。

（3）项目风险后果阶段的管理方法

人们不但很难在风险潜在阶段预见项目的全部风险，也不可能在项目风险发生阶段全面解决各种各样的项目风险问题，所以总是会有一些项目风险最后要进入项目风险后果阶段。在这一阶段人们仍可以采取各种各样的措施去消减项目风险的后果和损失，消除由于项目风险后果带来的影响等。如果采取措施得当就会将项目风险的损失减到最小，将风险的影响降到最低。不过到这一阶段人们能采用的风险管理措施就只有消减项目风险后果等被动方法了。

3. 风险管理的策略

风险管理策略就是辅助项目组建立处理项目风险的策略。对于高风险的 IT 开发项目，如果采取积极的风险管理策略，就可以避免或降低许多风险，反之，就有可能使项目处于瘫痪状态。作为一个优秀的风险管理者，应该采取主动的风险管理思路，即着力预防和消灭风险根源的管理策略，而不应该采取被动的方式。被动风险策略是直到风险变成事实时才会拨出资源来处理它们。当补救的努力失败后，项目就会处在真正的危机之中。一般来讲，一个较好的风险管理策略应满足以下要求。

- 在项目开发中规划风险管理，尽量避免风险；
- 指定风险管理者，监控风险因素；
- 建立风险清单及风险管理计划；

● 建立风险反馈渠道。

4. 项目风险管理过程

项目风险管理过程由若干个阶段组成，这些阶段不仅其间相互作用，而且与项目管理的其他管理区域也互相影响，每个风险管理阶段的完成都可能需要项目风险管理人员的努力。不同的项目管理组织从不同角度对项目风险管理过程进行了划分。

PMBOK 提出了被业界广泛认可并被普遍使用的各类项目通用的项目风险管理方法。它对主要过程分别从输入、工具和方法、输出 3 方面进行了详细论述，为通用的项目风险管理提供了一套切实可行的、系统的框架，并总结归纳了适用的工具和方法，以及如何与其他知识域进行整合，以成功实现项目的目标。在 PMBOK 中把项目风险管理划分为风险管理规划、风险识别、风险定性分析、风险定量分析、风险应对规划、风险监控等 6 个过程。

美国系统工程研究所（SEI）把风险管理的过程分成风险识别、风险分析、风险计划、风险跟踪和风险应对等若干个环节，各个环节的关系如图 7 – 3 所示。

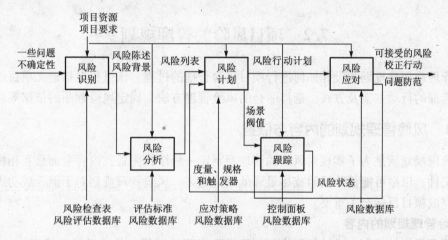

图 7 – 3 风险管理示意图

风险识别和风险分析包含了评估风险所需的活动。风险计划、风险跟踪和风险应对包含了控制风险所需的实践。在项目实施中，只有根据风险管理计划对项目的风险实施监控，才能确保项目的成功，这才是有效的项目管理。SEI 的风险管理方法主要基于以软件开发为主的 IT 项目，其两大贡献为风险管理规范和以风险分类为基础的调查表。

MSF 是微软在 25 年软件开发经验之上提炼总结出来的一套切实可行的项目管理规范。MSF 主要强调项目中的人员管理和过程管理。该框架的主要内容覆盖以下几方面：企业 IT 架构模型、团队模型、过程管理模型、风险管理模型、设计流程管理模型。

7.1.3 风险管理的意义

作为项目管理的重要一环，风险管理对保证项目实施的成功具有重要的作用和意义。

● 从项目进度、质量和成本目标看，项目管理与风险管理的目标是一致的。通过风险管理来降低项目进度、质量、成本方面的风险以实现项目目标。

● 从计划职能看，项目计划考虑的是未来，而未来存在不确定因素，风险管理的职能之一是减少项目整个过程中的不确定性，有利于计划的准确性。

● 从项目实施过程看，不少风险是在项目实施过程中由潜在变成现实的，风险管理就是在风险分析的基础上拟定具体措施来消除、缓和及转移风险，并避免产生新的风险。

● 只有进行很好的风险管理才能有效地控制项目的成本、进度、产品质量，同时可以阻止意外的发生。这样，项目经理可以将精力更多地放到项目的及时提交上，处于主动状态。同时，风险管理可以防止问题的出现，即使出现问题，也可以降低其危害程度。

风险管理在项目管理中的地位主要表现在以下几个方面。

• 有效的风险管理可以提高项目的成功率。在项目早期就应该进行必要的风险分析，并通过规避风险降低失败概率，避免返工造成成本上升。

• 提前对风险制定对策，就可以在风险发生时迅速作出反应，避免忙中出错、造成更大损失。

• 风险管理可以增强团队的健壮性。与团队成员一起进行风险分析可以让大家对困难有充分的估计，对各种意外有心理准备，不至受挫后士气低落；而项目经理如果心中有数就可以在发生意外时从容应对，大大提高组员的信心从而稳定队伍。

• 有效的风险管理可以帮助项目经理抓住工作重点，将主要精力集中于重大风险，将工作方式从被动"救火"转变为主动防范。

7.2　项目风险的管理规划

风险管理规划是规划和设计如何进行项目风险管理的过程。该过程包括定义项目组织及成员进行风险管理的行动方案及方式，选择适合的风险管理方法，确定风险判断的依据等。

7.2.1　风险管理规划的内容与依据

风险管理规划就是为了实现对风险的管理而制定一份结构完备、内容全面且互相协调的风险管理策略文件，以尽可能消除风险或尽量降低风险危害。风险管理规划对于能否成功进行项目风险管理、完成项目目标至关重要。

1. 风险管理规划的内容

风险管理规划是规划、设计如何进行项目风险管理的过程，是项目风险管理的一整套计划，具体包括以下内容。

① 选择确定风险管理使用的方法。确定风险管理使用的方法、工具和数据来源，这些内容可随项目阶段及风险评估情况做适当的调整。项目风险规划需要利用一些专门的技术和工具，例如，项目工作分解结构 WBS 和风险核对表、风险管理表格、风险数据库等。

• 风险管理表格。风险管理表格记录着风险的基本信息。风险管理表格是一种系统地记录风险信息并跟踪到底的方式。

• 风险数据库。风险数据库存储了识别的风险，它将风险信息组织起来供人们查询、跟踪状态、排序和产生报告。一个简单的电子表格可作为风险数据库的一种实现，因为它能自动完成排序、报告等。风险数据库的实际内容不是计划的一部分，因为风险是动态的，并随着时间的变化而改变。

② 确定风险管理的组织和人员。明确风险管理活动中领导者、支持者及参与者的角色定位、任务分工及其各自的责任。

③ 明确时间周期。界定项目生命周期中风险管理过程的各运行阶段，以及过程评价、控制和变更的周期或频率。

④ 定义风险类型级别及说明。定义并说明风险评估和风险量化的类型级别。明确定义和说明对于防止决策滞后和保证过程连续是很重要的。

⑤ 确定基准。明确定义由谁以何种方式采取风险应对行动。合理的定义可作为基准衡量项目团队落实风险应对计划的有效性，并避免发生客户与项目承担方对该内容理解的差异性。

⑥ 规定汇报形式。规定风险管理各过程中应汇报或沟通的内容、范围、渠道及方式。汇报与沟通应包括项目团队内部之间的，以及项目外部与投资方及其他项目利益相关者之间的。

⑦ 进行跟踪。规定如何以文档的方式记录项目过程中的风险及风险管理的过程。风险管理文档可有效应用于对当前项目的管理、项目的监察、经验教训的总结及日后项目的指导。

2. 风险管理规划的依据

- 项目规划中包含或涉及的有关内容，例如，项目目标、项目规模、项目利益相关者情况、项目复杂程度、所需资源、项目时间段、约束条件及假设前提等可作为规划的依据。
- 项目组织及个人所经历和积累的风险管理经验及实践。
- 决策者、责任方及授权情况。
- 项目利益相关者对项目风险的敏感程度及可承受能力。
- 可获取的数据及管理系统情况。丰富的数据和严密的系统基础，将有助于风险识别、评估、定量化及对应策略的制定。
- 风险管理模板。项目经理及项目组将利用风险管理模板对项目进行管理，从而使风险管理标准化、程序化。模板应在管理的应用中得到不断的改进。

7.2.2　风险管理规划的程序

1. 为严重风险确定风险设想

风险设想是对可能导致风险发生的事件和情况的设想。应针对所有对项目成功有关键作用的风险来进行风险设想。确定风险设想一般有以下 3 个步骤。

- 假设风险已经发生，考虑如何应对；
- 假设风险将要发生，说明风险设想；
- 列出风险发生之前的事件和情况。

2. 制定风险应对备用方案

风险应对备用方案是指应对风险的一套备用方案。风险应对策略用接受、避免、保护、减少、研究、储备和转移来制定风险应对备用方案。每种策略应包括目标、约束和备用方案。

3. 选择风险应对途径

风险应对途径缩小了选择范围，并将选择集中在应对风险的最佳备用方案上。可将几种风险应对策略结合为一条综合途径。例如，通过市场调查来获得统计数据，根据调查结果，可能会将风险转移到第三方，也可能使用风险储备，开发新的内部技术。选择标准有助于确定应对风险的最佳备用方案。

4. 制定风险管理计划

风险管理计划详细说明了所选择的风险应对途径，它将途径、所需的资源和批准权力编写为文档，一般应包含下列因素：批准权力、负责人、所需资源、开始日期、活动、预计结束日期、采取的行动和取得的结果。

5. 建立风险管理模板

风险管理模板规定了风险管理的基本程序、风险的量化目标、风险警告级别、风险的控制标准等，从而使风险管理标准化、程序化和科学化。

6. 确定风险数据库模式

项目风险数据库应包含若干数据字段以全面描述项目风险。数据库设计一般包括数据库结构和数据文件两部分，项目风险数据库应包括项目生命周期过程的所有相关活动。项目风险数据库模式，是从项目风险数据库结构设计的角度来介绍项目风险数据库。

7.2.3 风险管理规划的成果

风险管理规划的成果是形成一套风险管理计划文件，其中最重要的是风险形势估计、风险管理计划和风险规避计划。

在风险管理规划阶段，应该根据风险分析的结果对项目风险形势估计进行修改。修改时应该对已经选定的风险规避策略有效性进行评价，重点放在这些策略会取得哪些成果上。项目风险形势估计将最后敲定风险规避策略的目标，找出必要的策略、措施和手段，并对任何必要的应急和后备措施进行评价。项目风险形势估计还应当确定为实施风险规避策略而使用的资金的效果和效率。

针对 IT 项目的典型风险，采取的主要对策如下。

① 强调项目计划阶段的各项计划、事先预防措施。由于项目的不确定性，往往特别注重可行性研究，在这个阶段要充分探讨项目的风险和可行性，制定项目风险管理计划，减少盲目性。

② 加强各项要素的管理、监督和控制。提高项目管理水平，使得项目风险能够被迅速地识别和控制。

③ 面对利益的不一致性。建立"委托—代理"双方的战略联盟、长期的伙伴关系，使得双方拥有一致的或近似的价值观，谋求共赢并由此尽量消除利益的冲突。

④ 面对需求变动的膨胀，强调项目组与用户、项目团队内部主动、深入的沟通。在需求分析阶段与用户共同制定技术和业务规范、有效界定项目的范围；加强合同管理、充分保护自身的合法权益；利用咨询、技术原形等方法弥补项目各方之间的信息不对称；保持一定程度的系统灵活性以适应需求的变动。

⑤ 针对技术变革与技术风险，对 IT 项目制定长期的、稳定的技术体系框架，完善新技术的评估（需求—能力、特性—实现、成本—效益分析等），建立技术储备机制，保证技术的平稳演进，加强技术资源的占用和衔接、人力资源培训、质量管理和各种技术测试等。

⑥ 面对部署和流程重组的风险，加强组织的教育和培训，使其建立正确的意识，加强组织内部的沟通和冲突管理；注重数据质量检验与纠错手段，编制相关的数据接口及采用多种数据导入方式以减少手工劳动；进行充分的资源准备及预案研究，通过试运行的强化管理保证系统的平稳衔接等。

⑦ 面对组织与人力资源的变动风险，建立项目管理信息系统、加强知识管理，使得项目的核心知识得以共享，增进人力资源的管理和沟通，采取适当的团队储备和冗余，签署保密协议等。

⑧ 面对合作风险，注重合作伙伴资质的选择，完善合同管理，加强与合作单位的沟通与监督，并可考虑采用监理制度，掌握 IT 项目主流的技术架构、保留选择余地，使得在合作风险发生时不足以产生致命的影响等。

风险管理计划是说明如何把风险分析和管理步骤应用于项目之中。该文件详细地说明风险识别、风险估计、风险评价和风险控制过程的所有方面。风险管理计划还要说明项目整体风险评价基准是什么，应当使用什么样的方式及如何参照这些风险评价基准对项目整体风险进行评价。下面是项目风险管理计划中应明确的几个问题。

- 承担或不承担这一风险，分别对项目目标有什么影响？
- 项目存在的具体风险，什么是风险减轻的可交付成果？
- 风险如何被减轻，减轻的方法是什么？
- 减轻风险的资源需要多少，如何保障？
- 谁负责实施项目风险管理计划？

风险规避计划是在风险分析工作完成之后制定的详细计划。不同的项目，风险规避计划内容不同，但是，至少应当包含如下内容：风险来源的识别；已识别出的关键风险因素的评估；建议的风险规避策略；项目风险形势估计、风险管理计划和风险规避计划 3 者综合之后的总策略；实施规避策略所需资源的分配；成功的标准，即何时可以认为风险已被规避；跟踪、决策及反馈的时间和应急计划。

7.3　IT 项目风险识别

对项目进行风险管理，首先必须对存在的风险进行识别，即查明项目中的不确定因素和可能带来的后果，以明确对项目构成威胁的因素，便于制定规避风险和降低风险的计划和策略。风险识别的意义在于，如果不能准确地辨明所面临的各种风险，就会失去切实地处理这些风险的机会，从而使得风险管理的职能得不到正常的发挥，自然也就不能有效地对风险进行控制和处理。

7.3.1　风险识别过程

风险识别就是采用系统化的方法，识别出项目中已知的和可预测的风险。风险识别过程是将不确定性转变为明确的风险陈述。风险识别是风险管理的基础和起点，也是风险管理者首要的或许是最困难的一项工作。风险识别包含两方面内容：识别哪些风险可能影响项目进展及记录具体风险的各方面特征。严格来说，风险仅仅指遭受创伤和损失的可能性，但对 IT 项目而言，风险识别还牵涉机会选择（积极成本）和不利因素威胁（消极结果）。项目风险识别应凭借对"因"和"果"（将会发生什么、导致什么）的认定来实现，或通过对"果"和"因"（什么样的结果需要予以避免或促使其发生，以及怎样发生）的认定来完成。项目风险识别要回答以下问题：项目中有哪些潜在的风险因素？这些风险因素会引起什么风险？这些风险的严重程度如何？风险识别就是要找出风险之所在和引起风险的主要因素，然后才能在这个基础上对风险的后果做出定性或定量的估计。

风险识别的过程如图 7-4 所示。其中，风险识别的输入可以依据项目的 WBS、项目计划、历史项目数据、项目资源和要求等信息。在识别过程中故障树、风险树等是常用的风险识别工具。项目风险识别在很大程度上还取决于项目决策者与风险分析者的知识与经验，因此，像德尔菲法、专家会议法、面谈法都是使用得较多的。风险识别的输出是风险列表。

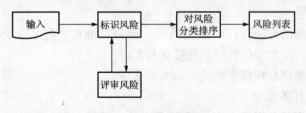

图 7-4　风险识别过程

风险识别不是一次性行为，而应该有规律地贯穿在整个项目中。项目风险识别中最重要的原则是通过分析和因素分解，把比较复杂的事物分解成一系列要素，并找出这些要素对于事物的影响、风险和大小。在识别项目风险时需要将一个综合性的项目风险问题首先分解成为许多具体的项目风险问题，再进一步分析找出形成项目风险的影响因素。在识别项目风险的影响因素时也需要使用分析和分解的原则，而且对于项目风险后果的识别也需要使用分析和分解的原则。

项目风险识别的主要工作内容包括如下几个方面。

1. 识别并确定项目有哪些潜在的风险

只有首先确定项目可能会遇到哪些风险，才能够进一步分析这些风险的性质和后果，所以在项目风险识别工作中首先要全面分析项目发展与变化中的各种可能性和风险，从而识别出项目潜在的各种风险并整理汇总成项目风险清单。项目风险识别还应该识别和确认项目风险是属于项目内部因素造成的风险，还是属于项目外部因素造成的风险。内在风险指项目工作组能加以控制和影响的风险。例如，通过项目团队成员安排和项目资源的合理调配可以克服许多项目延期或项目质量方面的风险。外在风险指超出项目工作组的控制力和影响力之外的风险，例如，市场转向或政府行为等。项目组织和项目团队对于这种风险的控制力和影响力是很小的。

2. 识别引起这些风险的主要影响因素

只有识别清楚各个项目风险的主要影响因素才能把握项目风险的发展变化规律，才有可能对项目风险进行应对和控制。所以在项目风险识别活动中，要全面分析各个项目风险的主要影响因素和它们对项目风险的影响方式、影响方向、影响力度等。然后，要运用各种方式将这些项目风险的主要影响因素同项目风险的相互关系描述清楚。

3. 识别项目风险可能引起的后果

在识别出项目风险和项目风险主要影响因素以后，还必须全面分析项目风险可能带来的后果和后果的严重程度。项目风险识别的根本目的就是要缩小和消除项目风险带来的不利后果，同时争取扩大项目风险可能带来的有利后果。当然，在这一阶段对于项目风险的识别和分析主要是定性分析，定量的项目风险分析将在项目风险度量中给出。

7.3.2　风险条目检查表

识别 IT 项目风险的最常用方法是建立风险项目检查表。这种检查表可以帮助管理人员和技术人员了解项目中存在哪些可能的风险。它是利用一组提问来帮助项目风险管理者了解在项目管理和技术方面有哪些风险。在风险条目检查表中，列出了所有可能的与每一个风险因素有关的提问，可帮助风险管理者集中识别常见的、已知的和可预测的风险，例如，产品规模风险、依赖性风险、需求风险、管理风险及技术风险等。风险条目检查表可以以不同的方式来组织，通过判定分析或假设分析，给出这些提问确定的回答，就可以帮助管理或计划人员分析风险的影响。

1. 产品规模风险

有经验的项目经理都知道项目的风险是直接与产品的规模成正比的。与软件规模相关的常见风险因素如下。

- 估算产品的规模的方法（LOC 或代码行，FP 或功能点，程序或文件的数目）。
- 对于估算出的产品规模估算的信任度如何？
- 产品规模与以前产品规模平均值的偏差是多少？
- 产品的用户数有多少？
- 产品创建或使用的数据库大小如何？
- 复用的软件有多少？
- 产品的需求改变多少？

2. 需求风险

很多项目在确定需求时都面临着一些不确定性和混乱。若在项目早期容忍了这些不确定性，并且在项目进展过程当中不进行解决，这些问题就会对项目的成功造成很大的威胁。如果不控制与需求相关的风险因素，那么就很有可能产生错误的产品。每一种情况都会导致用户不愉快。与用户相关的风险因素如下。

- 对产品缺少清晰的认识。

- 对产品需求缺少认同。
- 在做需求时客户参与不够。
- 没有优先需求。
- 由于不确定的需要导致新的市场。
- 不断变化需求。
- 缺少有效的需求变化管理过程。
- 对需求的变化缺少相关分析。

如果对于这些问题中的任何一个问题的答案是肯定的，则需要进一步的研究，以评估潜在的风险。

3. 商业影响风险

下面是与商业影响有关的常见风险。

- 本产品对企业的收入有何影响？
- 本产品是否值得企业高管层重视？
- 交付期限的合理性如何？
- 本产品是否与用户的需要相符合？
- 本产品必须能与之互操作的其他产品/系统的数目？
- 最终用户的水平如何？
- 延迟交付所造成的成本消耗是多少？
- 产品缺陷所造成的成本消耗是多少？

对这些问题中的任何一个问题的答案都必须与过去的经验相比较。如果出现较大的偏离，则风险较高。

4. 相关性风险

许多风险都是因为项目的外部环境或因素的相关性产生的。经因为我们不能很好地控制外部的相关性，因此缓解策略应该包括可能性计划，以便从第二资源或协同工作资源中取得必要的组成部分，并且觉察潜在的问题。与外部环境相关的风险因素如下。

- 客户供应条目或信息。
- 内部或外部转包商的关系。
- 交互成员或交互团体依赖性。
- 经验丰富人员的可得性。
- 项目的复用性。

5. 管理风险

项目管理水平的高低也会制约项目的成功。管理方面的风险主要包括以下几个方面。

- 计划和任务定义不够充分。
- 实际项目状态。
- 项目所有者和决策者分不清。
- 不切实际的承诺。
- 员工之间的冲突。

6. 技术风险

IT 技术的飞速发展和经验丰富员工的缺乏，意味着项目团队可能会因为技巧、经验的原因影响项目的成功。在早期，识别风险从而采取合适的预防措施是解决风险领域问题的关键，例如，培训、雇佣顾问及为项目团队招聘合适的人才等。与技术风险相关的主要有下面这些风险因素。

- 缺乏培训。
- 对方法、工具和新的技术理解得不够。
- 应用领域的经验不够。
- 待开发的系统是否需要与开发商提供未经证实的产品接口。
- 产品的需求是否要求采用特殊的功能、用户界面？
- 需求中是否有过分的对产品的性能的约束。
- 客户能确定所要求的功能是否可行吗？

如果对这些问题中的任何一个问题的回答是肯定的，则需要进一步的调研，以评估潜在的风险。

7. 开发环境风险

开发环境风险是指与用以开发产品的工具的可用性及质量相关的风险。下面的风险检查表中的条目标识了与开发环境相关的风险。

- 是否有可用的软件项目管理工具？
- 是否有可用的软件过程管理工具？
- 是否有可用的分析设计工具？
- 分析和设计工具是否适用？
- 是否有可用的软件测试工具？
- 是否有可用的软件配置管理工具？
- 环境是否利用了数据库或数据仓库？
- 工具的联机帮助及文档是否适当？

若对这些问题中的回答多数是否定的，则软件开发环境是薄弱的且风险很高。

8. 人员数目及经验风险

人员数目及经验风险是与参与工作的工程师的总体技术水平及项目经验相关的风险。下面是与人员数目及经验有关的常见风险。

- 是否有最优秀的人员可用？
- 人员在技术上是否配套？
- 是否有足够的人员可用？
- 开发人员是否能够自始至终地参加整个项目的工作？
- 项目中是否有一些人员只能部分时间工作？
- 开发人员对自己的工作是否有正确的期望？
- 开发人员是否接受过必要的培训？
- 开发人员的流动是否仍能保证工作的连续性？

若对这些问题中的任何一个问题的回答是否定的，则需要进一步的调研，以评估潜在的风险。

7.3.3 头脑风暴法

头脑风暴法是以专家的创造性逻辑思维来索取未来信息的一种方法，也是风险识别时常用的一种方法。这种方法大致分为个人头脑风暴法和集体头脑风暴法两大类，后者又具体分为直接头脑风暴法和反向头脑风暴法。

1. 个人头脑风暴法

个人头脑风暴法是通过个人的创造性逻辑思维来获取未来信息的方法。它主要依靠专家对预测对象未来的发展趋势及状况做出专家个人的判断，其最大特点是能够最大限度地发挥专家个人的智能，充分利用个人的创造能力。这种方法中，被征求意见的专家不受外界环境的影响，没有心理上的压力。但是，这种方法容易受到专家知识面、知识深度、占有资料的多少，以及被预测对象规模大小等因素的影响，难免带有片面性。

2. 直接头脑风暴法

直接头脑风暴法的核心是专家之间通过思想信息交流，进而进行创造性思维、产生思维共振和组合，形成更高级的思想信息。这种方法是通过专家会议的形式进行的，因而也称为专家会议法。

（1）组织专家会议遵循的规则

● 会议主持人简要说明会议主题，提出讨论的具体要求，并严格规定讨论问题的范围，以免在讨论时离题太远。

● 鼓励与会者自由发表意见，但不得重复别人的意见，也不允许反驳别人的意见，以便形成一种自由讨论的气氛，激发与会者进行创造性思维的积极性。

● 支持与会者吸取别人的观点，不断修改、补充和完善自己的意见；对要求修改或补充自己想法的人，提供优先发言权。

● 会议主持人及一些高级领导人和权威人士，不能发表自己的意见、不能表示自己的倾向，以免妨碍会议的自由气氛。

● 发言力求简明扼要，不允许长篇发言和反复论证，否则会扼制创造性思维活动的进行。

● 不允许参加会议者宣读事先准备好的发言稿。

（2）确定参加专家会议人选的原则

直接头脑风暴法中，确定参加会议的专家名单是很重要的。为了提供一个良好的创造性思维环境，必须确定专家会议的最佳人数和会议进行的时间。一般来说，参加人员以 10～15 人为宜，若人数较多，可予以分组；会议时间一般为 20～60 分钟。专家会议应尽量选择一些地位平等、没有利害关系的专家参加，最好互不相识，以免给持有不同或相反意见的人造成压力。专家会议人选的确定应遵循以下原则。

● 如果参加者相互认识，要从同一职位（职称或级别）的人员中选取。领导人不应参加，避免对参加者造成某种压力。

● 如果参加者互不认识，可从不同职位（职称或级别）的人员中选取。这时不应宣布参加者的职位，不论与会者的职称、职务或级别的层级如何，都应同等对待。

● 参加者的专业并不限于所讨论的问题，只要是有积极性、协调性和独创性的人都可以参加，而且，在与会的专家中对讨论的问题有深入研究的专家应占一定比重，包括一些知识渊博，能够举一反三，并且对该问题有较深理解的其他领域专家。

（3）直接头脑风暴法的组织

直接头脑风暴法的领导工作，最好委托给专家担任。专家比较了解应该提出的问题是什么。同时，他们熟悉直接头脑风暴法的处理程序和处理方法。当所论及问题涉及的专家面较窄时，组织工作应邀请精通所论及问题的专家和预测专家共同担任。

直接头脑风暴法的所有专家，都应具备较高的思维能力。在进行"头脑风暴"时，应尽可能地提供一个有助于将注意力高度集中于所讨论问题的环境。有时某个人提出的设想，可能正是其他准备发言的人已经思维过的设想。因此，直接头脑风暴法产生的结果应当是专家组集体创造的成果，是专家组成员集体智慧的结晶。直接头脑风暴法的另一个问题是造就一个融洽的气氛。这不仅与参加者有关，而且与会议主持人的能力和工作方式有关。应当指出，会议上的发言量越大，意见越多，出现有价值思想的可能性就越大。

（4）整理专家会议上的思想信息

专家会议上提出的信息应全部录音，以留作下一步整理之需。一般来讲，整理信息的程序如下。

- 对专家提出的每一条意见编制名称，并用通用术语表达出每一条意见；
- 找出重复和互为补充的意见，并在此基础上形成综合意见；
- 提出对专家意见评价的标准；
- 分组编制专家意见一览表。

在整理专家意见的基础上，对所提出的意见进行评价。评价内容主要考虑专家意见的合理性、合法性及实现专家提出意见的可能性。

（5）直接头脑风暴法的特点

直接头脑风暴法的主要特点如下。

- 直接头脑风暴法比个人头脑风暴法易于发挥专家群体的智慧，其创造力大于每个专家单独的能力，也大于每个专家单独能力的总和。
- 专家会议上的信息量，比单个成员提供的信息量要大；专家会议上考虑的因素，比单个成员考虑的因素要多。
- 专家会议提供的方案，比单个成员提供的方案更全面。

总之，直接头脑风暴法这种会议调查方式，有利于自由发表意见，有利于多种观点互相启发和借鉴，有利于各种意见得到不断的修改、补充和完善。因此，它对于鼓励创造性思维，寻求新观点、新途径、新方法，具有一定的积极作用。但是，专家会议也有不足之处，如有时受心理因素影响较大，易屈服于权威或大多数人，而忽视少数人的意见；易受劝说性思想影响，以及不愿意轻易改变自己已经发表的意见等。同时，专家会议的组织也很困难。

3. 反向头脑风暴法

反向头脑风暴法是对已经形成的设想、意见、方案等进行可行性研究的一种会议形式。这种会议形式的主要特点是：禁止会议参加者对已提出的设想、意见、方案等作确认性论证，而只允许提出各种质疑或批评性评论。

反向头脑风暴法的一般程序是：首先，请专家对已经形成的设想、意见、方案提出质疑或批评性评论，一直进行到没有问题可以质疑或批评为止。质疑和批评的内容是，论证原设想、意见、方案不能成立或无法实现的根据，或者是说明要实现原设想、意见、方案可能存在的种种制约因素，以及排除这些制约因素的必要条件等。其次，要把质疑和批评的各种意见归纳起来，并对其进行全面的分析、比较和估价；最后，形成一个具有可行性的具体结论。

头脑风暴法和反向头脑风暴法的共同点是：会议的主持者或领导人，在会议前不画框框、不定调调，在会议中不发表意见，不表示倾向，而是让与会者在无拘无束的气氛中各抒己见，在充分发扬民主的基础上形成共同的结论。这一根本特点，对于克服某些调查会的主持人或领导人的主观偏见具有积极的意义。

7.3.4 情景分析法

在项目风险分析与识别时，需要有一种能够识别各种引发风险的关键因素及它们的影响程度的方法，情景分析法就是这样一种识别风险的方法。情景分析法是通过对项目未来的某个状态或某种情况（情景）进行详细描述，并分析所描绘情景中的风险与风险要素，从而识别项目风险的一种方法。对于项目未来某种状态或情况的描述可以用图表或曲线给出，也可以用文字给出。对于涉及因素较多、分析计算比较复杂的项目风险识别，情景分析法可以借助于计算机完成。这种方法一般需要先给出项目情景描述，然后变动项目某个要素，再分析变动后项目情况变化和可能的风险与风险后果等。情景分析法对下列项目风险识别工作特别有用。

- 分析和识别项目风险的后果。这种方法通过情景描述与模拟，可以分析和识别项目风险发生后会出现的后果。这些可用于提醒项目决策者注意采取风险控制措施以防止可能出现的项目风险和风险后果。

- 分析和识别项目风险波及的范围。这种方法通过情景描述与模拟，以及改变项目风险影响因素等方式，可以分析和识别项目风险发生时波及的项目范围，并给出需要进行监视跟踪和控制的项目风险范围。

- 检验项目风险识别的结果。当各种项目风险识别的结果相互矛盾时，情景分析法可用于检验各种项目风险的可能性和发展方向与程度，并通过改变项目风险变量的情景模拟和分析，检验项目风险识别的结果。例如，可以给出两个极端情况和一个中间情况的情景模拟，并通过观察这些情景中风险的发生和发展变化去检验项目风险识别的结果。

- 研究某些关键因素对项目风险的影响。情景分析法可以通过筛选、监测和诊断，研究给出某些关键因素对于项目风险的影响。在"筛选"中，依据某种项目程序中对潜在的风险、风险因素进行分类选择排序，并筛选出项目风险。在"监测"中，通过对某些风险模拟情景进行监测，并根据风险发展变化找出影响风险的关键因素。在"诊断"中，通过对项目风险和项目风险影响因素的分析诊断出风险起因、症状、后果及风险与起因的关系，最终找出项目风险的起因。

7.3.5 风险识别的结果

风险识别之后要把结果整理出来，写成书面文件，为风险分析的其余步骤和风险管理做好准备。风险识别主要形成以下 4 方面的结果。

1. 已识别出的项目风险

已经识别出的项目风险是项目风险识别最重要的结果，包括风险因素和风险事件两个方面。风险因素是指一系列可能影响项目向好或坏的方向发展的风险事件的总和。对风险因素的描述应包括以下 4 项内容。

① 由一个因素产生的风险事件发生的可能性；

② 可能的结果范围；

③ 预期发生的时间；

④ 一个风险因素所产生的风险事件发生的频率。

2. 可能潜在的项目风险

可能潜在的项目风险是一些独立的项目风险事件，例如，自然灾害、特殊团队成员辞职等。可能潜在的项目风险与已识别的项目风险不同，它们是尚没有迹象表明将会发生，但是人们可以想像得到的一种主观判断性项目风险。当然，潜在的项目风险可能会发展成真正的项目风险。所以对于可能性或者损失相对比较大的潜在项目风险也应该注意跟踪和严格评估，特别是当潜在的风险可能向项目实际风险转化时更应十分注意。

3. 项目风险的征兆

项目风险的征兆是指那些指示项目风险发展变化的现象或标志，所以这又被称作项目风险触发器。例如，士气低落可能会导致项目绩效低下从而可能出现项目工期拖延的风险，所以士气低落是项目工期风险的征兆；如果发生通货膨胀可能会使项目所需资源的价格上涨，从而会引发项目实际成本突破项目预算的风险，所以通货膨胀是项目预算风险的征兆。一般项目风险的征兆较多，所以要全面识别和区分清楚主要和次要的项目风险征兆。将风险事件的各种外在表现描述出来，以便于项目管理者发现和控制风险。

4. 对项目管理其他方面的要求

在风险识别的过程中可能会发现项目管理其他方面的问题需要完善和改进，应在风险识别结果中表现出来，并向有关人员提出要求，让其进一步完善或改进工作。

5. 风险识别结果的整理

在风险识别结束后，确定的风险因素是可能的风险点；风险事件是可能的风险领域；风险征兆是风险事件的触发器。针对这些识别结果需要完成以下工作。

① 根据风险点，可以列出风险识别表。该表是由一列可能发生的风险事件构成，这些项目风险都是可能影响项目最终结果的事件。风险识别表是关键的风险预测管理工具，列出了在任何时候碰到的风险名称、类别、概率、该风险所产生的影响，及预期发生风险的时间等。其中整体影响值可对4个风险因素（性能、支持、成本及进度）的影响类别求平均值（有时也采用加权平均值）。该表不管风险事件发生的频率和可能性、收益、损失、损害或伤害有多大，应尽可能全面地一一罗列所有的风险，并用文字说明其来源、风险的可能后果、预计可能发生的时间及次数。一旦完成了风险列表的内容，就可以根据概率及影响来进行综合考虑，风险影响和出现概率从风险管理的角度来看，它们各自起着不同的作用。

② 根据风险事件对风险进行分类。分类的目的是将风险按分类方法的要求，落实到具体工作阶段、可能的具体事件上，以利于进行分析、计划和跟踪、控制。分类方法可以按照项目的生命周期划分，也可以按照时间管理、成本管理、质量管理等进行分类。

③ 根据风险将要发生的症状，描述风险触发点，使风险管理者能够比较早地预知风险的到来，做出规避或化解行动。

④ 根据风险识别阶段的结果，提出对各个相关阶段工作的改进要求。

表7-2是风险识别表的参考模板。

表7-2 风险识别表

编号	级别	风险	描述	分类	根源	触发器	潜在响应	发生概率	影响	状态	时间

在风险识别过程中，除了要结合应用各种方法外，还应该注意以下一些事项。

● 现场观察。风险管理者必须亲临现场，直接观察现场的各种设施的使用和运行情况，以及环境条件情况。通过对现场的考察，风险管理者可以更多地发现和了解项目面临的各种风险，有利于更好地运用上述方法对风险进行识别。

● 与项目其他团队密切联系和配合。风险管理者应该与本项目的其他团队保持密切联系，及时交换意见，详细了解各个团队的活动情况。除了听取其口头报告和阅读其书面报告外，还应与项目的负责人、专家和小组成员广泛接触，以便及时发现在这些团队的各种活动中可能存在的潜在损失。

● 做好资料保管工作。风险管理者应注意对从各方面收集到的资料进行分类，妥善保存，这有利于项目风险管理的决策与分析。

7.4 项目风险评估分析

风险评估分析是在风险识别的基础上对项目可能出现的任何风险事件所带来的后果的分析，以确定该风险事件发生的概率及可能影响项目的潜在的相关后果。风险评估分析是详细检查风险的过程，目的是确定风险的范围与程度、风险之间彼此如何关联及哪些是最重要的。通过风险评估分析，可制定有效的决策。风险评估分析活动由风险度量、风险分类、风险排序等部分组成。

7.4.1　风险评估基础

与风险识别不同，风险评估的对象是项目的各个单个风险，非项目整体风险。项目风险评估是评价风险的过程，有助于确定哪些风险和机会需要应对、哪些风险和机会可以接受、哪些风险和机会可以忽略。

1. 风险评估的目的

- 加深对项目自身和环境的理解；
- 进一步寻找实现项目目标的可行方案；
- 使项目所有的不确定性和风险经过充分、系统、有条理的考虑；
- 明确不确定性对项目其他各个方面的影响；
- 估计和比较项目各种方案或技术路线的风险大小，从中选择出威胁最小、机会最多的方案或技术路线。

2. 风险评估的依据

- 风险管理规划。
- 风险识别成果。
- 项目进展状况。
- 项目类型：技术含量较高或复杂性较强的项目的风险程度比较高。
- 数据的准确性和可靠性：对用于风险识别的数据或信息的准确性和可靠性应进行评估。
- 概率和影响程度：用于评估风险的两个关键方面。

3. 风险估计

风险估计是对风险进行定性分析，确定风险发生的概率和后果，并依据风险对项目目标的影响程度对项目风险进行分级排序。一般来说，项目风险发生的概率和后果的计算均要通过对大量已完成的类似项目的数据进行分析和整理得到，或通过一系列的模拟实验来取得数据。但在缺乏足够的历史资料来确定风险事件的概率分布时，一般采用专家预测法，结合理论模型建立风险的分布。

4. 风险评价

风险评价是指在进行风险估计之后进行的风险量化，此步骤着重于对风险的费用、效益进行分析，从而对风险处理决策提供依据。项目的风险费用包括如下内容。

① 风险处理费用。项目对风险的识别、估计、评价和处理均要花费一定的费用，如保险费、预防损失费、咨询费、用于风险转移付给合同对方的补偿费、风险管理人员的劳务费等；还包括一些因处理风险带来的时间机会损失、风险预备金的机会损失、为避免风险采取的行动造成的收入损失等。

② 风险损失费用。风险损失费用分为直接和间接两种。直接损失费用包括赔偿费、设备损失费、事故调查费、事故应急措施费等；间接损失费包括返工造成的效率下降，项目时间拖长造成项目预期收益降低等。

③ 风险存在引起的费用。由于风险存在需要开列项目储备金、风险监测设施或人员费用、潜在风险费用等。

5. 风险评价准则

① 风险回避准则。风险回避是最基本的风险评价准则，人们对风险活动首先持禁止或完全回避的态度。

② 风险权衡准则。风险权衡的前提是承认存在着一些可以接受的、不可避免的风险，风险权衡原则需要确定可接受风险的限度。

③ 风险处理成本最小原则。我们希望风险处理的成本越小越好，并且希望找到风险处理的

最小值。

④ 风险成本/效益比准则。风险处理成本应与风险收益相匹配。

⑤ 社会费用最小准则。在进行风险评价时还应遵循社会费用最小准则，这一指标体现了企业对社会应负的道义责任。

7.4.2 项目风险的度量

项目风险度量是对于项目风险的影响和后果所进行的评价和估量。项目风险度量的主要作用是根据这种度量去制定项目风险的应对措施并开展对项目风险的控制。项目风险度量的主要工作内容如下。

1. 项目风险可能性的度量

项目风险度量的首要任务是分析和估计项目风险发生的概率，即项目风险可能性的大小。这是项目风险度量中最为重要的一项工作，因为一个项目风险的发生概率越大，造成损失的可能性就越大，对它的控制就应该越严格。所以在项目风险度量中首先要确定和分析项目风险可能性的大小。在项目风险的实际评估中，通常把风险划分为低风险、中等风险和高风险3个级别。它们的定义及具体含义如下。

- 低风险是指可以辨识并可以监控其对项目目标的影响的风险。这种风险发生的可能性相当小，其起因也无关紧要，一般只需要采用正常的方式对其加以监控，而不需要采取其他的专门措施来处理该类风险。
- 中等风险是指可以被辨识的，对系统的技术性能、费用或进度将产生较大影响的风险。这类风险发生的可能性相当大，需要对其进行严密监控。应当在各个阶段的评审中对该类风险进行评审，并应采取适当的手段或行动来降低风险。
- 高风险是指发生的可能性很大，其后果将对项目有极大影响的风险。这种风险只能在单纯的研究工作或项目研制的方案阶段或方案验证和初步设计阶段中才允许存在，而对一个进入工程实施阶段的项目则是不允许的。项目管理部门必须严密监控每一个高风险领域，并要强制执行降低风险的计划。对高风险还应当定期地报告和评审。

对不同级别的风险可采取不同的预防和监控措施，对属于不同风险级别的项目应采取相应的应对策略。通过对风险的级别划分，可以为项目可行性论证或决策提供直观的辅助信息，使决策者直观地了解项目风险的大小。如果要实施某个项目，则应对照各类风险的具体含义，采取有力措施进行风险处置，把项目风险减小到可接受程度内。

2. 项目风险后果的度量

项目风险度量的第二项任务是分析和估计项目风险后果，即项目风险可能带来的损失的大小。这也是项目风险度量中的一项非常重要的工作，因为即使是一个项目风险的发生概率不大，但如果它一旦发生则后果十分严重，那么对它的控制也需要十分严格，否则这种风险的发生会给整个项目的成败造成严重的影响。后果评估标准的示例如表7-3所示。

表7-3 后果评估标准

准则	成本	进度示例	技术目标
低	低于1%	比原计划落后1周	对性能稍有影响
中等	低于5%	比原计划落后2周	对性能有一定的影响
高	低于10%	比原计划落后1个月	对性能有严重影响
关键的	10%或更多	比原计划落后1个月以上	无法完成任务

3. 项目风险影响范围的度量

项目风险度量的第三项任务是分析和评估项目风险影响的范围，即项目风险可能影响到项目的哪些方面和工作。这也是项目风险度量中的一项十分重要的工作，因为即使是一个项目风险的发生概率和后果严重程度都不大，但它一旦发生会影响到项目的各个方面或许多工作，则也需要对它进行严格的控制，防止因这种风险发生而搅乱项目的整个工作和活动。

4. 项目风险发生时间的度量

项目风险度量的第四项任务是分析和估计项目风险发生的时间，即项目风险可能在项目的哪个阶段和什么时间发生。这也同样重要，因为对于项目风险的控制和应对措施都是根据项目风险发生时间安排的，越先发生的项目风险就越应优先控制，而对后发生的项目风险可以通过监视和观察其各种征兆，做进一步的识别和度量。

在项目风险度量中人们需要克服各种认识上的偏见，这包括项目风险估计上的主观臆断（根据主观意志需要夸大或缩小风险，当人们渴望成功时就不愿看到项目的不利方面和项目风险）；对于项目风险估计的思想僵化（对原来的项目风险估计，人们不能或不愿意根据新获得的信息进行更新和修正，最初形成的风险度量会成为一种定式在脑子里驻留而不肯褪去）；缺少概率分析的能力和概念（因为概率分析本身就比较麻烦和复杂）等。

7.4.3　风险估计方法

风险估计的方法非常多，一般采用定性风险估计和定量风险分析等方法。在 PMBOK 中对定性风险估计的定义是：评估已识别风险的影响和发生概率的过程。而对定量风险分析的定义是：量化分析每一风险的概率及其对项目目标造成的影响。两种方法的目标是相同的，都是对风险的影响和概率的分析，而手段和手法有些不同。定性是评估，定量是量化分析。实际上，在某些具体方法的使用上并不能严格地区分应属于定性估计还是定量分析。无论是哪一种工具，都各有长短，而且不可避免地会受到分析者的主观影响。

1. 定性风险估计

定性风险估计主要是针对风险概率及后果绩效的定性的评估。例如，采用历史资料法、概率分布法、风险后果估计法等。历史资料法主要是应用历史数据进行评估的方法，通过同类历史项目的风险发生情况，进行本项目的估算。当项目管理者没有足够的历史信息和资料来确定项目风险概率及其分布时，也可以利用理论概率分布确定项目风险概率。概率分布法主要是按照理论概率分布或主观调整后的概率分布进行评估的一种方法，例如，正态分布是一种常用的概率分布。每个风险概率值可以由项目组成员个别估算，再将这些值平均，得到一个有代表性的概率值。另外，可以对风险事件后果进行定性估计，按其特点划分为相对的等级，形成一种风险评价矩阵，并赋一定的权值来定性地衡量风险大小。例如，根据风险事件发生的可能性，将风险事件发生的可能性定性地分为若干等级。

由于项目的一次性和独特性，不同项目的风险彼此相差很远，所以在许多情况下人们只能根据很少的历史数据样本对项目风险概率进行估计，甚至有时完全是主观判断。因此，项目管理者在很多情况下要使用自己的经验，要主观判断项目风险概率及其概率分布，这样得到的项目风险概率被称为主观判断概率。虽然主观判断概率是凭人们的经验和主观判断估算或预测出来的，但它也不是纯粹主观的东西，因为项目管理者的主观判断是依照过去的经验做出的，所以它仍然具有一定的客观性。

风险概率值是介于没有可能（>0）和确定（<1）之间的。风险概率度量也可以采用高、中、低或者极高、高、中、低、极低，以及不可能、不一定、可能和极可能等不同方式表达。风险后果是风险影响项目目标的严重程度，可以从无影响到无穷大影响，风险后果的影响度也可以

用高、中、低或者极高、高、中、低、极低，以及灾难、严重、轻度、轻微等方式表达。例如，表7-4将风险发生的概率分为4个等级。

风险的影响程度受3个因素制约：风险的性质、范围和持续时间。风险的性质是指当风险发生时可能产生的问题。例如，软件与硬件接口定义的错误，会影响早期的设计和测试，也可能导致后期的集成出现问题。风险的影响范围包括严重程度、变动幅度和分布情况。严重程度和变动幅度可以分别用损失的数学期望和方差来表示。时间分布是指风险事件是突发的还是随着时间的推移逐渐发生作用的。例如，可将风险的影响程度分为若干个等级，例如，表7-5将风险后果分为4个等级。

表7-4 风险发生概率的定性等级

等级	等级说明
A	极高
B	高
C	中
D	低

表7-5 风险后果影响的定性等级

等级	等级说明
I	灾难性的
II	严重
III	轻度
IV	轻微

将上述风险后果的影响和发生概率等级编制成矩阵，并分别赋予一定的加权值，可形成风险评估指数矩阵，表7-6为一种定性风险评估指数矩阵的实例。

表7-6 风险发生概率的定性等级矩阵

影响等级 概率等级	I（灾难性的）	II（严重）	III（轻度）	IV（轻微）
A（极高）	1	3	7	13
B（高）	2	5	9	16
C（中）	4	6	11	18
D（低）	8	10	14	19
E（极低）	12	15	17	20

风险发生概率的定性等级矩阵中的加权指数称为风险评估指数，指数1到20是根据风险事件可能性和严重性水平综合确定的。通常，将最高风险指数定为1，对应的风险事件是频繁发生的并是有灾难性的后果；最低风险指数定为20，对应的风险事件几乎不可能发生并且后果是轻微的。数字等级的划分具有随意性，但要便于区别各种风险的档次，划分得过细或过粗都不便于进行风险决策，因此需要根据具体对象来制定。

项目管理者可以根据项目的具体情况确定风险接受准则，这个准则没有统一的标准，例如，可以将风险矩阵中的指数划分为4类：指数1～5，是不可能接受的风险；指数6～9，是不希望有的风险，需要由项目管理者决策；指数10～17，是有控制的可接受的风险，需要管理者评审后方可接受；指数18～20，是指不经评审即可接受的风险。

风险定性估计的结果如下。

① 项目总体风险等级。指出项目总体风险与其他项目相比，处在一个什么样的风险等级上，以帮助组织或项目经理做出决策。

② 项目优先次序清单。风险优先次序清单根据不同考虑对风险进行排列，以指导风险应对处理次序。

③ 需要进一步管理和控制的风险清单。对中、高级风险需要进一步进行定量分析，并采取

相应的措施。

④ 风险趋势。风险趋势可以指导风险分析和掌握应对行动是否紧迫。通过定义风险的参照水准来进行平衡分析，可以对 IT 项目的风险因素——成本、性能、支持和进度等建立风险参照系。也就是说对成本超支、性能下降、支持困难、进度延迟都有一个导致项目终止的水平值。如果风险的组合所产生的问题超出了一个或多个参照水平值，就应终止该项目的工作。在项目分析中，风险水平参考值是由一系列的点构成的，每一个单独的点通常称为参照点或临界点。如果某风险落在临界点上，可以利用性能分析、成本分析、质量分析等来判断该项目是否应继续进行，如图 7-5 所示。

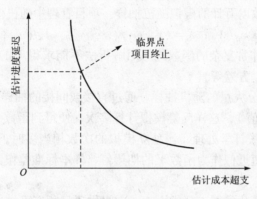

图 7-5 风险参照水准

2. 定量风险分析

在进行定性风险估计后，为了进一步了解风险发生的可能性到底有多大，后果到底有多严重，就需要对风险进行定量的评估分析。定量风险分析过程的目标是量化分析每一个风险的概率及其对项目目标造成的后果，同时分析项目的总体风险程度。定量风险分析包括以下方法。

（1）敏感性分析

敏感性分析是在所有其他不确定因素保持在基准值的条件下，考察项目的每项要素的不确定性对目标产生多大程度的影响。例如，当项目成本变动时，项目的绩效会出现怎样的变化。敏感性分析的目的是考察与项目有关的一个或多个主要因素发生变化时对该项目投资价值指标的影响程度。通过敏感性分析，可以了解和掌握在项目经济分析中由于某些参数估算的错误或是使用的数据不太可靠而可能造成的对投资价值指标的影响程度，这有助于我们确定在项目投资决策过程中需要重点调查研究和分析测算的因素。

（2）概率分析

概率分析是运用概率论及数理统计的方法，来预测和研究各种不确定因素对项目投资价值指标的影响的一种定量分析。通过概率分析可以对项目的风险情况做出比较准确的判断。概率分析方法主要包括参数解析法和随机模拟法（蒙特卡罗法）两种。

- 参数解析法。参数解析法也称组合频率法。该方法首先由各子效益和各子费用的统计参数通过一定的数学关系式求出总效益和总费用的统计参数，再由总效益和总费用的统计参数求出项目的经济效益指标（如净现值、效益费用比等）的统计参数，最后给各经济效益指标配置一定的概率分布线型，求出其分布。参数解析法的关键是推导经济效益指标统计参数的求解公式和选择合适的经济效益指标线型，当经济效益指标的统计参数不能解析表示时就无法使用。

- 随机模拟法。随机模拟法又称蒙特卡罗法或统计实验法。这种方法的基本思想是人为地构造出一种概率模型，使它的某些参数恰好重合于所需计算的量；又可以通过实验，用统计方法求出这些参数的估值；把这些估值作为要求的量的近似值。如果在项目的风险分析中，由于各风险变量之间存在着比较复杂的影响机制，不容易确切估计和确定其分布线型与参数、不容易集中考虑各种变量的相关影响时，用随机模拟法获得某些决策指标的随机变化信息是一种比较好的方法。

在项目管理中，常常用到的随机变量是与成本和进度有关的变量，例如，价格、用时等。由于实际工作中可以获得的数据量有限，它们往往是以离散型变量的形式出现的。例如，对于某种成本只知道最低价格、最高价格和最可能价格；对于某项活动的用时往往只知道最少用时、最多用时和最可能用时 3 个数据。经验表明，项目管理中的这些变量服从某些概率模型。现代统计学则提供了把这些离散型的随机分布转换为预期的连续型分布的可能。可以利用计算机针对某种概率模型进行数以千计甚至数以万计的模拟随机抽样。项目管理中随机模拟法的一般步骤如下。

① 假定函数 Y 满足：$Y = f(X)$；$X = (x_1, x_2, x_3, \cdots, x_n)$。其中：$X$ 为服从某一概率分布的随机变量；$f(X)$ 为一未知或非常复杂的函数式，用解析法不能求得 Y 的概率分布（包括分布率及其他统计参数，如期望值、方差等）。

② 计算机快速实施充分大量的随机抽样，通过直接或间接的抽样求出每一随机变量 X。

③ 代入上式求出函数值 Y，这样反复模拟计算多次，便得到函数 Y 的一批数据。

④ 对求出的结果进行统计学处理，当独立模拟的次数相当多时，就可由此来确定函数 Y 的概率特征，并可用样本均值近似作为函数 Y 的期望值、样本标准差作为精度的统计估计。

（3）决策树分析

决策树分析是一种形象化的图表分析方法，它提供项目所有可供选择的行动方案及行动方案之间的关系、行动方案的后果及发生的概率，为项目管理者提供选择最佳方案的依据。决策树分析可采用损益期望值作为决策树的一种计算值，它根据风险发生的概率计算出一种期望的损益。首先要分析和估计项目风险概率和项目风险可能带来的损失（或收益）大小，然后将二者相乘求出项目风险的损失（或收益）期望值，并使用项目损失期望值（或收益）去度量项目风险。

决策树的分支或代表决策或代表偶发事件，图 7-6 所示是一个典型的决策树图，是针对实施某计划的风险分析。它用逐级逼近的计算方法，从出发点开始不断产生分支以表示所分析问题的各种发展可能性，并以各分支的损益期望值中最大者作为选择的依据。

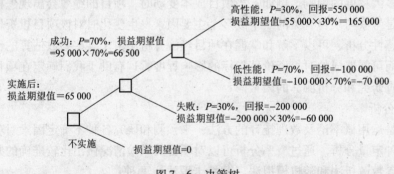

图 7-6　决策树

从这个风险分析来看，实施计划后有 70% 的概率成功，有 30% 的概率失败。而成功后有 30% 的概率是有高性能的，回报为 550 000；同时有 70% 概率是亏本的，回报为 −100 000，这样项目成功的损益期望值为（550 000 × 30% − 100 000 × 70%）× 70% = 66 500；项目（30% 概率）失败的损益期望值 = 60 000，则实施后的损益期望值为 66 500 − 60 000 = 6 500，而不实施此项目计划的损益期望值为 0。通过比较，可以决策，应该实施这个计划。

7.4.4　风险评估结果

1. 量化的风险序列表

在绝大多数情况下一个项目会有许多种风险，而且这些风险可能会同时或在较短时间间隔内发生，这就需要根据项目风险的度量，确定出它们的优先序列安排。项目风险的发生概率、风险后果严重程度等度量都会影响对项目风险控制优先序列的安排。项目控制优先序列安排的基本原则是项目风险后果最严重、发生概率最高、发生时间最早的优先控制。对于已经识别出的项目全部风险都应该按照这种原则确定出其优先序列。

通过量化风险分析，可以得到量化的、明确的、需要关注的风险管理清单，如表 7 - 7 所示。清单上列出了风险名称、类别、概率，该风险所产生的影响及风险的排序，其中整体影响值可对 4 个风险因素（性能、支持、成本和进度）的影响类别求平均值。应该从风险清单中选择排列靠前的几个风险作为风险评估的最终结果。

表 7 - 7　风险管理清单

风险名称	类　　别	概率	影响	排序
用户变更需求	产品规模	80%	5	1
规模估算可能非常低	产品规模	60%	5	2
人员流动	人员数目及经验	60%	4	3
最终用户抵制该计划	商业影响	50%	4	4
交付期限将被紧缩	商业影响	50%	3	5
用户数量大大超出计划	产品规模	30%	4	6
技术达不到预期的效果	技术情况	30%	2	7
缺少对工具的培训	开发环境	40%	1	8
人员缺乏经验	人员数目及其经验	10%	3	9

对一个具有高风险，但发生概率很低的风险不应花太多的管理时间；而对高影响且发生概率为中~高的风险和低影响且发生概率高的风险，应该首先将其列入随后的风险分析步骤中去。

2. 项目风险识别和度量报告

每进行一次项目风险识别和度量都要在这一工作的最后给出一份项目风险识别和度量报告。该报告不但要包括项目现有风险清单，而且要有项目风险的分类、原因分析和说明、项目风险度量的表述和重要项目风险的影响程度的详细说明、下一步要进行的风险定量评价和风险应对计划等内容。

3. 项目确认研究报告

应用风险评估和风险量化结果对原项目进度和费用计划进行分析，提出确认的项目周期、完工日期和项目费用，并提出对应当前项目计划实现项目目标的可能性。

4. 项目所需的应急资源

风险量化可以确定所需新资源的量及所需资源的应急程度，以帮助项目经理在实现目标的过程中将资源耗费控制在组织可接受的程度内。

7.5　项目风险应对

项目风险应对就是对项目风险提出处置意见和办法。制定项目风险应对措施的任务是计划和安排对项目风险的控制活动方案。在制定项目风险应对措施时必须充分考虑项目风险损失和代价的关系。这里所说的"代价"是指为应对项目风险而进行的信息收集、调查研究、分析计算、科学实验和采取措施等一系列活动所花的费用。因此一方面要设计好项目风险应对的措施，尽量减少风险应对措施的代价。另一方面，在制定项目风险应对措施时还必须考虑风险应对措施可能带来的收益，并根据收益的多少决定是否需要付出一定量的代价去应对项目风险，避免出现得不偿失的情况。

7.5.1 项目风险应对的原则

经过项目风险识别和度量确定出的项目风险一般会有两种情况：其一是项目整体风险超出了项目组织或项目客户能够接受的水平；其二是项目整体风险在项目组织或项目客户可接受的水平之内。对于这两种不同的情况，各自可以有一系列的项目风险应对措施。对于第一种情况，在项目整体风险超出项目组织或项目业主/客户能够接受的水平时，项目组织或项目客户至少有两种基本的应对措施可以选择：其一是当项目整体风险超出可接受水平很高时，由于无论如何努力也无法完全避免风险所带来的损失，所以应该立即停止项目或取消项目；其二是当项目整体风险超出可接受水平不多时，由于通过主观努力和采取措施能够避免或消减项目风险损失，所以应该制定各种项目风险应对措施，并通过开展项目风险控制落实这些措施，从而避免或消减项目风险所带来的损失。在制定风险管理应对方案时应遵循以下原则。

1. 可行、适用、有效性原则

风险应对方案首先应针对已识别的风险源，制定具有可操作性的管理措施，适用有效的应对措施能大大提高管理的效率和效果。

2. 经济、合理、先进性原则

风险应对方案涉及的多项工作和措施应力求管理成本节约，管理信息流畅、方式简捷、手段先进才能显示出高超的风险管理水平。

3. 主动、及时、全过程原则

项目的全过程建设期分为前期准备阶段（可行性研究阶段、招标投标阶段）、设计及实现阶段、运营维护阶段。对于风险管理，仍应遵循主动控制、事先控制的管理思想，根据不断发展变化的环境条件和不断出现的新情况、新问题，及时采取应对措施，调整管理方案，并将这一原则贯彻项目全过程，才能充分体现风险管理的特点和优势。

4. 综合、系统、全方位原则

风险管理是一项系统性、综合性极强的工作，不仅其产生的原因复杂，而且后果影响面广，所需处理措施综合性强。例如，项目的多目标特征（投资、进度、质量、安全、合同变更和索赔、生产成本、利税等目标）。因此，要全面彻底地降低乃至消除风险因素的影响，必须采取综合治理原则，动员各方面力量，科学分配风险责任，建立风险利益的共同体和项目全方位风险管理体系，才能将风险管理的工作落到实处。

7.5.2 项目风险应对措施

一般的项目风险应对措施主要有如下几种。

1. 风险回避

风险回避是指当项目风险潜在威胁的可能性极大，并会带来严重的后果，无法转移又不能承受时，通过改变项目来规避风险。通常会通过修改项目目标、项目范围、项目结构等方式来回避风险的威胁。这是从根本上放弃使用有风险的项目资源、项目技术、项目设计方案等，从而避开项目风险的一类风险应对措施。例如，对于不成熟的技术坚决不在项目实施中采用就是一种项目风险回避措施。在回避风险的同时，也就彻底放弃了项目带来的各种收益和发展机会。

回避风险是一种消极的应对手段。在采取回避策略之前，必须要对风险有充分的认识，对威胁出现的可能性和后果的严重性有足够的把握。项目风险管理中的 "80/20" 规律告诉我们，项目所有风险中对项目产生 80% 威胁的只是其中的 20% 的风险，因此要集中力量去规避这 20% 的最危险的风险。规避风险的另一个重要的策略是排除风险的起源，即利用分隔将风险源隔离于项目进行的路径之外。事先评估或筛选适合于本身能力的风险环境，例如，供货商的筛选、选择放弃某项环境领域，以准确预见并有效防范和消除风险的威胁。另外，采取回避策略最好在项目活动尚未实施时，若放弃或改变正在进行的项目，一般都要付出昂贵的代价。

2. 风险遏制

这是从遏制项目风险事件引发原因的角度出发，控制和应对项目风险的一种措施。例如，对可能出现的因项目财务状况恶化而造成的项目风险，通过采取注入新资金的措施就是一种典型的项目风险遏制措施。

3. 风险转移

在 IT 项目中使用最频繁的做法是通过合作伙伴、项目外包与担保等手段将项目风险转移给分包商或合作伙伴的办法。无论是与合作伙伴协同实施还是项目外包，都能在人力资源、成本费用、项目进度等方面分散风险，开脱责任。但转移风险的同时也必然带来利润的一部分流失。这类项目风险应对措施多数是用来对付那些概率小，但是损失大，或者项目组织很难控制的项目风险。

4. 风险化解

这类措施从化解项目风险产生的原因出发，去控制和应对项目风险。例如，如果将频繁的人员流动确定为一个项目风险，根据历史和管理部门的经验，人员频繁流动的概率估算为 0.6（60%），而影响确定为 4 级（严重的）。为了化解这一风险，项目管理者必须千方百计地减少人员流动，可采用如下策略。

- 与现有人员一起探讨人员流动的原因（工作条件差、报酬低、人才市场竞争等）；
- 在项目开始前，就把化解这些原因的工作列入管理计划；
- 一旦项目开始，如果出现人员流动，马上采取一些技术措施，以保证人员离开后工作的连续性；
- 有良好的项目组织和沟通渠道，使每一项开发活动的信息能被广泛地传播；
- 定义文档标准和建立相应机制，以保证能及时开发相关文档；
- 对所有工作都要进行详细评审，使得能有更多的人熟悉该项工作；
- 对每一项关键技术都要培养不少于一个的后备人员。

5. 风险容忍

风险容忍措施多数是对那些发生概率小，而且项目风险所造成的后果较轻的风险事件所采取的一种风险应对措施。这种措施是将风险事件的不利后果承担下来，这种后果通常主要反映在实施周期、成本费用的有限增加上，以牺牲项目收益而不影响项目的整体。该类措施可分为主动式或被动式。最常见的主动接受风险的方式就是建立应急储备，应对已知或潜在的未知威胁或机会。被动地接受风险则不要求采取任何行动，将其留给项目团队，待风险发生时相机处理。风险自留对策在以下的情况下比较有利。

- 自留费用低于保险人的附加保费。
- 项目的期望损失低于保险公司的估计或采取其他方式的花费。
- 项目有许多风险单位，而且企业有较强的抵御风险的能力。
- 项目最大潜在的损失与最大预期损失较小。

- 短期内项目有承受项目预期最大损失的能力。
- 费用和损失支付分布在很长的时间段里，因而不会导致很大的机会成本。

6. 风险分担

这是指根据项目风险的大小和项目团队成员及项目相关利益者不同的承担风险能力，由他们合理分担项目风险的一种应对措施。这也是一种经常使用的项目风险应对措施。

另外还有一些其他的项目风险应对措施，但是在项目风险管理中上述项目风险应对措施是最常使用的几种。

制定项目风险应对措施的主要依据如下。

- 项目风险的特性。通常项目风险应对措施主要是根据项目风险的特性制定的。例如，对于有预警信息的项目风险和没有预警信息的项目风险就必须采用不同的风险应对措施，对于项目工期风险、项目成本风险和项目质量风险也必须采用完全不同的风险应对措施。
- 项目组织的抗风险能力。项目组织的抗风险能力决定了一个项目组织能够承受多大的项目风险，也决定了项目组织对于项目风险应对措施的选择。项目组织抗风险能力包括许多要素，既包括项目经理承受风险的心理能力，也包括项目组织具有的资源和资金能力等。
- 可供选择的风险应对措施。制定项目风险应对措施的另一个依据是一个具体项目风险所存在的选择应对措施的可能性。对于一个具体的项目风险而言只有一个选择和有很多个选择，情况是不同的，总之要通过选择最有效的措施去制定出项目风险的应对措施。

7.5.3 风险应对措施制定的结果

项目风险应对措施制定的结果主要包括如下内容。

1. 项目风险管理计划

项目风险管理计划是项目风险应对措施和项目风险控制工作的计划与安排，是项目全过程的风险管理的目标、任务、程序、责任、措施等一系列内容的全面说明。它应该包括：对于项目风险识别和风险度量的结果说明，对于项目风险控制责任的分配和说明，对于如何更新项目风险识别和风险度量结果的说明，项目风险管理计划的实施说明，以及项目预备资金（不可预见费）如何分配和如何使用等方面的全面说明和计划与安排。项目风险管理计划是整个项目计划的一个组成部分。

表 7－8 所示是某软件开发项目的风险管理计划。

表 7－8　某软件开发项目的风险管理计划

项目风险管理计划								
项目管理过程	风险识别		风险评估				风险应对措施		责任人
	潜在的风险事件	风险发生的后果	可能性	严重性	不可控性	风险等级	应急措施	预防措施	
需求分析	客户的需求不明确；	客户不接受产品或拒绝付款；	5	9	6	300	按照客户要求修改；	事先进行需求评审；	
	项目范围定义不清楚；	项目没完没了；	8	9	5	360	按照客户要求变更；	事先定义清楚并获得客户的确认；	
	项目目标不明确；	项目进度拖期或成本超支；	6	8	5	240	修改项目目标；	事先明确项目目标；	

续表

项目风险管理计划								
	风险识别		风险评估				风险应对措施	
项目管理过程	潜在的风险事件	风险发生的后果	可能性	严重性	不可控性	风险等级	应急措施	预防措施	责任人
需求分析	与客户沟通不够;	软件不能满足客户需求;	5	9	6	270	立即与客户进行沟通;	制定沟通管理计划;	
	分析员对客户业务了解不够;	软件不能实现业务功能;	6	9	5	270	修改软件;	加强了解并让客户参与;	
	分析员没有真正理解客户需求;	软件不能满足客户需求;	8	10	7	560	根据客户要求修改;	让客户确认需求报告;	
	没有进行可行性研究;	项目失败或执行不下去;	5	10	5	250	取消项目或修改目标;	进行认真分析和研究;	
	需求分析报告没有得到客户的确认;	客户拒绝签字、验收;	5	10	4	200	按照客户要求修改;	事先获取客户确认;	
	需求不断变化;	项目变得没完没了;	8	9	5	360	提交 CCB 讨论、决定;	建立范围变更程序;	
	缺乏有效的需求变化管理过程;	项目不能按时、按预算完成;	5	8	4	160	对需求变化进行评审;	建立需求变更程序;	
	任务定义不够充分;	项目不能按时、按预算完成;	6	8	5	240	重新定义;	事先与客户达成共识;	
设计	缺乏有经验的分析员;	分析错误或不可行;	4	10	5	200	培训或换人;	配备有经验的分析员;	
	设计偏离客户需求;	软件不能满足需求,客户拒绝接受;	5	10	5	250	修改设计;增加相应的功能;	进行设计评审;	
	没有变更控制计划;	客户不满意;	4	8	5	160		进行设计评审、获得客户确认;	
编码	程序员对系统设计的理解出现偏差;	软件实现不了设计的功能,客户拒绝接受;	6	9	5	270	修改代码;	进行设计评审;	
	程序员开发能力差;	项目进度拖期、质量问题;	3	9	4	108	培训或换人;	配备精兵强将事先提供培训;	
	程序员不熟悉开发工具;	项目进度拖期	4	8	5	160	培训或换人;	提前准备;	
	开发环境没准备好;	质量问题、项目进度拖期;	3	8	4	96	立即改进;	编码之前进行设计评审;	
	设计错误导致编码实现困难;	质量问题;	4	10	5	200	修改设计;	事先确定项目范围;	

续表

	项目风险管理计划								
项目管理过程	风险识别		风险评估				风险应对措施		责任人
	潜在的风险事件	风险发生的后果	可能性	严重性	不可控性	风险等级	应急措施	预防措施	
编码	客户要求增加功能;	项目进度拖期、成本超支;	8	7	5	280	修改程序;	以合同固定交付时间;	
	项目交付时间提前;	质量问题;	4	8	5	160	加班加点或增加资源;	与相关人员签订合同;	
	程序员离开;	项目执行不下去;	5	10	4	200	临时替补人;		
	开发团队内部沟通不够;	接口混乱、质量问题;	5	8	4	160	修改程序;	制定内部沟通计划;	
测试	没有切实可行的测试计划;	项目拖期、质量问题发现不了;	2	9	5	90	修改测试计划;	事先评审测试计划;	
	测试人员不能按时到位;	项目进度拖期;	2	7	3	42	临时安排测试人员;	制定出人力资源计划;	
	测试人员经验不足;	程序问题发现不了;	4	6	3	72	培训或换人;	选择有经验的人员;	
	测试设备故障;	项目拖期;	3	8	4	96	修理或换设备;	加强设备预防性维修;	
	测试期间出现重大问题;	客户拒绝接受产品;	4	10	5	200	修改程序;	分步测试;	
	没有有效的备份方案;	数据丢失无法挽救;	4	9	4	106	重新开始;	异地双重备份;	
	测试发现的问题迟迟解决不了;	项目进度拖期;	3	9	5	135	加快解决;	专家会诊解决;	
安装	设备不能按时到位;	项目进度拖期;	3	8	4	92	催设备供应商;	提前采购或合同约束;	
	运行时质量问题多;	客户投诉;	6	8	4	172	即时解决问题;	事先进行局部运行;	
	客户突然要求增加功能;	项目进度拖期、成本超支;	7	8	5	280	作出相应修改;	事先确定项目范围和功能要求;	
	重要的记录、文件、数据丢失;	客户投诉、要求赔偿;	3	9	5	135	重新生成数据;	做好备份;	
	系统崩溃;	客户要求承担损失;	2	10	3	60	加紧修复;	事先备份;	
维护	出现故障,用户维护人员解决不了;	客户投诉;	8	8	8	512	派技术人员帮助解决;	事先培训客户系统维护人员;	
	用户手册错误多;	客户投诉;	3	6	4	72	修改错误;	专人检查;	
	培训手册没有按时准备好;	客户投诉,培训;	3	5	3	45	加班加点准备;	提前准备出来;	
	培训效果差;	不能按时进行客户不满意;	3	6	3	54	重新培训;	确定标准、充分准备、把好培训质量关;	

表7-8是通过输入风险识别项，然后对风险进行分析，得出风险的来源、类型、项目风险发生的后果、影响范围、应采取的应急措施和预防措施等。

2. 项目风险应急计划

如果风险缓解工作失败，风险已成为现实，就要启动应急计划。项目风险应急计划是在事先假定项目风险事件发生的前提下，所确定出的在项目风险事件发生时所应实施的行动计划。例如，项目正在进行中，一些人员宣布将要离开。若按照应急策略行事，则有后备人员可用，信息已经文档化，有关知识也已在项目组内广泛交流，项目管理者还可临时调整资源和进度。项目风险应急计划通常是项目风险管理计划的一部分，但是它也可以融入其他项目计划。

3. 风险储备

项目风险是客观存在的，为了实现项目目标，有必要制定一些项目风险应急措施即建立风险储备。所谓储备风险，是指根据项目风险规律事先制定应急措施和应急资源。项目风险储备主要有费用、进度和技术3种。

- 项目预备金是一笔事先准备好的资金，这笔资金也称为项目不可预见费，它是用于补偿差错、疏漏及其他不确定性事件的发生对项目费用估算精确性的影响而准备的，它在项目实施中可以用来消减项目成本、进度、范围、质量和资源等方面的风险。项目预备金在预算中要单独列出，不能分散到项目具体费用中，否则项目管理者就会失去这种资金的支出控制，失去了运用这笔资金抵御项目风险的能力。为了使这项资金能够提供更加明确的、消减风险的作用，通常它被分成几个部分。例如，可以分为项目管理预备金、项目风险应急预备金、项目进度和成本预备金等。另外，项目预备金还可以分为项目实施预备金和项目经济性预备金，前者用于补偿项目实施中的风险和不确定性费用，后者用于对付通货膨胀和价格波动所需的费用。

- 进度后备措施就是在关键路线上设置一段时差或浮动时间。项目管理组要设法制订一个较紧凑的进度计划，争取在各有关方要求完成的日期前完成。

- 项目的技术后备措施是专门用于应付项目技术风险的，它是一系列预先准备好的项目技术措施方案，这些技术措施方案是针对不同项目风险而预想的技术应急方案，只有当项目风险情况出现并需要采取补救行动时才需要使用这些技术后备措施。

7.6 项目风险监控

随着项目的进展，风险监控活动开始进行。风险监控就是为了改变项目管理组织所承受的风险程度，采取一定的风险处置措施，以最大限度地降低风险事故发生的概率和减小损失幅度的项目管理活动。

7.6.1 项目风险监控概述

项目风险监控就是要跟踪风险，识别剩余风险和新出现的风险，修改风险管理计划，保证风险计划的实施，并评估消减风险的效果，从而保证风险管理达到预期的目标。监控风险即监视项目产品、项目过程的进展和项目环境的变化，通过核查项目进展的效果与计划的差异来改善项目的实施。一般可采取项目审核检查的方式，通过审查各实施阶段的目标、计划，有关项目风险的信息会逐渐增多，风险的不确定性会逐渐降低，但风险监视工作也随信息量的增大而日渐复杂。实际上人们对项目风险的控制过程也是一个不断认识项目风险的特性、不断修订项目风险控制决策与行为的过程。这一过程是一个通过人们的活动使项目风险逐步从相对可控向绝对可控转化的过程。

项目风险控制是建立在项目风险的阶段性、渐进性和可控性基础之上的一种项目风险管理工作。对于一切事物来说，当人们认识了事物的存在、发生和发展的根本原因，以及风险发展的全部进程以后，这一事物就基本上是可控的了；而当人们认识了事物的主要原因及其发展进程的主要特性以后，那么它就是相对可控的了；只有当人们对事物一无所知时，人们对事物才会是无能为力的。对于项目的风险而言，通过项目风险的识别与度量，人们已识别出项目的绝大多数风险，这些风险多数是相对可控的。这些项目风险的可控程度取决于人们在项目风险识别和度量阶段给出的有关项目风险信息的多少。所以只要人们能够通过项目风险识别和度量得到足够多的有关项目风险的信息，就可以采取正确的项目风险应对措施，从而实现对于项目风险的有效控制。

项目风险控制的内容主要包括：持续开展项目风险的识别与度量、监控项目潜在风险的发展、追踪项目风险发生的征兆、采取各种风险防范措施、应对和处理发生的风险事件、消除和缩小项目风险事件的后果、管理和使用项目不可预见费、实施项目风险管理计划等。

项目风险控制的依据主要包括如下几个方面。

- 项目风险管理计划。这是项目风险控制最根本的依据，通常项目风险控制活动都是依据这一计划开展的，只有新发现或识别的项目风险控制例外。但是，在识别出新的项目风险以后就需要立即更新项目风险管理计划，因此可以说所有的项目风险控制工作都是依据项目风险管理计划开展的。

- 实际项目风险发展变化情况。一些项目风险最终是要发生的，而其他一些项目风险最终不会发生。这些发生或不发生的项目风险的发展变化情况也是项目风险控制工作的依据之一。一旦项目风险发生了，就应依据风险应对计划，采取风险处理措施。一般用于监督和控制项目风险的文档有：事件记录、行动规程、风险预报等。

- 附加的风险识别和分析。随着项目的进展，在对项目进行评估和报告时，可能会发现以前未曾识别的潜在风险事件。应对这些风险继续执行风险识别、估计、量化并制定应对计划。

- 项目评审。风险评审者检测和记录风险应对计划的有效性及风险主体的有效性，以防止、转移和缓和风险的发生。

7.6.2 风险监控程序

风险监控从过程的角度来看，处于项目风险管理流程的末端，但这并不意味着项目风险监控的领域仅此而已，风险监控应该面向项目风险管理全过程。项目预定目标的实现，是整个项目管理流程有机作用的结果，风险监控是其中一个重要环节。

风险监控应是一个连续的过程，它的任务是根据整个项目（风险）管理过程规定的衡量标准，全面跟踪并评价风险处理活动的执行情况。有效的风险监控工作可以指出风险处理活动有无不正常之处，哪些风险正在成为实际问题。掌握了这些情况，项目管理组就有充裕的时间采取纠正措施。建立一套项目监控指标系统，使之能以明确易懂的形式提供准确、及时而关系密切的项目风险信息，是进行风险监控的关键所在。项目风险监控的具体做法如下。

1. 建立项目风险事件控制体制

在项目开始之前应根据项目风险识别和度量报告所给出的项目风险信息，制订出整个项目风险控制的大政方针、项目风险控制的程序及项目风险控制的管理体制，包括项目风险责任制、项目风险信息报告制、项目风险控制决策制、项目风险控制的沟通程序等。

2. 确定要控制的具体项目风险

根据项目风险识别与度量报告所列出的各种具体项目风险，确定出对哪些项目风险进行控制，而对哪些风险容忍并放弃对它们的控制。通常这要按照项目具体风险后果的严重程度、风险发生概率及项目组织的风险控制资源等情况确定。

3. 确定项目风险的控制责任

这是分配和落实项目具体风险控制责任的工作。所有需要控制的项目风险都必须落实到具体负责控制的人员，同时要规定他们所负的具体责任。对于项目风险控制工作必须要由专人去负责，不能分担，也不能由不合适的人去承担风险事件控制的责任，因为这些都会造成大量的时间与资金的浪费。

4. 确定项目风险控制的行动时间

对项目风险的控制应制订相应的时间计划和安排，计划和规定出解决项目风险问题的时间表与时间限制。因为没有时间安排与限制，多数项目风险问题是不能有效地加以控制的。许多由于项目风险失控所造成的损失都是因为错过了风险控制的时机造成的，所以必须制定严格的项目风险控制时间计划。

5. 制订各具体项目风险的控制方案

由负责具体项目风险控制的人员，根据项目风险的特性和时间计划制订出各具体项目风险的控制方案。在这当中要找出能够控制项目风险的各种备选方案，然后要对方案作必要的可行性分析，以验证各项目风险控制备选方案的效果，最终选定要采用的风险控制方案或备用方案。另外，还要针对风险的不同阶段制订不同阶段使用的风险控制方案。

6. 实施具体项目风险控制方案

要按照确定出的具体项目风险控制方案开展项目风险控制活动。这一步必须根据项目风险的发展与变化不断地修订项目风险控制方案与办法。对于某些项目风险而言，风险控制方案的制定与实施几乎是同时的。例如，设计制定一条新的关键路径并计划安排各种资源去防止和解决项目拖期的问题。

7. 跟踪具体项目风险的控制结果

这一步的目的是收集风险事件控制工作的信息并给出反馈，即利用跟踪去确认所采取的项目风险控制活动是否有效，项目风险的发展是否有新的变化等。这样就可以不断地提供反馈信息，从而指导项目风险控制方案的具体实施。这一步是与实施具体项目风险控制方案同步进行的。通过跟踪而给出项目风险控制工作信息，再根据这些信息去改进具体项目风险控制方案及其实施工作，直到对风险事件的控制完结为止。

8. 判断项目风险是否已经消除

如果认定某个项目风险已经解除，则该具体项目风险的控制作业就完成了。若判断该项目的风险仍未解除就需要重新进行项目风险识别。这需要重新使用项目风险识别的方法对项目具体活动的风险进行新一轮的识别，然后重新按本方法的全过程开展下一步的项目风险控制作业。

7.6.3 风险监控的方法

风险监控还没有一套公认的、单独的技术可供使用，其基本目的是以某种方式驾驭风险，保证项目可靠、高效地完成项目目标。由于项目风险具有复杂性、变动性、突发性、超前性等特点，风险监控应该围绕项目风险的基本问题，制定科学的风险监控标准，采用系统的管理方法，建立有效的风险预警系统，做好应急计划，实施高效的项目风险监控。

风险监控方法可分为两大类：一类用于监控与项目、产品有关的风险；另一类用于监控与过程有关的风险。风险监控技术有很多，前面介绍的一些方法也可用于风险监控，例如，核对表法、挣值分析法。挣值分析法将计划的工作与实际已完成的工作比较，确定是否符合计划的费用和进度要求。如果偏差较大，则需要进一步进行项目的风险识别、评估和量化。

常见的有关风险监控的方法如下。

1. 风险预警系统

建立有效的风险预警系统，对于风险的有效监控具有重要作用和意义。风险预警管理是指对于项目管理过程中有可能出现的风险，采取超前或预先防范的管理方式，一旦在监控过程中发现有发生风险的征兆，及时采取校正行动并发出预警信号，以最大限度地控制不利后果的发生。因此，项目风险管理的良好开端是建立一个有效的监控或预警系统，及时觉察计划的偏离，以高效地实施项目风险管理过程。

2. 风险审计

专人检查风险监控机制是否得到执行，并定期进行风险审核，在重大的阶段节点重新识别风险并进行分析，对没有预计到的风险制定新的应对计划。

3. 技术指标分析

比较原定技术指标与实际技术指标之间的差异。例如，测试未能达到性能要求，缺陷数大大超过预期等。

在很多情况下，项目中发生的风险问题可以追溯到不止一个风险，风险驾驭与监控的另一个任务就是试图在整个项目中确定"风险的起源"。风险监控的关键在于培养敏锐的风险意识，建立科学的风险预警系统，从"救火式"风险监控向"预防式"风险监控发展，从注重风险防范向风险事前控制发展。

7.6.4 风险监控的成果

风险监控的成果包括以下内容。

1. 随机应变措施

随机应变措施就是消除风险事件时所采取的未事先计划的应对措施。对这些措施应有效地进行记录，并融入项目的风险应对计划中。

2. 纠正行动

纠正行动就是实施已计划了的风险应对措施（包括实施应急计划和附加应对计划）。

3. 变更请求

实施应急计划经常导致对风险作出反应的项目计划变更请求。

4. 修改风险应对计划

当预期的风险发生或未发生时，当风险控制的实施消减或未消减风险的影响或概率时，必须重新对风险进行评估，对风险事件的概率和价值及风险管理计划的其他方面做出修改，以保证重要风险得到恰当控制。

案例研究

针对问题：如何识别各种潜在的风险？怎样做才能使项目的风险降到最低？如何评估 IT 项目风险——影响严重性、发生概率、紧迫性？判断标准是什么？进行风险控制，重点应该考虑哪些因素呢？

案例 A 神州数码集成业务风险管理实施记

神州数码提出了"RDC 计划"（即风险管理、人才成长和客户关系管理计划），要求无论分销、集成还是软件业务，都要依据自己的业务特点贯彻执行。这是神州数码锻造"内功"的重要措施。神州数码 ITS 集团副总裁、主管集成业务的罗先生说，精细化管理已经非常必要，因为集成商面临的经营环境已经大不相同，以前可以"大手大脚"，但是现在也许和客户多吃一顿饭，一个项目整个儿就赔了。

不同业务的风险管理方式不同，分销的风险管理体现为信用管理，而集成业务的风险管理则不是。"我们的客户信用都很好，"罗先生说，"但是能不能收回款，就是另外一回事儿了。我们很多坏账、逾期都是因为服务没有按时按量完成。能不能在有限的时间内提供有效的服务，是收回账款的关键。"所以，集成商的风险管理是以"服务流程或进程"为核心的管理，它贯穿于从签订合同开始到最终收款的流程始终。

（1）合同签订环节

合同的签订常常被人们忽视，但这是第一关卡。首先看合同的商务条款是否合理，包括收款时间、条件和关联性等；其次看服务的内容和要求能否达成，因为为了得到单子，销售人员可能"无限制承诺"，提出"终身维修"等无法兑现的承诺；三是收益是否可以覆盖成本，如果不能，要么去争取更好的条件，要么放弃。而神州数码以前对这一点考虑得很少，该争取的不去争取，该放弃的不放弃。

例1：某省移动公司给神州数码开出为期4个月的商业承兑汇票。商业承兑汇票相对于银行承兑汇票来说风险更大，后者以银行的信誉为保证，如果付款人到期不能支付，银行将代为支付，但是前者则只是以付款人自己的信誉为保证。且以前商业承兑汇票可以到银行贴现，但是自去年中国人民银行加强宏观调控以来，已不能贴现。

在这样的背景下，商业承兑汇票的可接受度大打折扣，因为4个月后，能否收回项目款，要看客户当时的资金状况，即使收回，也要浪费4个月的资金成本。于是，神州数码极力争取要求客户采用银行承兑汇票，接到汇票后立即向银行贴现，保证了收款，并加速了资金周转。

例2：联通某省公司准备和神州数码签订一个项目，合同需通过联通总部审批。在合同待批状态中，该公司就要求神州数码供货。但是神州数码认为，合同能否通过审批，项目金额多少，都是未知数，因此拒绝供货。因为，弄不好出现的结果是设备借给他们白使用一年。以前这样的项目也许就开始做了，很多用户借用、库存，就是这样产生的，但集成商本来是没有库存的。于是神州数码集成业务设置了一个5个人专职工作的项目评估小组，以前虽然也设置这样的岗位，但重视程度远远低于现在。这个小组被赋予了很高的权威性，可以否决待签的项目。

（2）产品采购环节

一个集成商的项目成本，很大一部分来源于设备采购。对于神州数码来说，采购包括向厂商直接采购，在国内零星采购两种。今年神州数码集成业务本部向采购部门提出尽量降低采购成本，减少资金占用的要求，要求他们充分利用厂商的促销政策，寻求更高折扣，争取厂商信用额度。单单国内采购一项，一年就能节约下来几百万元，看来其效果惊人。

（3）产品和服务的交付

它涉及一个集成商的两项核心竞争力：项目管理和技术服务能力，也是"事故"多发"地段"，需要科学的管理方法。项目管理需要注意3点：产品和服务的交付计划、产品和服务的统筹安排和项目经理的认真执行。

例3：神州数码实施的某省社保项目，项目到期交付的时候，一切就绪，只欠一个价值3 000美金的光纤产品（因为采购周期长），导致项目拖了半年才整体交付，损失了半年的资金时间价值。

例4：铁通某项目涉及金额8 000万元，产品交付环节非常复杂。全国180个节点全部签收之后，整个项目才能结项。原计划整个项目需要花费6个月，但实际的结果是只用了3个月便告完工。神州数码为每一个省派了一名项目经理，由他提出在该省的具体实施方案，以最快、成本最低的方式完成项目。这个项目体现了神州数码具有较强的项目管理能力。此外，风险管理还要注意结项验收后的收款环节，以及加强销售人员的风险意识，协助降低项目风险。

参考讨论题:

1. 神州数码为什么要实施项目风险管理?对不同的项目风险管理方式有何区别?
2. 神州数码是如何控制项目风险的?
3. 从风险管理的角度出发,在合同签订环节应注意哪些问题?
4. 简述加强风险管理有哪些作用。

案例 B   失败项目案例研究

Clearnet 公司是国外一家知名的 IP 电话设备厂商。它在国内拥有许多电信运营商客户。Clearnet 主要通过分销的方式发展中国的业务,由国内的合作伙伴和电信公司签约并提供具有增值内容的集成服务。2000 年,国内一家省级电信公司(H 公司)打算上某项目,经过发布 RFP(需求建议书)及谈判和评估,最终选定 Clearnet 公司为其提供 IP 电话设备。立达公司作为 Clearnet 公司的代理商,成为了该项目的系统集成商。立达公司是第一次参与此类工程。H 公司和立达公司签订了总金额近 1 000 万元的合同。李先生是该项目的项目经理。该项目的施工周期是 3 个月。由 Clearnet 公司负责提供主要设备,立达公司负责全面的项目管理和系统集成工作,包括提供一些主机的附属设备和支持设备,并且负责项目的整个运作和管理。Clearnet 公司和立达公司之间的关系是外商通常采用的方式:一次性付账。这就意味着 Clearnet 公司不承担任何风险,而立达公司虽然有很大的利润,但是也承担了全部的风险。合同是固定总价的分期付款合同,按照电信业界惯例,10% 的尾款要等到系统通过最终验收一年后才能支付。3 个月后,整套系统安装完成。但自系统试运行之日起,不断有问题暴露出来。H 公司要求立达公司负责解决,可其中很多问题涉及 Clearnet 公司的设备问题。因而,立达公司要求 Clearnet 公司予以配合。Clearnet 公司也一直积极参与此项目的工作。然而,李先生发现,立达对 H 公司的承诺和技术建议书远远超过了系统的实际技术指标,这与 Clearnet 公司与立达的代理合同有不少出入。立达公司也承认,为了竞争的需要,做了一些额外的承诺。这是国内公司的常见做法,有的公司甚至干脆将尾款不考虑成利润,而收尾款也成了一种专职的公关工作。这种做法实质上增加了项目的额外成本,同时对整个的商业行为构成潜在的诚信危机。对于 H 公司来说,他们认为,按照 RFP 的要求,立达公司实施的项目没有达到合同的要求。因此直至 2002 年,H 公司还拖欠立达公司 10% 的验收款和 10% 的尾款。立达公司多次召开项目会议,要求 Clearnet 公司给予支持。但由于开发周期的原因,Clearnet 公司无法马上达到新的技术指标并满足新的功能。于是,项目持续延期。为完成此项目,立达公司只好不断将 Clearnet 公司的最新升级系统(软件升级)提供给 H 公司,甚至派人常驻在 H 公司。又经过了 3 个月,H 公司终于通过了最初验收。在立达公司同意承担系统升级工作直到完全满足 RFP 的基础上,H 公司支付了 10% 的验收款。然而,2002 年底,Clearnet 公司由于内部原因暂时中断了在中国的业务,其产品的支持力度大幅下降,结果致使该项目的收尾工作至今无法完成。

据了解,立达公司在此项目上原本可以有 250 万元左右的毛利,可是考虑到增加的项目成本(差旅费、沟通费用、公关费用和贴现率)和尾款,实际上的毛利不到 70 万元。如果再考虑机会成本,实际利润可能是负值。导致项目失败,尤其是项目预期的经济指标没有完成,这是非常遗憾的事情。项目失败或没有达到预期的经济指标的因素有很多,其中风险管理是一个极为重要的因素。

参考讨论题:

1. 该项目没有达到预期的目标,最终失败的原因主要是什么?
2. 该项目的项目经理在识别和处理风险方面有哪些不妥之处?
3. 对于该项目中可能出现的风险,你认为应该采取哪些措施?

4. 从本案例中你获得了哪些启示？

习 题

一、选择题

1. 在项目管理过程中，最严重的风险通常出现在项目生命周期的哪个阶段？（ ）

A. 启动和计划阶段　　　B. 计划和实施阶段　　　C. 实施和收尾阶段　　　D. 启动和收尾阶段

2. 项目风险的应对方法包括（ ）。

A. 风险识别、风险评估、风险应对、风险监控

B. 风险事件、风险征兆、风险条目检查

C. 头脑风暴法、专家判断法、情景分析法

D. 风险转移、风险回避、风险化解、风险分担

3. 在下面的情况中，通过风险转移来降低风险的例子是（ ）。

A. 担保　　　　　　　B. 合同　　　　　　　C. 应急计划　　　　　　D. 发包

4. 对项目风险造成的后果应从哪些方面来衡量？（ ）

A. 风险后果的大小　　　　　　　　　　B. 风险后果的性质

C. 项目风险的影响　　　　　　　　　　D. 风险后果的时间性

5. 以下哪些是项目风险管理的目的？（ ）

A. 识别可能影响项目范围、质量、时间和成本的因素

B. 对所有已识别的风险制定风险应对计划

C. 为能控制的项目因素制定基准计划

D. 通过影响能够被控制的项目因素而减轻影响

二、填空题

1. 项目风险的特点是_____、偶然性和_____、可变性、_____和_____。

2. 软件项目的技术风险一般包括：_____、_____、接口、验证和维护、规格说明的二义性、_____、_____等方面。

3. 风险管理策略应满足以下要求：_____；_____；_____和建立风险反馈渠道。

4. 风险管理规划将针对整个项目生命周期制定如何组织和进行_____、_____、_____、风险应对计划及风险监控的规划。

5. 风险分析是在风险识别的基础上对项目管理过程中可能出现的任何事件所带来的后果的分析，以确定_____及_____相关后果。

三、简答题

1. 什么是项目风险？软件项目具有哪些风险？

2. 简述风险度量包括哪些内容。

3. 简述项目风险管理的意义和作用。

4. 如何定量评估项目的风险？每一种方法是如何进行评估的？

5. 举例说明进度管理、成本管理中可能存在的风险。

6. 项目风险应对措施制定与项目风险控制有什么关联？如何管理和处理好这些关联？

7. 简述项目风险管理计划包括哪些内容。

8. 简述项目风险应对的主要方法及应注意的问题。

实践环节

1. 上网搜索 IT 项目风险因素都有哪些，了解 IT 企业在风险管理方面的常见做法，分析 IT 项目成功率不高的原因。

2. 编写所选项目的风险计划，要求包括以下内容：

（1）明确风险管理活动中各种人员的角色、分工和职责；

（2）约定风险应对的负责人及必要的措施和手段；

（3）确定风险管理使用的工具、方法、数据资源和实施步骤；

（4）指导风险管理过程的运行阶段、过程评价、控制周期；

（5）说明风险评估并定义风险量化的类型级别等。

第8章

IT 项目人力资源管理

IT 项目区别于其他项目的显著特点之一就是项目成员主要是知识型员工，进行高效的团队建设是项目人力资源管理的重要内容。团队建设包括提高项目相关人员作为个体为项目作出贡献的能力和提高项目小组作为团队尽其职责的能力。个人能力的提高是提高团队能力的必要基础。团队的发展是项目达标能力的关键。本章主要介绍 IT 项目人力资源管理的概念与过程，并重点介绍项目团队的特征、建设过程和团队管理等内容。

8.1 IT 项目人力资源管理概述

21 世纪是个高度合作又激烈竞争的时代。这种竞争主要是科学技术的竞争和人才的竞争。谁拥有具有高度竞争力的一大批人才，谁就能掌握竞争的主动权。IT 项目自身的特点决定了需要众多的高技术、高专业性的软、硬件工程师的参与。在 IT 项目中，人是组织和项目最重要的资产，因此，IT 项目管理中很重要的内容之一就是人力资源管理。

8.1.1 项目人力资源管理的特征

项目人力资源管理就是根据项目的目标、项目活动进展情况和外部环境的变化，采取科学的方法，对项目团队成员的思想、心理和行为进行有效的管理，充分发挥他们的主观能动性，实现项目的最终目标。

1. 人力资源管理的作用

人是组织生存发展并保持竞争力的特殊资源，所以，人力资源就是能够创造价值的劳动者的能力及其投入状态，即：人力资源＝劳动能力×投入状态。

对于项目而言，项目人力资源就是所有同项目有关的人的能力及其投入状态。在人力资源管理方面，心理学家和管理理论家针对工作中如何管理人员方面做了很多研究和思考，总结出了影响人们如何工作和更好地工作的多种理论方法和心理因素。心理学第一定律认为每个人都是不同的，每个人总是在生理或心理上存在着与他人有所不同的地方，这是人力资源区别于其他形式经济资源的重要特点。在各种组织中只有清楚地认识每个员工的与众不同之处，并在此基础之上合理地任用，才可能使每一位员工充分发挥他的潜能，组织也才可能因此而获得最大的效益。项目人力资源管理具有以下作用。

① 人力资源管理能够帮助项目经理达到以下目标：用人得当，即事得其人，可降低员工的流动率；使员工努力工作；使员工认为自己的薪酬公平合理；对员工进行充足的训练，以提高其工作的效能；保障工作环境的安全，遵守国家的法律和法规；使项目团队内部的员工都得到平等的待遇，避免员工的抱怨等。

② 人力资源管理能够提高员工的工作绩效。在 20 世纪 80 年代，工业七国的生产力排名顺序是：日本、法国、加拿大、德国、意大利、美国和英国。美国的劳动生产力水平低的重要原因之一就是工人的高缺勤率、高流动率、怠工、罢工和产品质量低下等。现代人力资源管理方式不同于传统的管理方式，主张团队成员更多地参与决策，重视人员之间的沟通，这些是提高产品质量和工作绩效的根本原因。

③ 随着财富的增加和生活水平的提高，人们的价值观念发生了明显的变化，传统的"职业道德"教育的作用微乎其微。越来越多的人要求把职业质量和生活质量进一步统一起来，员工需要的不仅是工作本身及工作带来的收入，还有各种心理满足，这种非货币的需要越来越强烈。因此，企业管理人员必须借助于人力资源管理的观念和技术寻求激励员工的新途径。

2. IT 项目人力资源管理的特性

IT 项目是智力密集、劳动密集型的项目，受人力资源影响最大，项目成员的结构、责任心、能力和稳定性对项目的质量及是否成功有决定性的影响。人在项目中既是成本，又是资本。人力成本通常在项目成本中占到 60% 以上，这就要求对人力资源从成本上去衡量，尽量使人力资源的投入最小。把人力资源作为资本，就要尽量发挥资本的价值，使人力资源的产出最大。另外，在 IT 项目团队中，员工的知识水平一般都比较高，由于知识员工的工作是以脑力劳动为主，他们的工作能力较强，有独立从事某一活动的倾向，并在工作过程中依靠自己的智慧和灵感进行创新活动。所以，知识型员工具有以下特点。

- 知识型员工具有较高的知识、能力，具有相对稀缺性和难以替代性。
- 知识型员工工作自主性要求高。IT 企业普遍倾向给员工营造一个宽松的、有较高自主性的工作环境，目的在于使员工服务于组织战略与实现项目目标。
- 知识型员工大多崇尚智能，蔑视权威。追求公平、公正、公开的管理和竞争环境，蔑视倾斜的管理政策。
- 知识型员工成就动机强，追求卓越。知识型员工追求的主要是"自我价值的实现"、工作的挑战性和得到社会认可。知识型员工具有较强的流动意愿，忠于职业多于忠于企业。
- 知识型员工的能力与贡献之间差异较大，内在需求具有较多的不确定性和多样性，出现交替混合的需求模式。
- 知识型员工的工作中的定性成分较大，工作过程一般难以量化，因而不易控制。因为知识创造过程和劳动过程的无形性，其工作没有确定的流程和步骤，对其业绩的考核很难量化，对其管理的"度"难以把握。

对于知识型员工，更需要新型的管理方式，员工希望：

- 领导与员工同舟共济，上级和下级共同决策，领导者充当教练的角色；
- 组织目标与个人目标相一致；
- 在完成任务的同时，员工不断进步，其知识、能力、素质不断提高，实现全面发展。

8.1.2 IT 项目的人力资源管理

项目人力资源管理就是根据实施项目的要求，任命项目经理、组建项目团队、分配相应的角色并明确团队中各成员的汇报关系，建设高效项目团队，并对项目团队进行绩效考评的过程，目的是确保项目团队成员的能力达到最有效使用，进而能高效、高质量地实现项目目标。

IT 项目人力资源管理的任务主要包括以下几项。

（1）项目组织规划

项目组织规划是项目整体人力资源的计划和安排，是按照项目目标通过分析和预测所给出的项目人力资源在数量上、质量上的明确要求、具体安排和打算。项目组织规划包括：项目组织设计、项目组织职务与岗位分析和项目组织工作的设计。其中，项目组织设计主要是根据一个项目的具体任务需要，设计出项目组织的具体组织结构；项目组织职务与岗位分析是通过分析和研究确定项目实施与管理特定职务或岗位的责、权、利和三者的关系；项目组织工作的设计是指为了有效地实现项目目标而对各职务和岗位的工作内容、职能和关系等方面进行的设计，包括对项目角色、职责及报告关系进行识别、分配和归档。这个过程的主要成果包括分配角色和职责，通常都以矩阵的形式来表示。

（2）项目人员的获得与配备

项目人力资源管理的第二项任务是项目人员的获得与配备。项目组织通过招聘或其他方式获得项目所需人力资源并根据所获人力资源的技能、素质、经验、知识等进行工作安排和配备，从而构建成一个项目组织或团队。由于项目的一次性和项目团队的临时性，项目组织的人员的获得与配备和其他组织的人员的获得与配备是不同的。在当今激烈竞争的环境下，这是一个非常重要的问题。企业必须采用有效的方法来获取和留住优秀的信息技术人员。

（3）项目组织成员的开发

项目人力资源管理的另一项主要任务是项目组织成员的开发，包括：项目人员的培训、项目人员的绩效考评、项目人员的激励与项目人员创造性和积极性的发挥等。这一工作的目的是使项目人员的能力得到充分的开发和发挥。

（4）项目团队建设

项目团队建设主要包括：项目团队精神建设、团队效率提高、团队工作纠纷、冲突的处理和解决，以及项目团队沟通和协调等。团队协作有助于人们更有效地进行工作来实现项目目标。项目经理可以通过员工培训的方式来提高团队协作技能，为整个项目组和主要项目干系人组织团队建设活动，建立激励团队协作的奖励和认可制度。

在项目实施过程中，比起对其他资源的管理，项目人力资源的潜能能否发挥和能在多大程度上发挥，主要依赖于管理人员的管理水平，即能否实现对员工的有效激励，能否达到使整体远大于各个部分之和的管理效果。

8.2　项目组织计划

以项目为基础的组织是通过项目来实现运作的，项目团队应该非常准确地知道组织系统是怎样影响项目的。一方面，项目组织有它自己的程序要求的业务目标，它要求能相对独立地运作；另一方面，项目组织又必须适应企业组织的大环境，必须符合企业组织的有关政策与制度。项目活动是否能有效地展开，项目目标能否最终实现，在很大程度上取决于该组织的组织结构能否支持项目管理的组织方式。

8.2.1　项目的组织模式

组织模式是一个系统组织的基础。任何组织都为了实现某个目标而产生，在分工的基础上形成，组织中的不同职务和部门相互联系，具有一定的上、下级关系和紧密的相互依赖性。组织设计的目的就是发挥整体大于部分之和的优势，使有限的人力资源形成最佳的综合效果。在组织设计时应避免多头责任和多头报告的结构；要有明确的职责分工和具备相应的能力，使管理机构既精简又有效。所有组织都与外界环境存在着资源和信息的交流，因而使其具有开放性的显著特征。实际中存在多种项目组织形式，每一种组织形式都有其各自的优点与缺点，有其适用的场合。因此，在进行项目组织设计时，要采取具体问题具体分析的方法，选择合适的、满意的组织形式。常见的项目组织有以下几种。

1. 职能型组织

职能型组织具有明确的等级划分，依员工个人专长进行组合。项目的各个任务分配给相应的职能部门，项目成员按专业划分形成部门，每个成员都有一个明确的直接上司，职能部门经理对分配到本部门的项目任务负责，职能部门在自己职能范围内独立于其他职能部门进行工作。在同一个职能部门里，各个员工具有相同的职能，例如，在设计部门，员工具有系统设计等相同的技能。每个职能部门的工作重点都是使公司产品在技术、成本或某一方面具有领先优势。对于涉及职能部门之间的项目事务和问题由职能部门经理层进行协调。职能型组织结构如图 8－1 所示。

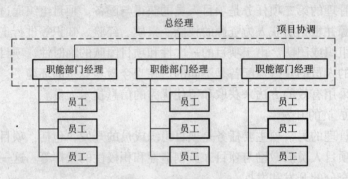

图 8－1　职能型组织结构

当公司有项目需要用到不同职能部门的人员时，就由公司管理层从商务、设计开发、集成实施等部门中抽调部分人员一起工作一段时间直至项目完成。在绝大多数情况下，人们在为项目服务时，继续从事他们正常的职能工作。团队成员仍然在行政上为他们各自的职能部门经理工作，所以项目经理对项目团队没有完全的权力。

职能型组织结构具有以下优点。

• 在人员使用上具有较大的灵活性。只需要选择一个合适的职能部门负责该项目，并能从相关部门调配所需人员。这些人员可以被临时地调配给项目，当项目工作完成之后又可以回到职能部门做原来的工作。

• 技术专家可以同时被不同的项目所使用，这样可以节约人力、减少资源的浪费。职能部门的技术专家一般具有较深的专业基础，可以同时为几个项目服务。

• 同一部门的专业人员在一起易于交流知识和经验，这可使项目获得部门内所有的知识和技术支持，对创造性地解决项目的技术问题非常有利。

• 当有成员离开项目组时，职能部门可作为保持项目技术连续性的基础。同时，将项目作为部门的一部分，还有利于在过程、管理和政策等方面保持连续性。

• 职能部门可以为本部门的专业人员提供一条正常的晋升途径。成功的项目虽然可以给参与者带来荣誉，但他们的专业发展和进步还需要有一个相对固定的职能部门作为基础。

职能型组织结构具有以下缺点。

• 这种组织结构使得客户不是活动和关心的焦点。职能部门有它自己的日常工作，项目及客户的利益往往得不到优先考虑。

• 这种结构导致没有一个人承担项目的全部责任。由于责任不明确，往往项目经理只负责项目的一部分责任，这就容易造成协调的困难和混乱的局面。混乱的局面会使对客户要求的响应变得迟缓和艰难，因为在项目和客户之间存在着多个管理层次。

• 项目常常得不到很好的支持。项目中与职能部门利益直接有关的问题可能得到较好的处理，而那些超出其利益范围的问题则很有可能遭到冷落。

• 调配给项目的人员其积极性往往不是很高，也不把项目看成是他的主要工作。有些人甚至将项目任务当成是额外的负担。

- 技术复杂的项目通常需要多个职能部门的共同合作，但他们往往更注重本领域，而忽略整个项目的目标，并且跨部门的交流和沟通也比较困难。

职能型组织结构比较适合小型项目采用，但不适宜多品种和规模大的企业，也不适宜创新性的工作。

2. 项目型组织

在项目型组织结构中部门完全是按照项目进行设置的，每个项目就如同一个微型公司那样运作。完成每个项目目标的所有资源完全分配给这个项目，专门为这个项目服务。专职的项目经理对项目团队拥有完全的项目权力和行政权力。项目型组织对客户高度负责。例如，如果客户改变了项目的工作范围，项目经理有权马上按照变化重新分配资源。项目型组织结构如图 8 - 2 所示。

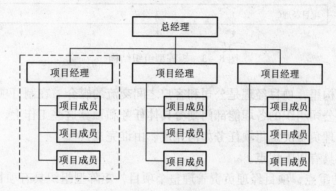

图 8 - 2　项目型组织结构

项目型组织结构具有以下优点。

- 项目经理有充分的权力调动项目内外资源，对项目全权负责。
- 权力的集中使决策的速度可以加快，整个项目的目标单一，项目组能够对客户的需要作出更快的响应。进度、成本和质量等方面的控制也较为灵活。
- 这种结构有利于使命令协调一致，每个成员只有一个领导，排除了多重领导的可能。
- 项目组内部的沟通更加顺畅、快捷。项目成员能够集中精力，在完成项目的任务上团队精神得以充分发挥。

项目型组织结构具有以下缺点。

- 由于项目组对资源具有独占的权力，在项目与项目之间的资源共享方面会存在一些问题，可能在成本方面效率低下。
- 项目经理与项目成员之间有着很强的依赖关系，而与项目外的其他部门之间的沟通比较困难。各项目之间知识和技能的交流程度很低，成员专心为自己的项目工作，这种结构没有职能部门那种让人们进行职业技能和知识交流的场所。
- 在相对封闭的项目环境中，容易造成对公司的规章制度执行的不一致。
- 项目成员缺乏归属感，不利于职业生涯的发展。

项目型组织结构常见于一些规模大、项目多的组织。

3. 矩阵型组织

矩阵型组织是职能型和项目型结构的混合，同时有多个规模及复杂程度不同的项目的公司，适合采用这种组织结构。它既有项目结构注重项目和客户的特点，又保留了职能结构里的职能专业技能。矩阵结构里的每个项目及职能部门都有职责协力合作为公司及每个项目的成功作出贡献。另外，矩阵型组织能有效地利用公司的资源。如图8-3所示，项目A中有3个人来自设计部门，有2个人来自集成部门，等等。通过在几个项目间共享人员的工作时间，可以充分利用资源，全面降低公司及每个项目的成本。所有被分到某一具体项目中的人员组成项目团队，归项目经理领导，由项目经理联合统一团队的力量。

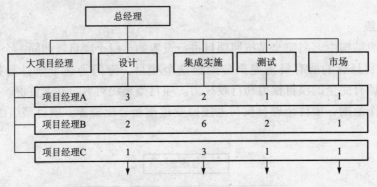

图8-3 矩阵型组织结构

在矩阵型组织结构里，项目经理是公司和客户之间交流的媒介。在制订项目计划、项目进度计划和预算，以及为公司组织的各职能部门划分具体任务和预算这些工作上，项目经理要做好领导工作。每个项目经理负责决定每项任务如何完成、由谁完成。

矩阵型组织结构具有以下优点。

● 项目是工作的重点，项目经理负责管理整个项目，矩阵型组织具有项目型组织的长处。

● 可以有效地利用资源，项目可以分享各个部门的技术、人才和设备。当多个项目同时进行时，公司可以平衡资源以保证各个项目都能完成各自的进度、费用和质量要求。

● 这种结构更加注重客户的需求和促进项目成员之间的学习和知识交流。

矩阵型组织结构具有以下缺点。

● 矩阵型组织通常是多个或多重领导，存在双层或多层汇报关系。职能部门经理和项目经理之间可能出现争权夺利的现象，需要平衡权力。

● 多个项目在进度、费用和质量方面能够取得平衡，这既是矩阵型组织的优点也是它的缺点。资源在项目经理之间流动容易引起项目经理之间的争斗，每个项目经理都更关心自己项目的成功，而不是整个公司的目标。

● 许多因素使矩阵项目团队非常难以管理。团队成员觉得这样的团队是临时的，所以对团队的忠诚是有限的。项目成员需要适应多重领导的情况，否则会无法适应这种工作环境。对项目经理来说，主要的管理问题仍在于项目团队冲突的解决上。

这种组织结构适用于以开发研究项目为主的组织和单位。

4. 项目组织形式的选择

由于不同的组织目标、资源和环境的差异，寻找一个理想的组织结构是比较困难的。也就是说，不存在最理想的项目组织结构，每个组织应该根据自己的特点来确定适合自身的组织结构。这就需要企业或者事业部门根据企业的战略、规模、技术环境、行业类型、当前发展阶段，以及过去的历史等确定自身的组织结构。

（1）不同组织类型对项目的影响

● 项目经理的权力。对职能型项目组织，项目经理的权力很小或者没有；对矩阵型组织，项目经理的权力日趋增大；而对项目型组织，项目经理拥有全部权力。项目型组织或矩阵型组织的项目经理一般都有明确的责、权、利。

- 全职人员的百分比。在实施项目的组织中，全职项目工作人员的百分比在不同的组织结构中也不相同。职能型组织基本上没有全职项目工作人员。在项目型组织里，85% ~ 100% 都是全职的项目工作人员。在矩阵型组织中一般全职项目工作人员占一半以上。
- 项目经理的角色。职能型项目组织的项目经理是兼职的，有时只是项目的协调员或项目的联系人。而项目型组织的项目经理是全职的，矩阵型组织的项目经理通常都是以全职工作人员的角色参与项目工作。

（2）影响组织选择的关键因素

在选择项目组织的形式时，需要了解哪些因素制约着项目组织的实际选择，表 8 - 1 列出了一些可能的因素与组织形式之间的关系。

表 8 - 1　影响组织选择的关键因素

组织结构 影响因素	职能型	矩阵型	项目型
不确定性	低	高	高
所用技术	标准	复杂	新
复杂程度	低	中等	高
持续时间	短	中等	长
规模	小	中等	大
重要性	低	中等	高
客户类型	各种各样	中等	单一
内部依赖性	弱	中等	强
外部依赖性	强	中等	强
时间局限性	弱	中等	强

一般来说，职能型结构比较适用于规模较小、偏重于技术的项目，而不适用于环境变化较大的项目。因为，环境的变化需要各职能部门间紧密合作，而职能部门本身存在的权责的界定成为部门间密切配合不可逾越的障碍。当一个公司中包括许多项目或项目的规模较大、技术复杂时，则应选择项目型的组织结构。同职能型组织相比，在应对不稳定的环境时，项目型组织显示了自己潜在的长处，这来自于项目团队的整体性和各类人才的紧密合作。同前两种组织结构相比，矩阵型组织无疑在充分利用企业资源上具有巨大的优越性。由于其融合了两种结构的优点，这种组织形式在进行技术复杂、规模较大的项目管理时呈现出明显的优势。

5. 微软公司的软件开发组织

在微软公司中，软件开发采用具有充分自由的小型项目组织模式，以保证拥有最高的生产效率，其基本特点如下。

- 采用小型的、多元化的项目组织模式，具有交流和管理成本低、决策和执行速度快、产品质量易于控制等特点。
- 在项目组内部，将开发人员明确划分成产品管理、程序管理、软件开发、软件测试、用户体验和发布管理等不同角色，每个角色完成特定的职能，并通过对等团队的结构实现整个项目的目标。
- 要求开发人员在各自的领域里具有专深的技术水平和业务技能，确保项目团队能够采用合适的技术进行产品开发，并保证产品的性能和质量。
- 项目成员具有强烈的产品意识，所有工作以按时发布高质量的产品为中心，在这样的组织中，每个成员都可以感觉到自己对最终的产品发布负有重要的责任。

• 项目团队拥有明确的项目目标，客户积极参与产品的设计，整个开发工作始终和客户的业务需求保持一致。

• 项目团队的所有成员在同一楼层或同一间办公室里工作，从而保证了相当多的非正式交流机会，成员之间的人际关系也得到改善。

• 对于大型软件开发项目，需要将大型项目组拆分成多个小型项目组，并按照小型项目组的管理原则进行管理，使大型项目在运作方式上类似于小型项目，保证其具备沟通便捷、生产效率高的优势。

微软公司的软件开发团队定义了 6 种类型的重要角色，即产品管理、程序管理、软件开发、软件测试、用户体验和发布管理等。一般情况下，大型项目组可以按照产品特性将整个项目划分成多个小型的产品特性项目组，其管理模式适合采用现代企业的矩阵管理模型，图 8 - 4 显示了一个酒店管理软件的项目组织结构。

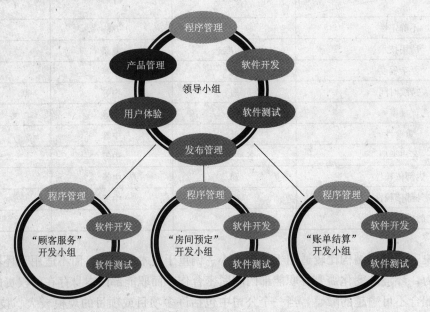

图 8 - 4　酒店管理软件项目组织结构示例

8.2.2　IT 项目的工作设计

1. 工作设计的内容

工作设计从工作分析开始，成果是形成各个职位的职位说明书。工作分析是确定各项工作的任务及完成各项工作所需技能、责任和知识的系统过程。它是人力资源管理的基本工具，提供了关于工作本身的内容、要求及相关的信息。通过工作分析，可以确定某一工作的任务和性质是什么，哪些类型的人适合从事这项工作。所有的这些信息都可以通过工作分析的结果——职位说明书来进行描述。工作分析主要用于解决工作中的以下几个重要问题。

• 该项工作包括哪些体力和脑力劳动？

• 工作将在什么时间、什么节奏下完成？

• 工作将在哪里完成，工作环境怎么样？

• 人们如何完成这项工作？

• 为什么要完成这项工作？

• 完成这项工作需要具备哪些条件？

例如，网络系统工程师的职责说明书如下。

工作目的：负责网络系统的设计、搭建、优化技术工作，制订网络系统解决方案并落实实施，提高网络运行质量。

岗位职责：

- 负责网络的总体技术工作，指导各项优化工作的开展；
- 负责对整个网络设备性能的统计、分析和质量管理，掌握网络变化动态，有效地提高各项网络运行指标；
- 采取有效措施，调控网络流量和流向，降低网络阻塞，保证网络平稳、安全运行；
- 制订网络测试计划，根据测试指标对系统参数进行计算和合理调整；
- 加强网络管理，提出改善网络质量的解决方案，在网络出现突发事件时，及时采取措施，保证网络质量。

担任网络系统工程师应具备的能力：

- 具有丰富的网络运行维护的知识和经验；
- 有较强的协调、指挥能力，并具有敏锐的观察力和创造力；
- 熟悉本企业的规章制度和网络优化工程的流程；
- 计算机、通信或相关专业毕业的本科生或研究生；
- 英语达到 4 级以上水平；
- 年龄在 25 ～ 35 岁之间，男女不限。

工作分析的过程是一个工作流程分析与岗位设置分析的过程。通过调查研究理顺每项工作在职责、内容、工作方式、环境及要求 5 个方面的关系，并以此为基础来确定招聘、培训、考核等相关政策。

2. 工作设计的原则

工作分析的目的是要明确所要完成的任务及完成这些任务所必需的人的特点，而工作设计的目的则是要从合理使用人力资源、提高劳动生产率的角度说明这些工作应怎样去做才能满足技术和组织目标的要求。同时，现代管理要求工作设计的另一个主要目的是怎样使人们在工作中得到满足，即通过工作设计或工作设计的改进使员工有乐趣、成就感和价值感，并有助于员工个人的成长和发展。对于 IT 项目的知识型员工来说，其成就需要比较强，在对其工作进行设计时尤其应注意以下原则。

- 工作具有挑战性。
- 工作内容丰富、富于变化性。
- 工作本身能够提供激励。
- 考虑到员工的兴趣与成就感。
- 实行弹性工作制。
- 建立自我管理团队，给员工授权，让员工自己或工作团队负责工作日程的安排和工作分配。

8.2.3　项目组织计划的编制

项目组织计划是指根据项目的目标和任务，确定相应的组织结构，以及如何划分和确定这些部门，这些部门又如何有机地相互联系和相互协调，为实现项目目标而各司其职又相互协作。

1. 组织计划编制的流程

① 组织目标分解与工作划分。根据目标一致和效率优先的原则，把达成组织目标的总的任务分为一系列各不相同又互相联系的具体工作任务。

② 建立部门及其职责。把相近的工作归为一类，在每一类工作之上建立相应部门。这样，在组织内根据工作分工建立了职能各异的组织部门及相应的职责。

③ 决定管理跨度。所谓管理跨度，就是一个上级直接指挥的下级的数目。应根据人员素质、工作复杂度、授权情况等合理地决定管理跨度，相应地也就决定了管理层次、授权、职责的范围。

④ 确定职责关系。授予各级管理者完成任务所必需的职务、责任和权力，从而确定组织成员间的职权关系。

- 上下级间的职权关系。上下级间权力和责任的分配，关键在于授权制度。
- 直线部门与参与部门之间的职权关系。直线职权是一种等级式的职权，直线管理者具有决策权与指挥权，可以向下级发布命令，下级必须执行。如企业总经理对分公司经理等。而参谋职权是一种顾问性质的职权，其作用主要是协助直线职权去完成组织目标。参谋人员一般具有专业知识，可以就自己职能范围内的事情向直线管理人员提出各种建议，但没有越过直线管理人员去命令下级的权力。

⑤ 工作设计。工作设计就是通过工作分析，编制出所有的职位说明书。

⑥ 人员配置计划。人员配置计划是管理部门为确保在适当的时候、为适当的职位配备适当数量和类型的工作人员，并使他们能够有效地完成促进组织实现总体目标的任务的过程。

⑦ 检查、运行、不断完善。在组织设计完成之后，检查所有组织目标是否有保障及部门、职责等搭配是否合理，并通过组织运行不断修改和完善组织结构。组织设计不是一蹴而就的，是一个动态的、不断修改和完善的过程。在组织运行中，必然暴露出许多矛盾和问题，也会获得某些有益的经验，这一切都应作为反馈信息，促使领导者重新审视原有的组织设计，酌情进行相应的修改，使其日臻完善。

项目的组织计划编制包括确定书面计划并分配项目任务、职责及报告关系。任务、职责和报告关系可以分配到个人或团队。这些个人和团队可能是执行项目的组织的组成部分，也可能是项目组织外部的人员。内部团队通常和专职部门有联系。例如，系统设计组、软件开发组或质量控制组。在大多数项目中，组织计划是在项目最初阶段制订的，但是，这一程序的结果应当在项目全过程中经常性地复查，以保证它的持续适用性。如果最初的组织计划不再有效，就应当立即修正。

2. 组织计划编制的输入

在进行组织计划编制时，需要参考资源计划编制中的人力资源需求，还需要参考项目中各种汇报关系（又称为项目界面），例如，组织界面、技术界面、人际关系界面等。

① 组织界面。它是指不同的组织单位之间正式的或非正式的报告关系。组织层面可能十分复杂，也可能非常简单。

② 技术界面。它是指在不同的技术专业之间正式或非正式的报告关系。技术层面既存在于项目各个阶段内（例如，系统工程师提出的设计方案必须与架构师提出的系统构造方案相匹配），也存在于项目各个阶段之间（例如，当系统详细设计小组将它的工作结果交付给项目的编码小组时）。

③ 人际关系界面。它是指在项目中工作的人之间正式的或非正式的报告关系。

④ 人员配备需求。人员配备需求界定了在什么时间范围内，对什么样的个人或团体，要求具备什么样的技能。

⑤ 约束条件。约束条件是限制项目团队选择的因素。例如，执行组织的组织结构、集体谈判协议、项目管理团队的偏爱、期望的人员分配等。

3. 组织计划编制的工具与技术

组织计划编制的工具与技术包括以下几种。

① 模板。参考类似项目的模板能有助于加快组织计划的编制过程。

② 人力资源管理方法。许多组织有帮助项目管理团队进行组织计划编制的各种政策、原则、程序和惯例。

③ 组织理论。虽然完整阐述组织应如何构建的知识体系中只有一小部分是以项目组织为专门目标的，但项目管理团队仍应从总体上熟悉这些组织理论，以便更好地满足项目的需求。

④ 项目干系人的需求分析。

4. 组织计划的输出

（1）角色和职责分配

项目角色和职责在项目管理中必须明确，否则容易造成同一项工作多个人参与但没人负责，最终影响项目目标的实现。为了使每项工作能够顺利地进行，就必须将每项工作分配到具体的个人（或小组），明确不同的个人在这项工作中的职责，而且每项工作只能有唯一的负责人（或小组）。同时由于角色和职责可能随时间而变化，在结果中也需要明确这层关系。表示这部分内容最常用的方式为：责任分配矩阵（RAM）。如图 8 – 5 所示是责任分配矩阵的示例。在责任分配矩阵中，可以用多个符号来表示参与工作任务的程度，例如，用 P 表示参与者，用 A 表示负责者，用 R 表示复查者。当然，也可以用更多的符号表示。在设计 RAM 时可以根据实际情况来确定。

人员 项目阶段	a	b	c	d	e	f	……
系统分析	A	P				P	
系统设计	P	A	P	P	P	P	
软件开发				P	P	A	P
系统测试		R	R	A	R		

P：参与者　　　A：负责者　　　R：复查者

图 8 – 5　责任分配矩阵示例

RAM 不仅使项目团队中所有成员都能清楚地认识到个人在项目组织中的地位和职责，而且还能够理解彼此之间的关系，从而充分、全面、主动地承担其全部的责任。在大型项目中，RAM 可用于各个项目层次。例如，一个应用于项目层次的 RAM 可以界定每一个工作由哪个团队或单位负责；而应用于项目低层次的 RAM 用于在团队中将特定活动的任务和职责分配到专门人员。

（2）构造项目组织结构图

在识别了项目需要哪些人员和哪些技能之后，项目经理就应与高层管理者和项目团队成员一起构造一个项目组织结构图。图 8 – 6 给出了一个典型的软件项目的组织结构图。

（3）编制人员管理计划

人员管理计划阐述人力资源在何时、以何种方式加入和离开项目小组。人员管理计划可能是正式的，也可能是非正式的，可能是十分详细的，也可能是框架概括型的，皆依项目的需要而定。人员管理计划也可用资源直方图表示。在此图中明确了在不同阶段所需各类人员的数目。它是整体项目计划中的辅助因素。

（4）详细依据

通常情况下，作为详细依据而提供的信息包括以下几点。

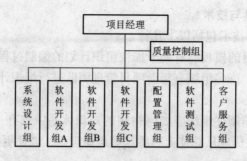

图 8-6　软件项目的组织结构图

- 工作组织影响。通过这种方式排除了哪些备选方案。
- 工作说明书。描述岗位所需技能、责任、权力、环境及其他与该职务有关的素质要求。
- 培训要求。如果承担该任务的人员不具备项目所需的技能，则需要把培训技能作为项目的一部分。

8.3　项目团队建设

IT 项目因其技术含量高、影响因素多、要求参与的人员具备不同的专业方面的技能，这就要求项目的团队具有能够解决错综复杂的问题；一起分享信息、观点和创意，并进行必要的行动协调，保持其应变能力和持续的创新能力，同时强化个人工作标准的特点。而团队的建设包括提高项目相关人员作为个体作出贡献的能力和提高项目小组作为团队尽其职责的能力。个人能力的提高（管理上的和技术上的）是提高团队能力的必要基础，团队的发展是项目达标能力的关键。

8.3.1　项目团队的特殊性

团队是指一些才能互补、团结和谐并为负有共同责任的统一目标和标准而奉献的一群人。团队工作就是团队成员为实现这一共同目标而共同努力。团队不仅强调个人的工作成果，更强调团队的整体业绩。团队所依赖的不仅是集体讨论和决策及信息共享和标准强化，它强调通过成员的共同贡献，能够得到实实在在的集体成果，这个集体成果超过成员个人业绩的总和，即团队大于各部分之和。

1. 项目团队的作用

很多人经常把团队和工作团体混为一谈，其实两者之间存在本质上的区别。优秀的工作团体与团队一样，具有能够一起分享信息、观点和创意，共同决策以帮助每个成员更好地工作，同时强化个人工作标准的特点。但工作团体主要是把工作目标分解到个人，其本质上是注重个人目标和责任，工作团体的目标只是个人目标的简单总和，工作团体的成员不会为超出自己义务范围的结果负责，也不会尝试那种因为多名成员共同工作而带来的增值效应。此外，工作团体常常是与组织结构相联系的，而团队则可突破企业层级结构的限制。以团队的形式完成任务，可以起到以下几个方面的作用。

① 更有效地实现目标。团队把不同专业的人结合成一个整体，因此可以完成靠个人力量无法完成的任务。例如，在软件项目团队中，有项目经理、技术经理、QA 经理、配置经理等，有系统分析、设计、架构工程师，有编码、测试、文档、培训工程师，有销售、产品、售前和售后工程师，系统只有依靠多种专业人员组成团队，密切配合，才能完成。

② 满足成员心理需求。成员生活和工作在一定的团队之中，可在团队中获得一定程度的力量和满足感。团队具有满足成员心理需要的功能。

③ 使个人得到更快的进步。在整个团队共同协作的过程中，其成员会自觉不自觉地形成相互影响、相互促进、相互交流、相互补缺的局面，从而不断地提高个人的思想水平和专业技能，使个人得到更快的进步。

④ 提高决策质量。由不同背景、不同专业、不同技能的个人组成的群体，看问题的广度、深度要比单一性质的群体好。同样，由风格各异的个体组成的群体所作出的决策要比单个个体的决策更具创意。

2. 项目团队的特点

项目团队主要具有以下几个方面的特性。

① 项目团队的目的性。项目团队这种组织的使命就是完成某项特定的任务，实现某个特定项目的既定目标，因此这种组织具有很强的目的性，它只有与既定项目目标有关的使命或任务，而没有、也不应该有与既定项目目标无关的使命和任务。

② 项目团队的临时性。这种组织在完成特定项目的任务以后，其使命即已终结，项目团队即可解散。在出现项目中止的情况时，项目团队的使命也会中止，此时项目团队或是解散，或是暂停工作，如果中止的项目获得解冻或重新开始，项目团队也会重新开展工作。

③ 项目团队的团队性。项目团队是按照团队作业的模式开展项目工作的，团队性的作业是一种完全不同于一般运营组织中的部门、机构的特殊作业模式，这种作业模式强调团队精神与团队合作。这种团队精神与团队合作是项目成功的精神保障。

④ 项目团队具有渐进性和灵活性。项目团队的渐进性是指项目团队在初期一般是由较少成员构成的，随着项目的进展和任务的展开项目团队会不断地扩大。项目团队的灵活性是指项目团队人员的多少和具体人选也会随着项目的发展与变化而不断调整。这些特性也是与一般运营管理组织完全不同的。

8.3.2 项目团队的发展阶段与领导风格

为成功实现项目团队的目标，必须建立一个有效的团队。因为项目需要团队的共同努力——该团队的力量远不止各部分之和；一支运转良好的项目团队通常可以产生远远超出单个成员的生产效率。团队的形成是有一个过程的，一般要经历 4 个阶段。如果项目经理在团队发展成长的过程中使用了不适合于各个阶段的领导方式，则很难收到好的效果。项目团队发展的不同阶段如下。

1. 形成阶段

在项目团队形成阶段，团队成员基本上都会有一个积极的愿望，急于开始项目工作。团队开始建立起形象，试图对要完成的工作进行明确划分并制订计划。然而，这时由于个人对工作本身还没有充分的了解，同时团队成员间的相互关系还不是很默契，几乎没有进行实际工作，因此项目进展不大。这一阶段，由于大多数项目成员都是重新分配的，是从不同的部门或在参加不同的项目之后被重新组合在一起的，相互之间并不很熟悉，所以团队成员的情绪特点可能包括兴奋、希望、怀疑、焦急和犹豫不决。由于对项目整体并不完全了解，所以团队成员在这一阶段都有许多疑问：项目的目的是什么？其他团队成员是谁？他们怎么样？每个人急于知道他能否与其他成员合得来，能否被接受。由于无法确定其他成员的反应，他们会犹豫不决。成员会怀疑他们的付出是否会得到承认，担心他们在项目中的角色是否会与他们的个人及职业兴趣相一致等。

在形成阶段，团队需要明确方向，项目经理要进行团队的指导和构建工作。为使项目团队明确方向，项目经理一定要向团队说明项目目标，并设想出项目成功的美好前景及成功所产生的益处，公布有关项目的工作范围、质量标准、预算，以及进度计划的标准和限制。项目经理要介绍项目团队的组成、选择团队成员的原因、他们的互补能力和专业知识，以及每个人为协助完成项目目标所充当的角色。项目经理在这一阶段还要进行组织构建工作，包括确立团队工作的初始操作规程、团队规范、沟通渠道、审批及文件记录工作。这类工作规程会在未来阶段的发展中完善提高。为减轻人们的焦虑，项目经理要探讨他对项目团队中人员的工作及行为的管理方式和期望，需要使团队着手一些起始工作，例如，让团队成员参与制订项目计划等。在这个阶段，项目经理的领导风格应该是指导型的。

2. 振荡阶段

团队发展的第二个阶段是振荡阶段，项目团队必须重点对待这一阶段。这个阶段如同青少年时期一样，通常对每个人都是非常重要的时期，这段时期项目团队必须经历，无法逃避。在这一阶段，项目目标更加明确，成员们开始运用本身的技能着手执行分配到的任务，开始缓慢地推进工作。现实也许与项目成员当初的设想不一致。例如，任务比预计的更繁重或更困难，成本或进度计划的限制可能比预计的更紧张。在振荡阶段，经常会产生冲突、气氛紧张，需要为应付及解决矛盾达成一致意见。这一阶段士气很低，成员们可能会抵制形成团队，因为他们要表达与团队联合相对立的个性。振荡阶段的特点是成员有挫折、怨愤或者对立的情绪。在工作过程中，每个成员可能会根据其他成员的情况，对自己的角色及职责产生很多的疑问。当开始遵循操作规程时，他们会怀疑这类规程的实用性和必要性。例如，他们可能会消极地对待项目经理及在形成阶段建立的一套操作规程和项目规范。成员们希望知道项目的控制程度和权力大小。

在振荡阶段，项目经理仍然要进行指导，这是项目经理创造一个充满理解和支持的工作环境的好时机，要允许成员表达他所关注的问题。他要对每个成员的职责及团队成员相互间的行为进行明确和分类，使每个成员明白无误。也有必要使团队成员参与一起解决问题，共同作出决策，以便给团队授权。项目经理要接受和容忍团队成员的任何不满，不能因此产生情绪。项目经理要做导向工作，致力于解决矛盾，绝不能希望通过压制来使其自行消失。如果团队成员有不满情绪而不能得到解决，这种情绪就会不断聚集，导致项目团队的振荡，将项目的成功置于危险之中。在这个阶段，项目经理的领导风格应该是影响型的。

3. 正规阶段

经受了振荡阶段的考验后，项目团队就进入了发展的正规阶段。在本阶段，团队成员之间、团队与项目经理之间的关系已经基本确立。绝大部分个人矛盾已得到解决。总的来说，这一阶段的矛盾程度要低于振荡阶段。同时，随着个人期望与现实情形——要做的工作、可用的资源、限制条件、其他参与人员等相统一，团队成员的不满情绪也有所缓解。项目团队开始接受这个工作环境，项目规定和团队规范得到改进和正规化。

在本阶段，控制及决策权从项目经理移交给了项目团队，团队凝聚力开始形成，有了团队的感觉，每个人都觉得自己是团队的一员，同时也接受其他成员作为团队的一部分，团队开始表现出凝聚力。每个成员为实现项目目标所做的贡献都会得到认同和赞赏。随着成员之间开始相互信任，团队的信任得以发展。大量地交流信息、观点和感情，合作意识增强，他们可以自由地、建设性地表达他们的情绪及评论意见。团队经过这个社会化的过程后，建立了忠诚和友谊，甚至可能建立超出工作范围的友谊。

在本阶段，项目经理应尽量减少指导性工作，给予团队成员更多的支持，使工作进展加快，效率提高；项目经理应经常对项目团队所取得的进步给予公开的表扬，培育团队文化，注重培养成员对团队的认同感、归属感、努力营造出相互协作、相互帮助、相互关爱、勇于奉献的精神氛围。在这个阶段，项目经理的领导风格应该是参与型的。

4. 表现阶段

表现阶段是最后一个阶段。项目团队积极地工作，急于实现项目目标。这一阶段的工作效率很高，团队有集体感和荣誉感，信心十足。项目团队能开放、坦诚、及时地进行沟通。在这一阶段，团队根据实际需要，以团队、个人或临时小组的方式进行工作，团队相互依赖程度高。他们经常合作，并在自己的工作任务外尽力相互帮助。团队成员能感到被项目经理高度授权，如果出现问题，就由适当的团队成员组成临时小组，解决问题，并决定如何实施方案。随着工作的进展及得到表扬，团队获得满足感。个体成员会意识到为项目工作的结果使他们真正获得个人职业上的发展。

在本阶段，项目经理应完全授权，赋予团队成员权力。此时项目经理的工作重点是帮助团队执行项目计划，并对团队成员的工作进程和成绩给予表扬。在这一阶段，项目经理集中注意关于预算、进度计划、工作范围及计划方面的项目业绩。如果实际进程落后于计划进程，项目经理的任务就是协助支持修正行动的制定与执行，同时，项目经理在这一阶段也要做好培养工作，帮助团队成员获得自身职业上的成长和发展。在这个阶段，项目经理的领导风格应该是授权型的。

图 8-7 形象地说明了在团队发展和成长的 4 个阶段中工作绩效和团队精神的不同水平。团队经历每一阶段所需的时间和付出的努力受几个因素的影响，包括团队中人员的多少、团队成员以前是否一同工作过、项目的复杂程度及成员的团队工作能力。

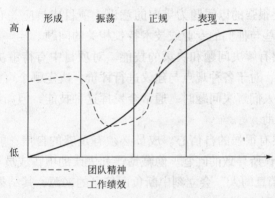

图 8-7　团队成长各阶段的团队精神与工作绩效表现

8.3.3　团队的成员选择

创建团队的首要工作是选择项目人员，项目人员的选择一般是根据项目需要，参考项目计划进行人员编制，必要时招聘相应岗位的人员，对他们进行相应的培训。组织一支能完成项目目标的团队绝非小事一桩。如果做得好，对团队成员的激励基本上不成问题。项目成员对成就感、成长、学习责任和工作本身的追求就是重要的激励因素，而项目显然具有这样的因素。

一般来讲，在大型项目中，项目经理在项目团队中会有几个"助理经理"——高级工程师、业务经理、合同管理员、支持服务经理和其他能帮助项目经理决定项目所需人力和资源的人。他们还能帮助项目经理管理项目的进度、预算和技术绩效。对于大型项目，这样的协助是必要的，而对于小型项目，项目经理很可能要充当所有这些角色。

当然，在适当的时间给项目的各项工作分配适当种类的资源并确定资源的数量也是很重要的。组建项目团队时项目组内各类人员的比例应当协调。组织必须能确保分配到项目中工作的员工是最适合组织需要和最能发挥他技术特长的。

1. 项目成员配备原则

在进行项目成员配备工作时，应根据以下原则：
- 人员的配备必须要为项目目标服务；
- "以岗定员"，保证人员配备的效率，充分利用人力资源，不能以人定岗；
- 项目处于不同阶段，所需要的人力资源的种类、数量、质量是不同的，要根据项目的需要加入或退出，节约人力资源成本。

要做好人员获取的组织需要有完善的人力资源计划。这些人力资源计划要描述目前组织中员工的数量和类型，同时要描述项目现在和将来的活动所需的人员的类型和数量。如果出现员工的技术和项目的需求不相符合的情形，那么项目经理就要和高级管理层、人力资源经理，以及组织中的其他人员共同商讨如何解决人员分配和培训的需要。

2. 项目成员应具备的素质

有效的项目团队成员具有一些共同的特点，项目团队成员需要具备的素质如下。

● 项目团队成员具有专业技术技能。尽管职能部门可以负责提供解决项目技术问题的资源，但项目团队中仍需要有在技术上胜任的人，而且需要确定项目可能需要哪些额外的技术知识。

● 项目团队的高级成员必须在政治上敏感。几乎所有具备一定规模和在一定程度上较复杂的项目，在完成过程中都会发生需要高层支持解决的问题。能否得到这样的支持取决于项目经理在不去威胁、侮辱或惹恼职能部门中的重要人物的情况下推进工作的能力。为确保合作和支持，项目和职能部门之间、一个项目和其他项目之间权力的平衡十分重要。

● 项目团队成员需要很强的以问题为导向的意识。项目成员应关心解决项目产生的任何问题，而不能仅仅去关心那些与他们的专业或技术特长相关的问题。

● 项目团队成员需要有解决问题和决策的技能。对项目中有待解决的问题，团队成员需要分辨出问题的本质是什么，对于各种观点与建议进行评价，决定哪个可能是最有效的方法及如何执行。在项目团队中，当人们解决问题时，通常会发挥这种技能，但如果一些团队成员在这之前就具备这种技能会更有帮助。

● 项目团队成员需要有很强的自信心。成员必须有足够的自信，能够立刻认识到自己的错误并且能够指出别人的错误所导致的问题。隐藏错误和失误的项目成员早晚要引发灾难。项目经理应该注意，"杀死送坏消息的人"会立刻中断负面信息的来源，其结果是违背了"永远不要让上司感到意外"的黄金准则。

● 项目团队成员需要有人际交往的技能。建设成功的项目团队不是一件容易的事情，除非其成员能够有效地沟通与交流，能够克服个人之间常常出现的问题与矛盾。此外，当项目成员互相了解后，以及当任务正在执行时，通常也需要这些技能。至少在具有人际交往能力的团队成员发现矛盾并阻止其发展时，需要这项技能。

IT 项目是由不同角色的人共同协作完成的，每种角色都有明确的职责定义，对高、中、低不同层次的人员都需要进行合理的安排，明确项目需要人员的技能要求。虽然工程师常常作为一个小组的成员进行工作，但是，在项目小组中，工作是分开的，并且每个人都在相对独立地进行自己的工作——完成自己承担的系统的一部分开发任务。尤其是在比较大型的项目中，一个人不能在合理的时间内完成所有的任务，必须建立项目小组，集合众人的智慧和能力。因此，一个项目的成功，首先必须是每个项目组成员的成功，其次是项目组成员协作的成功。

3. 微软——智力导向型的人员甄选方法

微软公司在它成长的过程中，甄选智力型人员的做法是其成功的主要因素之一。正如一位行业观察家所指出的那样，"盖茨通过深思熟虑将微软塑造成了一个奖励聪明人的组织，而他将公司塑造成这种组织的方式则是微软公司成功中最为重要的一面，然而这也是经常被大多数人所忽视的一面。"

微软公司每年大约都要对十几万名求职者进行筛选，在这一过程中，公司注重的是求职者总体智力或认知能力的高低。事实上，微软公司的整个甄选和配置过程所要达到的目的就是发现最聪明的人，然后把他们安置到与他们的才能最为相称的工作岗位上去。微软对于求职者的总体智力状况要比对他们的工作经验更为看重。在很多时候，微软往往会拒绝那些在软件开发领域已经有过多年经验的求职者。相反，它经常到一些名牌大学的数学系或物理系去网罗那些智商很高的人才，即使这些人几乎没有什么直接的程序开发经验。

这种对逻辑推理能力和解决问题能力的重视，充分反映了微软公司所处的竞争环境、经营战略及企业文化的要求。也就是说，软件开发领域是处于经常性变化之中的，这就意味着在过去拥有多少技能远不如是否有能力开发新技能显得重要。因此，微软的战略就是承认条件是在变化着的，然后以最快的速度去适应变化了的条件，从而以比竞争对手更为敏捷的变化来取得竞争优势。这就导致在公司中形成了一种极力提倡活跃的智力思考文化。在这种文化氛围中，那些思维不够敏捷的人可能从来都不会感到自在，有人将这种文化称为精英文化，甚至是狂妄自大者的文化。

在微软公司，人员甄选与配置被视为一项非常重要的工作。在招募新员工及对求职者进行面试的时候，高层决策者亲自参与。盖茨认为，智力和创造力往往是天生的，企业很难在雇用了某人之后再使其具有这种能力。盖茨曾声称，"如果把我最优秀的 20 名员工拿走，那么微软将会变成一个不怎么起眼的公司。"这就明确地证实了人才对于微软过去的成功及其未来的竞争战略所具有的核心作用。

8.3.4　项目团队建设

项目团队建设既包括促进项目利益相关者为项目多做贡献，也包括提高项目团队作为一个整体发挥作用的能力。团队建设是一个持续进行的过程，它是项目经理和项目团队的共同职责。团队建设能创造一种开放和自信的气氛，成员有统一感和归属感，强烈希望为实现项目目标作出贡献。团队建设的主要成果就是使项目业绩得到改进。团队成员要利用各种方法加强团队建设，不能期望由项目经理独自承担团队建设的责任。项目团队建设实际上就是认真研究如何鼓励有效的工作实践，同时减少破坏团队能力及解决资源困难和障碍的过程。

1. 团队建设中的常见问题

- 项目成立前期招聘和挑选项目团队成员不力；
- 令人不解和困惑的组织结构；
- 项目的执行缺乏控制；
- 团队成员缺少培训；
- 团队成员积极性低，对团队或项目的需要无反应或缺乏兴趣；
- 团队成员缺乏个人的创造性；
- 项目管理者不适当的管理理念；
- 项目缺少成功的规划和开发；
- 项目团队目标不明确或它们不被项目团队成员所接受；
- 分配不公；
- 团队成员个性问题；
- 其他需要解决的更重要的组织问题；
- 更广的组织文化对团队的管理方法不起支持作用；
- 一支团队的工作是由技能欠佳的成员完成的，或是在没有得到足够的帮助下完成的；
- 团队中存在过多的"空转"；
- 团队的业绩下滑但无人知道原因；
- 以前作出的决策未执行；
- 团队会议没有效果，全部是争论且使人意志消沉。

项目团队建设并不是一蹴而就的事情，它需要时间资源。团队建设过程应该是有计划、长期的一个过程。从项目启动开始，到项目结束，需要始终不断地开展团队建设，提高团队的绩效水平。

2. 团队核心与团队精神

团队的核心是共同承诺，共同承诺就是共同承担集体责任。没有这一承诺，团队如同一盘散沙。做出这一承诺，团队就会齐心协力，成为一个强有力的集体。这种共同承诺需要一个成员能够为之信服的目标。只有切实可行而又具有挑战意义的目标，才能激发团队的工作动力和奉献精神，为工作注入无穷无尽的能量。

要想使一群独立的个人发展成为一个成功而有效合作的项目团队，项目经理需要付出巨大的努力去建设项目团队的团队精神和提高团队的绩效。决定一个项目成败的因素有许多，但是团队精神和团队绩效是至关重要的。项目团队并不是把一组人集合在一个项目组织中一起工作就能够建立的，没有团队精神建设不可能形成一个真正的项目团队。一个项目团队必须要有自己的团队精神，团队成员需要相互依赖和忠诚，齐心协力地去为实现项目目标而开展团队作业。一个项目团队的效率与它的团队精神紧密相关，而一个项目团队的团队精神是需要逐渐建立的。

项目团队的团队精神应该包括下述几个方面的内容。

① 高度的相互信任。团队精神的一个重要体现是团队成员之间高度的相互信任。每个团队成员都相信团队的其他人所做的和所想的事情是为了整个集体的利益，是为实现项目的目标和完成团队的使命而做的努力。团队成员们真心相信自己的伙伴，相互关心，相互忠诚。同时，团队成员们也承认彼此之间的差异，但是这些差异与完成团队的目标没有冲突，而且正是这种差异使每个成员感到了自我存在的必要和自己对于团队的贡献。管理人员和团队领导对于团队的信任气氛具有重大影响。因此，管理人员和团队领导之间首先要建立起信任关系，然后才是建立团队成员之间的相互信任关系。

② 强烈的相信依赖。团队精神的另一个体现是成员之间强烈的相互依赖。一个项目团队的成员只要充分理解每个团队成员都是不可或缺的项目成功重要因素之一，那么他们就会很好地相处和合作，并且形成相互真诚而强烈的依赖。这种依赖会形成团队的一种凝聚力，这种凝聚力就是团队精神的最好体现。每位团队成员在这个环境中都感到自己应对团队的绩效负责，为团队的共同目标和团队行为勇于承担各自的责任。

③ 统一的共同目标。团队精神最根本的体现是全体团队成员具有统一的共同目标。在这种情况下，项目团队的每位成员会强烈地希望为实现项目目标而付出自己的努力。因为在这种情况下，项目团队的目标与团队成员个人的目标是相对一致的，所以大家都会为共同的目标而努力。这种团队成员积极地为项目成功而付出时间和努力的意愿就是一种团队精神。例如，为使项目按计划进行，必要时愿意加班、牺牲周末或午餐时间来完成工作。

④ 全面的互助合作。团队精神还有一个重要的体现是全体成员的互助合作。当人们能够全面互助合作时，他们之间就能够进行开放、坦诚而及时的沟通，就不会羞于寻求其他成员的帮助，团队成员们就能够成为彼此的力量源泉，大家都会希望看到其他团队成员的成功，都愿意在其他成员陷入困境时提供自己的帮助，并且能够相互作出和接受批评、反馈和建议。有了这种全面的互助合作，团队就能在解决问题时有创造性，并能够形成一个统一的整体。

⑤ 关系平等与积极参与。团队精神还表现在团队成员的关系平等和积极参与上。一个具有团队精神的项目团队，它的成员在工作和人际关系上是平等的，在项目的各种事务上大家都有一定的参与权。一个具有团队精神的项目团队多数是一种民主的和分权的团队，因为团队的民主和分权机制使人们能够以主人翁或当事人的身份去积极参与项目的各项工作，从而形成团队作业和团队精神。

⑥ 自我激励和自我约束。团队精神还更进一步体现在全体团队成员的自我激励与自我约束上。项目团队成员的自我激励和自我约束使得项目团队能够协调一致，像一个整体一样去行动，从而表现出团队的精神和意志。项目团队成员的这种自我激励和自我约束，使得一个团队能够统一意志、统一思想和统一行动。这样团队成员们就能够相互尊重，重视彼此的知识和技能，并且每位成员都能够积极承担自己的责任，约束自己的行为，完成自己承担的任务，实现整个团队的目标。

表 8 – 2 是项目团队有效性检测表的示例。根据表中的评估结果，可以总结出得分较低的方面，然后加以改进。

表 8 – 2　团队有效性检测表

项目团队有效性如何	根本不		有些		非常
1. 团队对其目标有明确的理解吗？	1	2	3	4	5
2. 项目工作内容、质量标准、预算及进度计划有明确规定吗？	1	2	3	4	5
3. 每个成员都对他的角色及职责有明确的期望吗？	1	2	3	4	5
4. 每个成员对其他成员的角色及职责有明确的期望吗？	1	2	3	4	5
5. 每个成员了解所有成员为团队带来的知识和技能吗？	1	2	3	4	5
6. 你的团队是目标导向型的吗？	1	2	3	4	5
7. 每个成员是否强烈希望为实现项目目标做出努力？	1	2	3	4	5
8. 你的团队有热情和力量吗？	1	2	3	4	5
9. 你的团队是否有高度的合作互助？	1	2	3	4	5
10. 是否经常进行开放、坦诚而及时的沟通？	1	2	3	4	5
11. 成员愿意交流信息、想法和感情吗？	1	2	3	4	5
12. 成员是否能不受拘束地寻求别人的帮助？	1	2	3	4	5
13. 成员愿意互相帮助吗？	1	2	3	4	5
14. 团队成员是否能作出反馈和建设性的批评？	1	2	3	4	5
15. 团队成员能否接受别人的反馈和建设性的批评？	1	2	3	4	5
16. 项目团队成员中是否有高度的信任？	1	2	3	4	5
17. 成员是否能完成他们做或想做的事情？	1	2	3	4	5
18. 不同的观点能否公开？	1	2	3	4	5
19. 成员能否相互承认并接受差异？	1	2	3	4	5
20. 团队能否建设性地解决冲突？	1	2	3	4	5

3. 团队建设的过程

项目团队建设的基本原则是：尽可能早地开始；在项目运作的整个过程中持续对团队进行组建；招聘可获得的最佳人选；确认那些将对项目作出重大贡献的人（无论全职或兼职，只要是属于团队的成员）；在所有重大的行动上取得团队的同意和认可；意识到政策的存在但并不去使用它们；将使用授权作为确保委托事宜的最佳方式；不要尝试强迫或操纵团队成员；定期地评估团队的效率；计划并使用团队组建步骤。

项目团队建设的基本步骤如下。

- 拟订团队建设计划；
- 谨慎地界定项目的作用及任务；
- 确保项目的目标与团队成员的个人目标相一致；

- 尽量判断并争取拥有那些最具有前途的员工；
- 选择那些既具有技术专长又有可能成为现实团队成员的候选人；
- 组织团队，给予特定的人以特定的任务；
- 准备并实施责任矩阵；
- 召开"启动"会议；
- 制定技术及程序议程；
- 确保为成员提供足够的时间以使其相互认识；
- 建立工作关系和联系方式；
- 获取团队成员的承诺，如时间承诺、角色承诺、项目优先承诺；
- 建立联系链接；
- 实施团队建设活动，将团队建设行为与所有的项目行为相结合，如召开会议、计划讨论会及技术/进度评审会、团体及个人咨询研讨会；
- 对杰出贡献进行表彰。

另外，可以通过使团队成员社会化的方法来促进团队建设，团队成员之间相互了解得越深入，团队建设就越出色。项目经理要确保个体成员能经常相互交流沟通，并为促进团队成员间的沟通创造条件。团队成员也要努力创造沟通的条件。项目团队可以要求团队成员在项目执行期间，被安排在同一个办公环境下进行工作。当团队成员被安排到一起时，他们就会有许多机会走到彼此的办公室或工作区进行交流。同样，他们会在如走廊这样的公共场所经常地碰面，从而有机会在一起交谈。讨论未必总是围绕工作。团队成员很有必要在不引起反感的情况下，了解彼此的个人情况。项目过程中会发展起许多个人的友谊。安排整个团队在一起工作，就不会出现因为团队一部分成员在不同地方工作而产生"我们和他们"的想法。这种情形会导致项目团队成为一些小组，而非一个实际的团队。

项目团队可以定期或不定期地举办社交活动庆祝项目工作中的事件，例如，取得了重要的阶段成果——系统通过测试，或者与客户的设计评审会成功，或者为放松压力而举办的活动。团队为促进社会化和团队建设，可以组织各种活动。例如，下班后的聚会、会议室的便餐、周末家庭野餐、观看一场体育活动或演出等，一定要让团队中的每个人都参加这类活动。也许有些成员无法参加，但一定要邀请到每个人，并鼓励他们参加。团队成员要利用这个机会，尽量与更多的其他团队成员（包括参加活动的家庭成员）互相结识，增进了解。一个基本规律是通过与不太熟悉的人一起聊天，提出一些问题，听他谈论，发现共同兴趣。要尽量避免让人们形成几个人的小团体，在每次活动中老是聚在一起。参加社会化活动不仅有助于培养起忠诚友好的情感，也能使团队成员在项目工作中更容易进行开放、坦诚的交流和沟通。

除了组织社交活动外，团队还可以定期召开团队会议。相对于项目会议而言，团队会议的目的是广泛讨论类似下面这些问题：作为一个团队，我们该怎样工作？有哪些因素妨碍团队工作（例如，像工作规程、资源利用的先后次序或沟通）？我们如何克服这些障碍？怎样改进团队工作？项目经理参加团队会议时，对他（她）应一视同仁。团队成员不应向经理寻求解答，经理也不能利用职权，否决团队的共识。因为这是团队会议而不是项目会议，只讨论与团队相关的问题而与项目无关。

4. 建设优秀团队的具体实例

在市场竞争日益激烈的情况下，诺基亚的移动电话增长率持续高于市场增长率，从 1998 年起它就位居全球手机销售龙头，占有全球三分之一的市场，几乎是位居第二的竞争对手的市场份额的两倍。诺基亚在中国的投资超过 17 亿美元，建立 8 个合资企业、20 多家办事处和 2 个研发中心，拥有员工超过 5 500 人。面对这样一家拥有如此多员工和机构的企业，诺基亚的竞争优势除来自对高科技的大量投入外，还在于其大胆实践领导力变革。诺基亚究竟是如何建设一支优秀的团队，来保证其实现并保持全球手机销售领先者的目标的呢？

（1）开放沟通，由下而上开发领导力

Noel M. Tichy 和 Eli Cohen 在 1997 年的著作《领导引擎》一书中指出，一个具有高度竞争力的企业，其领导力应是由下而上，而非传统认为的只是由上而下，唯有能持续地在各阶层培养出领导者的企业，才能够适应改变和生存竞争。诺基亚正是这一理论的最佳实践者之一。有效的领导力和管理团队建设被视为企业成长、变革和再生的最关键因素之一。领导力是一种能够激发团队成员的热情与想像力，一起全力以赴，共同完成明确目标的能力。领导者总是激励人们获取他们自己认为能力之外的目标，取得他们认为不可能的成绩。

在诺基亚并非只有顶着经理头衔的领导才需要具备领导力，领导力是每个员工通过日常工作与生活经验的培养积累而得。目的是让每一个人都是主动者，是他自己的领导。优秀的企业都高度重视培养员工的工作能力与团队精神。诺基亚每年花在培训方面的费用超过 25.8 亿欧元——约为它全球净销售额的 5.8%。根据员工的特殊需要来进行教育培训，可以让员工看到自己有机会学习和成长，那么员工对组织的责任感就会加强，他的热情就会产生。

诺基亚的领导特色首先体现在鼓励平民化的敞开沟通政策，强调开放的沟通、互相尊重，使团队内每一位成员感觉到自己在公司中的重要性。公司的高层领导人率先身体力行，努力倡导企业的平等文化。例如，诺基亚公司董事长兼首席执行官约玛·奥利拉（Jorma Ollila）每次到中国访问从不要前呼后拥，这远远胜过说教，充分体现了公司的平等文化。

诺基亚中国公司的中层管理人员对公司强调平等的管理文化也深有体会。据诺基亚的政府关系经理王女士介绍，诺基亚在组织机构上，不是上下级等级森严，而是很平等，有问题可以越级沟通。而且有许多具体制度来保证下情上达，下面的意见不会被过滤。在这方面，诺基亚的具体做法有 3 种。

● 每年请第三方公司作一次员工意见调查，听取员工对自己的工作和公司发展的看法，并和上年的情况做比较，看在哪些方面需要做改进。

● 公司每年有两次非常正式的讨论，经理和员工之间讨论以前的表现、今后的目标，除了评估员工的表现，也是沟通彼此的途径。

● 公司在全球设有一个网站，员工可以匿名发送任何意见，员工甚至可以直接发给大老板，下属的建议只要合理就会被接受。

除了建立正式的开放沟通渠道之外，公司的管理层也会利用适当的时机与员工沟通。如诺基亚（中国）投资有限公司总裁对员工所反映问题的处理方法是：如果牵涉到某个经理人，除非是另有考虑，否则马上把人找来，双方当面讲清楚，这样做让下属看到，上级领导的门永远是敞开着的，沟通是透明的。既保证沟通的透明度，又保证沟通的有序管理。掌握两者的平衡，是领导的艺术。

诺基亚还有一个突出的做法，就是利用员工俱乐部，组织和管理员工的活动。俱乐部在管理上体现诺基亚的文化：尊重个人，让员工自己管理自己。员工俱乐部体现了诺基亚尊重个人、自我做主的文化传统，以人人容易接受的方式来进行团队建设，把员工的兴趣融入到团队建设的活动当中，并以此提高员工在实际工作中的能力。

（2）鼓励尝试创新

随着信息技术的快速发展，产品的生命周期和研究发展重点、顾客的要求及人才流动的速度等，都改变了企业的管理方式。假如还用老的领导思维应对新的市场变化，难免会失败。所以现代领导力的核心应该是如何建设优秀团队并进行领导变革和管理创新。就诺基亚的实践方式，它具有 3 个特点，可供借鉴。

第一，关心下属的成长。公司关心的是市场竞争力和业绩，而员工关心的是个人事业的发展和对工作的满意度。经理人应当充当协调员的角色，将员工个人的发展和公司的发展有机结合起来。如果只是对下属硬压指标，是不会有好效果的。

第二，用人不疑，疑人不用。一旦授权下属负责某一个项目，定下大方向后，就放手让他们去做，不要求下属事无巨细地汇报，而让他们自己思考和判断，发现了问题由大家共同来解决，如果做出成绩是大家的。

第三，鼓励尝试创新。给下属成长空间，让他们敢于去尝试，并允许犯错误。否则，下属畏首畏尾，什么都请示领导，自己的主动性、创造性就没了。

虽然诺基亚是一家大公司，很注重团队精神，但也非常强调企业家的奋斗精神。希望它的员工都能有一些企业家的思想，即创新想法，不要墨守成规。这样可以更快地面对市场挑战，加强竞争力。

（3）借企业文化塑造团队精神

诺基亚公司的企业文化包括 4 个要点：客户第一、尊重个人、成就感、不断学习。公司的团队建设完全以企业文化为中心，不空喊口号，不流于形式，而是落实到具体的行动中。诺基亚强调要把人们的思想和行为变成公司与外界竞争的优势，要提升诺基亚的员工成为一个工作伙伴，不仅是停留在一个雇主与员工的劳动合约关系。唯有这样，工作伙伴们才会看重自己，一起帮助公司积极发展业务。

公司的团队建设活动一直是持续进行的，各个部门都积极参与。公司会定期举行团队建设活动，并具体和每个部门的日常工作、业务紧密相连。这方面，诺基亚学院在团队建设和个人能力培养上发挥了很大作用，为员工提供很多很好的机会，能够让员工认识到他们是团队的一分子，每个人都是这个团队有价值的贡献者。

诺基亚在招聘之初，除了专业技能的考核外，也非常注重个人在团队中的表现，将团队精神作为考核指标中的主要项目之一。通常会用一整天时间来测试一个人在团队活动中的参与程度与领导能力，并考虑候选人是否能在有序的团队中，发挥协作精神、应有的潜能和资源配置。这样就可最大限度地保证，使诺基亚所招聘的人一开始就能接近公司要求团队合作的精神文化。

（4）没有完美的个人，只有完美的团队

移动通信行业发展快速，手机产品几乎每 18 个月就更新换代。为反映这一行业特性，诺基亚在中国的 5 000 多名员工的平均年龄只有 29 岁。诺基亚希望他们能跟上快节奏的变化，增强公司竞争力。为体现这个目标，在人力资源管理上采取"投资于人"的发展战略，让公司获得成功的同时，个人也可以得到成长的机会。

诺基亚中国公司注重将全球战略与中国特色相结合，其次在关心员工、市场营销、客户服务等方面考虑到文化差异，提倡本地化的管理能力。在诺基亚，一个经理就是一个教练，他要知道怎样培训员工来帮助他们做得更好，不是"叫"他们做事情，而是"教"他们做事情。诺基亚同时鼓励一些内部的调动，发掘每一个人的潜能，体现诺基亚的价值观。当经理人在教他的工作伙伴做事情、建立团队时可以设计合理的团队结构，让每个人的能力得到发挥。没有完美的个人，只有完美的团队，唯有建立健全的团队，企业才能立于不败之地。

8.3.5 人员培训与开发

团队建设是实现项目目标的重要保证，而项目成员的培养是项目团队建设的基础，项目组织必须重视对员工的培训工作。通过对成员的培训，可以提高项目团队的综合素质、工作技能和技术水平。同时也可以通过提高项目成员的技能，提高项目成员的工作满意度，降低项目成员的流动比例和人力资源管理成本。

1. 人员培训

针对项目的一次性和制约性（主要是时间的制约和成本的制约）特点，对于项目成员的培训主要采取短期的、针对性强的、见效快的培训。培训形式主要有两种：① 岗前培训，主要对项目成员进行一些常识性的岗位培训和项目管理方式的培训；② 岗上培训，主要是根据开发人员的工作特点，针对操作中可能出现的实际问题，进行特别的培训，多偏重于专门技术和特殊技能的培训。具体过程如下。

① 培训需求分析。培训需求分析是指对组织、个人的目标、任务、知识、技能等方面进行系统的鉴别与分析，以确保是否需要培训并明确培训内容的过程。需求分析通常包括组织分析、任务分析和人员分析 3 个方面。其中任务分析的主要依据是工作说明书，要求对每一项任务确定其重要程度、执行难度，以便确定哪些任务需要培训。人员培训的主要依据是员工绩效考核记录、员工技能水平测试和培训需求问卷调查。如果员工仅仅是缺乏完成工作所必需的知识和技能，其他方面还是令人满意的，那么就需要对他们进行技能、知识等方面的培训。否则，培训可能就不是解决问题的好办法，而应从激励措施、人际关系等方面寻找绩效不佳的原因。

② 培训项目设计。主要包括明确培训内容、培训对象和培训目的，选择培训机构和培训方法，设计培训课程等。

③ 培训组织实施。为了保证培训效果，需要在实施具体的培训项目时进行良好的组织和管理。同时要创造良好的学习环境，使员工通过培训获得一定的知识和技能。

④ 培训成果转化。只有受训者能够有效且持续地将所学运用到实际工作中，才能说明培训项目是成功的。培训成果的转化受到转化气氛、管理者支持、同事支持、运用所学内容的机会及自我管理能力等方面因素的影响。

⑤ 培训效果评估。培训效果是指公司或受训者从培训中获得的收益。一般培训成果可以从 5 个方面来进行评估，表 8 - 3 给出了不同培训成果的衡量方法。

表 8 - 3　培训项目评估使用的成果

成果类型	解　释	举例	衡量方法
认知成果	衡量受训者对培训项目中强调的原理、事实、技术或过程的熟悉程度	安全规则 网络原理	笔试 工作抽样
技能成果	评价技术或运用技能及行为方式的水平，它包括技能的获得与学习，技能在工作中的应用两个方面	倾听技能 网络配置	观察 工作抽样 评分
情感成果	包括态度和动机在内的成果。情感成果的一种类型是有关受训者对培训项目的反应，指受训者对培训项目的感性认识	对培训的满意度 其他文化信仰	访谈 关注
绩效成果	用来判断培训项目给企业带来的回报。包括由于员工流动率或事故发生率的下降导致的成本降低、生产率提高、质量或顾客服务水平的改善	缺勤率 事故发生率	观察 从绩效记录中收集
投资回报率	是指培训的货币收益和培训成本的比较	专利 金钱	确认并比较项目的成败与收益

2. 人员开发

人员开发是指为员工今后的发展而开展的正规教育、在职体验、人际互助及个性和能力的测评等活动。IT 项目成员作为知识型员工，对于人员开发有着更高的积极性。

① 正规教育。正规教育包括专门为员工设计的脱产和在职培训计划。这些计划包括专家讲

座、仿真模拟、冒险学习及与客户会谈等。

② 人员测评。人员测评涉及收集关于员工的行为、沟通方式及技能等方面的信息，然后向他们提供反馈这样一个过程。在这一过程中，员工本人、同事、上级主管及顾客都有可能会被要求提供这种信息人员测评。这种方法的用途是确认员工的管理潜能及衡量当前管理者的优点和缺点。目前比较常用的评价工具主要包括梅耶－布里格斯人格类型测试、评价中心、基准评价法、绩效评价及 360 度反馈系统。

③ 在职体验。在职体验指员工体验在工作中面临的各种关系、难题、需求、任务及其他事项，主要用于员工过去的经验和技能与目前工作所要求的技能不匹配，必须拓展他的技能的情况。在职体验可以采取的途径有：扩大现有工作内容、工作轮换、工作调动、晋升、降级、临时安排到其他公司工作等。

④ 人际互动。员工可以通过与组织中更富有经验的其他员工之间的互动来开发自身的技能，以及增加有关公司和客户的知识。可以采用导师指导和教练辅导两种方式。

8.4 团队的激励

影响人们如何工作和如何很好地工作的心理因素包括激励、影响、权力和效率。在项目管理中，项目经理应当了解项目成员的需求和职业生涯设想，对其进行有效的激励和表扬，让大家心情舒畅地工作，才能取得好的效果。激励机制在团队建设中十分重要。如果一个项目经理不知道如何激励团队成员，便不能胜任项目管理工作。

8.4.1 激励理论

激励是影响人们的内在需要或动机，从而加强、引导和维持行为的一个反复的过程。在管理学中，激励是指管理者促进、诱导下属形成动机，并引导其行为指向特定目标的活动过程。激励对于不同的人具有不同的含义，对一些人来说，激励是一种动力，对另一些人来说，激励则是一种心理上的支持，或者是为自己树立起榜样。激励的过程主要有 4 个部分，即需要、动机、行为、绩效。首先是需要的产生，这种需要一时不能得到满足时，心理上会产生一种不安和紧张，这种不安和紧张会成为一种内在的驱动力，导致某种行为或行动，进而去实现目标。一旦达到目标就会带来满足，这种满足又会为新的需要提供强化。激励和动机紧密相连，所谓动机，就是个体通过高水平的努力而实现组织目标的愿望，而这种努力又能满足个体的某些需要。这里有 3 个关键要素：努力的强度和质量、组织目标、需要。动机是个人与环境相互作用的结果，动机是随环境条件的变化而变化的，动机水平不仅因人而异，而且因时而异，动机可以看作是需要获得满足的过程。人们提出了很多的激励理论，这些理论各有不同的侧重点。

1. 马斯洛的需求层次理论

人类在生活中会有各种各样的需要，例如，生存的需要、心理的需要、满足自尊、获得成就、实现自我等各种需要，都能成为一定的激励因素，而导致人们一定的行为或行为结果的发生。马斯洛把人类需要分为 5 个层次，即：

① 生理需要——维持人类自身生命的最基本需要，如吃、穿、住、行、睡等；

② 安全需要——如就业工作、医疗、保险、社会保障等；

③ 友爱与归属需要——人们希望得到友情，被他人接受，成为群体的一分子；

④ 尊重需要——个人自尊心，受他人尊敬及成就得到承认，对名誉、地位的追求等；

⑤ 自我实现需要——人类最高层次的需要，追求理想、自我价值、使命感，创造性和独立精神等。

马斯洛将这 5 种需要划分为高低两级。生理需要和安全需要称为较低级需要，而友爱与归属需要、尊重需要与自我实现需要称为较高级的需要。高级需要是从内部使人得到满足，低级需要则主要是从外部使人得到满足。马斯洛建立的需求层次理论表明：对于生理、安全、社会、尊敬及自我实现的需要激励着人们的行为。当一个层次的需要被满足之后，这一需要就不再是激励的因素了，而更高层次的需要就成为新的激励因素。人的需要可按等级层次向上或向下移动，当某一个层次的需要失去满足时，可以使这种需要恢复激励。有效管理者或合格项目经理的任务，就是去发现员工的各种需要，从而采取各种有效的措施或手段，促使员工去满足一定的需要，从而产生与组织目标一致的行为，因而发挥员工最大的潜能，即积极性。

马斯洛的理论特别得到了实践中的管理者的普遍认可，这主要归功于该理论简单明了、易于理解、具有内在的逻辑性。但是，正是由于这种简洁性，也提出了一些问题，例如，这样的分类方法是否科学等。其中，一个突出的问题就是这种需要层次是绝对的高低还是相对的高低？马斯洛理论在逻辑上对此没有回答。

2. 双因素理论

双因素理论是心理学家赫茨伯格在马斯洛需要层次理论研究基础上提出的。他把人的需要因素分为两大类：保健因素和激励因素。保健因素是那些与人们的不满情绪有关的因素，例如，公司的政策、管理和监督、人际关系、工作条件等。这类因素并不能对员工起激励作用，只能起到保持人的积极性、维持工作现状的作用，所以保健因素又称为"维持因素"。激励因素是指那些与人的满意情绪有关的因素。与激励因素有关的工作处理得好，能够使人们产生满意情绪，如果处理不当，其不利效果顶多只是没有满意情绪，而不会导致不满。他认为激励因素主要包括：工作表现机会和工作带来的愉快，工作上的成就感，由于良好的工作成绩而得到的奖励，对未来发展的期望，以及职务上的责任感。如果缺乏诸如高工资或更佳的工作环境等健康因素，会产生令人不满意的结果；但是如果健康因素已经具备，那么不要试图通过改善它而激励员工。成就、认可度、工作本身、职责及发展都是影响工作满意度和激励员工的因素。

赫茨伯格双因素理论的重要意义在于它把传统的满意—不满意（认为满意的对立面是不满意）的观点进行了拆解，认为传统的观点中存在双重的连续体：满意的对立面是没有满意，而不是不满意；同样，不满意的对立面是没有不满意，而不是满意。这种理论对管理的基本启示是：要调动和维持员工的积极性，首先要注意保健因素，以防止不满情绪的产生。但更重要的是要利用激励因素去激发员工的工作热情，使其努力工作，创造奋发向上的局面，因为只有激励因素才会增加员工的工作满意感。

赫茨伯格的双因素理论与马斯洛的理论基本上是一致的。他的保健因素相当于马斯洛理论的生理和安全两个物质层次的需要，激励因素相当于马斯洛理论归属、尊重和自我实现 3 个心理层次的需要。不过，正如马斯洛的需要层次论在讨论激励的内容时有固有的缺陷一样，赫茨伯格的双因素理论也有欠完善之处。像在研究方法、研究方法的可靠性及满意度的评价标准这些方面，赫茨伯格这一理论都存在不足。另外，赫茨伯格讨论的是员工满意度与劳动生产率之间存在的一定关系，但他所用的研究方法只考察了满意度，并没有涉及劳动生产率。

3. ERG 理论

ERG 理论是美国学者奥尔德弗在马斯洛理论研究基础上的修正，他把马斯洛的 5 个需要层次压缩为 3 个层次，即生存需要（E），关系（享乐）需要（R），成长（发展）需要（G）。与马斯洛观点不同的是，ERG 理论认为：① 在任何时间里，多种层次的需要会同时发生激励作用；② 如果上一层次的需要一直得不到满足的话，个人就会感到沮丧，然后回归到对低层次需要的追求。ERG 理论比马斯洛理论更新、更有效地解释了组织中的激励问题。

4. 成就需要理论

成就需要理论是美国哈佛大学心理学家麦克利兰研究人与环境的关系后，提出的需要理论。他认为人类在环境的影响下形成 3 种需要，即：

- 对成就的需要；
- 对权力的需要；
- 对社交的需要。

他认为，具有高度成就需要的人，对企业和国家都有重要作用，他提出了增进个人的成就需要的 4 个方法；他还认为权力需要对管理人员最为重要，对主管，成就需要比较强烈，而最有效的管理者是那些有高度权力需要、适度成就需要和低社交需要的人。

5. 期望理论

相比较而言，对激励问题进行比较全面研究的是激励过程的期望理论。期望理论是由耶鲁大学弗鲁姆教授提出的，1964 年在《工作与激励》一书中他提出一个激励过程公式，即：

$$动力（激励力量）= 效价 \times 期望值$$

其中，效价是个人对于某一成果的价值估计。

期望值是指通过某种行为会导致一个预期成果的概率和可能性。当一个人对某目标毫无兴趣时，其效价为零。

期望理论认为有效的激励取决于个体对完成工作任务及接受预期奖赏的能力的期望。只有当人们预期到某一行为能给个人带来有吸引力的结果时，个人才会采取特定的行动。它对于组织通常出现的这样一种情况给予了解释，即面对同一种需要及满足同一种需要的活动，为什么不同的成员会有不同的反应：有的人情绪高昂，而另一些人却无动于衷呢？当期望值很小或为零时，人们对目标的达成不会有积极性。高度的激励取决于高的效价和高的期望值。根据这一理论的研究，员工对待工作的态度依赖于对下列 3 种联系的判断。

① 努力—绩效的联系，即员工感觉到通过一定程度的努力而达到工作绩效的可能性。如需要付出多大努力才能达到某一绩效水平？我是否真能达到某一绩效水平？概率有多大？

② 绩效—奖赏的联系，即员工对于达到一定工作绩效后即可获得理想的奖赏结果的信任程度。如当我达到某一绩效水平后，会得到什么奖赏？

③ 奖赏—个人目标的联系，即如果工作完成，员工所获得的潜在结果或奖赏对他的重要性程度。如这一奖赏能否满足个人的目标？吸引力有多大？

期望理论的基础是自我利益，他认为每一个员工都在寻求获得最大限度的自我满足。期望理论的核心是双向期望，管理者期望员工的行为，员工期望管理者的奖赏。期望理论的假说是管理者知道什么对员工最有吸引力。期望理论的员工判断依据是员工个人的知觉，而与实际情况关系不大。不管实际情况如何，只要员工以自己的知觉确认自己经过努力工作就能达到所要求的绩效，达到绩效后就能得到具有吸引力的奖赏，他就会努力工作。

激励过程的期望理论对管理者的启示是，管理人员的责任是帮助员工满足需要，同时实现组织目标。管理者必须尽力发现员工在技能和能力方面与工作需求之间的对称性。为了提高激励，管理者可以明确员工个体的需要，界定组织提供的结果，并确保每个员工有能力和条件（时间和设备）得到这些结果。根据期望理论，应使工作的能力要求略高于执行者的实际能力，即执行者的实际能力略低于（既不太低，又不太高）工作的要求。

6. 公平理论

公平理论（也称为社会比较理论）是美国心理学家亚当斯 1963 年提出的。他认为：人们都有要求公平对待的感觉。员工不仅会把自己的努力与所得报酬作比较，而且还会把自己和其他人或群体作比较，并通过增减自己付出的努力或投入的代价，来取得他们所认为的公平与平衡。人们往往把自己的结果与投入之比与他人相比较。比较出现 3 种情况，分别是"其他人"、"制度"和"自我"。"其他人"包括在本组织中从事相似工作的其他人及别的组织中与自己能力相当的同类人，包括朋友、同事、学生甚至自己的配偶等。"制度"是指组织中的工资政策与程序及这种制度的运作。"自我"是指自己在工作中付出与所得的比率。

公平理论给管理者的启示如下。

- 用报酬或奖励来激励员工时，一定要使员工感到公平合理。
- 应注意横向比较。（不仅是本部门，还要考虑各平行部门及社会环境中其他类似行业单位。这在制定工资结构和工资水平决策及奖励时要特别考虑。）
- 公平理解是心理感觉，管理者要注意沟通。

还应指出的是，职工的某些不公平感可以忍耐一时，但时间长了，一件明显的小事也会引起强烈的反应。

8.4.2　激励因素

激励因素是指诱导一个人努力工作的东西或手段。激励因素可以是某种报酬或者鼓励，也可以是职位的升迁或者工作任务和环境的变化。激励因素是一种手段，用来调和各种需要之间的矛盾，或者强调组织所希望的需要而使它比其他需要优先得到满足。实际上，项目管理者可以通过建立对某些动机有利的环境来强化动机，使团队成员在一个满意的环境中产生做出高质量工作的愿望。激励因素是影响个人行为的东西。但是，对不同的人，甚至是同一个人，不同的时间和环境下，能产生激励效果的因素也是不一样的。因此管理者必须明确各种激励的方式，并合理地使用。

1. 物质激励

物质激励的主要形式是金钱，虽然薪金作为一种报酬已经赋予了员工，但是金钱的激励作用仍然是不能忽视的。实际上，薪金之外的鼓励性报酬、奖金等，往往意味着比金钱本身更多的价值，是对额外付出、高质量工作、工作业绩的一种承认。一般来说，对于急需钱的人，金钱可以起到很好的激励作用；而对另外的一些人，金钱的激励作用可能很有限。

在一个项目团队中，薪金和奖金往往是反映和衡量团队成员工作业绩的一种手段，当薪金和奖金的多少与项目团队成员的个人工作业绩相联系时，金钱可以起到有效的激励作用。而且，只有预期得到的报酬比目前个人的收入更多时，金钱的激励作用才会明显，否则奖励幅度过小，则不会受到团队成员的重视。而且，当一个项目成功后，也应该重奖有突出贡献的成员，以鼓励他们继续作出更大的贡献。

当员工渴望职业发展和获得别人尊重时，他对金钱的评价是较低的，这时如果以金钱作为对其工作投入的回报，就不能满足他的期望，甚至可能引起员工的愤怒，从而造成该员工心理契约的破坏。

2. 精神激励

随着人们需求层次的提升，精神激励的作用越来越大，在许多情况下，可能成为主要的激励手段。

- 参与感。作为激励理论研究的成果和一种受到强力推荐的激励手段，"参与"被广泛应用到项目管理中。让团队成员合理地"参与"到项目中，既能激励每个成员，又能为项目的成功提供保障。实际上，"参与"能让团队成员产生归属感和成就感，以及一种被需要的感觉，这在 IT 项目中是尤其重要的。
- 发展机遇。是否在项目过程中获得发展的机遇，是项目团队成员关注的另一个问题。项目团队通常是一个临时性的组织，成员往往来自不同的部门，甚至是临时招聘的，而项目结束后，团队多数被解散，团队成员面临回原部门或者重新分配工作的压力，因此，在参与项目的过程中，其能力是否得到提高，是非常重要的。如果能够为团队成员提供发展的机遇，可以使团队成员通过完成项目工作或者在项目过程中经受培训而提高自身的价值，这就成为一种很有效的激励手段，特别是在 IT 行业，发展机遇往往会成为一些员工的首要激励因素。

- 工作乐趣。IT 项目团队成员是在一个不断发展变化的领域中工作。由于项目的一次性特点，项目工作往往带有创新性，而且技术也在不断地进步，工作环境和工具平台也不断更新，如果能让项目团队成员在具有挑战性的工作中获得乐趣和满足感，也会产生很好的激励作用。

- 荣誉感。每个人都渴望获得别人的承认和赞扬，使项目团队成员产生成就感、荣誉感、归属感，往往会满足项目团队成员更高层次的需求。作为一种激励手段，在项目过程中更需要注意的是公平和公正，使每个成员都感觉到他的努力总是被别人所重视和接受的。

3. 其他激励手段

泰穆汗和威廉姆定义了 9 种项目经理可使用的激励手段：权力、任务、预算、提升、金钱、处罚、工作挑战、技术特长和友谊。他们的研究表明，项目经理使用工作挑战和技术特长来激励员工工作往往能取得成功。而当项目经理使用权力、金钱或处罚时，他们常常会失败。因此，激励要从个体的实际需要和期望出发，最好在方案制订时有员工的亲自参与，提高员工对激励内容的评价，在项目成本基本不变的前提下，使员工和组织双方的效用最大。

8.4.3 团队激励与组织凝聚实例

1. 联想集团的多跑道、多层次激励机制

联想集团的激励模式可以给我们很多启示，其中多层次激励机制的实施是联想创造奇迹的一个秘方，联想集团始终认为激励机制是一个永远开放的系统，要随着时代、环境、市场形势的变化而不断变化。这首先表现在联想在不同时期有不同的激励机制，对于 20 世纪 80 年代第一代联想人，公司注重培养他们的集体主义精神和满足他们的基本物质生活需要；而进入 20 世纪 90 年代以后，新一代的联想人对物质的要求更为强烈，并有很强的自我意识，从这些特点出发，联想制订了新的、合理的、有效的激励方案，那就是多一点空间、多一点办法，根据高科技企业发展的特点激励多条跑道。例如，让有突出业绩的设计人员和销售人员的工资和奖金比他们的上司还高许多，这样就使他们能安心于现有的工作，而不是煞费苦心往领导岗位上发展，他们也不再认为只有做官才能体现价值，因为做一名成功的设计人员和销售人员一样可以体现出自己的价值，这样他们就会把所有的精力和才华都投入到最适合自己的工作中去，从而创造出最大的工作效益和业绩。联想集团始终认为只有激励一条跑道一定会拥挤不堪，一定要激励多条跑道，这样才能使员工真正安心在最适合他的岗位上工作。其次是要想办法了解员工需要的是什么，分清哪些是合理的，哪些是不合理的；哪些是主要的，哪些是次要的；哪些是现在可以满足的，哪些是今后努力才能做到的。总之联想的激励机制主要是把激励的手段、方法与激励的目的相结合，从而达到激励手段和效果的一致性。而他们所采取的激励手段是灵活多样的，根据不同的工作、不同的人，不同的情况制定出不同的制度，而不是一种制度从一而终。

股票期权模式，该模式是国际上一种经典期权模式，其内容要点是：公司经股东大会同意，将预留的已发行未公开上市的普通股股票认股权作为"一揽子"报酬中的一部分，以事先确定的某一期权价格有条件地无偿授予或奖励给公司高层管理人员和技术骨干，股票期权的享有者可在规定的时期内作出行权、兑现等选择。设计和实施股票期权模式，要求公司必须是上市公司，有合理合法的、可以实施股票期权的股票来源，并要求具有一个股价能基本反映股票内在价值、运作比较规范、秩序良好的资本市场载体。已成功在香港上市的联想集团和方正科技等，目前实行的就是股票期权激励模式。

联想集团建立起了一切以创造价值为核心的人力资源管理理念。人在工作中创造价值构成了企业人力资源管理的核心内容，人是最根本的核心竞争力。因此人力资源管理紧紧围绕全力创造价值、科学评价价值、合理分配价值，构建起闭合循环的价值链。它有明确的企业价值创造过程中的价值贡献度，不同部门与职位对企业的价值贡献度是不同的，并对此做出明确的界定；建立了一套适应自身特点的职位描述和职位评价体系，以制度的方式确定不同职位的职责和价值贡献度。同时，为充分发挥和挖掘员工的能力与潜力，使员工持续地提高工作效率，坚持以人为本的原则，吸引人、留住人、培养人、用好人，为员工创造发展空间，提升员工价值，建立了一套规范的绩效考核体系，包括绩效计划的制订、组织氛围的改善、员工素质的提高、任职资格体系的形成、管理风格的改善，以及沟通和培训教育体系的建设。通过实施绩效评价，一方面是对员工前一段工作及其贡献进行评价；另一方面为价值分配提供客观的依据，使员工的绩效与回报建立有机的联系。

2. 摩托罗拉公司重视职工培训

在蜂窝式移动电话和无线寻呼装置的生产方面，摩托罗拉以产品的高质量获得了良好的声誉和丰厚的效益。在产品获得成功之后，摩托罗拉公司的领导者担心竞争对手可能会赶上来，对产品质量的要求会越来越高。他们相信，在未来 10 年的商战中，最重要的武器是应受能力、适应能力和创新能力，而对这一切最根本的保证就是加强员工培训。对员工的培训无疑要投入大量财力和物力。摩托罗拉公司向全体员工提供每年至少 40 小时的培训，这在美国已属于较高的培训水准，但公司仍希望能在新的一年里，将这一培训时间增加 4 倍。美国训练与发展协会首席经济学家安东尼·柯内维尔认为，这将使公司走上一条"超常规发展道路"，意味着一年要花费 6 亿美元，相当于一个大型芯片工厂的费用。

重视员工教育给摩托罗拉公司带来了好处。20 世纪 80 年代中期的一项调查表明，每 1 美元培训费可以在 3 年内实现 40 美元的生产效益。摩托罗拉公司认为，素质良好的公司员工们已通过技术革新和节约操作为公司创造了 40 亿美元的财富。不仅如此，在奥斯汀新建的 MOS－Ⅱ芯片 T 是世界上少数几家最精密的芯片制造厂，其电路的精细程度是头发的 1/200，这样一家工厂一般要经过 3～4 年的准备才能开工，而摩托罗拉只用了 18 个月的时间。

案例研究

针对问题： 管理好项目团队成员、营造良好的工作氛围这是需要项目经理来管的事吗？这是部门领导的工作吧？各位组员提交过来的结果项目经理经常不满意，要怎么跟他们说才有用呢？我们这帮人其实都是精英，为什么一起工作的绩效这么差呢？怎么样才能提高大家工作能力的水平？

案例 A 团队建设案例

RD 公司是一家为当地其他公司提供数据处理服务的公司。它从事这项业务至今已有 20 年，拥有 90 多名员工。60 名员工在 Big Tower 大楼工作，这座大楼位于一个大城市近郊的商业区，其中有 40 名员工在第 5 层工作。公司在最近的 12 年里一直租用这层楼。其他 20 名员工在第 9 层工作，这是公司发展后才附加租用的场所。这两个办公区的成员常在大楼的餐厅里见面，但相互都不熟悉。6 个月前，一家类似的公司 DataHelps 的所有者决定退休，RD 公司收购了这家公司。这家公司从事这种业务已经 10 多年了，有 30 名员工，它的办公地点在该市的另一边一个叫 Green Valley 的商业大楼里。

最近，在 Big Tower 大厦旁，落成了一座新办公大楼——Big Tower Ⅱ。RD 公司的老板玛丽亚·阿洛玛有意在 Big TowerⅡ里租一整层，这样的话，就有足够的空间让 90 名员工集中在一起工作，并且还能给发展扩大留下空间。

玛丽亚从目前的 3 个办公地点各选 1 个人，组成一个 3 人项目团队，对新大楼空间进行分布设计。在第 5 层工作的克里斯蒂娜·林是业务主管，为公司工作 18 年了。在第 7 层工作的杰西卡·塔拉斯科是公司的计算机专家，为公司服务了 5 年。沙伦·内斯比特是在 Green Valley 工作的一个数据处理员，在 DataHelps 公司 10 年前创业时就为它工作了。

这个项目团队在 Big Tower 大楼第 5 层公司的会议室里举行第一次会议。沙伦迟到了。这是她第二次来 Big Tower 大楼，交通状况比她预计的坏得多。克里斯蒂娜首先说道："我非常了解我们的工作流程和制约因素，并且已想好了怎样布置我们打算搬进的新办公区。"

"我们确实打算搬进这个新的办公区里吗？"沙伦问道。

克里斯蒂娜回答说："是的。"

杰西卡说："我的邻居跟我说，他的公司进行了同样的合并，他们对所有员工做了调查，询问他们的想法，也许我们可以那么做。"

克里斯蒂娜说道："没必要那样浪费时间，我在这儿已经很多年了，知道该怎么做。"

杰西卡说："我想你没错。"

克里斯蒂娜接着说："现在开始工作吧。我建议……"

沙伦打断了她的话："合并？你是说合并吗？那不是说我们要进行裁员吗？是这么回事吗？在 RD 公司收购 DataHelps 时就听到关于裁员的传言了。"

克里斯蒂娜斥责道："荒谬！"

杰西卡问道："裁员？真的？凭计算机能力，他们绝不会解雇我。他们太需要我了。再说，我能在一分钟内找到另一份工作。"

克里斯蒂娜打断了她说："我们偏离主题了，开始工作吧，要不我们这一整天都要在这儿争论了。"

沙伦又说道："等一下。我们有一些比这愚蠢的办公设计重要得多的问题！我告诉你，Green Valley 大楼里没人愿意搬到这个新楼里。我们喜欢现在的地方，我们可以在午餐时逛商场，员工们的孩子就在附近街上的托儿所里。要是搬过来，每天上、下班需要多花半小时。人们在 6 点托儿所关门前也到不了那儿。我认为在办公设计时，首先需要解决许多其他问题。没有其他方法吗？"

杰西卡说："我无所谓。"

克里斯蒂娜叹息一声，有些沮丧。她很实际地说："你们把事情复杂化了。现在，能不能让我们开始进行办公设计？这不是我们要做的事吗？"

参考讨论题：
1. 为什么玛丽亚想搬进新的办公楼里？
2. 这次搬迁的有利和不利之处是什么？
3. 克里斯蒂娜、杰西卡和沙伦组成的是一个有效的团队吗？请说明原因。
4. 克里斯蒂娜、杰西卡和沙伦本可以怎样做？
5. 提出一些建议，使这个团队能有效地工作。

案例 B　拯救项目团队案例

徐家龙最近被公司任命为项目经理，负责一个重要但不紧急的项目实施。公司项目管理部为其配备了 7 位项目成员。这些项目成员来自不同部门，大家都不太熟悉。徐家龙召集大家开启动会时，说了很多谦虚的话，也请大家一起为做好项目出主意，一起来承担责任。会议开得比较沉闷。

项目开始以后，项目成员一有问题就去找项目经理，请徐家龙给出意见。徐家龙为了树立自己的权威，表现自己的能力，总是身体力行。其实有些问题项目成员之间就可以互相帮助，但是他们怕自己的弱点被别人发现，作为以后攻击的借口。所以他们一有问题就找项目经理，其实徐家龙的做法也不全对，成员发现了也不吭声，因为他们认为我是按你说的做的，有问题该你项目经理负责。

项目成员之间一团和气，"找徐经理去"、"我们听你的"成为了该项目团队的口头禅。但是，随着时间的推移，这个貌似祥和团结的团队在进度上很快就出了问题。该项目由"重要但不紧急的项目"变成了"重要且紧急的项目"。

项目管理部意识到问题的严重性，派高级项目经理张风来指导该项目的实施。

参考讨论题：

1. 你认为徐家龙错在哪里？请说明原因。

2. 项目成员一有问题就去找项目经理，说明了什么？

3. 如果你是徐家龙，你打算怎么做？

习 题

一、选择题

1. 项目型组织结构适用于哪种情况？（　　　）

A. 项目的不确定因素较多，同时技术问题一般

B. 项目的规模小，但不确定因素较多

C. 项目的规模大，同时技术创新性较强

D. 项目工期较短，采用的技术较为复杂

2. 在项目管理中，将任务与责任人相对应的图表，叫做（　　　）。

A. 优先网络图　　　B. 工作分解结构　　　C. 关键路径　　　D. 责任分配矩阵

3. 激励理论中的双因素理论，涉及一个叫作"保健因素"的概念，它指的是（　　　）。

A. 能影响和预防职工不满意感发生的因素　　　B. 能预防职工心理疾病的因素

C. 能保护职工心理健康的因素　　　D. 能影响和促进职工工作满意感的因素

4. 一名项目经理，对自己手下人常说的一句话是："不好好干回家去，干好了可以多拿奖金"。可以认为，项目经理把他的手下都看作（　　　）。

A. 只有归属需要和安全需要的人　　　B. 只有生理需要和归属需要的人

C. 只有生理需要和安全需要的人　　　D. 只有安全需要和尊重需要的人

5. 高效项目团队的特征是（　　　）。

A. 对项目目标的清晰理解　　　B. 每位成员的角色和职责界定明确

C. 队员之间不沟通　　　D. 团队士气高涨

二、填空题

1. 项目人力资源管理的重点集中在两个方面：一是针对个人的；二是_____。

2. 马斯洛把人类需要分为 5 个层次，即：生理需要、安全需要、友爱与归属需要、_____和_____。

3. 组织计划编制中将产生一张组织结构图，角色和职责分配以被称为责任分配矩阵的形式表示，以及_____。

4. 团队的形成一般要经历 4 个阶段：形成阶段、振荡阶段、_____和_____。

5. 公平理论认为人们往往把自己的结果与投入之比与他人相比较。会比较出现 3 种情况，分别是"其他人"、_____和_____。

三、简答题

1. 项目人力资源管理具有哪些作用？
2. 在大中型 IT 项目中，对人力资源的要求具有哪些特点？
3. 在项目团队发展过程中项目经理应该怎样做？
4. 简述影响组织选择的关键因素有哪些。
5. 团队建设中应该避免哪些误区？
6. 项目团队成员应该具备的特点是什么？
7. 你认为团队作业有哪些特性？在项目的实施过程中如何才能很好地发挥项目团队的特性？
8. 简述精神激励有哪些方法和手段。

实践环节

1. 上网搜索，了解 IT 企业在团队建设方面的常见做法，分析其成功经验。

2. 了解软件企业在人员选择、人员培训、人员开发、提高劳动生产率等方面的常见做法，分析其成功经验或失败的教训。

3. 编写所选项目的组织计划，要求包括以下内容：

(1) 明确项目组织目标与工作划分；

(2) 明确人员配备需求，确定项目活动中各种人员的角色、分工和职责；

(3) 确定职责关系，绘制项目组织结构图；

(4) 编制工作说明书；

(5) 确定人员配置管理计划；

(6) 说明项目准备采用的激励机制等。

第 9 章

项目沟通与冲突管理

沟通是保持项目顺利进行的润滑剂。沟通失败常常是项目——特别是 IT 项目成功的最大的威胁之一。项目沟通管理就是要保证项目信息被及时、准确地提取、收集、传播、存储及处置，保证项目团队的信息畅通。项目冲突是项目内外某些关系不协调的结果，深入认识和理解项目冲突，有利于项目内外关系的协调和对项目冲突进行有效的管理。本章主要介绍沟通在项目管理中的作用、项目信息的传递方式与渠道、沟通的障碍、有效沟通的方法与途径等，并介绍项目冲突管理的概念和方法等内容。

9.1 项目沟通管理

在项目管理中沟通是个软指标，沟通所起的作用不好量化，而沟通对项目的影响往往也是隐形的。然而，沟通对项目的成功，尤其是 IT 项目的成功非常重要。IT 项目成功的 3 个主要因素是：用户参与、主管层的支持和需求的清晰表述。所有这些因素都依赖于拥有良好的沟通技能，特别是与非 IT 人员的沟通尤其重要。

9.1.1 项目沟通管理概述

项目沟通贯穿于项目的整个生命周期中。当项目启动、计划、执行、发生变更时都需要及时进行沟通；当项目发生冲突或有问题需要解决时也需要沟通，沟通是保持项目顺利进行的润滑剂。

1. 沟通的概念

沟通是一个过程，在这个过程中，信息通过一定的符号、标志或者行为，在个人之间、组织之间进行交换。项目的沟通发生在项目团队与客户、管理层、职能部门、供应商等利益相关者之间及项目团队内部，主要包括以下两个方面。

① 管理沟通。管理沟通是指人与人之间的沟通，是信息在两个或两个以上个人之间的交换与分享过程，其结果会影响人的行为。人与人的沟通不同于人与机器的沟通，其中最主要的差异是人是有感情的，在沟通中会产生心理反应。当人们之间的沟通出现障碍时，最主要的就是心理障碍。

② 团队沟通。是指为了实现设定的目标，把信息、思想和情感在个人之间或团队内传递，并达成共同认知的过程。团队沟通区别于组织中的层级间沟通。团队成员在团队中地位同等，只有工作任务的差异，没有重要性的不同，沟通的目的不仅是传达信息，更主要的是分享信息及达成共识。

2. 沟通要素

沟通要素主要包括以下几个方面。

① 信息发出者。他们是沟通的主体，他们希望与人或组织交换或分享信息。如果没有信息发出者发送信息，就不存在信息源，沟通也就无法出现。

② 信息接收者。他们是沟通的客体，他们是信息发出者所发送信号的预期到达地。如果没有信息接收者就失去了信息交换与分享的对象。

③ 媒介。它是信息通道。任何种类的信息都需要借助一定的媒介才能顺利传递。信息媒介可以是有形的，也可以是无形的。

④ 信息。指信息发出者传递的内容，包括说的话、书面文字、动作和表情等。

⑤ 编码与译码。信息发送时，需要将其变为易于传递的信号，即编码，它是信息发出者组织信息的过程。信息接收者收到信息后，需要翻译并理解所接受的信号的意思，即译码。

⑥ 反馈。指信息接收者将已收到的信息及对所接收信息的理解回输至信息发出方的过程。

⑦ 噪声。阻碍信息正常传递或影响编码、译码的任何因素。

3. 项目沟通的准则

项目沟通是以项目经理为中心，纵向与高层管理者、项目发起人、团队成员，横向与职能部门、客户、供应商等进行项目信息的交换。项目经理作为项目信息的发言人，应确保沟通信息的准确、及时、有效和权威，为此必须贯彻以下原则。

● 准确。在沟通过程中，必须保证所传递的信息有根据、准确无误，语言文字明确、肯定，数据表单真实、充分；避免使用似是而非、模糊不清的信息。不准确的信息不但毫无价值，而且还有可能引起混乱，导致接收者的误解，使接收者做出错误的判断和行为，给项目带来负面影响。

● 及时。项目具有时限性。因此，必须保持沟通快捷、及时。只有这样，当出现新情况、新问题时，才能保证将信息及时通知给有关各方，使问题得到迅速解决。如果信息滞后，时过境迁，客观条件发生了变化，信息也就失去了传递的价值。

● 完整。首先必须保证沟通信息本身的完整性，否则就会误导他人。其次，必须保持沟通过程的完整性，不能扣押信息，尽量保持信息传递渠道的完整性。

● 有效。信息的发送者应以通俗易懂的方式进行信息传递与交流，避免使用生僻的、过于专业的语言和符号。信息的接收者必须积极倾听，正确理解和掌握发送者的真正意图，并提供反馈意见，只有这样才能实现沟通的目标。

4. 项目的沟通管理

沟通管理是对传递项目信息的内容、方法、过程等几方面的综合管理，它要确定利益相关者的信息交流和沟通需要，确定谁需要信息、需要什么信息、何时需要信息，以及如何将信息分发给他们。项目沟通管理包括为了确保项目信息及时适当地产生、收集、传播、保存和最终配置所必需的过程。项目沟通管理在成功所必需的因素：人、想法和信息之间提供了一个关键连接。涉及项目的任何人都应以项目的"语言"发送和接收信息，并且必须理解他们以个人身份参与的沟通怎样影响整个项目。

一般而言，在一个比较完整的沟通管理体系中，应该包含以下几方面的内容：沟通计划编制、信息发布、绩效报告和管理收尾。沟通计划决定项目干系人的信息沟通需求：谁需要什么信息，什么时候需要，怎样获得。信息发布使需要的信息及时发送给项目干系人。绩效报告收集和传播执行信息，包括状况报告、进度报告和预测。项目或项目阶段在达到目标或因故终止后，需要进行收尾，管理收尾包含项目结果文档的形成，包括项目记录收集、对符合最终规范的保证、对项目的效果（成功或教训）进行的分析及这些信息的存档（以备将来利用）。

9.1.2 沟通的作用与影响

对于项目来说，要科学地组织、指挥、协调和控制项目的实施过程，就必须进行信息沟通。

沟通对项目的影响往往是潜移默化的，所以，在成功的项目中人们往往感受不到沟通所起的重要作用；在失败项目的痛苦反思中，最能看出沟通不畅的危害。没有良好的信息沟通，对项目的发展和人际关系的改善，都会产生制约作用。沟通失败是 IT 项目求生路上最大的拦路虎。常常能听到的典型例子是某某集团耗资几千万的 ERP 项目最终弃之不用，原因是开发出的软件不是用户所需要的，没提高用户的工作效率反而增加了工作量。不难看出，造成这种尴尬局面的根本原因是沟通失败。当一个项目组付出极大的努力，而所做的工作却得不到客户的认可时，是否应该冷静地反思一下双方之间的沟通问题？软件项目开发中最普遍的现象是一遍一遍地返工，导致项目的成本一再加大，工期一再拖延，为什么不能一次把事情做好？原因还是沟通不到位。

1. 项目沟通的作用

① 决策和计划的基础。项目经理要想作出正确的决策，必须以准确、完整、及时的信息作为基础。通过项目内、外部环境之间的信息沟通，就可以获得众多变化的信息，从而为决策提供依据。

② 组织和控制管理过程的依据和手段。在项目内部，没有好的信息沟通，情况不明，就无法实施科学的管理。只有通过信息沟通，掌握项目各方面的情况，才能为科学管理提供依据，才能有效地提高项目班子的组织效能。

③ 建立和改善人际关系必不可少的条件。信息沟通、意见交流，可将许多独立的个人、团体、组织贯通起来，成为一个整体。信息沟通是人的一种重要的心理需要，是人们用以表达思想、感情与态度，寻求同情与友谊的重要手段。畅通的信息沟通，可以减少人与人之间的冲突，改善人与人、人与团队之间的关系。

④ 项目经理成功领导的重要手段。项目经理是通过各种途径将意图传递给下级人员，并使下级人员理解和执行。如果沟通不畅，下级人员就不能正确理解和执行领导意图，项目就不能按项目经理的意图进行，最终导致项目混乱甚至失败。因此，提高项目经理的沟通能力，与领导过程的成功与否关系极大。

⑤ 信息系统本身是沟通的产物。软件开发过程实际上就是将手工作业转化成计算机程序的过程。不像普通的生产加工那样有具体的有形的原料和产品。软件开发的原料和产品就是信息，中间过程之间传递的也是信息，而信息的产生、收集、传播、保存正是沟通管理的内容。可见，沟通不仅仅是软件项目管理的必要手段，更重要的，沟通是软件生产的手段和生产过程中必不可少的工序。

⑥ 软件开发的柔性标准需要用沟通来弥补。软件开发不像加工螺钉、螺母，有很具体的标准和检验方法。软件的标准柔性很大，往往在用户的心里，用户满意是软件成功的标准，而这个标准在软件开发之前很难确切地、完整地表达出来。因此，开发过程中项目团队和用户的沟通互动是解决这一现实问题的唯一办法。

综上所述，沟通的成败决定整个项目的成败，沟通的效率影响整个项目的成本、进度，沟通不畅的风险是软件项目的最大风险之一。

2. 沟通对 IT 项目实施效率的影响

沟通对项目实施效率的影响往往是间接的，不易觉察和量化。不少项目管理者认为项目管理 9 大知识领域中的沟通是一个软指标，很难考核一个项目组成员的沟通能力。下面从几个与沟通有直接或间接关系的因素讨论沟通对 IT 项目实施效率的影响。

（1）项目复杂程度与实施效率

沟通路径所消耗掉的工作量多少取决于软件系统项目本身的复杂度和耦合度。一般说来，底层软件（操作系统、编译器、嵌入式系统、通信软件）的接口复杂度要比应用系统（MIS、操作维护软件、管理软件）高得多。在估算软件开发项目工作量时要充分考虑任务的类别和复杂程度，因为抽象的、接口复杂的系统开发过程中的沟通消耗必然大。另外，有深厚行业背景的项目，要考虑开发人员为熟悉行业知识所要付出的沟通消耗。

（2）团队规模与实施效率

需要协作沟通的人员的数量影响着项目成本，因为成本的主要组成部分是相互的沟通和交流，以及更正沟通不当所引起的不良结果（系统调试）。人与人之间必须通过沟通来解决各自承担任务之间的接口问题，如果项目有 n 个工作人员，则有 $n \times (n-1)/2$ 条相互沟通的路径。假设一个人单独开发软件的生产率是 5 000 行/（人·年），若 4 个人组成一个小组共同开发这个软件，则需要 6 条通信路径。若在每条路径上耗费的工作量是 200 行/（人·年），则小组中每个人的软件生产率降低为：5 000 – 6×200/4 = 5 000 – 300 = 4 700 行/（人·年）。

由此可知，一个人单独开发一个软件，人均效率最高。只可惜大部分软件的规模和时间要求都不允许一个人单独开发，而团队开发的沟通消耗却呈二次方增长。所以，项目团队应该尽可能精简，以较少的人在最可能允许的时间内完成任务是相对高效的。软件项目的实践证明，项目团队成员的数量应保持在 3～7 人，这样可以保证开发人员在有效沟通的情况下具有较高的工作效率。

（3）团队的组织方式与实施效率

不难看出，通过减少沟通消耗、提高沟通效率能够提高项目团队的工作效率。良好的团队组织可以减少不必要的交流和合作的数量，是提高团队效率的关键措施。减少交流的方法是明确的个人分工和接口定义。卡内基·梅隆大学的 D. L. Parnas 认为，编程人员仅了解自己负责的部分，而不是整个系统的开发细节时，工作效率最高。一种行之有效的方法是改变沟通的结构和方式。假设一个 10 人的项目团队，沟通路径有 10×(10 – 1)/2 = 45 条，这种计算基于一种假设，即团队中成员间的关系是对称的，各人在团队中的沟通地位完全对等，沟通方式是全通道式的。

同样一个项目，把组织方式改变为如图 9 – 1 所示。由一位系统架构师将系统分为 3 个相对独立的子系统，系统构架师负责子系统间的接口定义；然后将其余 9 人分为 3 个小组，每个小组负责一个子系统，小组组长和系统架构师相互沟通子系统间的接口，小组间的交流通过系统架构师组织进行；每个小组内部采用全通道式的沟通方式。那么，这种组织方式的沟通路径只有 12 条，沟通效率是全通道式组织方式的 5 倍。当然，这种方法的先决条件是有一个对整个项目总体把握很好的系统架构师及精确完整地定义了所有接口。

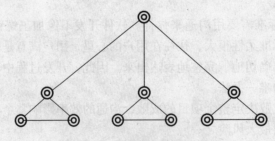

图 9 – 1　全通道式的沟通方式

（4）团队的默契程度与实施效率

团队的默契程度对 IT 项目的实施效率影响很大。一个经过长期磨合、相互信任、形成一套默契的做事方法和风格的团队，可能省掉很多不必要的沟通。相反，初次合作的团队因为团队成员各自的背景和风格不同、成员间相互信任度不高等原因，就要充分考虑沟通消耗。IT 企业人员流动率高的特点导致团队凝聚力和默契度的锤炼比较困难。而凝聚力和默契度是需要长期的、大量的内部沟通和交流才能逐步形成的，由此不难理解持续良好的沟通和交流是一个团队的无形资产，自然、稳定、默契的开发团队形成一个 IT 企业的核心竞争力的道理。还有一点，那就是软件开发这种以人脑为主要工具的创造性很强的作业，开发人员的心情和兴奋度对个人工作效率影响很大，而一个人置身于氛围良好、合作默契的团队中心情一般较好，这种良好的氛围所能带来的能量是不可估量的。

　　总之，有效的沟通在项目管理中起着非常重要的作用。沟通的作用巨大，而且在很多时候是必不可少的。但是同时，沟通也需要付出一定的成本。最主要的成本有两方面：一是沟通所花费的时间和精力，二是沟通过程中信息的失真和损失。成功的项目经理把沟通作为一种管理的手段，通过有效的沟通来实现对员工的控制和激励，为员工的发展创造良好的心理环境。因此，项目成员应统一思想，提高认识，克服沟通障碍，实现有效沟通，为实现员工和组织的共同发展而努力。

9.1.3　项目信息传递的方式与渠道

　　当项目成员为解决某个问题和协调某一方面关系而在明确规定的组织系统进行沟通协调工作时，就会选择和组建项目组织内部的不同的信息沟通渠道和方式。这些渠道和方式可以影响团队的工作效率，也可以影响团队成员的心理和组织的气氛。

1. 项目信息的特点和表现形式

　　项目信息的特点如下。

　　● 信息量大。这主要是因为项目本身涉及多部门、多环节、多专业、多途径、多渠道、多形式的缘故。

　　● 系统性强。由于项目具有单件性和一次性的特点，所以，虽然项目信息数量庞大，但却都集中于较为明确的项目对象中，因而容易系统化，这就为项目信息系统的建立和应用创造了非常有利的条件。

　　● 传递障碍多。一条项目信息往往需要经历提取、收集、传播、存储及最终进行处理这样一个过程。在这个过程中，往往是由于信息传递人主观方面的因素，如由于对信息的处理能力、经验、知识的限制而产生障碍；也会因为地区的间隔、部门的分散、专业的区别等造成项目信息的传递障碍；还会因为传递手段落后或使用不当而导致项目信息传递障碍。

　　● 信息反馈滞后。信息反馈要经过加工、整理、传递，然后才能到决策者手中，故往往反馈不及时，从而影响信息及时发挥作用。

　　项目信息的表现形式如下。

　　● 书面材料。包括设计方案、工作条例和规定、项目进展报告、谈话记录、原始记录、报表等信息。

　　● 谈话信息。包括口头分配任务、作指示、汇报、工作检查、建议、介绍情况、个别谈话等。

　　● 集体口头形式。包括工作讨论和研究、会议、培训班、项目评审等。

　　● 技术形式。包括电话、传真、电子邮件等信息。

2. 项目信息传递的方式

　　项目中的沟通方式是多种多样的，通常可分为正式沟通与非正式沟通；上行沟通、下行沟通与平行沟通；单向沟通与双向沟通；书面沟通和口头沟通；言语沟通和体语沟通等。确定哪种方式是发送各种项目信息最适当的方式，是很重要的。

　　（1）正式沟通与非正式沟通

　　● 正式沟通是通过项目组织明文规定的渠道进行信息传递和交流的方式。例如，组织规定的汇报制度、例会制度和与其他组织的公函来往等。它的优点是沟通效果好，有较强的约束力，易于保密，可以使信息沟通保持权威性。重要的信息和文件的传达、组织的决策等，一般都采取这种方式。其缺点是由于依靠组织系统层层传递，所以较刻板，沟通速度慢。

- 非正式沟通是指在正式沟通渠道之外进行的信息传递和交流。例如，员工之间的私下交谈、小道消息等。非正式沟通是正式沟通的有机补充。在许多组织中，决策时利用的情报大部分是由非正式信息系统传递的。同正式沟通相比，非正式沟通往往能更灵活迅速地适应事态的变化，省略了许多烦琐的程序；并且常常能提供大量的通过正式沟通渠道难以获得的信息，真实地反映员工的思想、态度和动机。因此，这种沟通往往能够对管理决策起重要作用。这种沟通的优点是沟通方便、速度快，且能提供一些正式沟通中难以获得的信息，缺点是容易失真。

（2）上行沟通、下行沟通和平行沟通

- 上行沟通是指下级的意见向上级反映，即自下而上的沟通。它有两种表达形式：一是层层传递，即依据一定的组织原则和组织程序逐级向上反映；二是跃级反映，这指的是减少中间层次，让决策者和团队成员直接对话。上行沟通的优点是员工可以直接把自己的意见向领导反映，获得一定程度的心理满足；管理者也可以利用这种方式了解项目状况，与下属形成良好的关系，提高管理水平。

- 下行沟通是指领导者对员工进行的自上而下的信息沟通。管理者通过向下沟通的方式传送各种指令及政策给组织的下层，其中的信息一般包括：有关工作的指示；工作内容的描述；员工应该遵循的政策、程序、规章等；有关员工绩效的反馈；希望员工自愿参加的各种活动。下行沟通的优点是，它可以使主管部门和团队成员及时了解组织的目标和领导意图，增加员工对所在团队的向心力与归属感。它也可以协调组织内部各个层次的活动，加强组织原则和纪律性，使组织机器正常地运转下去。向下沟通的缺点是，如果这种渠道使用过多，会在下属中造成高高在上、独裁专横的印象，使下属产生心理抵触情绪，影响团队的士气。此外，由于来自最高决策层的信息需要经过层层传递，容易被耽误、搁置，有可能出现信息曲解、失真的情况。

- 平行沟通是指组织中各平行部门之间的信息交流。在项目实施过程中，经常可以看到各部门之间发生矛盾和冲突，除其他因素外，部门之间互不通气是重要原因之一。保证平行部门之间沟通渠道的畅通，是减少部门之间冲突的一项重要措施。平行沟通的优点是，它可以使办事程序、手续简化，节省时间，提高工作效率；它可以使各个部门之间相互了解，有助于培养整体观念和合作精神，克服本位主义倾向；它可以增加员工之间的互谅互让，培养员工之间的友谊，满足员工的社会需要，提高其工作兴趣，改善其工作态度。其缺点表现在，横向沟通头绪过多，信息量大，易造成混乱。此外，平行沟通尤其是个体之间的沟通也可能成为员工发牢骚、传播小道消息的途径，造成对团队士气的消极影响。

（3）单向沟通与双向沟通

- 单向沟通是指发送者和接收者两者之间的地位不变（单向传递），一方只发送信息，另一方只接收信息的沟通方式。这种方式的信息传递速度快，但准确性较差，有时还容易使接收者产生抗拒心理。

- 双向沟通是指发送者和接收者两者之间的位置不断交换，且发送者是以协商和讨论的姿态面对接收者，信息发出以后还需及时听取反馈意见，必要时双方可进行多次重复商谈，直到双方共同明确和满意为止。其优点是沟通信息准确性较高，接收者有反馈意见的机会，产生平等感和参与感，增加自信心和责任心，有助于建立双方的感情。

（4）书面沟通和口头沟通

- 书面沟通是指用书面的形式所进行的信息传递和交流。一般在以下情况中使用：在项目团队中使用内部备忘录，对客户和非公司成员使用报告的方式。例如，正式的项目报告、年报，非正式的个人记录、报事帖。书面沟通大多用来进行通知、确认和要求等活动，一般在描述清楚事情的前提下尽可能简洁，以免增加负担而流于形式。

● 口头沟通是指运用口头表达的方式进行信息交流活动。包括会议、评审、私人接触、自由讨论等。这一方式简单有效，更容易被大多数人接受，但是不像书面形式那样"白纸黑字"留下记录，因此不适用于类似确认这样的沟通。在口头沟通过程中应该坦白、明确，避免由于文化背景、民族差异、用词表达等因素造成理解上的差异，这是特别需要注意的。沟通的双方一定不能带有想当然或含糊的心态，不理解的内容一定要表示出来，以求对方的进一步解释，直到达成共识。

（5）体语沟通和其他沟通

除了用语言描述些信息之外，还可以用姿势、表情等典型的形体语言传递信息。像手势、图形演示、视频会议都可以用来作为补充方式。它的优点是摆脱了口头表达的枯燥，在视觉上把信息传递给接收者，更容易理解。

3. 常用沟通方法的适用情景

（1）会议沟通

会议沟通是一种成本较高的沟通方法，沟通的时间一般比较长，因此常用于解决较重大、较复杂的问题。例如，在以下的几种情景中宜采用会议沟通的方式。

● 需要统一思想或行动时（例如，项目建设思路的讨论、项目计划的讨论等）；

● 需要当事人清楚、认可和接受时（例如，项目考核制度发布前的讨论等）；

● 传达重要信息时（例如，项目里程碑总结活动、项目评审活动等）；

● 澄清一些谣传信息，而这些谣传信息将对团队产生较大影响时；

● 讨论复杂问题的解决方案时（例如，针对复杂的技术问题，讨论已收集到的解决方案等）。

（2）E-mail 沟通

E-mail 沟通是一种比较经济的沟通方法，沟通的时间一般不长，沟通成本也比较低。这种沟通方法一般不受场地的限制，因此被广泛采用。这种方法一般在解决较简单的问题或发布信息时采用。在计算机信息系统普及应用的今天，人们很少采用纸质的方式进行沟通，因此，在以下的几种情景中宜采用 E-mail 沟通的方法。

● 简单问题小范围沟通时（例如，3～5 个人沟通一下产出物最终的评审结论等）；

● 需要大家先思考、斟酌，短时间不需要或很难有结果时（例如，项目团队活动的讨论、复杂技术问题提前通知大家思考等）；

● 传达非重要信息时（例如，分发周项目状态报告等）；

● 澄清一些谣传信息，而这些谣传信息可能会对团队带来影响时。

（3）口头沟通

口头沟通是一种自然、亲近的沟通方法，这种沟通方法往往能加深彼此之间的友谊、加速问题的冰释。在以下的几种情景中宜采用口头沟通的方法。

● 彼此之间的办公距离较近时（例如，两人在同一办公室）；

● 彼此之间存有误会时；

● 对对方工作不太满意，需要指出其不足时；

● 彼此之间已经采用了 E-mail 的沟通方式但问题尚未解决时。

（4）电话沟通

电话沟通是一种比较经济的沟通方法。在以下的几种情景中宜采用电话沟通的方法。

● 彼此之间的办公距离较远，但问题比较简单时（例如，两人在不同的办公室需要讨论一个报表数据的问题等）；

- 彼此之间的距离很远，很难或无法当面沟通时；
- 彼此之间已经采用了 E-mail 的沟通方式但问题尚未解决时。

（5）书面报告

书面报告是一种比较正式的沟通方法。在以下的几种情景中宜采用书面沟通的方法。

- 有关项目的重要决定；
- 项目计划；
- 项目各类技术、管理文档；
- 项目进展报告；
- 项目工作总结。

（6）项目网站

在项目网站上发布信息是一种比较正式、经济的沟通方法。在以下几种情景中宜采用网站沟通的方法。

- 发布项目进展情况；
- 发布文档、代码等项目阶段性成果；
- 项目组间技术问题讨论；
- 提供项目资料和工具等。

4. 信息沟通的模式

在信息传递中，往往是发送者并非直接把信息传递给接收者，中间要经过某些人的传递，这就出现了一个沟通渠道和沟通网络的问题。不同的沟通结构的传递效率、对项目活动的影响是不同的。巴维拉斯对以下 5 种结构进行了实验比较。

① 链式沟通模式。在一个组织系统中，它相当于一个纵向沟通渠道，如图 9－2（a）所示。链式网络中的信息按高低层逐级传递，信息可以自上而下或自下而上地交流。在这种模式中，居于两端的传递者只能与内侧的传递者相联系，居中的则可以分别与上、下级互相传递，各个信息传递者所接收的信息差异较大。该模式的最大优点是信息传递速度快。它适用于组织规模庞大、实行分层授权控制的项目信息传递及沟通。

② 轮式沟通模式。轮式沟通渠道如图 9－2（b）所示。在这一模式中，主管人员分别同下属部门发生联系，成为个别信息的汇集点和传递中心。在项目团队中，这种模式大体类似于一个主管领导直接管理若干部门和权威控制系统。只有处于领导地位的主管人员了解全面情况，并由他向下属发出指令，而下级部门和成员之间没有沟通联系，他们分别掌握本部门的情况。轮式沟通模式是加强控制、争取时间、抢速度的一种有效方法和沟通模式。

③ 环式沟通模式。这种组织内部的信息沟通是指不同成员之间依次联络沟通，如图 9－2（c）所示。这种模式结构可能产生于一个多层次的组织系统之中。第一级主管人员与第二级建立纵向联系。第二级主管人员与底层建立联系，基层工作人员与基层主管人员之间建立横向的沟通联系。该种沟通模式能提高团队成员的士气，即大家都感到满意。

④ Y 式沟通模式。这是一个组织内部的纵向沟通渠道，如图 9－2（d）所示。其中只有一个成员位于沟通活动中心，成为中间媒介与中间环节。如果层次过多，由于信息经过层层"筛选"，可能使上级不了解下面的真实情况，也可能使下级不清楚上级的真正意图。

⑤ 全通道式沟通模式。这种模式是一个开放式的信息沟通系统，如图 9－2（e）所示。其中每一个成员之间都有一定的联系，彼此十分了解。民主气氛浓厚，合作精神很强的组织一般采取这种沟通模式。

巴维拉斯根据实验研究，对不同的沟通模式的优劣进行了比较，其结果见表 9－1。

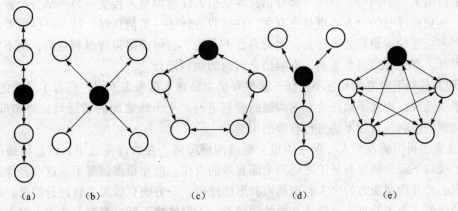

图9-2　各种沟通渠道

表9-1　各种沟通模式的比较

沟通模式指标	链式	轮式	环式	Y式	全通道式
解决问题的速度	适中	快	慢	适中	快
正确性	高	高	低	高	适中
领导者的突出性	相当显著	非常显著	不发生	非常显著	不发生
士气	适中	低	高	适中	高

上述沟通模式虽然是在实验室条件下设计的，而且主要是小型群体的沟通模式，但对于研究项目的信息沟通也是很有启发意义的。项目团队之间的沟通不只限于上述5种模式，实际的沟通模式可以有多种多样的形式。为了达到有效管理的目的，应视项目的特点采取不同的沟通模式，以保证信息顺利、快捷地传递。

9.1.4　沟通的障碍

沟通存在于项目中的各个环节。有效的沟通能为组织提供工作的方向、了解内部成员的需要、了解管理效能高低等，是搞好项目管理，实现决策科学化、效能化的重要保证。但是，在实际工作中，由于多方面因素的影响，信息往往被丢失或曲解，使得信息不能被有效地传递，造成沟通的障碍。在项目管理工作中，存在信息的沟通，也就必然存在沟通障碍。项目经理的任务在于正视这些障碍，采取一切可能的方法来消除这些障碍，为有效的信息沟通创造条件。一般来讲，项目沟通中的障碍主要有主观障碍、客观障碍和沟通方式障碍。

1. 主观障碍

● 个人的性格、气质、态度、情绪、见解等的差别，使信息在沟通过程中受个人素质、心理因素的制约。人们对人对事的态度、观点和信念不同造成沟通的障碍。在一个组织中，员工常常来自于不同的背景，有着不同的说话方式和风格，对同样的事物有着不一样的理解，这些都造成了沟通的障碍。在信息沟通中，如果双方在经验水平和知识结构上差距过大，就会产生沟通的障碍。沟通的准确性与沟通双方间的相似性也有着直接的关系。沟通双方的特征，包括性别、年龄、智力、种族、社会地位、兴趣、价值观、能力等相似性越大，沟通的效果会越好。同样的词汇对不同的人来说含义是不一样的。

● 知觉选择偏差所造成的障碍。接收和发送信息也是一种知觉形式。但是，由于种种原因，人们总是习惯接收部分信息，而摒弃另一部分信息，这就是知觉的选择性。知觉选择性所造成的障碍既有客观方面的因素，又有主观方面的因素。客观因素如组成信息的各个部分的强度不同，对接收者的价值大小不同等，会使一部分信息容易引人注意而被人接受，另一部分则被忽视。主观因素也与知觉选择时的个人心理品质有关。在接收或转述一条信息时，符合自己需要的、与自己有切身利害关系的，很容易听进去，而对自己不利的、有可能损害自身利益的，则不容易听进去。凡此种种，都会导致信息歪曲，影响信息沟通的顺利进行。

• 经理人员和下级之间相互不信任。这主要是由经理人员考虑不周，伤害了员工的自尊心，或决策错误所造成。相互不信任会影响沟通的顺利进行。上下级之间的猜疑只会增加抵触情绪，减少坦率交谈的机会，致使不能进行有效的沟通。

• 沟通者的畏惧感及个人心理品质也会造成沟通障碍。在管理实践中，信息沟通的成败主要取决于上级与下级、领导与员工之间的全面有效的合作。但在很多情况下，这些合作往往会因下属的恐惧心理及沟通双方的个人心理品质而形成障碍。一方面，如果主管过分威严，给人造成难以接近的印象，或者管理人员缺乏必要的同情心，不愿体恤下情，都容易造成下级人员的恐惧心理，影响信息沟通的正常进行。另一方面，不良的心理品质也是造成沟通障碍的因素。

• 信息传递者在团队中的地位、信息传递链、团队规模等因素也都会影响有效的沟通。许多研究表明，地位的高低对沟通的方向和频率有很大的影响。例如，人们一般愿意与地位较高的人沟通。地位悬殊越大，信息趋向于从地位高的流向地位低的。

2. 客观障碍

• 信息的发送者和接收者如果在空间上距离太远、接触机会少，就会造成沟通障碍。社会文化背景不同，种族不同而形成的社会距离也会影响信息沟通。

• 信息沟通往往是依据组织系统分层次逐渐传递的。然而，在按层次传达同一条信息时，往往会受到个人的记忆、思维能力的影响，从而降低信息沟通的效率。信息传递层次越多，它到达目的地的时间越长，信息失真率则越大，越不利于沟通。另外，组织机构庞大，层次太多，也会影响信息沟通的及时性和真实性。

3. 沟通方式障碍

• 语言系统所造成的障碍。语言是沟通的工具，人们通过语言文字及其他符号等信息沟通渠道来沟通。但是语言使用不当就会造成沟通障碍。这主要表现为误解，这是由于发送者在提供信息时表达不清楚，或者表达方式不当，例如，措辞不当，丢字少句，空话连篇，文字松散，使用方言等，这些都会增加沟通双方的心理负担，影响沟通的进行。

• 沟通方式选择不当，原则、方法使用过于死板所造成的障碍。沟通的形态往往是多种多样的，且它们都有各自的优缺点。如果不根据实际情况灵活地选择，则沟通不能畅通地进行。

9.1.5 编制项目沟通计划

项目沟通计划是项目整体计划中的一部分，它的作用非常重要，也常常容易被忽视。在很多项目中由于没有完整的沟通计划，导致沟通非常混乱。沟通计划编制包括信息发送、绩效报告和管理收尾，它需要确定项目干系人的信息和沟通需求。编制项目沟通计划的过程就是对项目全过程中信息沟通的内容、沟通方式和沟通渠道等方面进行计划与管理的过程。在编制项目沟通计划时应重点做好以下工作。

1. 项目沟通计划编制的内容

项目沟通计划主要包括以下几个方面的内容。

① 描述信息收集和文件归档的结构，这一结构用于收集和保存不同类型的信息。

② 项目干系人的联系方式。

③ 传递重要信息的格式。例如，项目绩效报告的格式、项目评审报告的格式等适合本项目的统一各种文件的模板，并提供报告编写指南。

④ 用于创建信息的日程表。例如，是否已经分配资源去创建、聚集和发送关键项目信息？项目干系人是否知道什么时候期望提交不同的信息？什么时候他们需要参加重要的会议？

⑤ 获得信息的访问方法。例如，哪些信息在线保存？哪些信息允许项目成员共享？每个人都能访问所有的项目文件吗？

⑥ 工作汇报方式。明确表达项目成员对项目经理或项目经理对上级和相关人员的工作汇报方式、时间和形式。例如，下面成员对项目经理通过 E-mail 发送周报；通过电话汇报和及时沟通；每月直接对用户进行一次项目进展的书面汇报等。

⑦ 沟通计划的维护人。主要是明确发生变化时由谁来更新沟通计划，新的计划如何发送？对哪些相关人员发送等。

2. 项目沟通计划编制的输入

① 沟通需求分析。在编制项目沟通计划时，最重要的是理解组织结构和做好项目干系人分析。企业的组织结构通常对沟通需求有较大影响，例如，组织要求项目经理定期向项目管理部门做进展分析报告，那么沟通计划中就必须包含这些内容。项目干系人的利益要受到项目成败的影响，因此对他们的需求必须予以考虑。最典型也最重要的项目干系人是客户，而项目组成员、项目经理及他的上司也是较重要的项目干系人。所有这些人员各自需要什么信息、在每个阶段要求的信息是否不同、信息传递的方式上有什么偏好，都是需要细致分析的。例如，有的客户希望每周提交进度报告，有的客户除周报外还希望有电话交流，也有的客户希望定期检查项目成果，种种情形都要考虑到，分析后的结果要在沟通计划中体现并能满足不同人员的信息需求，这样建立起来的沟通体系才会全面、有效。一般而言，项目中关键的 4 种人员对信息有以下需求。

- 项目经理。项目目标及制约因素，例如，进度、成本、质量性能要求等；人力、物力、财力等落实情况；客户的具体要求；项目经理的职责与权限。
- 客户。项目建议书；项目团队主要人员的情况；项目实施计划；项目进度报告；项目各个阶段的交付物等。
- 管理层。项目计划；项目收益；项目资源需求；项目进度报告等。
- 项目成员。项目目标及制约因素；项目交付结果及衡量标准；项目工作条例、程序；奖励政策等。

② 沟通技术。在项目各个部分之间来回传递信息所用的技术和方法很多。包括根据沟通的严肃性程度所分的正式沟通和非正式沟通；根据沟通根据所分的书面沟通和口头沟通等。选用何种沟通技术以达到迅速、有效、快捷地传递信息主要取决于以下因素。

- 对信息要求的紧迫程度。例如，项目的成功是否依赖于不断更新的信息，在需要时是否马上就能得到？或者是否有定期发布的书面报告就够了？
- 技术的有效性。例如，已到位的系统运行良好吗？还是系统要做一些变动？
- 预期的项目环境。例如，计划中的沟通系统是否同项目参与方的经验和知识相兼容？还需要大量的培训和学习吗？
- 项目工期的长短。例如，现有技术在项目结束前是否已经变化以至于必须采用更新的技术。

③ 制约因素和假设条件。制约因素和假设条件是限制项目管理者选择的因素。项目沟通管理者应对其他知识领域各过程的结果进行评价，以发现它们可能影响项目通信的途径，并采取相应的措施。

3. 项目沟通计划编制的输出

① 确定项目的利害关系者。项目的利害关系者就是积极参与该项目、获其利益、受到其影响的个人和组织。分析各种利害关系者的类型和信息需求，主要考虑下列因素。

- 考虑适合某项目需求的方法和技术；
- 为项目成功提供所有必需信息；
- 不要让资源浪费在不必要的信息或不适用的技术上。

② 制订沟通管理计划。主要包括下列内容。

- 详细说明信息收集渠道的结构，即采用何种方法，从何人、何处收集何种信息。
- 详细说明信息分发渠道的结构，即信息（报告、数据、指示、技术文件等）将流向何人，以及何种方法传递各种形式的信息（报告、会议、通知等），这种结构必须与项目组织结构图中说明的责任和报告关系相一致。
- 说明待分发信息的形式，包括格式、内容、详细程度和要采用的符号的规定和定义。
- 制定出信息发生的日程表。在表中列出每种形式的通信将要发生的时间；确定提供信息更新依据或修改程序，以及确定在依进度安排的通信发生之前查找现时信息的各种方法。
- 制定随着项目的进展而对沟通计划进行更新和细化的方法。

9.1.6 项目执行和收尾阶段的沟通管理

项目执行过程中的沟通就是使信息在适当的时间、以适当的格式送给适当的人。它主要包括实施沟通管理计划及对突发的信息请求作出反应。

1. 信息发送的输出

① 项目计划的工作结果。

② 沟通管理计划。

2. 信息分发的工具和方法

常用的信息分发工具和技术有：① 沟通技能；② 信息检索系统，可设置手工档案、计算机数据库、项目管理软件，供干系人查阅文件（例如，需求说明、设计说明书、实施计划及测试数据等）；③ 信息分发系统，各种项目会议、计算机网络、传真、电子邮件、可视电话会议及项目间网络等。发送项目信息可以用不同的方式，例如，正式的、非正式的、书面的和口头的方式。确定哪种方式是发送各种项目信息最适当的方式，是很重要的。项目经理及其团队沟通项目信息时，应注重建立关系的重要性。当需要沟通的人员数目增加时，沟通的复杂性也随之增加。

3. 信息发送的输出

发布的信息包括：项目介绍、项目报告、项目记录、进度报告、预测、绩效报告等。项目介绍是向所有项目干系人提供信息，介绍的形式要适合听众的具体情况。项目报告应提供有关范围、进度、费用、质量的信息，也有的项目要求有关风险和采购方面的信息。项目记录包括状况报告、说明所处阶段、进度预算状态；进程报告说明已完成工作进度的百分比；预测即预计将来的状态和进展。绩效报告包括收集和发送有关项目朝预定目标迈进的状态信息。项目团队可以使用挣值分析表或其他形式的进展信息，来沟通和评价项目绩效。状态评审会议是项目沟通、监督和控制的重要一部分。

4. 管理收尾

当项目或项目阶段因达到目标或因其他原因而终止时要做好结尾工作。管理收尾包括生成、收集与发送相应的信息，使项目或项目阶段正式完成。具体包括以下内容。

① 项目档案。项目档案包括一套整理好的项目记录，提供了一个项目准确的历史。项目档案的完整汇总材料应由合适的参与者准备好，以完成立卷。与项目有关的历史数据库都要被更新。良好的项目档案能为信息项目快速提供有价值的信息，节约时间和资金。

② 项目满足客户需求时确认结尾。在结尾过程，除了要注意使客户满意外，还应当使干系人都感到满意。这是现代项目管理特别注意的，也是强调以人为本的体现，也是系统工程的方法

论追求的效果。为了突出这一思想，2004 版的项目管理的知识体系 PMBOK 已经把沟通管理结尾这个过程变更为"应对干系人"，因为项目到了最后结尾，结果好坏的最终判断是来自干系人。

③ 吸取经验和教训。项目组成员应当在项目完成后就取得的经验和教训经过思考后写下经验总结，包括项目偏差的原因、选定某个纠正措施的原因、不同项目管理方法和技术的应用等。这对未来项目的平稳运行很有帮助。

9.1.7 有效沟通的方法和途径

高素质的团队组织者和协调管理者所发挥的作用往往对项目的成败起决定作用，一个优秀的项目经理必然是一个善于沟通的人。沟通研究专家勒德洛指出：高级管理人员往往花费 80% 的时间以不同的形式进行沟通，普通管理者约花 50% 的时间用于传播信息。可见，沟通的效率直接影响管理者的工作效率。提高沟通效率可以从以下几方面着手。

1. 沟通要有明确目的

在沟通前，项目经理事先要系统地思考、分析和明确沟通信息，并对接收者及可能受到该项沟通影响者予以考虑。经理人员要弄清这个沟通的真正目的是什么？要对方理解什么？漫无目的的沟通就是通常意义上的唠嗑，也是无效的沟通。确定了沟通目标，沟通的内容就围绕沟通要达到的目标组织规划，也可以根据不同的目的选择不同的沟通方式。沟通时应考虑的环境情况包括沟通的背景、社会环境、人的环境及过去沟通的情况等，以便沟通的信息得以配合环境情况。

2. 提高沟通的心理水平

要克服沟通的障碍必须注意以下心理因素的作用。

① 在沟通过程中要认真感知，集中注意力，以便信息被准确而及时地传递和接收，避免信息错传，减少信息的损失。

② 增强记忆的准确性是消除沟通障碍的有效心理措施。记忆准确性水平高的人，传递信息可靠，接收信息也准确。

③ 提高思维能力和水平是提高沟通效果的重要心理因素。较高的思维能力和水平对于正确地传递、接收和理解信息，起着重要的作用。

④ 培养镇定情绪和良好的心理气氛，创造一个相互信任、有利于沟通的小环境，有助于人们真实地传递信息和正确地判断信息，避免因偏激而歪曲信息。

对于双方期望值之间的差异，可以通过以下方式进行消除。一种方式是订立业绩协议。员工与企业签订的业绩协议可使双方明确彼此的期望和要求，帮助设计双方都能达到的目标，并且定期评估协议以确保双方的目标和要求都能得到实现。另一种方式是清楚地说明你的期望。这样，能否达到你的期望，对方有责任向你说明。这种做法可以使你根据需要对自己的期望做有效的调整，预先消除可能遇到的伤害和失望感。

3. 确保会议有效

一个成功的会议能成为鼓励项目团队建立和加强对项目的期望、任务、关系和责任的工具。

① 明确会议的目的和期望的结果。要明确会议的结果是什么。目的是集体讨论一些想法、提供状态信息，还是要解决一些问题？使会议的每一个计划者和参与者都十分清楚会议的目的。

② 确定参加会议的人员。为使会议有效，某些项目干系人是否必须参加这个会议？只是项目组的领导者参加会议，还是全体项目成员都参加会议？以会议目的和结果为基础确定谁应当参加会议是很重要的。

③ 在会议前向参加者提供议程。议程可以使会议组织者对会议进行计划。

④ 使会议专业化。介绍人员、重申会议的目的、陈述应遵守的基本规则。要有人协调会议以确保讨论重要的项目、注意时间、鼓励参与、总结关键的问题、阐明决定和行动事项。

⑤ 会议之后的记录。在每一次会议结束后应及时整理会议记录，并归档备查。记录应包括以下事实。

- 会议的时间、日期、地点和主持人。
- 所有出席者的数目，未出现者的理由。
- 讨论过的所有议程、议项和制定的所有决策。如果就行动任务达成了一致，记录并强调负责该任务的人的名字。
- 会议结束的时间。
- 下次会议的日期、时间和地点等。

4. 沟通中"听、说、问"交替出现

沟通不仅仅是说，而是听、说和问。一个有效的聆听者不仅能听懂话语本身的意思，而且能领悟说话者的言外之意。只有集中精力聆听，积极投入判断思考，才能领会讲话者的意图，只有领会了讲话者的意图，才能选择合适的语言说服他。从这个意义上讲，"听"的能力比"说"的能力更为重要。渴望理解是人的一种本能，当讲话者感到你对他的言论很感兴趣时，他会非常高兴与你进一步加深交流。要提高聆听的技能，可以从以下几方面去努力：使用目光接触；展现赞许性的点头和恰当的面部表情；避免分心的举动或手势；要提出意见，以显示自己充分聆听的心理提问；复述，用自己的话重述对方所说的内容；要有耐心，不要随意插话；不要妄加批评和争论；使听者与说者的角色顺利转换。所以，有经验的聆听者通常用自己的语言向讲话者复述他所听到的，好让讲话者确信，他已经听到并理解了讲话者所说的话。"说"是沟通的必要环节，说的水平反映了信息发出者的编码能力。为了提高沟通效率，"说"者不仅要"明"，而且要"简"。"问"既是聆听的表现方式，又是更好地解码的手段。无论是听、说，还是问，都必须相互尊重，不要妄作假设和猜测。

5. 避免无休止的争论

沟通过程中不可避免地存在争论。IT 项目中存在很多诸如技术、方法上的争论，这种争论往往喋喋不休，永无休止。无休止的争论当然形不成结论，而且是吞噬时间的黑洞。终结这种争论的最好办法是改变争论双方的关系。争论过程中，双方都认为自己和对方在所争论的问题上地位是对等的，关系是对称的。从系统论的角度讲，争论双方形成对称系统，而对称系统是最不稳定的，而解决问题的方法在于变这种对称关系为互补关系。例如，一个人放弃自己的观点或第三方介入。项目经理遇到这种争议时一定要发挥自己的权威性，充分利用自己对项目的决策权。

6. 保持畅通的沟通渠道

重视双向沟通。双向沟通伴随着反馈过程，使发送者可以及时了解到信息在实际中如何被理解，使接收者能表达接收时的困难，从而得到帮助和解决。要进行信息的追踪和反馈，信息沟通后必须同时设法取得反馈，以弄清对方是否真正了解，是否愿意遵循，是否采取了相应的行动等。一个项目组织，往往是综合运用多种方式进行沟通，只有这样，才能提高沟通的整体效应。另外，注意正确运用文字语言。语言文字运用得是否恰当直接影响沟通的效果。使用语言文字时要简洁、明确，叙事说理要言之有据、条理清楚、富于逻辑性；要措辞得当、通俗易懂，不要滥用词藻，不要讲空话、套话。非专业性沟通时，少用专业性术语。可以借助手势语言和表情动作，以增强沟通的生动性和形象性，使对方容易接受。

7. 充分利用信息技术加强沟通

信息技术的高速发展，为沟通提供了更多的渠道和方式，例如，短信、电子邮件、视频会议、项目管理软件等现代化工具可以提高沟通效率，拉近沟通双方的距离，减少不必要的面谈和会议。IT 项目的项目经理更应该很好地运用之。

9.2 项目冲突管理

凡是人们共同活动的领域，总会产生不同意见、不同需求和不同利益的碰撞，或在个人之间，或在小团体之间，或在大组织之间。冲突就是项目中各种因素在整合过程中出现的不协调的现象。冲突管理是创造性地处理冲突的艺术。冲突管理的作用是引导这些冲突的结果向积极的、协作的，而非破坏性的方向发展。

9.2.1 冲突管理的概念

冲突泛指各式各类的争议。一般所说的争议，指的是对抗、不搭调、不协调，甚至是抗争，这是冲突在形式上的意义。但在实质方面，冲突是指在既得利益或潜在利益方面的不平衡。既得利益是指目前所掌控的各种方便、好处、自由；而潜在利益则是指未来可以争取到的方便、好处、自由。从管理角度对冲突的定义是：冲突是人的心理的反映，是一种社会心理现象，是人们对于重要的问题的意见不一致而在各方之间形成摩擦的过程，即由于目标和价值观念的不同而产生对立甚至争斗的过程。在项目中，冲突是一种司空见惯的正常现象，长期没有冲突的关系根本不存在。项目冲突的产生来源于项目管理的诸多方面，例如，项目团队个人因素、项目团队角色因素、项目目标差异因素、项目管理程序因素等，均可能引发项目冲突。

自古以来，人们的社会价值观不断强调："天时不如地利，地利不如人和"、"以和为贵"，使得人们以为冲突是可以消除的、可以避免的。然而，项目工作中的冲突是必然存在的，有不同的意见是正常的，应该接受。试图压制冲突是一个错误的做法，因为冲突也有其有利的一面，它让人们有机会获得新的信息，另辟蹊径，制订更好的问题解决方案，加强团队建设，同时也是学习的好机会。对冲突的理解在最近20年来发生了截然不同的转变。表9-2说明了传统的冲突观与现代冲突观的区别。

表9-2 看待冲突的两种对立观点

传 统 观 点	现 代 观 点
冲突是可以避免的	在任何组织形态下，冲突是无法避免的
冲突是导因于管理者的无能	尽管管理者无能显然不利于冲突的预防或化解，但它并非冲突的基本原因
冲突足以妨碍组织的正常运作，致使最佳绩效无从获得	冲突可能导致绩效降低，亦可能导致绩效提高
最佳绩效的获得必须以消除冲突为前提	最佳绩效的获得有赖于适度冲突的存在
管理者的任务之一即是在于消除冲突	管理者的任务之一是将冲突维持在适当水准

现代冲突观认为冲突的存在不是没有好处的。它的潜在好处包括：减少工作的枯燥感；增进自我了解；为了回避冲突，可激发个人做好工作；冲突之化解可增进个人声望与地位；凸显问题所在；促使决策者对问题做深入的思考；可导致创新或变革等。项目经理如何看待和处理冲突，对组织具有建设性或破坏性的影响。

管理学家认为冲突可以分为两种，即功能正常的冲突（简称良性冲突）和功能失调的冲突（简称恶性冲突）。区分的标志就是看其对团队的绩效是否有正面影响。如果把团队内的良性冲突维持在一定水平，不仅不会破坏成员间的关系，还会促进彼此的沟通，从而提高决策质量，产生更多的创新方案，最终提高团队绩效。

1. 冲突过程

冲突是一个发展过程，具有4个关键成分。

- 对立目标。对目标的知觉和感受不同，目标实现的利益存在差异。
- 对立认知。冲突各方认识到或承认存在着不同的观点。
- 对立行动。分歧各方设法阻止对方实现其目标。
- 对立过程。分歧或矛盾具有一个发展过程。

著名管理学和组织行为学专家斯蒂芬·P·罗宾斯认为，冲突的过程可以划分为 5 个阶段：第一阶段是潜在的对立或不一致；第二阶段是认知和个性化；第三阶段是行为意向；第四阶段是行为；第五阶段是冲突结果，如图 9 – 3 所示。

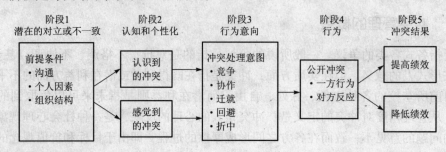

图 9 – 3　冲突过程图

项目经理是解决冲突的关键。他的职责是在做好冲突防范的同时，在冲突发生时分析冲突来源，运用正确的方法来解决冲突，并通过冲突发现问题、解决问题，促进项目工作更好地展开。

界定项目冲突的范围不能离开项目。发生于项目内部成员或群体之间的冲突属于项目内部冲突，其范围限于项目内部；而发生在项目外部的冲突，如项目与项目之间的冲突、项目与环境之间的冲突，属于项目外部冲突，其主体是项目本身，冲突的范围可能涉及项目或更多。所以，项目冲突的范围界定必须视具体情况及性质而定。

2. 冲突管理的过程

项目冲突管理一般包括诊断、处理和总结分析 3 个阶段。

① 诊断。诊断是项目冲突管理的前提，是发现问题的过程。项目经理在诊断过程中要充分认识到冲突发生在哪个层面上，问题出在哪里，并决定在什么时候应该降低冲突或激发冲突。

② 处理。项目冲突处理包括事前预防冲突、事后有效处理冲突和激发冲突 3 个方面。事前预防冲突包括事前规划与评估（如环境影响评估）、人际或组织沟通、工作团队设计、健全规章制度等，目的在于协调和规范各利害关系个人或群体的行为，建立组织间的协调模式，鼓励多元化合作与竞争，强调真正的民众参与；事后冲突处理强调主客观资料搜集、整理与分析，综合运用回避、妥协、强制和合作等策略，理性协商谈判，形成协议方案，监测协议方案执行，并健全冲突处理机制。

③ 总结分析。对项目冲突的处理结果必然会影响组织的绩效。项目经理必须采取相应的方法有效地降低或激发冲突，使项目冲突维持在一个合理的水平上，从而带来项目绩效的提高。由于项目冲突具有性质的复杂性、类型的多样性和发生的不确定性等特性，因此对项目冲突进行管理就不可能千篇一律地使用一种方法或方式去解决，而是必须对项目冲突进行深入的分析，采取积极的态度，选择适当的项目冲突管理方式，尽可能地利用建设性冲突，控制和减少破坏性冲突。

项目经理和项目团队要知道在项目工作过程中，处理之焦点应集中于问题，而非集中于人、物。也就是说，冲突之化解在于对事不对人。识别冲突，调解争执，是管理最需要的能力之一。冲突管理的重点，就是在于建立既得利益或潜在利益上的共识。最重要的是制度的建立和执行，亦即尽可能将冲突纳入制度的规范。要有一套制度运作，以回避和降低冲突。制度的存在虽然让许多人觉得施展不开，但它也是一把保护伞，足以保障项目的运作。

9.2.2 冲突来源

任何一种冲突都有来龙去脉，绝非突发事件，更非偶然事件，而是某一发展过程的结果。很多冲突是受"误导"所致的，要想彻底消除冲突，必须让冲突"不受误导"，即一定要理解发生的事情，逐步减少不信任，重新建立信任。在项目过程中，冲突的来源主要包括以下几个方面。

1. 工作内容

关于如何完成工作、要做多少工作或工作以怎样的标准去完成会有不同意见，从而导致冲突。例如，在研制一个办公自动化系统时，是否采用电子签名技术，还是其他安全认证技术可能有不同的意见，这就是一个关于工作技术方面的冲突。

2. 资源分配

冲突可能会由于分配某个成员从事某项具体工作任务，或因为某项具体任务分配的资源数量多少而产生。例如，在一个研制软件系统的项目中，承担开发应用软件任务的成员可能会想从事数据库工作，因为这能给他拓展知识和能力的机会，但项目经理分配他编写代码，因而产生冲突。

3. 进度计划

冲突可能来源于对完成工作的次序及完成工作所需时间长短的不同意见。例如，在项目开始的计划阶段，一个团队成员预计他完成工作需要 6 周的时间，但项目经理可能回答说："太长了，那样我们永远无法按时完成项目，你必须在 4 周内完成任务。"

4. 项目成本

项目实施时也经常会由于工作所需成本的多少产生冲突。例如，经过初期的需求调查，确定了项目功能与开发时间，并向客户提出了预计费用。但当项目进行了约 75% 以后，又告诉客户这一项目的费用可能会比原先预计的多出 20%，或者假设为使一项延迟的项目按计划完成，需要分配更多的人员，但这时费用已超出预算，谁承担超支的费用？

5. 先后次序

当人员被同时分配在几个不同的项目中工作，或者不同人员需要同时使用某种有限资源时，可能会产生冲突。假设某公司有 1 台非常先进的计算机，能进行很复杂的数据分析，几个项目团队需要同时利用这台计算机，以保证各自的进度计划，不能使用这台计算机的团队的进度将延迟。那么，哪个项目团队有优先使用权呢？

6. 组织问题

有各种不同的组织问题会导致冲突，特别是在团队发展的振荡阶段。对项目经理建立关于文件记录工作及审批的某些规程有无必要，会有不同意见。冲突也会由于项目中缺乏沟通或意思含糊、缺少信息交流，以及无法及时作出决策等情况而产生。例如，如果项目经理坚持所有的沟通都得通过他，就可能发生冲突。另一种情况也可能是没有足够多的项目工作总结会议。在某项会议中透露出的信息如果早几个星期知道，会对其他成员有帮助。结果，某些团队成员也许得重新做这些工作。最后，由于项目经理的领导工作方式，他与某些或所有团队成员可能会产生冲突。

7. 个体差异

由于项目团队成员在个人价值及态度上存在差异而在团队成员之间产生冲突。在某个项目进度落后的情况下，如果某位项目成员晚上加班以使项目按计划进行，他就可能会反感另一个成员总是按时下班回家与家人一起吃晚饭。

9.2.3 冲突处理策略

解决冲突是项目沟通管理的一个重要部分。解决冲突的常用方法如下。

1. 回避或撤退

回避或撤退的方法就是卷入冲突的人们从这一情况中撤出来，避免发生实际或潜在的争端。例如，如果某个人与另一个人意见不同，那么第二个人只需沉默就可以了。但这种方法有时会使冲突积聚起来，使冲突有可能在后来逐步升级。

2. 竞争或强迫

竞争或强迫的方法是把冲突当作一种胜－败的局势，这种方法认为在冲突中获胜要比人们之间的关系更有价值。在这种情况下，人们会使用权力来处理冲突。例如，项目经理与某位团队成员就关于应用何种技术方法设计一个系统发生冲突。这时，项目经理利用权力命令："按我的方法做"。用这种方法处理冲突，会导致团队成员的不满心理，恶化工作气氛。

3. 调停或消除

调停或消除的方法就是尽力在冲突中找出意见一致的方面，最大可能地忽视差异，求同存异，对可能伤害感情的话题不予讨论。这种方法认为，人们之间的相互关系要比解决问题更重要。尽管这一方法能缓解冲突形势，但它并没有将问题彻底解决。

4. 妥协

妥协的方法就是寻求一个调和折中的方案，着重于分散差异，寻求一种使每个成员都得到某种程度的满意的方案。但是，这种方法并非是一个非常可行的方法。例如，对某项项目任务的进度估计，一个成员说："我认为这项任务需要 15 天。"另一个成员却说："不可能，用不了这么长时间，也许 5、6 天就行了。"于是，他们很快分散异议，同意 10 天完成，但这也许并非是最好的预计。

5. 合作、正视和解决问题

通过这种方法，团队成员直接正视问题，他们要求得到一种双赢的结局。他们既重视问题的结局，也重视人们之间的关系。每个人都必须以积极的态度对待冲突，并愿意就面临的冲突广泛交换情况。把异议都暴露出来，尽力得到最好、最全面的解决方案。由于新情况的交换，每个人都愿意放弃或重新界定他的观点、意见，以便形成一个最佳方案。正确解决冲突，还需要营造氛围，控制情绪，建立友善信任的环境。在这种环境下，人们的关系是开放、友善的，他们互相以诚相待，不害怕遭到报复。调查研究发现，"正视"冲突是项目经理最喜欢和最经常使用的解决问题的方法，该模式注重双赢的策略，冲突各方一齐努力寻找解决冲突的最佳方法，因此也是项目经理在解决与上级冲突时青睐的方法。

9.2.4 冲突管理的技巧

冲突的强度在项目的不同阶段有不同表现，项目经理如果能够预见冲突的出现并了解它们的组成及其重要程度，对冲突管理的理论及实践经验有深刻的了解，形成自己的冲突管理思想体系和方法体系，并在管理项目冲突的过程中综合地加以运用，就有可能避免或减少潜在冲突的破坏性影响，增加冲突的建设性有利影响。

1. 做好团队的思想工作

项目经理要学习心理学、社会学、公共关系学、哲学等知识，在传统的思想工作的基础上，针对项目团队中出现的矛盾和冲突，将多学科的知识运用到分析冲突原因中，结合原因将思想工作做深做细，使项目成员达到相互了解、体谅和包容，从而消除矛盾，解决分歧。

2. 有意识地培养心理相容

提高组织成员的心理相容性，提高自控能力。运用哲学的观点来指导自己的言行，来观察世界和他人，承认世界的多样性与复杂性。每个人的个性不同，只要不妨碍国家、集体、他人的利益，就应该尽可能地心理相容，不发生没有必要的冲突，不断增强自身心理相容性，与己、与人、与事业均有百利而无一害。

3. 公平竞争，减少冲突

在各自实现项目目标的过程中，进行公平竞争，在处理问题时"一碗水端平"，公平合理。在平等的基础上，一视同仁。这样，不论盈亏与胜负，不论是竞争的参与者，还是旁观者都会心服口服，发生的冲突就会减少。

4. 冲突发生，迅速解决

冲突一旦发生，要把冲突放到台面上来，使冲突的各种因素表面化。排除各种误传、误会、误解，从众多的矛盾中，找出冲突的主要矛盾中的主要方面，再寻找解决途径，运用恰当的方法引导冲突各方自己判断是非曲直。

5. 帮助双方学习提高

为了解决冲突，还应教育双方顾大局、识大体，相互宽恕，相互谅解，争取合作，使双方认识到冲突带来的有害结果，讨论冲突的得失，帮助他们改变思想和行为。这样做虽然费时费力，但"疗效"持久，"抗体"增强，效果好。

6. 运用权威

对于重大的冲突，如不及时制止，可能会蔓延、扩大，影响全局。这时，应运用权威的力量来解决。若属于技术性冲突，请技术权威来进行论证，对冲突双方依据技术规定、有关条款来解决；对于非技术性冲突，例如，对事情的认识、程序上的冲突，请冲突双方的共同上级来裁定。

7. 制订预警方案

预防冲突的发生或把冲突消灭在萌芽阶段是冲突管理的上策。由于冲突爆发的地点、条件、环境难以完全预测和掌握，项目经理应主动配合组织领导，积极制订冲突的预警方案。一旦发生冲突，可以大体依据预警方案有条不紊地开展工作，把冲突及早解决，把损失降到最小限度，并迅速恢复正常的生产、工作秩序。

8. 引发建设性冲突

管理者应运用一定的技巧来诱导、引发建设性冲突，以减少工作的枯燥感，发现问题，促使对问题做深入的思考，改进工作等。具体做法如下。

① 鼓励冲突。对冲突双方仔细研究，敢于引起争论，善于鼓励冲突，并对冲突过程中产生的新思想、新观点、新建议给予鼓励和支持。

② 引进冲突机制。组织如一泓秋水、波澜不兴于事业不利。通过引进外部人员、工作再设计、改变组织结构等引进外界的冲突机制，为组织中的各方提供必要的信息，引发他们的冲突，活跃思想、发现矛盾、解决矛盾，从而推动组织发展。

在项目冲突中，项目经理可能会扮演以下3种角色：参与者、裁决者、协调者。作为项目的管理者，要防止卷入纷争和冲突中去，不要陷入参与者的角色。若作为裁决者，项目经理不得不权衡利弊并对问题的最终解决作出结论性判断，冲突一方必然产生对立、怨恨，最终以生成管理者与员工间新的冲突而告终。在项目对抗性冲突中，协调者才是项目经理应该扮演的角色。项目经理解决冲突的破坏性影响的关键环节是防止冲突各方在坚持自己观点上走得太极端，他应该为冲突双方的争论提供基本的原则，帮助他们分离和定义出产生冲突的核心问题；向双方询问大量"如果……怎样？"的问题，不直接提供答案，而是帮助推进达成两方满意的解决方法，促使他们自己解决冲突。

案例研究

针对问题：来自不同部门的人员跟我们总是有矛盾，这还怎么合作啊？怎么每次都是事情已经很难处理了才告诉我？客户怎么三天两头来问我情况，明显是不放心我们这个项目，等有了结果我再向他汇报不也一样吗？

案例 A　新上任项目经理遇到的难题

本人是一个新上任的项目经理，领导了十几个人，项目组里有一个技术很强的工程师与我私人关系还可以，可是这位工程师对项目的整体规划、项目进度不敏感。另外一个比较聪明的年轻人，你说什么他反对什么，说的都是理论上的。好像挺对，操作起来挺难，有时开会一个问题就会与他争论半天，原因很简单，比如就是让他写个文档，他说没必要。

可是我不想与他长谈，怕挫伤他的积极性，以后我说什么他做什么，这样也不好。我的想法是大家共同出主意，共同为项目负责，这真的很难吗？

有时候也挺郁闷，我是项目经理，我对项目的时间、质量负有责任，却连一个分配文档的权力都没有，是不是我这个项目经理做得很失败？有没有什么办法可以解决问题？

参考讨论题：

1. 新上任的项目经理在这个团队的沟通管理中存在什么问题？

2. 如果你是该团队的项目经理，面对团队中的各种冲突，你应该采取什么样的方式去解决冲突？

3. 在沟通方面应该注重哪些问题？

案例 B　与他人会谈

陈是某软件企业的新任总经理，一天，他去找技术部的郭经理会谈。

陈：小郭，在看了你的业绩报告后，我想与你谈一些问题。我知道我们从未面对面谈过，但是，我想该谈谈你在做些什么了。只是我担心我要说的事情可能不太受欢迎。

郭：陈总，不客气，我想我会听的。在这之前，我与那些新来乍到并自认为懂得这一切的人已经谈过几次了。

陈：小郭，我希望今天的谈话是一种双向沟通。我不是来给你下判决的，也不是来听你汇报的，我只想知道哪些方面需要改进。

郭：好吧，这我从前也听过，您就直说吧，屈尊了。

陈：我不认为是屈尊。但这儿有几件事你应该听一听。一件事是我在这次调研中发现的，我认为你与一些女员工太亲密了。

郭：你以前没来过这儿，并不知道这儿非正式的融洽关系，办公室人员与楼下的女职员经常会开一些玩笑。

陈：也许是这样的，但你应该注意一些。我注意到了出现在公司的另一件事。今天早上我走过技术部时，发现这里没有像我希望见到的那么整洁、有序，东西放得杂乱无章，够糟的。

郭：在整洁方面，我敢说我的部门不比集团里其他部门差。您也许发现一些文件不在原位，那是有人在使用它们。我不明白您为什么说一切杂乱无章。您在这儿没经验，凭什么判决呢？

陈：我非常高兴你能关注整洁问题。我要说的是你该注意一下，不再说整洁了。我发现你的穿着不像一个部门经理。我想你在创造一种不戴领带的标准形象。便装可能会成为员工穿得邋遢的借口，那可不好。

郭：我不希望在经理与员工之间有距离。我认为穿得像车间中的员工，能帮我们减少很多障碍。另外，我也没有那么多钱去买那些衣服，我们不必每天面对客户。这似乎对我太挑剔了。陈总，我也有一个问题想问您。

陈：说吧。

郭：您为什么不去找其他人了解一下情况？我要回去工作了。

参考讨论题：

1. 上述沟通具有哪些特点？

2. 陈和郭的沟通存在哪些问题？

3. 通过陈与郭的沟通、交谈，你认为在项目团队中，如何才能达到有效的沟通？

案例 C　冲突管理案例

亚通公司是一家专门从事通信产品生产和计算机网络服务的中日合资企业。公司自 1991 年 7 月成立以来发展迅速，销售额每年增长 50% 以上。与此同时，公司内部存在不少冲突，影响着公司绩效的继续提高。

因为是合资企业，尽管日方管理人员带来了许多先进的管理方法。但是日本式的管理模式未必完全适合中国的员工。例如，在日本，加班加点不仅司空见惯，而且没有报酬。亚通公司经常让中国员工长时间加班，引起了大家的不满，一些优秀员工还因此离开了亚通公司。

亚通公司的组织结构由于是直线职能制，部门之间的协调非常困难。例如，销售部常抱怨研发部开发的产品偏离顾客的需求，生产部的效率太低，使自己错过了销售时机；生产部则抱怨研发部开发的产品不符合生产标准，销售部门的订单无法达到成本要求。

研发部胡经理虽然技术水平首屈一指，但是心胸狭窄，总怕他人超越自己。因此，常常压制其他工程师。这使得工程部人心涣散，士气低落。

参考讨论题：

1. 亚通公司的冲突有哪些？原因是什么？

2. 如何解决亚通公司存在的冲突？

习　题

一、选择题

1. 缺乏沟通和未解决的争端意味着（　　）。

A. 复杂的项目　　　　　　　　　B. 失败的进度计划

C. 低效率的项目团队　　　　　　D. 项目团队的职责界定不明确

2. 沟通计划制订的基础是（　　）。

A. 沟通需求分析　　　　　　　　B. 项目范围说明书

C. 项目管理计划　　　　　　　　D. 历史资料

3. 现代观点认为冲突（　　）。

A. 是破坏性的　　　　　　　　　B. 可能是有益的，取决于和谁发生冲突

C. 如果得到控制，是有益的　　　D. 以上皆是

4. 除了防范之外，项目经理最常用的解决冲突的方法是（　　）。

A. 正视　　　　　B. 缓和　　　　　C. 回避　　　　　D. 竞争

5. 在下面哪种情况下，项目组需要与客户进行正式的书面沟通（　　）。

A. 项目的产品出现问题　　　　　B. 项目进度拖延

C. 项目成本超支　　　　　　　　D. 客户提出了超出合同要求的工作

二、填空题

1. 项目沟通管理就是要保证项目信息被及时、准确地＿＿＿＿＿＿＿＿、＿＿＿＿＿＿、＿＿＿＿＿＿＿＿、＿＿＿＿＿＿＿＿＿及处置，保证项目团队的信息畅通。

2. 会议沟通是一种成本较高的沟通方式，沟通的时间一般比较长，因此常用于解决_____、_____的问题。

3. 在按层次传达同一条信息时，往往会受到_____、_____，从而降低信息沟通的效率。

4. 管理层一般需要的信息包括项目计划、_____、_____和项目进度报告等。

5. 项目冲突管理一般包括诊断、_____和_____ 3 个阶段。

三、简答题

1. 简述项目沟通的作用。沟通对 IT 项目实施效率有哪些影响？

2. 项目沟通管理包括哪些内容？

3. 常见的沟通障碍有哪些？简述语言沟通与非语言沟通、口头沟通与书面沟通的联系与区别。

4. 项目经理应具备哪些沟通技巧？

5. 现代通信技术和信息网络技术对于项目沟通管理有哪些方面的作用？

6. 简述传统冲突观与现代冲突观对"冲突"的认识有哪些不同之处？

7. 项目团队中的冲突为什么会有正反两个方面的作用？如何通过冲突处理去获得好的作用？

8. 简述解决冲突有哪几种方式和作用。

实践环节

1. 了解国内外 IT 企业，例如微软、IBM、HP、联想、中软等公司是如何运用激励理论的观念以激励其员工的，分析其成功经验。

2. 了解国内外 IT 企业是如何看待冲突的，对于项目中的冲突又有哪些处理方法和成功经验。

第10章

项目采购管理

项目采购管理是为了保证项目的进展，从项目外部获取各种资源所做的一系列工作和过程。在招、投标体制下对合同的管理，贯穿于项目建设的始终。合同确定项目的价格、工期和质量等目标，规定合同双方的责权利关系。本章将介绍项目采购管理概述、招投标的基本程序、如何编写标书及项目的合同管理等内容。

10.1 项目采购管理概述

采购就是从外界获得产品和服务。采购的目的是从外部得到技术和技能，降低组织的固定成本和经营性成本，把组织的注意力放在核心领域，提供经营的灵活性，降低或转移风险等。

10.1.1 项目采购

在项目开始之初，项目组织必须首先制订出项目的资源采购计划，并在以后的项目过程中认真管理，以保证项目的顺利进行。IT项目的采购必须满足以下两个基本要求。

① 符合技术与质量要求。采购的产品与服务要符合项目的技术和质量要求，要适用、可靠、安全，但不一定是最优的质量，不一定是最新的工艺技术。对既有项目的改扩建采购要特别注意与既有系统设备的连接、兼容。

② 经济性。在符合技术和质量要求的前提下，尽可能选择成本较低的产品与服务。成本的测算不仅要考虑建设期，还要考虑包括运行维护的产品全寿命周期。

1. 项目采购的类型

IT项目的采购对象一般分为工程、货物和服务3大类。工程主要包括各类土建工程建设、设备安装、管道线路铺设等建设及附带的服务。货物主要包括工程原材料、设备、动力等。服务主要包括需求调查、设计、研发、系统集成、监理及咨询等。咨询服务属于无形采购，范围很广，大致可分为以下4类。

- 项目投资前期准备工作的咨询服务，例如，做项目的可行性研究、工程项目现场勘查、设计等业务。
- 项目产品的设计和招投标文件编制服务。
- 项目管理、实施监理等执行性服务。
- 技术援助和培训等服务。

2. 项目采购的方式

① 公开竞争性招标。公开竞争性招标是由招标单位通过报刊、广播、电视、网络等媒体工具发布招标公告，凡对该招标项目感兴趣又符合投标条件的法人，都可以在规定的时间内向招标

单位提交意向书，由招标单位进行资格审查，核准后购买招标文件，进行投标。公开竞争性招标的方式可以给一切合格的招标者以平等的竞争机会，能够吸引众多的投资者。根据项目采购规模的大小，要求的货物和服务的技术水平的高低及资金来源的区别，公开竞争性招标又可根据其涉及的范围大小，分为国际竞争性招标和国内竞争性招标。

② 有限竞争性招标。有限竞争性招标，又称为邀请招标或选择性招标，是由招标单位根据自己积累的资料，或由权威的咨询机构提供的信息，选择一些合格的单位发出邀请，应邀单位（必须有 3 家以上）在规定的时间内向招标单位提交投标意向，购买招标文件进行投标。这种方式的优点是应邀投标者在技术水平、经济实力、信誉等方面具有优势，基本上可保证招标目标顺利完成。其缺点是在邀标时如果带有感情色彩，就会使一些更具竞争力的投标单位失去机会。但这种方式比公开招标节省了广告费和招标的工作量。

③ 竞争性谈判。竞争性谈判也称为谈判性招标、议标，是通过与几家供应商直接谈判达成交易的采购形式。它一般适用于招标失败、技术复杂或性质特殊、采购标的无法确定、不可能拟定工程货物的规格或特点及时间紧急等情况。

④ 询价采购。一般习惯称作"货比三家"。它适用于项目采购时即可直接取得的现货采购，或价值较小，属于标准规格的产品采购，有时也适用于小型、简单的工程承包。询价采购是根据来自几家供应商所提供的报价，然后将各个报价进行比较而作出决策的一种采购方式，其目的是确保价格的竞争性。这种方式无须正式的招标文件，具体做法同一般的对外采购区别不大，只不过是要向几个供应商询价并进行比较，最后确定采购的厂家。

⑤ 直接签订合同。直接签订合同是指在特定的采购环境下，不进行竞争而直接签订合同的采购方法。这主要适用于不能或不便进行竞争性招标、竞争性招标的优势不存在的情况。例如，有些货物或服务具有专卖性质，只能从一家供应商或承包商处获得，或在重新招标时没有一家承包商愿意投标等。

⑥ 自制或自己提供服务。这种方式不是一种严格意义上的采购方式，而是由项目组织利用自己的人员和设备生产产品或承包建造工程。这可能是由于项目的一些特殊性要求或项目组织本着成本效益原则分析的结果所决定的。为了避免发生高成本和低效率问题，采用这种方式进行采购前应尽可能地做好详细的设计，并估算成本，在实践过程中，应建立严格的内部控制制度，进行进度、投资、质量控制。

10.1.2 采购管理过程

1. 采购管理的重要性

采购在项目实施中占有重要的地位。从某种意义上讲，采购是项目的物质基础，是项目成败的关键。这不仅因为采购费用往往占用一定的比例，而且项目的设计和规划也体现在采购之中。项目采购管理对项目的重要性可以概括为以下几个方面。

① 降低成本。项目采购费用往往占用一定的比例，做好项目费用管理有利于控制项目成本。

② 可以把主要精力放在核心业务上。

③ 可以从外界获得专门的技能和技术。一个大型项目往往需要多方面的技能和技术，当企业在某方面能力不足时，可以从外界获得。

④ 提高灵活性。在项目工作高峰期利用采购来获得外部人力资源，比起整个项目都配备内部人员要经济得多。

⑤ 提高责任性。合同是一份要求卖方承担一定产品或服务的责任，买方承担付款给卖方的责任的相互约束的协议。一份内容全面、用词严谨的合同更能分清买卖双方的责任，减少纠纷。

⑥ 能有效减少贪污、浪费等现象的发生。

2. 项目采购管理过程

项目采购管理主要包括以下过程。

① 采购计划编制。采购计划可以决定何时采购何物。这一过程包括：确定产品需求，并通过自制/采购决策来决定是通过自己内部产生还是采购来满足需求；确定合同的类型；编制采购管理计划和工作说明书。

② 招标计划编制。编制产品需求和鉴定潜在的来源。该过程包括：编写并发布采购文件或建议邀请书；制定招标评审标准。

③ 招标。依据情况获得报价、投标或建议书。该过程包括：发布采购广告；召开投标会议；获得建议书或标书。

④ 选择承包商或供应商。选择潜在的卖方。这一过程包括筛选潜在承包商、供应商和合同谈判。

⑤ 合同管理。管理与卖方的关系。这个过程包括监督合同的履行，进行支付等。有时还涉及合同的修改。

⑥ 合同收尾。合同的完成和解决，包括任何为关闭事项的解决。这个过程包括产品检验、结束合同、文件归档等。

这些过程之间并且与其他知识域的过程相互作用，而且每个过程都涉及多个人或团体的工作。虽然这里把各个过程分开来进行描述，但实际上他们可能是相互重叠的。

10.1.3 编制采购计划

编制采购计划的过程是确定怎样从项目组织以外采购产品和服务以最好地满足项目需求的过程。它要考虑是否采购、采购什么、采购多少及何时采购。

1. 采购计划的输入

① 范围描述。描述目前的项目范围。在采购计划编制中，它提供必须考虑的关于项目需求和策略的重要信息。

② 产品描述。在采购计划编制中，它提供必须考虑的有关任何技术问题和注意事项。产品描述和输出部分的工作描述不同。产品描述针对的是整个项目的最终产品。工作描述针对的是由卖方提供的项目产品的部分。但如果企业选择采购整个产品的话，两者的差别不大。

③ 采购资源。用以支持项目采购的资源。如果企业有独立于项目团队的专门合同机构的话，项目团队也可以把合同事项交给合同机构而自身不需要采购资源。

④ 市场条件。市场能够提供什么产品，由谁提供及遵照什么条款，哪些供应商能提供较好的附加服务，哪些能提供商业折扣等。

⑤ 其他计划输出。如果其他计划编制有输出的话，采购计划编制应该加以考虑。通常必须加以考虑的其他计划输出包括初步成本和进度计划估算、质量管理计划、资金流动预测、工作分解结构、鉴定的风险和计划的人员配备等。

⑥ 限制。指限制买方选择的因素。对多数项目来说，最常见的就是资金可行性。

⑦ 假定。指为了计划编制而认为是事实或确定的因素。

2. 采购计划编制的方法和技术

① 自制或外购分析。此法可用来分析某种产品由执行组织生产是否成本更低、时间更短，这是很普通的管理工具。自制或是外购分析都包括间接成本和直接成本。自制时，直接成本一般为生产费用，而间接成本为生产过程的管理费用及生产引起的其他费用。而采购的直接成本为采购费用，间接成本为采购过程的管理费用和其他费用。同时，自制和采购分析应考虑产品整个使用周期内的总成本，而不仅仅是项目期内的成本。例如，采购费用低而维护费用高的产品不一定

比采购费用高而维护费用低的产品更为经济。在 IT 项目中，产品的售后服务也是一个相当重要的考虑因素。

② 专家评审。在采购计划的工具和方法中，往往需要专家意见来评估管理输入。这种专家可以是具有专门知识、来自多种渠道的团体和个人，包括执行组织中其他单位、顾问、专业技术团体及实业集团等，甚至包括一些潜在的供应商。

③ 合同类型选择。不同的合同类型适用于不同的采购情况。合同一般分为 3 大类。

● 固定价格合同。这种合同类型不适用于采购定义不是非常明确的产品，否则买方和卖方均需承担较大风险——买方可能得不到满意的产品或卖方为提供产品需要发生额外费用。这种合同可能还包括达到或超过既定项目目标的奖励。如果应用得当的话，固定价格合同对于买方来说风险最小，其次是固定价格加奖励费合同。

● 成本补偿合同。成本补偿合同是指按卖方的实际成本进行支付。实际成本包括直接成本和间接成本。直接成本是指项目直接发生的成本，例如，项目人员的工资和购买项目所需物资材料的费用等。间接成本是指分摊到项目上的业务费用，如电费等。间接成本通常按直接成本的百分比进行计算。这种合同通常还包括利润百分比，达到或超过既定目标的奖励费用。这类合同通常用于涉及新技术产品采购的项目。买方在这种合同中承担了比固定总价合同更大的风险。按买方承担的风险的大小，从低到高依次为：成本加奖励费、成本加固定费和成本加成本百分比 3 种类型的成本补偿合同。

● 单价合同。单价合同要求买方向卖方按单位服务的预定金额支付，合同总价是完成工作所需工作量的函数。这种类型的合同经常含有数量折扣。服务采购经常采用这种合同形式。因为其中的工作很难具体描述清楚，而且合同的总成本也无法估算。例如，项目组雇用一名项目顾问，事先既不可能知道会遇到什么问题需要咨询，也不可能估算雇用合同的价格，这时就可以采用单价合同，按小时计算项目顾问的劳动成本。在 IT 项目中，很多咨询顾问都喜欢这种单价合同形式。

3. 采购计划的输出

① 采购管理计划。采购管理计划描述如何管理从招标计划到合同收尾这些剩余的采购过程。它主要回答以下问题。

● 采用何种合同类型？

● 如果标的用作评审标准，由谁来做评审，何时去做？

● 如果企业没有采购部，项目管理队伍本身采取何种措施？

● 如果需要标准采购文件，应到何处去找？

● 如何对多个供应商进行管理？

● 采购如何与项目其他方面协调？

根据项目需要，采购管理可以是正式的或非正式的、详细的或简要概括的。它是总体项目计划的分项。

② 工作描述。工作描述是指充分详细地描述采购项，使潜在的卖方决定是否有能力提供这些采购项。一般把工作描述做成工作说明书的形式，包含在合同中。说明书详细的程度可以随采购项的性质、买方需求和预计的合同形式而变化。工作描述应当尽可能明确、完整和简练，应包括任何要求的附属服务的描述，而且应包含绩效报告。在工作描述中，要注意使用行业术语，并参考行业标准。

在采购过程中，买方可以对工作描述进行修订或精练。例如，潜在的供应商推荐比最初规定更为高效的方法或成本更低的产品时，买方可以据此对工作描述进行修改。这种情况在 IT 业中非常常见。例如，在网站建设项目或系统集成项目中，买方在项目产品这方面可能并不是专家，刚开始无法准确地表达自己的需求，给出的工作描述不够有效。因此，买方需要根据潜在供应商提供的建议书修订工作描述，使可能的最终项目产品更符合自身的需要。

工作描述应当书写清楚工作的具体地点，完成的预定期限，具体的可交付成果，何时付款，适用的标准，验收的标准及特殊要求等，应当是正式合同的一部分。

10.1.4 产品选择与商务谈判

1. 产品选择

当可行性方案需要通过选择新的产品来完成时，进入项目启动管理的产品选型阶段。在该阶段，对供应商进行初步的筛选以后，根据需求与方案要求，制定招标文档，接收供应商的项目解决方案，并根据评估标准，组织相关人员对供应商进行评估，选出几个供应商进入商务谈判。并在立项报告审批通过以后，与供应商签署合同。该阶段又可细分为以下几个步骤。

① 创建招标文件。根据需求阶段与可行性方案阶段分析的结果，制定向供应商招标的文档。

② 解决方案评估。制定产品选型评估的标准是该活动的核心，它包括：

* 产品评估。对产品本身的功能、性能、体系架构、用户友好性、市场评价、费用等方面进行考察。

* 运行环境评估。对系统运行所需要的服务器和客户机的软、硬件配置进行评估。这是很容易被忽略的一部分，又是有可能对后续实施投入影响最大的一部分，尤其是在客户端数量大，环境复杂的情况下。

* 项目实施评估。在信息系统的建设中，项目实施方法与能力已经成为关系到项目成败的重要环节，因此对服务商实施能力的评估显得尤为重要。评估内容主要包括：实施方法、实施费用、实施周期、实施顾问经验及对相似实施案例的考察。

* 培训与售后服务评估。包括考察培训方式、费用、售后服务方式、费用、响应时间等。

* 供应商评价评估。对供应商的基本面进行评估，如供应商的规模、业绩、合同语言和仲裁地、与客户的合作策略等方面。

* 效益风险评估。即项目的投入与产出评估。这是最难评估的一项，当前在信息化项目中尚没有形成较完备的投入与产出的量化评估指标，大多是采用一些定性的分析与比较。

2. 商务谈判

关于商务谈判的组织与技巧，有许多专门的论述。从项目管理角度上来看，商务谈判是在一定的策略指导下，与产品开发商及服务提供商进行的，确定合同条款的过程，目的是最大化地维护企业的利益，确定最优的价格和服务条款。

商务谈判的依据是评估通过的解决方案，其过程通常包括：组织谈判小组、制订谈判方案、实施谈判、签署合同。值得注意的是，商务谈判与后续的立项报告审批并没有严格的先后关系，是可以同时进行的。但合同签署必须在立项报告审批通过后才可进行。

产品供应商一般更关心合同的获利水平、市场份额、客户的安全性等问题。

相对产品供应商而言，企业在项目建设中处于合同意义上的甲方，其项目的启动过程与乙方的项目管理有很大的不同，是一个较为复杂的过程。它往往需要考虑一系列的问题，例如，需求是否合理？是否有必要启动项目？项目可能带来的影响是什么？可能的投入有多大？取得的效益有多大？当前的管理模式是否能支撑？如果不能，可能要在哪些方面做好变革的准备？业界相关的产品有哪些？哪些是真正适合需求的？同时，也比较关注合同能否在规定的时间和规定的绩效范围内履行；公平合理的价格；自己关注的一些特殊条款能否被对方接受等。

谈判一般包括几个阶段：介绍双方的立场和观点，试探对方所关心的问题及价格底线，进行实际的讨价还价，就非本质问题达成一致，最后的让步和妥协，形成协议和合同。

10.2 项目的招投标

项目采用招标方式来确定开发方或软件、硬件提供商是大项目普遍采用的一种形式。项目招标是指招标人根据自己的需要，提出一定的标准或条件，向潜在投标商发出投标邀请的行为。

10.2.1 招投标的基本程序

招标是《政府采购法》规定的政府采购方式之一，也是一种最具有竞争力、公开透明程度最高的一种方式。招标是指招标人在特定的时间、地点，发出招标公告或招标单，提出准备开发的项目或买进商品的品种、数量和有关买卖条件，邀请供方投标的行为。投标是指投标人应招标人的邀请，根据招标公告或招标单的规定条件，在规定的时间内向招标人应标的行为。一般来说，招投标活动需经过准备、招标、投标、开标、评标与定标等程序。

1. 准备阶段

在准备阶段，要对招标、投标活动的整个过程做出具体安排，包括对招标项目进行论证分析、确定建设需求或采购方案、编制招标文件、制定评标办法、组建评标机构、邀请相关人员等。主要程序如下。

① 制订总体方案。即对招标工作做出总体安排，包括确定招标项目的实施机构和项目负责人及其相关责任人、具体的时间安排、招标费用测算、采购风险预测以及相应措施等。

② 项目综合分析。对要招标的项目，应从资金、技术、生产、市场等几个方面对项目进行全方位综合分析，为确定最终的需求、采购方案及其清单提供依据。必要时可邀请有关方面的咨询专家或技术人员参加对项目的论证、分析，同时也可以组织有关人员对项目进行调查，以提高综合分析的准确性和完整性。

③ 确定招标方案。通过进行项目分析，会同业务人及有关专家确定招标采购、建设要求等方案，也就是对项目的具体要求确定出最佳的方案。主要包括项目所涉及产品和服务的技术规格、标准及主要商务条款，以及项目的采购清单等，对有些较大的项目在确定建设、采购方案和清单时有必要对项目进行分包。

④ 编制招标文件。招标文件按招标的范围可分为国际招标书和国内招标书。国际招标文件要求有两种版本，按国际惯例以英文版本为准。考虑到我国企业的外文水平，标书中常常特别说明，当中英文版本产生差异时以中文版本为准。按招标的标的物划分，又可将招标文件分为3大类：产品、工程、服务。根据具体标的物的不同还可以进一步细分。例如，工程类进一步可分为一期工程、二期工程等。每个具体项目的招标文件的内容差异非常大。招标人应根据招标项目的要求和招标方案编制招标文件。

⑤ 组建评标委员会。评标委员会由招标人负责组建。

- 评标委员会由招标单位的代表及其技术、经济、法律等有关方面的专家组成，总人数一般为 5 人以上单数，其中专家不得少于 $\frac{2}{3}$。与投标人有利害关系的人员不得进入评标委员会。

- 《政府采购法》及财政部制定的相关配套办法对专家资格认定、管理、使用有明文规定，因此，政府采购项目需要招标的，其专家的抽取须服从其规定。

- 在招标结果确定之前，评标委员会成员名单应相对保密。

⑥ 邀请有关人员。主要是邀请有关方面的领导和来宾参加开标仪式，以及邀请监理单位派代表进行现场监督。

2. 招标阶段

- 发布招标公告（或投标邀请函）。公开招标应当发布招标公告（邀请招标发布投标邀请函）。招标公告必须在指定的报刊或者媒体发布。

- 进行资格审查。招标人可以对有兴趣投标的投标人进行资格审查。资格审查的办法和程序可以在招标公告（或投标邀请函）中载明，或者通过指定报刊、媒体发布资格预审公告，由潜在的投标人向招标人提交资格证明文件，招标人根据资格预审文件规定对潜在的投标人进行资格审查。

- 发售招标文件。在招标公告（或投标邀请函）规定的时间、地点向有兴趣投标且经过审查，符合资格要求的单位发售招标文件。

- 对招标文件的澄清、修改。对已售出的招标文件需要进行澄清或者非实质性修改的，招标人一般应当在提交投标文件截止日期 15 天前以书面形式通知所有招标文件的购买者，该澄清或修改内容为招标文件的组成部分。

3. 投标阶段

- 编制投标文件。投标人应按照招标文件的规定编制投标文件，投标文件应载明的事项有：投标函；投标人资格、资信证明文件；投标项目方案及说明；投标价格；投标保证金或者其他形式的担保；招标文件要求具备的其他内容。

- 投标文件的密封和标记。投标人对编制完成的投标文件必须按照招标文件的要求进行密封、标记。这个过程也非常重要，往往因为密封或标记不规范被拒绝接受投标的例子不少。

- 送达投标文件。投标文件应在规定的截止时间前密封送达投标地点。招标人对在提交投标文件截止日期后收到的投标文件，应不予开启并退还。招标人应当对收到的投标文件签收备案。投标人有权要求招标人或者招标投标中介机构提供签收证明。

- 投标人可以撤回、补充或者修改已提交的投标文件，但是应当在提交投标文件截止日之前书面通知招标人，撤回、补充或者修改也必须是书面形式。

这里特别要注意的是，招标公告发布或投标邀请函发出之日到提交投标文件截止之日，一般不得少于 20 天，即等标期最少为 20 天。

4. 开标阶段

招标人应当按照招标公告（或投标邀请函）规定的时间、地点和程序以公开方式举行开标仪式。开标由招标人主持，邀请采购人、投标人代表和监督机关（或监理单位）及有关单位代表参加。评标委员会成员不参加开标仪式。开标仪式的基本程序如下。

① 主持人宣布开标仪式开始（需简要介绍招标项目的基本情况，即项目内容、准备情况等）。

② 介绍参加开标仪式的领导和来宾（单位、职务、身份等）。

③ 介绍参加投标的投标人单位名称及投标人代表。（这里需要对所招标项目作进一步介绍，如招标公告发布的时间、媒体、版面；截止日；有多少家作出了响应，并提交了资格证明文件；有多少家购买了招标文件；在投标截止日前有多少家递交了投标文件等。）

④ 宣布监督方代表名单（监督方代表所在单位、职务、身份）。

⑤ 宣布工作人员名单（工作人员所在单位及在开标时担负的职责，主要是开标人、唱标人、监标人、记标人）。

⑥ 宣读有关注意事项（包括开标仪式会场纪律、工作人员注意事项、投标人注意事项等）。

⑦ 检查评标标准及评标办法的密封情况。由监督方代表、投标人代表检查招标方提交的评标标准及评标办法的密封情况，并公开宣布检查结果。

⑧ 宣布评标标准及评标办法。由工作人员开启评标标准及评标办法（须在确认密封完好无损的情况下），并公开宣读。

⑨ 检查投标文件的密封和标记情况。由监督方代表、投标人代表检查投标人递交的投标文

件的密封和标记情况，并公开宣布检查结果。

⑩ 开标。由工作人员开启投标人递交的投标文件（须在确认密封完好无损且标记规范的情况下）。开标应按递交投标文件的逆顺序进行。

⑪ 唱标。由工作人员按照开标顺序唱标，唱标内容须符合招标文件的规定（招标文件对应宣读的内容已经载明）。唱标结束后，主持人须询问投标人对唱标情况有无异议，投标人可以对唱标作必要的解释，但所作的解释不得超过投标文件记载的范围或改变投标文件的实质性内容。

⑫ 监督方代表讲话。由监督方代表或公证机关代表公开报告监督情况或公证情况。

⑬ 领导和来宾讲话。按照开标仪式的程序安排，参加开标仪式的领导和来宾可就开标及本次采购过程中的有关情况发表意见、看法，提出建议（此部分程序可以提前在开标程序的第③步进行）。也可以安排采购人代表发言，由采购人代表向有关方面作出承诺。

⑭ 开标仪式结束。主持人应告知投标人评标的时间安排和询标的时间、地点（询标的顺序由工作人员用抽签方式决定），并对整个招标活动向有关各方提出具体要求。开标应当做好记录，存档备查。

5. 评标阶段

开标仪式结束后，由招标人召集评标委员会，向评标委员会移交投标人递交的投标文件。评标应当按照招标文件的规定进行。评标由评标委员会独立进行评标，评标过程中任何一方、任何人不得干预评标委员会的工作。评标程序如下。

① 审查投标文件的符合性。由评标委员会对接到的所有投标文件进行审查，主要是审查投标文件是否完全响应了招标文件的规定，要求必须提供的文件是否齐备，以判定各投标方投标文件的完整性、符合性和有效性。例如，不符合招标文件的要求或者有不完整的，可根据招标文件的规定判定其为无效投标。

② 对投标文件的技术方案和商务方案进行审查。例如，若审查发现技术方案或商务方案明显不符合招标文件的规定，则可以判定其为无效投标。

③ 询标。评标委员会可以要求投标人对投标文件中含义不明确的地方进行必要的澄清，但澄清不得超过投标文件记载的范围或改变投标文件的实质性内容。

④ 综合评审。评标委员会按照招标文件的规定和评标标准、办法对投标文件进行综合评审和比较。综合评审和比较时的主要依据是：招标文件的规定、评标标准和办法、投标文件及询标时所了解的情况。这个过程不得也不应考虑其他外部因素和证据。

⑤ 评标结论。评标委员会根据综合评审和比较情况，得出评标结论。评标结论中应具体说明收到的投标文件数、符合要求的投标文件数、无效的投标文件数及其无效的原因、评标过程的有关情况、最终的评审结论等，并向招标人推荐 1～3 个中标候选人（应注明排列顺序并说明按这种顺序排列的原因及最终方案的优劣比较等）。

6. 定标阶段

① 审查评标委员会的评标结论。招标人对评标委员会提交的评标结论进行审查，审查内容应包括评标过程中的所有资料，即评标委员会的评标记录、询标记录、综合评审和比较记录、评标委员会成员的个人意见等。

② 定标。招标人应当按照招标文件规定的定标原则，在规定时间内从评标委员会推荐的中标候选人中确定中标人，中标人必须满足招标文件的各项要求，且其投标方案为最优，在综合评审和比较时得分最高。

③ 中标通知。招标人应当在招标文件规定的时间内定标，在确定中标后应将中标结果书面通知所有投标人。

④ 签订合同。中标人应当按照中标通知书的规定，并依据招标文件的规定与投标人签订合

同。中标通知书、招标文件及其修改和澄清部分、中标人的投标文件及其补充部分是签订合同的重要依据。

10.2.2　编写招标书

编写招标书是整个招标过程最重要的一环。招标书必须表达出使用单位的全部意愿，不能有疏漏。招标书也是投标商编制投标书的依据，投标商必须对招标书的内容进行实质性的响应，否则其投标书被判定为无效标书（按废弃标处理）。招标书同样也是评标最重要的依据。

1. 编制标书的原则

招标文件编制质量的优劣直接影响到项目的效果和进度，为顺利完成整个招标过程，在编制标书时应遵循以下原则。

* 全面反映客户需求的原则。招标将面对的使用单位对自己的工程、项目了解程度的差异非常大。如果项目的复杂程度大，招标机构就要针对使用单位状况、项目复杂情况，组织好使用单位、设计人员、专家编制好标书。做到全面反映使用单位的需求。

* 科学合理的原则。技术要求与商务条件必须依据充分并切合实际；技术要求根据可行性报告、技术经济分析确立，不能盲目提高标准，否则会带来功能浪费，多花不必要的资金与人力。

* 公平竞争（不含歧视性条款）。招标的原则应是公平、公开、公正。只有公平、公开才能吸引真正感兴趣、有竞争力的投标企业竞争，通过竞争达到采购目的，才能真正维护使用单位和国家的利益。政府招标管理部门管理监督招标工作，其最重要的任务是审查标书中是否存在歧视性条款，这是保证招标公平、公正的关键环节。

* 维护企业利益、政府利益的原则。招标书编制既要注意维护招标单位的商业秘密，也不得损害国家利益和社会公众利益。

2. 招标书的主要内容

招标书主要分为三大部分：程序条款、技术条款、商务条款。一般包含下列主要内容：招标公告（邀请函）；投标人须知；招标项目的技术要求及附件；投标书格式；投标保证文件；合同条件（合同的一般条款及特殊条款）；设计规范与标准；投标企业资格文件；合同格式等。

① 招标公告（投标邀请函）。主要包括招标人的名称、地址、联系人及联系方式等；招标项目的性质、数量；招标项目的地点和时间要求；对投标人的资格要求；获取招标文件的办法、地点和时间；招标文件售价；投标时间、地点及需要公告的其他事项。

② 投标人须知。本部分由招标机构编制，是招标的一项重要内容，着重说明本次招标的基本程序；投标者应遵循的规定和承诺的义务；投标文件的基本内容、份数、形式、有效期和密封及投标其他要求；评标的方法、原则、招标结果的处理、合同的授予及签订方式、投标保证金。

③ 招标项目的技术要求及附件。这是招标书最重要的内容。主要由使用单位提供资料，由使用单位和招标机构共同编制。具体包括以下内容。

* 招标编号。便于项目管理，由招标公司编号。

* 设备名称。注意应准确，符合国际、行业规范。如果是软件，一般在附件中会以需求规格说明书的形式提交。

* 数量。单位明确、防止误会，数量准确。

* 交货日期。要求合理的开发工期，避免因工期不合理排斥潜在投标者。

* 设备的用途及技术要求。

* 附件及备件。这部分工作往往容易被忽略。但附件、备件有时价值很高。附件及质保期内的零配件应包括在总价内。质保期以外的零配件建议供应商应提供推荐零配件清单并分项报

价，以便取舍。

- 技术文件。写明所需技术文件的种类、份数和文种。要求提供各种合格证书，提供各种精度检验证书及性能测试记录。
- 培训及技术服务要求。
- 安装调试要求。
- 人员培训要求。
- 验收方式和标准。采用国际通行的标准或我国承认的国外标准、欧洲标准等。另外不应排斥符合要求的其他标准。
- 报价和保价方式。必须要求投标书分项报价，这样便于评标和签约。采购设备的报价方式一般采用 FOB、CIF 两种，两种方式的风险转移都是离岸港口船舷。交货地点是风险转移的时间、地点。
- 设备包装、运输要求。这很重要，关系到货物能否按时、无损地顺利到达使用单位手中。

④ 投标书格式。此部分由招标公司编制，投标书格式是对投标文件的规范要求。其中包括投标方授权代表签署的投标函，说明投标的具体内容和总报价，并承诺遵守招标程序和各项责任、义务，确认在规定的投标有效期内，投标期限所具有的约束力。还包括技术方案内容的提纲和投标价目表格式等。

⑤ 投标保证文件。投标保证文件是确保投标有效的必检文件。投标保证文件一般采用 3 种形式：支票、投标保证金和银行保函。投标保证金有效期要长于标书有效期，和履约保证金相衔接。投标保函由银行开具，即借助银行信誉投标。企业信誉和银行信誉是企业进入国际大市场的必要条件。投标方在投标有效期内放弃投标或拒签合同，招标公司有权没收保证金以弥补在招标过程中蒙受的损失。

⑥ 合同条件。这也是招标书的一项重要内容。此部分内容是双方经济关系的法律基础，因此对招、投标方都很重要。由于项目的特殊要求需要提供的补充合同条款，如支付方式、售后服务、质量保证、主保险费用等特殊要求，在招标书技术部分专门列出。但这些条款不应过于苛刻，更不允许（实际也做不到）将风险全部转嫁给中标方。

⑦ 设计规范。它（有的设备需要，如通信系统、计算机设备）是确保设备质量的重要文件，应列入招标附件中。技术规范应对工程质量、检验标准作出较为详尽的保证，也是避免发生纠纷的前提。技术规范包括：总需求，工程概况，分期工程对系统功能、设备和施工技术、质量的要求等。

⑧ 投标企业资格文件。这部分要求由招标机构提出。要求提供企业许可证及其他资格文件，如 ISO 9001、CMM 证书等。另外还要求提供业绩说明。

10.2.3　投标决策

通过投标获得工程项目，是市场经济条件下的必然，但并不是每标必投，应根据实际情况进行决策。编写、准备项目投标书需要花费很多时间和成本，因此对是否参与投标，企业要进行投标决策。投标决策时主要考虑以下几个方面的内容。

- 竞争对手分析。了解参加本次竞标的竞争对手有哪些，分析彼此的特长。还应注意竞争对手的实力、优势及投标环境的优劣情况。竞争对手在建项目也十分重要，如果对手的在建项目即将完工，可能急于获得新项目，报价就不会很高。反之，如果对手的在建项目规模大、时间长，则投标报价可能会较高。对此，要具体分析，具体判断，采取相应对策。
- 风险分析。该项目在实施过程中会有哪些风险？特别是对创新项目，通过努力其成功的可能有多大？项目执行过程中，可能还会受到哪些因素的影响和约束？企业能够解决吗？

- 目标分析。本项目与企业的经营目标是否一致？除非企业想开拓新的领域，否则不要轻易涉足自己不熟悉的项目。
- 声誉与经验分析。企业在过去曾经承担过类似的项目吗？如果承担过，客户的评价如何？客户是否满意？企业过去曾在相关项目中失败过吗？投标该项目能给企业提供增强能力的机会吗？成功实现该项目能否提高企业的形象和声誉？
- 客户资金分析。客户是否有足够的资金支持本项目？项目在经济上是否合理和可行？对于经济效益或社会效益不佳的项目应慎重。
- 项目所需资源分析。如果中标，企业是否有合适的资源来执行该项目？开发方要能从本企业中获得合适的人选来承担项目工作。
- 客户本身的资信问题。一般软件项目在投标前需要做好对客户的"培训"，让他们能准确地提出自己的需求，才不会使原本定制好的系统中途出现多次变更的情况。这样就在一定程度上减少了后期在回款上的麻烦。

投标决策的正确与否，关系到能否中标和中标后的效益，关系到企业的发展前景和经济利益。因此，需要从多方面掌握大量的信息，"知己知彼，百战不殆"。对开发难度大、风险大、技术设备、资金不到位的项目要主动放弃。否则，将有可能陷入工期拖长、成本加大的困境，企业的信誉、效益就会受到损害。

例 10-1 表 10-1 是一家培训公司在收到关于培训的投标书之后，对是否投标做出的一个评估表。

表 10-1 竞标评估表

评估项目	得分	备　　注
竞争	H	过去通常由当地的一家大学来提供培训项目，而我们公司没有给他们做过培训，显然要面临比较激烈的竞争
扩展业务的机会	H	某些业务要求电视会议，而本企业没有举行
风险	L	风险不大，因为是培训项目，它不会带来什么风险
客户的声望	L	以前从未给该公司做过培训
与本企业业务的一致性	H	本公司对该客户业务不是很熟悉
资金保障	H	该公司拥有为培训而准备的预算资金
准备高质量的申请	H	我公司人员不得不重新安排假期活动，为完成申请书所需的有效资源要一直工作到规定日期
执行项目的有效资源	H	为完成几个具体的项目主题而不得不另外雇用其他分包商
说明		各个要素按低（L）、高（H）、中（M）进行评分

综合分析得出以下结论。

（1）本企业的优势及独特的才能
- 有良好的管理培训记录——有许多回头客户。
- 在第 2 轮和第 3 轮的行动计划中比当地大学更具灵活性，能更好地满足实地培训的要求。

（2）本企业的弱势
- 本企业的大部分客户一直都属于服务性行业，如医院，而该公司是制造性行业。
- 该公司总裁是当地大学的毕业生，并是其最大的赞助商。

10.2.4　编写投标书

投标文件应对招标文件的要求作出实质性响应，符合招标文件的所有条款、条件和规定且无重大偏离与保留。投标人的各种资质文件、商务文件、技术文件等应依据招标文件的要求备全，缺少任何必须文件的投标将被排除在中标人之外。对于 IT 项目，投标文件中一般应当包括拟派出的项目负责人与主要技术人员的资质、简历和业务成果。投标人应当在招标文件要求提交投标文件的截止时间前，将投标文件送达投标地点。招标人收到投标文件后，应当签收保存，不得开启。投标人在招标文件要求提交投标文件的截止时间前，可以补充、修改或者撤回已提交的投标文件，并书面通知招标人。补充、修改的内容为投标文件的组成部分。

10.3　项目合同管理

项目合同是指项目业主（客户）或其代理人与项目提供（承接）商或供应商为完成某一确定的项目所指向的目标或规定的内容，明确相互的权利义务关系而达成的协议。合同是甲乙双方在合同执行过程中履行义务和行使权利的唯一依据，是具有严格的法律效力的文件。作为项目提供商与客户之间的协议，合同是客户与项目提供商关于项目的一个基础，是项目成功的共识与期望。在合同中，承接商同意提供项目成果或服务，客户则同意作为回报付给提供（承接）商一定的酬金。合同必须清楚地表述期望提供商提供的交付物。项目合同作为保证项目开发方、客户方既可享受所规定的权利，又必须全面履行合同所规定的义务的法律约束，对项目开发的成败至关重要。

10.3.1　签订合同时应注意的问题

经过招标、投标程序，在确定了中标单位之后，双方需要签订项目合同来明确各自的责、权、利。签订合同时既要有明确的责任划分，又要有一系列严密的、行之有效的管理手段。明确责任划分是指业主（客户）、提供（承接）商和监理三者之间的责任划分，这是合同责任的最重要的划分机制。在签订合同时还应注意以下几方面的问题。

1. 规定项目实施的有效范围

在签订合同时，决定项目应该涵盖多大的范围是一项比较复杂的工作，也是一项必须完成并做好的工作。经验表明，软件项目合同范围定义不当而导致管理失控是项目成本超支、时间延迟及质量低劣的主要原因。有时由于不能或者没有清楚地定义项目合同的范围，以致在项目实施过程中不得不经常改变作为项目灵魂的项目计划，相应的变更也就不可避免地发生，从而造成项目执行过程中的被动。所以，强调对项目合同范围的定义和管理，对项目涉及的任何一方来说，都是必不可少和非常重要的。当然，在合同签订的过程中，还需要充分听取产品服务提供商的意见，他们可能在其优势领域提出一些建设性的建议，以便合同双方达成共识。

2. 合同的付款方式

对于 IT 项目的合同而言，很少有一次性付清合同款的做法。一般都是将合同期划分为若干个阶段，按照项目各个阶段的完成情况分期付款。在合同条款中必须明确指出分期付款的前提条件，包括付款比例、付款方式、付款时间、付款条件等。付款条件是一个比较敏感的问题，是客户制约承包方的一个首选方式。承包方要获得项目款项，就必须在项目的质量、成本和进度方面进行全面有效的控制，在成果提交方面，以保证客户满意为宗旨。因此，签订合同时在付款条件上规定得越详细、越清楚越好。

3. 合同变更索赔带来的风险

软件项目开发承包合同存在着区别于其他合同的明显特点，在软件的设计与开发过程中，存在着很多不确定因素，因此，变更和索赔通常是合同执行过程中必然要发生的事情。在合同签订阶段就明确规定变更和索赔的处理办法可以避免一些不必要的麻烦。变更和索赔所具有的风险，不仅包括投资方面的风险，而且对项目的进度乃至质量都可能造成不利的影响。因为有些变更和索赔的处理需要花费很长的时间，甚至造成整个项目的停顿。尤其是对于国外的软件提供商，他们的成本和时间概念特别强，客户很可能由于管理不善造成对方索赔。索赔是承包商对付业主（客户）的一个有效的武器。

4. 系统验收的方式

不管是项目的最终验收，还是阶段验收，都是表明某项合同权利与义务的履行和某项工作的结束，表明客户对提供商所提交的工作成果的认可。从严格意义上说，成果一经客户认可，便不再有返工之说，只有索赔或变更之理。因此，客户必须高度重视系统验收这道手续，在合同条文中对有关验收工作的组织形式、验收内容、验收时间甚至验收地点等作出明确的规定，验收小组成员中必须包括系统建设方面的专家和学者。

5. 维护期问题

系统最终验收通过之后，一般都有一个较长的系统维护期，这期间客户通常保留着 5% ~ 10% 的合同费用。签订合同时，对这一点也必须有明确的规定。当然，这里规定的不只是费用问题，更重要的是规定提供商在维护期应该承担的义务。对于软件项目开发合同来说，系统的成功与否并不能在系统开发完毕的当时就能作出鉴别，只有经过相当长时间的运行才能逐渐显现出来，因此，客户必须就维护期内的工作咨询有关的专家，得出一个有效的解决办法。

10.3.2 软件项目合同条款分析

软件项目合同对软件环境、实施方法、双方的权利义务等方面的重要条款规定得是否具体、详细、切实可行，对项目实施能不能达到预期的目的，或者在发生争议、纠纷的情况下能否公平地解决具有决定性的作用。因此，有必要对软件项目合同的主要条款的意义进行分析，以提高双方的签约能力，促进项目实施的成功率。

1. 与软件产品有关的合法性条款

● 软件的合法性条款。软件的合法性，主要表现在软件著作权上。首先，当软件的著作权明晰时，客户单位才能避免发生因使用该软件而侵犯他人知识产权的行为。其次，只有明确了软件系统的著作权主体，才能够确定合同付款方式中采用的"用户使用许可报价"方式是否合法。因为，只有软件著作权人才有权收取用户的"使用许可费"，如果没有经过软件著作权人的许可，软件的代理商无权采用单独收取用户使用许可报价的方式。因此，如果项目采用的是已经产品化的软件，应当在实施合同中明确记载该软件的著作权登记的版号。如果没有进行著作权登记，或者项目完全是由客户单位委托软件开发商独立开发的，则应当明确规定开发商承担软件系统合法性的责任。

● 软件产品的合法性。主要是指该产品的生产、进口、销售已获得国家颁布的相应的登记证书。我国《软件产品管理办法》规定，凡在我国销售的软件产品，必须经过登记和备案。无论是软件开发商自己生产或委托加工的软件产品，还是经销、代理的国内外的软件产品，如果没有经过有关部门的登记和备案，都会引起实施行为的无效。国内的软件开发商和销售商要为此承担民事上的主要责任，以及行政责任。如果是软件商接受客户单位的委托而开发的，并且是客户单位自己专用的软件，则不用进行登记和备案。因此，在签订信息化项目实施合同时，如果采用的软件系统的主体是一个独立的软件产品，就应当在合同中标明该软件产品的登记证号。

2. 与软件系统有关的技术条款

① 与软件系统匹配的硬件环境。一是软件系统适用的硬件技术要求，包括主机种类、性能、配置、数量等内容；二是软件系统可以支持、支撑的硬件配置和硬件网络环境，包括服务器、台式终端、移动终端、掌上设备、打印机与扫描仪等外部设备；三是客户单位现有的、可运行软件

系统的计算机硬件设备，以及项目中对该部分设备的利用。签订硬件环境条款的目的，是为了有效地整合现有设备资源，减少不必要的硬件开支，同时，也可以防止日后发生软件系统与硬件设备不配套的情况。

② 与软件匹配的数据库等软件系统。软件要与数据库软件、操作系统相匹配才能发挥其功能。因此，在项目合同中，必须明确这些匹配软件的名称、版本型号及数量，以便客户单位能够尽早购买相应的软件系统，为项目实施、培训做好准备。

③ 软件的安全性、容错性、稳定性的保证。我国对计算机信息系统的安全、保密方面已经有明确的规定。计算机信息系统的安全保护，应当保障计算机及其相关的和配套的设备、设施、网络、运行环境及信息的安全，保障计算机功能的正常发挥，以维护计算机信息系统的安全运行。因此，项目合同中必须对所提供的管理系统软件承诺安全性保证。这种保证对今后的保修、维护，甚至终止合同、退货及争议与诉讼的解决都有重要的意义。另外，合同中还应该对信息化管理软件的容错功能、稳定性进行文字化表述，以确定客户单位在实际运用中要求提供商进行技术维修、维护或补正的操作尺度。

3. 软件适用的标准体系方面的条款

软件肯定会涉及国家、行业的部分标准或国际质量认证标准。软件是否符合相关的标准规范，对客户单位是非常重要的，特别是对一些特殊行业的生产性企业，是能否进行生产的必要条件。例如，药品生产企业所用的管理软件系统，必须保证与其匹配的企业相关的业务流程和管理体系符合 GMP 质量认证标准。否则，就可能引发纠纷。所以，客户单位在签订实施合同之前，必须与软件提供商确定软件对有关标准的支持或符合程度。一般来说，除了以上所述的计算机信息安全方面的标准外，管理软件涉及的标准有以下几类。

- 会计核算方面的标准；
- 通用语言文字方面的标准；
- 产品分类与代码方面的标准；
- 计量单位、通用技术术语、符号、制图等方面的标准；
- 国家强制性质量认证标准。

因此，在合同中应当指明适用的标准，或者符合哪项标准的要求，或者应有利于客户单位在实施过程中进行标准化管理。

4. 项目实施方面的条款

项目实施方面的条款是合同的主体部分，通常包括项目实施定义，项目实施目标，项目实施计划，双方在项目实施中的权利与义务，项目实施小组及其工作任务、工作原则和工作方式，项目实施的具体工作与实施步骤、实施的修改与变更、项目实施时限、验收等主要内容。

① 项目实施定义。项目实施定义是确定整个项目实施范围的条款。从表面上看，它没有具体的实质性内容，但它是项目实施的纲。其他具体的实施条款都是在它的框架下生成的。如果因为实施范围发生争议或纠纷，就要根据这个条款的约定来裁量。例如，把实施完毕定义在以软件系统安装调试验收为终点，还是定义在以客户单位数据录入后的试运行结束为终点，差别就很大。对前者，软件提供商只要把软件系统安装成功，就完成了实施任务，可以收取全额实施费用，而不承担软件系统适用性的任何风险；对后者，软件提供商却要承担试用期的风险。按照我国合同法规定，在试用期内，客户单位有权决定是否购买标的物。因此，在实施合同中签订这个条款，对维护双方的权利是非常必要的。通常，实施定义可以表述为：项目实施是软件提供商在客户单位的配合下，完成软件系统的安装、调试、修改、验收、试运行等全过程的行为。

② 项目实施目标。项目实施目标是通过项目的全部实施，使客户单位获得的技术设备平台和达到的技术操作能力。在实施合同中约定的项目实施目标，是项目验收的直接依据和标准。因

此，是合同中最重要的条款之一。但是，在当前，相当一部分合同中并没有这个条款，而是把它放在由软件提供商的项目实施建议书中。如果该建议书是合同的附件，与合同具有同等的效力，其约束力还是比较强的；如果不是合同的附件，其效力的认定就是一个比较复杂的问题或过程了。

③ 项目实施计划。项目实施计划是双方约定的整个实施过程中各个阶段的划分、每个阶段的具体工作及所用时间、工作成果表现形式、工作验收方式及验收人员、各时间段的衔接与交叉处理方式，以及备用计划或变更计划的处理方式。项目实施计划是合同中最具体的实施内容之一，有明确的时间界限，对软件提供商的限制性是很强的。因此，通常情况下，它是最容易发生争议的环节。

④ 双方在实施过程中的权利与义务。双方的权利与义务一般体现在以下几个方面：组建项目组；对客户单位实际状况的了解与书面报告；提交实施方案；实施过程中的场地、人员配合；对客户方项目组成员的技术培训；软件安装及测试、验收；客户方的数据录入与系统切换；新设备或添加设备的购买；实施工作的质量管理认证标准等。

⑤ 项目工作小组及其工作任务、工作原则和工作方式。

* 对项目小组的要求主要表现在组成人员的素质、技能、水平、资格、资历和组成人员的稳定性保证两个方面。从素质角度看，软件提供商组成人员以往的实施经历与经验，以及对客户单位行业特点的熟悉程度等都是很重要的；而客户单位的组成人员的 IT 背景和对业务部门的指挥、决策权力是很关键的。另外，在合同中规定对人员变动的程序及变动方对因人员变动而产生的负面作用的承担等条款，是有必要的。

* 工作小组的任务一般包括以下内容：对软件系统进行安装、测试；进行项目全程管理；进行项目实施进度安排、调整与控制；进行客户单位业务需求分析、定义和流程优化建议；进行系统实施分析、评价并提出管理建议；对软件系统进行客户化配置；在合同规定范围内对软件系统进行修改与变更；对实施中突发的技术上、操作程序上或管理上问题进行分析、报告与解决；对在实施过程中发生的争议、矛盾与纠纷进行协调、报告和解决；项目小组成员间的专业方面的咨询、交流与培训；对客户单位操作人员进行系统的应用培训；对软件系统实施进行进度验收、阶段性验收和最终验收。

* 项目小组的工作原则。由于项目小组只是合同的主要执行者，并不是合同的履行人，因此，项目小组的工作原则是严格执行合同、协调各方关系、报告新情况、提出变更方案与设想。它是一个协调、配合性组织，应当以协同为总原则，尽量避免发生不必要的矛盾与纠纷。

* 项目小组的工作方式。根据项目进度及现实工作的不同，项目小组可以采取协调会议、配合工作、情况报告、交换记录等工作方式，以确保双方的沟通顺畅。

⑥ 项目实施的具体工作与实施步骤。双方签约文件中必须包括项目实施的具体工作及其实施步骤，不管是体现在合同中，还是表述在双方签字的项目实施计划中。具体工作应逐一列出，同时，应标出工作人员、工作内容、开始与结束的时间、工作场所、验收方式与验收人、工作验收标准等内容。实施步骤是把具体工作做成一个完整的流程，使双方都明确应当先做什么，再做什么，知道自己工作的同时，对方在干什么。这样就可以在双方心里有同一盘棋，便于相互间的配合与理解。

⑦ 实施的修改与变更。

* 从软件本身的结构上看，一些国外的高端企业信息化软件系统，与固定的管理理念和业务流程方式的结合非常紧密，在项目实施中对软件系统的修改几乎不可能。因此，客户单位应当在咨询顾问的指导、协助下，把重点放在改造自己企业的业务流程，而不要刻意坚持在合同中对软件系统的修改条款。因为如果写入修改条款，就有可能使之成为指责软件提供商违约的理由，

进而导致争议或纠纷。从软件系统的修改主体方面看，通常情况下是由软件开发商，根据客户单位的实际情况，对自己的软件系统进行客户化改造或修改。这样做既可以保证软件修改的质量，又在合同的权利义务的分配上比较合理。

- 在实施过程中对软件系统的客户化改造与变更，必须按照合同规定的程序进行，不能随意处理。通常的程序是提出或记录书面的软件修改需求，双方商定修改的软件范围及修改的期限，接受方书面确认对方提出的需求。为了简化书面形式，可制定一个固定格式的软件修改需求表，双方在提出及确认需求、修改完毕时在同一张表上签字。

- 在双方签署的合同或实施计划中，软件提供商应当明确声明软件系统不能修改的范围，以避免误导客户、侵犯客户知情权及妨碍后续软件模块使用等行为的发生。

- 要规范在实施过程中对软件进行修改的行为，必须在合同中约定允许提出修改需求的时间段。只有在这个时间段内提出修改需求才有效，对方应当对修改建议进行探讨与协商，在技术许可的条件下，应达成双方都接受的处理方案。这种修改，属于合同许可的范围，一般情况下不引起合同实质性权利义务的变更。否则，对方可以不予考虑和答复。如果对方同意进行协商，应属新的要约，是对原合同的修改。双方可以对包括费用在内的实质性内容进行新的协商。总的要求是本着公平合理的原则，来划分因软件系统修改不成功而产生的责任。

⑧ 项目验收。由于软件系统涉及的业务流程比较多，实施过程中分项目、分阶段实施的情况经常存在，因此，会有不同类型的验收行为。体现在实施合同上，就应当明确约定各个验收行为的方式及验收记录形式。通常，验收包括对实施文档的验收、软件系统安装调试的验收、培训的验收、系统及数据切换的验收、试运行的验收、项目最终验收等。软件的验收要以企业的项目需求为依据，最终评价标准是它与原来的工作流程与工作效率或者是原有系统相比的优劣程度，只有软件的功能完全解决了企业的矛盾，提高了工作效率，符合企业的发展需要，才可以说项目是成功的。

5. 技术培训条款

技术培训是软件项目实施成功的重要保障和关键的一步。签约双方都享有权利，并承担义务。通常情况下，双方签约条款涉及以下权利和义务。

① 要求制订培训计划的权利。客户单位有权要求软件提供商制订详细的培训计划，并以此了解培训的计划、时间、地点、授课人情况、培训内容、使用的教材、学员素质与资格要求、考核考察标准、考核方式、培训所要达到的目标、补救措施等内容与安排，以便作出相应的安排。

② 要求按约定实施培训计划和按期完成培训义务的权利。客户单位有权要求软件提供商按照培训计划全面、正确、按时完成其承担的培训义务，以保障软件项目的实施与运用。

③ 普遍接受培训的权利。客户单位现有人员，只要纳入软件操作流程的都应当受到专业化的培训。或者说同等软件操作岗位的人员，应当受到同等的培训。不应当发生不平等的培训待遇的现象，即不应当出现只由专业人员培训少数骨干，而实际操作人员只能接受指导的状况。

④ 要求达到培训目标或标准的权利。客户单位接受培训的目的是要达到既定的技术操作水平，而不仅仅是需要培训的过程。所以，其有权要求软件提供商通过培训，实现约定的培训目标。

⑤ 要求派遣合格的授课人员的权利。授课人员的综合水平及责任心是达到培训标准的重要因素之一。客户单位有权在合同中要求软件提供商出具授课人员的资历背景、授课能力等介绍，也有权在培训过程中要求更换不合格或授课效果明显达不到培训标准或目标的授课人员。

⑥ 要求学员在计算机操作应用方面达到一定水准的权利。只有学员的计算机操作能力与水平相对一致，才能在短时间的集中、共同培训中获得较好的效果。因此，在培训条款中应当明确学员的条件或标准，并要求在履行中按照约定派出符合条件的学员参加培训，以此作为客户单位

的义务加以规定。

⑦ 保证学员认真接受培训的权利。客户单位有义务保证其所派出的学员遵守培训纪律，认真参加培训，接受专业技术培训和技术指导。只有这样才能为授课人员营造和维系一个良好的培训环境与气氛，才能保证培训的效果。

⑧ 考核标准。考核标准的确定，对客户单位日后的具体实施有着十分重要的影响。标准定得太低，学员在实施操作和工作中，就不可能真正、完全、熟练地使用软件管理系统处理日常工作；标准定得太高，学员的学习期间就会延长，可能影响项目实施的进程；如果在合同中没有约定考核标准，当项目实施因实际操作人员的能力而搁浅或发生矛盾时，就没有判断是非的标准了。

6. 技术支持和信息服务条款

技术支持和售后服务是软件提供商的法定义务。同时，也是企业提高产品市场竞争力的重要手段。因此，软件企业应当严格服务制度，加强售后服务力量，建立健全服务网络，忠实履行对用户的服务承诺，实现售后服务的规范化。从合同约定上看，软件提供商除了承担用户使用软件的培训外，还应承担维护、软件版本更新、应用咨询等售后服务工作，并对其分支机构及代理销售机构的售后服务工作承担责任。软件提供商承担的售后技术支持与服务，分为免费和收费两种。合同的具体条款包括以下方面。

① 软件产品的免费服务项目。法定的免费维修项目包括硬件系统标准配置情况下不能工作；不支持产品使用说明明示支持的产品及系统；不支持产品使用说明明示的软件功能。约定的免费维修项目除了法定的免费维修项目外，双方可以约定其他的免费服务项目，例如，软件运行中的故障带来的排错、软件与硬件设备在适配方面的调整、应用软件与系统软件或数据库适配方面的调整、客户单位人员的非正常操作引起的系统或数据的恢复等。

② 免费维修的实现。由于管理软件系统实施的特殊性，软件产品法定的免费维修期起始日期的确定是非常重要的，应在合同中明确规定。

③ 可以约定的收费服务项目。收费服务的项目由当事人双方在合同中明确约定。通常包括：二次开发、软件的修改或增加、系统升级、应用模块或功能的增加、因客户单位的机构变化引起的软件系统的调整等。

④ 软件提供商采用的技术支持与售后服务的方式。主要有以下几种：到客户单位现场服务；通过电话、传真、电子邮件、信函等联系方式解答问题；通过专门网站提供软件下载、故障问题解答、热线响应、操作帮助或指南等网络支持服务；通过指定的专业或专门的技术支持和售后服务机构提供服务。

⑤ 技术支持与售后服务的及时性条款。在合同中还应约定软件商提供技术支持与售后服务的响应时间和到场时间，以及到场前应了解的故障情况。还可以对到场工程师的能力及要求作出约定。

7. 管理咨询条款

如果在项目实施中，软件提供商还承担了管理咨询的业务，则在合同中还应有关于管理咨询的条款。管理咨询条款包括诊断、沟通、分析、提供方案和规章制度、培训、指导和咨询等各个环节。

① 确定咨询的范围和目标。咨询的范围包括从信息化管理的整体上进行咨询，从宏观的角度对实施单位进行管理思想、理念、原理等方面的咨询，以及对信息化管理项目中具体的、实际的管理制度等的咨询。

② 特别是对当前项目的实施部分的咨询要细化和具体。不要盲目扩大到尚未实施的规划上，也不要光热衷于整体设计和规划上。这样有可能淡化咨询商在咨询项目中对具体的、实际的对象

所承担的咨询义务，对最终界定和落实咨询商的可量化的咨询义务是有不利影响的。客户单位在与咨询商签订合同时，一定要把希望达到的管理状态的文字表述体现在合同中，作为项目实施的管理目标，由咨询商负责提供咨询服务，并用于检验咨询项目实施是否成功。

③ 针对实施企业的实际情况进行需求分析和业务流程诊断。咨询商应当在获得充分的时间和客户单位的全力配合下，对客户单位的实际管理状况和业务流程情况进行全面的考察、分析。在这个过程中，客户单位应承担提供时间、人员、访问与座谈、数据与资料、现场考察等义务，以保证考察与诊断的真实性。

④ 提交详细的书面分析报告、咨询方案及实施计划。这是咨询商应当承担的合同义务。其中文字表述的咨询实施计划、为客户单位指定的目标与措施等内容，在经过确认后，即作为管理咨询的目标，由咨询商负责承担相应的义务，并用于检验咨询项目实施是否成功。

⑤ 制定实施企业的业务流程中每一个岗位的岗位职责和相关的管理规章制度。由咨询商提供一整套的、与实施单位的信息化管理项目相匹配的业务流程岗位职责和相应的管理规章制度，使实施单位能够在一开始就站在一个相对成熟和相对完整的的管理平台上，这对项目的成功实施、提高人员的信心都是非常重要的。

⑥ 管理咨询的培训。包括针对客户单位管理人员或项目组成员的管理思想和业务流程管理的培训与咨询，也包括进行岗位职责和管理制度的培训、演练和指导。但不包括对软件系统的技术操作规范的培训。

⑦ 对软件系统试运行阶段出现的管理问题进行指导和咨询。软件实施与管理咨询是同步进行的，在软件系统的试运行阶段，管理咨询和技术支持应当同时对客户单位提供服务，以保证操作、流程、管理之间的配合与默契，并防止因为签约方的失误而导致项目实施的延期或搁置。

⑧ 对在合同有效期内实施企业遇到的管理问题进行咨询和指导。软件项目的管理咨询与其他咨询最显著的区别，就在于合同的期限比较长，有的时候要延至软件实施完毕后的一段时间。那么，在合同期内，咨询商对客户单位出现的信息化管理问题，也应当承担提供咨询的义务。同时，在合同中也可以约定，在有效期内，咨询商应定期或不定期对客户企业进行回访、指导和咨询。

10.3.3　合同管理

项目合同管理就是对合同的执行进行管理，确保合同双方履行合同条款，并协调合同执行与项目执行关系的管理工作。合同关系的法律本质性使得执行组织在管理合同时必须准确地理解行动的法律内涵。合同管理贯穿于项目实施的全过程和项目的各个方面。它作为其他工作的指南，对整个项目的实施起控制和保证作用。合同管理与其他管理职能，如计划管理、成本管理、组织和信息管理等之间存在着密切的关系。这种关系既可看作是工作流，即工作处理顺序关系，又可看作是信息流，即信息流通和处理过程。

1. 需方（甲方）合同管理

对于企业处于需方（甲方）的环境，合同管理是需方对供方（乙方）执行合同的情况进行监督的过程，主要包括对需求对象的验收过程和违约事件处理过程。

● 验收过程是需方对供方的产品或服务进行验收检验，以保证它满足合同条款的要求。具体包括：根据需求和合同文本制定对本项目涉及的建设内容、采购对象的验收清单；组织有关人员对验收清单及验收标准进行评审；制定验收技术并通过供需双方的确认；需方处理验收计划执行中发现的问题；起草验收完成报告等。

● 违约事件处理。如果在合同执行过程中，供方发生与合同要求不一致的问题，导致违约事件，需要执行违约事件处理过程。具体活动包括：需方合同管理者负责向项目决策者发出违约事件通告；需方项目决策者决策违约事件处理方式；合同管理者负责按项目决策者的决策来处理违约事件，并向决策者报告违约事件处理结果。

2. 供方（乙方）合同管理

企业处于供方的环境，合同管理包括对合同关系采用适当的项目管理程序并把这些过程的输出统一到整个项目的管理中。主要内容包括：合同跟踪管理过程、合同修改控制过程、违约事件处理过程、产品交付过程和产品维护过程。必须执行的项目合同管理过程应用在以下几个方面。

- 项目计划的执行，用以授权软件提供商在适当的时候进行工作。
- 执行报告，监控合同方的成本、进度和技术绩效。
- 质量控制，检验合同方的产品是否合格。
- 变更控制，确保变更被正确地批准，以及需要了解情况的人知晓变更的发生。

合同管理还包括资金管理部分，支付条款应在合同中规定。

3. 合同管理的依据

- 合同。
- 工作结果。作为项目计划实施的一部分，收集整理供方的工作结果（完成的可交付成果、符合质量标准的程度、花费的成本等）。
- 变更请求。变更请求包括对合同条款的修订、对产品和劳务说明的修订。如果供方工作不令人满意，那么终止合同的决定也作为变更请求处理。供方和项目管理小组不能就变更的补偿达成一致的变更是争议性变更，称为权力主张、争端或诉讼。
- 供方发票。供方应不断开出发票要求清偿已做的工作。开具发票的要求包括必要的文件资料附件，通常在合同中加以规定。

4. 合同管理的工具和方法

- 合同变更控制系统。合同变更控制系统定义可以变更合同的程序，包括书面工作、跟踪系统、争端解决程序和变更的批准级别。合同变更控制系统应被包括在总体的变更控制系统中。
- 执行报告。执行报告向管理方提供供方是否有效地完成合同目标的信息。合同执行报告应同整个项目的执行报告合并在一起。
- 支付系统。对供方的支付通常由执行组织的应付账款系统处理。对于有多种或复杂的采购需求的大项目，项目应设立自己的支付系统。不管哪一种情况，支付系统都应包括项目管理小组的适当的审查和批准过程。

5. 合同管理的输出

- 信函。合同条款和条件常常要求买方与供方在某些方面的沟通以书面文件进行。例如，对执行令人不满意的合同的警告，合同变更或条款的澄清。
- 合同变更。合同变更（同意的或不同意的）是项目计划和项目采购过程的反馈，项目计划和相关的文件应作适当的更新。
- 支付请求。支付请求假定项目采用外部支付系统，例如，项目有自己的支付系统，在这里的输出为"支付"。
- 合同跟踪管理记录。对合同执行过程进行跟踪管理并记录结果；落实合同双方的责任。合同跟踪管理过程包括：根据合同要求对项目计划中涉及的外部责任进行确认，并对项目计划进行审批。

10.3.4 合同收尾

当事双方在依照合同规定履行了全部义务之后，项目合同就可以终结了。项目合同的收尾需要伴随一系列的项目合同终结管理工作。项目合同收尾阶段的管理活动包括：产品或劳务的检查与验收，项目合同及其管理的终止（这包括更新项目合同管理工作记录，并将有用的信息存入档案）等。需要说明的是项目合同的提前终止也是项目合同终结管理的一种特殊工作。项目合同收尾阶段的管理任务有如下几个方面。

1. 整理项目合同文件

这里的项目合同文件泛指与项目采购或承包开发有关的所有合同文件，包括（但不仅限于）项目合同本身、所有辅助性的供应或承包工作实际进度表、项目组织和供应商或软件提供商请求并被批准的合同变更记录、供应商或软件提供商制定或提供的技术文件、供应商或软件提供商工作绩效报告，以及任何与项目合同有关的检查结果记录。对这些项目合同文件应进行整理并建立索引记录，以便日后使用。这些整理过的项目合同文件应该包含在最终的项目总体记录之中。

2. 项目采购合同审计

项目采购合同审计是对从项目采购计划直到项目合同管理整个项目采购过程的结构化评价，这种评价和审查的依据是有关的合同文件、相关法律和标准。项目采购合同审计的目标是要确认项目采购管理活动的成功之处、不足之处及是否存在违法现象，以便吸取经验和教训。项目采购合同的审计工作一般不能由项目组织内部的人员来进行，而是由专业审计部门来进行。

3. 项目合同终止

当供应商或软件提供商全部完成项目合同所规定的义务以后，项目组织负责合同管理的个人或小组就应该向供应商或软件提供商提交项目合同已经完成的正式书面通知。一般在项目采购或承接合同中对于正式接受和终止项目合同有相应的协定条款，项目合同终止活动必须按照这些协定条款规定的条件和过程开展。提前终止合同是合同收尾的特殊情形。

案例研究

针对问题：项目投标应注意哪些问题？合同管理与项目管理有什么联系和区别？合同管理的重点是什么？

案例A 投标可行性分析案例研究

玛吉、保罗和史蒂夫，这3个人是一家咨询企业的合伙人，该企业专门给医生设计和安装计算机信息系统。这些系统通常包括对病人记录、处方、账单和医疗保险过程的处理。有时医生（客户）有自己的一套人工系统并想要把它计算机化。有时也可能是他们目前有个计算机系统，需要升级换代并改进。

一般来说，咨询公司会购买必要的硬件和一些软件包。他们会把自己的软件用户化，以满足医生的具体要求，并且负责安装全部系统。他们也向医生等办公人员提供培训。这些项目的成本大都在 10 000 ～ 40 000 美元之间，具体依所需硬件的数量而定。大部分医生都愿意花这笔钱，而不愿再雇用额外的办公人员以处理日益增长的日常文书工作。

豪泽是保罗过去曾为之做过项目的医生之一，她放弃了自己的业务，而加入了一个大型的地区性的诊所。这个组织有6个办事处和两间药店，一共雇用了200人。豪泽与保罗联系，询问他的咨询公司是否对此项目感兴趣（即为整个地区的诊所的信息系统升级），是否想提交申请书。项目包括把6个办事处和两间药店整合成一个系统。该组织最后将雇用信息系统人员来监管系统的运行。目前每个办事处都有其各自的系统。

豪泽医生告诉保罗，别的医生也有曾为大咨询公司工作的患者，他们也想做这项工作。她说，在组织中采购经理的帮助下，来自6个办事处和两间药店的代表们已经开始准备需求建议书了。需求建议书在两周前就已经发布给大咨询公司了，他们已在准备申请书了。采购经理并不了解保罗的咨询公司，这就是他没有接到需求建议书备份的原因。申请书在两周内就得完成。

她告诉保罗，她很抱歉无法告诉他更多的信息。豪泽医生说，如果保罗感兴趣，并能在两周内提交申请书的话，她会让采购经理给保罗一份需求建议书。

"当然了，"保罗说，"我将在今天下午开车来取！"他问她是否知道该诊所已经投在项目上的款额，但是她说不知道。

保罗得到了需求建议书，并给玛吉和史蒂夫做了几份备份。

"如果我们进行这个项目，我们会进入一个崭新的商业舞台！"保罗对他们说，"这可是我们一直等待的超越机会。"

玛吉抱怨："这事儿来得可真不是时候，我正在为其他医生做另外 3 个项目，他们都在催我早点完成。事实上，他们中有一个还不是很满意。他说如果我在两周内完成不了项目，他就不需要它了，并且再也不会把我们推荐给别的医生。我一天要工作 16 个小时来赶时间。我太受约束了。我同意你的说法，保罗，这是一个大好机会，但是恐怕我无法再腾出任何时间帮助你准备申请书了。"

史蒂夫大声提出质疑："准备申请书是一回事，但是我们能做好这个项目吗？我认为我们 3 个人具有专长能做这样的项目，但是这确实是一个很大的项目，况且，我们还有其他的客户。"

保罗回答："我们可以雇用几个人。我有几个朋友想做兼职。我们能做它！如果我们不做这样的项目，我们将一直是个小公司，我们每个人每天工作 12 个小时，只为了那点儿微薄的利润。这些为单个办公室而做的小活，不可能永远有的做。我们只是提出申请书，会有什么损失呢？如果我们不提交申请书，我们永远不会有发展。"

参考讨论题：

1. 为什么这个小组没有与大咨询公司同时接到需求建议书？
2. 为什么这个小组会被考虑作为提交申请书的候选人？
3. 在投标决策过程中，需要评价的因素有哪些？
4. 玛吉、保罗、史蒂夫应当怎么做？解释一下你的回答，表述一下 3 个小组成员每个人的想法。

案例 B　京沪高速公路河北段公路工程合同管理

（1）工程简介

京沪高速公路河北青县至吴桥段（以下简称京沪高速公路河北段）是国家规划建设的 12 条国道主干线的重要组成部分。该项目为亚行贷款项目，路线全长 140.996 公里，路基宽 28 米，全线全封闭、全立交。其中包括特大桥 4 座，大桥 5 座，中小桥 95 座，各种通道涵洞 219 道，立体交叉 19 处等。工程全线采用计算机联网管理，形成了建设期的 Intranet，各单位配备国际一流的美国 Primavera 公司的项目管理软件 P3、EXP 和 SureTrack。此系统历经半年多的运行，受到了业主、监理、施工单位的高度评价，认为此系统对高速公路建设期的现代化管理起到了划时代的重要作用。

（2）项目内部网络

长期以来，由于高速公路工程战线长，施工单位驻地分散、交通不便等原因，造成信息上传下达不畅、不及时，严重影响管理行为的落实，业主、总监办对现场情况的掌握受到了限制，从而制约了决策的及时性和正确性。京沪高速公路河北段项目业主的领导从项目建设的初期就决定彻底改变以往的管理方法，要求建立计算机网络，进行多标段、长距离的项目管理，形成一个内部网络，通过这个网络来传输数据，使信息及时地上传下达。对此，虽然目前市场上的网络很多，形式也很多，考虑到经济实用性，他们采纳了用电话线传输数据的方式。这种方式非常简单，几乎不需要投入什么设备，就可以在任何地点与任何人进行数据交流，就像打电话一样方便。图 10-1 是京沪高速公路河北段的网络示意图。

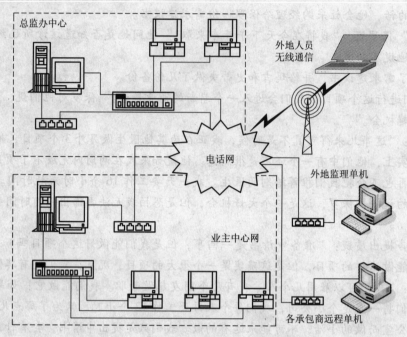

图 10-1 京沪高速公路河北段的网络结构

为了实现计算机信息管理，京沪高速公路河北段项目业主的领导选择 Primavera 公司产品 EXP。

（3）合同管理软件 EXP 的应用与实践

EXP 是一个涉及范围很广的软件，它由合同类、文档类、通信类、记事类等管理模块组成。它几乎涵盖了所有合同事务的内容，而且其管理思维也十分接近我国的管理思想，原因是我国目前也在推行 FIDIC 管理模式。

① 合同管理的一般过程（见图 10-2）。

② 合同管理的主要内容。合同清单、单价、工程量、税利及合同信息等。

• EXP 的处理方式。建立工程合同，以规定格式输入合同信息，也可以自己定义一些栏位，可以手工录入，也可以通过网络通信来实现。

• EXP 处理结果。自动生成工程量清单（形式可以自己定义），计算工程费用，汇总各章节合同费用，以及各种条件下的汇总数据。

③ 合同变更处理。主要管理内容包括变更清单、单价、变更量、变更净值（变更值 - 原合同值）及变更原因。

• EXP 的处理方式。建立工程变更合同，以规定格式输入变更信息，也可以自己定义一些栏位，输入方法可以是手工录入，也可以通过网络通信来实现。

• EXP 处理结果。自动生成变更清单（形式可以自己定义），计算变更费用，生成变更详情表，计算变更净值，以及变更与原合同的对照表，并及时反映变更后的总投资变化情况（这一点非常重要）。

④ 工程进度款支付。主要管理包括各支付项的清单、单价、数量、税利、保留金及各支付项的本期完成值和上期末累计完成值。

• EXP 的处理方式。EXP 自动生成进度款支付表，对所有支付项 EXP 自动从各模块中截

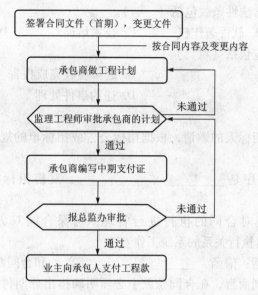

图 10 - 2　合同管理的一般过程

取，无须手工登录，只要填入本期完成值即可。

● EXP 处理结果。自动生成进度款支付财务月报（形式可以自己定义），提供支付清单表，以章节形式汇总支付费用、变更费用及变更净值，自动累计支付项的期末值，并及时反映投资资金的运行变化情况。

用户在处理完数据后，即可进行各单位之间的数据传输，软件提供商可以将数据传给监理和业主，业主和监理也可以将意见返回给软件提供商等。这些工作都可以在一条电话线上完成，非常方便，操作起来也很简单。EXP 可以利用企业内部网和 Windows 的 Exchange 来实现这一任务。

参考讨论题：
1. 简述此项目采用合同管理的必要性和意义。
2. 结合本案例，查询合同管理软件的相关资料，简述合同管理软件一般应具有哪些功能。
3. 合同管理过程与项目管理过程有哪些区别和联系？
4. 你认为合同管理的关键是什么？

习　题

一、选择题

1. 下列有关固定价格合同的表述正确的是（　　）。
A. 固定价格合同对于项目组织来说风险比较大
B. 固定价格合同以供应商所花费的实际成本为依据
C. 固定价格合同适用于技术复杂、风险大的项目
D. 签订固定价格合同时，双方必须对产品成本的估计均有确切的把握

2. 将大部分的风险转移给供应商的合同类型是（　　）。
A. 成本加酬合同　　　　　　　　　　B. 成本加固定费用合同
C. 奖励合同　　　　　　　　　　　　D. 固定价格合同

3. （　　）是投标和评标的依据，是构成合同的重要组成部分。
A. 招标文件　　　B. 需求建议书　　　C. 投标书　　　D. 合同

4. 与软件产品有关的合法性条款包括（　　　）。

A. 软件的安全性　　　B. 软件著作权　　　C. 技术培训　　　　　D. 技术支持条款

5. 乙方合同管理一般应包括（　　　）。

A. 合同跟踪管理　　　　　　　　　　　　B. 起草验收完成报告

C. 资金管理　　　　　　　　　　　　　　D. 违约事件处理

二、填空题

1. 投标是指投标人应招标人的邀请，根据招标公告或招标单的规定条件，在＿＿＿＿＿内向招标人＿＿＿＿＿行为。

2. 招标阶段的基本程序是＿＿＿＿＿、＿＿＿＿＿、发售招标文件和招标文件的澄清、修改。

3. 项目合同管理就是对合同的执行进行管理，确保合同双方＿＿＿＿＿合同条款并＿＿＿＿＿合同执行与项目执行关系的系统工作。

4. 合同管理的输出包括：信函、＿＿＿＿＿、＿＿＿＿＿和合同跟踪管理记录。

5. 对于软件项目的合同而言，在合同条款中必须明确指出分期付款的前提条件，包括付款比例、付款方式、＿＿＿＿＿、＿＿＿＿＿等。

三、简答题

1. 项目的采购计划应包括哪些内容？项目采购计划主要解决哪些问题？

2. 在编制标书时应遵循哪些原则？

3. 在投标决策时应考虑哪些内容？

4. 简述签订合同时应注意哪些问题。

5. 简述软件项目的合同管理具有哪些特征。

6. 试述合同管理在项目采购中的作用。

7. 简述项目合同收尾阶段的管理任务。

8. 为什么说"软件系统的成功与否并不能在系统开发完毕的当时就能作出鉴别"？

实践环节

1. 查找相关资料，说明我国软件外包企业是如何进行项目管理的。

2. 上网收集资料，阐述有关政府信息化项目都有哪些政策、法规，以及目前是怎样做的。

3. 上网收集资料，说明我国在政府采购方面都有哪些规定。

第 11 章

IT 项目的整体管理

项目整体管理包括保证项目各要素相互协调所需要的所有过程，它需要在相互影响的项目目标和方案中做出平衡，以满足或超出项目干系人的需求和期望。项目整体管理的目的一是要做好计划的计划；二是项目是全过程管理。尽管项目管理的各个过程在某种程度上都是综合的，但本章介绍的是那些根本性的综合过程，包括项目计划的制订、项目计划执行和整体变更控制等过程，并介绍项目收尾、验收和项目后评价等内容。

11.1　制订项目计划

项目计划是项目整体管理的核心问题，也是项目整体管理的集成性基础。项目计划的综合性、整体性或集成性体现在：项目管理中不同知识域的活动相互关联和集成；项目工作和组织的日常工作相互关联和集成；项目管理活动和项目具体活动相互关联和集成。

11.1.1　项目计划

项目计划是指导项目实施和控制的纲领性文件，是高层管理者批准的项目正式文档。它给出项目目标、项目理由和达到目标的要素，以方便项目利益相关者之间的沟通。项目计划的内容包括项目概述和项目章程、财务说明和现金流预测、技术规范、工作说明和范围说明、工作分解结构、综合进度计划和里程碑、预算和成本控制系统、执行情况、绩效考核基准、活动计划、资源预测、组织计划、人事安排和责任矩阵、报告和审查程序、变更控制系统、未确定的问题和有待做出的决策、风险评审等。因此，项目计划的制订是根据项目目标，在项目确定范围内，依据确定的需求和质量标准，并在项目成本预算许可的范围内，制订出的一个全面的管理计划，而不仅仅是一个周密的项目活动安排。

1. 项目计划的作用

项目计划可以起到如下作用。

- 确定项目的工作规范、遵循的标准，成为项目实施的依据和指南；
- 明确项目组各成员及其工作责任范围，以及相应的职权；
- 使项目组成员明确自己的工作目标、工作方法、工作途径、工作期限要求；
- 保证项目进行过程中项目组成员和项目干系人之间的交流、沟通与协作，使得项目各项工作协调一致，增加客户满意度；
- 为项目的跟踪控制提供基础；
- 项目计划在项目中起到承上启下的作用，计划批准后应当作为项目的工作指南。

2. 项目计划制订的原则

- 目的性。任何项目计划的制定应当围绕项目目标的实现来展开。制订项目计划的第一步就是分析目标，进而找出为了完成目标所要完成的所有任务。

- 系统相关性。项目计划由一系列子计划组成，如范围计划、人力资源计划、进度计划、资源计划、质量管理计划、风险管理计划等。各个子计划不是孤立存在的，彼此之间相对独立又紧密相关，应当形成一个有机的整体。构成项目计划的任何子计划的变化都会影响到其他子计划的制订和执行，进而影响到项目计划的正常实施。

- 经济性。项目不仅要有较高的效率，而且要有较高的效益，因此，计划过程是对多种选择权衡、优化的过程。

- 动态性。由于项目环境一般处在变化之中，特别是软件开发需求的多变性，经常使计划的实施偏离项目的基准计划，因此项目计划要随着环境和条件的变化不断调整和修改，以保证项目目标的完成。要防止项目计划多变，就要改进计划的编制工作，提高计划的质量。这首先要求项目经理和项目计划制订人员较好地掌握项目的环境条件，对各种条件进行深入的调查和落实并做出有根据的预测，据以制订实施方案，适当留出余地，以使编制的项目计划切实而可行。其次，就是要使这种计划能够得到贯彻执行。再好的计划，如果不能认真执行，也不过是毫无意义的一纸空文。根据各方面的经验，实行各种不同形式的责、权、利机制是保证计划实现的关键。

3. 项目计划编制的依据

① 其他计划编制的输出。所有其他知识域计划编制过程的输出都可作为项目计划编制的输入。其他计划编制的输出包括基本的文档（例如，工作分解结构）及其相关依据等。

② 历史信息。可获得的历史信息（例如，估算数据库、过去项目绩效的记录等）应当可以在其他项目计划编制的过程中作为参考。在项目计划编制阶段，同样应当可获得这些信息，以用来证实计划假定、评估本过程的各种选择方案。

③ 组织政策。任何项目有关的组织都有正式的或非正式的政策，对这些政策的影响应予以考虑。一般包括：质量管理政策（例如，过程审计、不断改进等）、人事管理政策（例如，招聘指导方针、雇员表现评审等）和财务控制政策等。

④ 约束条件。它是指影响项目绩效的那些限制因素。例如，预先规定的项目预算很可能限制项目团队对范围、人员和进度方案的选择。当一个项目以合同形式执行时，合同条款便构成约束条件。

⑤ 假定。就计划的编制而言，假定被认为是真实、现实或确定的因素。假定影响项目计划的各个方面是逐步细化的一部分。项目团队经常确定、归档和验证所用假定，并将其作为他们计划编制的一部分。例如，如果一个技术顾问参加项目的日期不确定，那么项目团队可能要假定一个具体的开始时间。假定通常包含一定程度的风险。

11.1.2 项目计划制订的工具和技术

项目计划编制的方法是用来在项目制定过程中指导项目团队工作的任何结构化方法。它有可能如标准的表格或模板一样简单；也可能如一系列必要的模拟一样复杂。大多数项目计划编制方法采用"硬"工具（项目管理软件）和"软"工具（如项目动员会）相结合的办法。

- 项目当事人的技能和知识。每一个项目当事人都具有可能对项目计划制订有用的知识和技能。项目团队应当创造一个有力的环境，使得项目当事人能恰当地贡献自己的力量。项目当事人中由谁贡献、贡献什么和何时贡献依情形的变化而不同。例如，对一个固定总价合同项目，在假定总价的投标建议准备阶段，专业的预算师会在项目的利益目标方面发挥主要作用。但对人员事先已定的项目，通过审查工期和工作估算的合理性，每个人都可能对成本和进度目标作出巨大贡献。

- 项目管理信息系统。项目管理信息系统包括用于收集、综合和分发项目管理过程输出的工具和技术。它常用来支持项目从启动到收尾的各个方面，并且通常分为人工系统和自动系统。

11.1.3 项目计划制订的输出

① 项目计划。项目计划是一个文件或文件集，随着有关项目信息的获得而不断变化。尽管组织用于表示项目计划的方法可能各不相同，但项目计划通常包括以下内容。

- 项目章程。
- 范围说明。包括项目可交付成果和项目目标。
- 执行控制层面上的工作分解结构，作为一个基准范围文件。
- 在执行控制层面上的工作分解结构之中，每个可交付成果的成本估算、计划的开始和结束时间及职责分配。
- 技术范围进度和成本绩效测量基准计划，即进度基准计划、成本基准计划（随时间的项目预算）。
- 主要的里程碑和每个主要里程碑的实现日期。
- 关键的或所需的人员及其预期的成本或工作量。
- 风险管理计划，包括主要风险及针对各个主要风险所计划的应对措施和应急费用。
- 辅助管理计划。包括范围管理计划、进度管理计划、成本管理计划、质量管理计划、人员管理计划、沟通管理计划、风险应对计划及采购管理计划。

基于各个项目的具体要求，在正式的项目计划中还包括其他项目计划编制的输出。例如，项目的组织机构图等。

② 详细依据。

- 不包含在项目计划中的来自其他计划编制的输出。
- 在项目计划制订过程中产生的辅助信息文档，例如，先前不了解的约束条件和假定。
- 技术文档，如所有要求、规范和概念设计等历史记录。
- 有关标准。
- 在项目开发计划编制中的规范等。

这些材料应被恰当地进行组织，以便于它们在项目计划执行期间被使用。

11.2 项目计划执行

项目计划执行是执行项目计划的主要过程，这个阶段产生的产品通常要花费大部分的资源，因为项目产品是在这个过程中产生的。在这个过程中，项目经理和项目管理团队需要协调、管理存在于项目中的各种技术和组织间的接口，这是项目的应用领域最有影响的项目过程。

11.2.1 项目计划执行的输入

对项目执行进行有效管理的主要输入包括以下几方面。

- 项目计划。包括具体项目的管理计划（例如，范围管理计划、风险管理计划和进度计划等）和绩效测量基准。项目绩效测量基准代表了一种管理控制，这种管理控制通常只会周期性地变化，而且通常要对通过的范围变化作出相应的反应。
- 辅助说明。包括在项目计划开发期间产生的附加信息和文件，技术性文件，要求、特征和设计等方面的文件，有关标准文件等。
- 组织管理政策。包括质量管理（通过审计，继续改进目标）；人事管理（招聘和解聘标准、雇员执行任务的情况分析）；财务监控（时间报告、要求的经费和支出情况分析、会计账目和标准合同条款）等。所有组织管理政策都在项目中有正式的和非正式的两种，它们会影响项目计划的实施。

- 预防措施。预防措施是指降低项目风险事件可能后果的概率的任何措施。
- 纠正措施。纠正措施所做的是把未来项目的执行，按照人们的预期纳入与项目计划要求相一致的轨道进行运转。纠正措施是各种控制程序的一个输出——在这里作为一种输入完成反馈环，这个反馈环是为确保项目管理的有效性。

11.2.2 项目计划执行的工具和技术

项目的进度、范围、成本、质量等都是管理项目执行绩效的重要方面，项目经理必须连续监控相对于项目基准计划的绩效，以便将实际绩效和项目计划进行对照，并以此为基础采取相应的纠正措施。同时项目经理应该通过专业的、科学的方式检查项目工作的进展，在项目实施时常用的工具与方法有以下几种。

- 普通管理技能。普通管理技能包括领导艺术、信息交流和协商组织等，都会对项目计划的执行产生实质性的影响。例如，为项目团队营造积极的、高效的工作环境，可为项目成功奠定基础。
- 产品所需的技能和知识。项目团队必须适当地增加一系列有关项目开发的技能与知识的学习。这些必要的技能被作为项目计划（尤其是资源计划）的一部分得以确认，并通过人员的组织过程来获取和体现。
- 工作分配体系。工作分配体系是为确保批准的项目工作能按时、按序地完成而建立的正式程序。基本的方式通常是以书面委托的形式开始进行工作活动或启动工作包。一个工作分配体系的设计，应该权衡实施控制收入与成本之间的关系。例如，在一些比较小的项目上，口头分配、授权更为适合。
- 绩效检查例会。绩效检查例会是把握有关项目信息的常规会议。会议应定期按计划进行，以交流项目的信息。对大多数项目而言，绩效检查例会有不同的频率和层次。例如，项目管理队伍内部会议可能每周一次，而与客户的会议可能每月一次。
- 项目管理信息系统。项目管理信息系统是由用于归纳、综合和传播其他项目管理程序输出的工具和技术组成。它用于提供从项目开始到项目最终完成，包括人工系统和自动系统的所有信息。
- 组织管理程序。项目的所有组织管理程序包括运用在项目实施过程中的正式的和非正式的程序。

11.2.3 项目计划执行的输出

- 工作成果。工作成果是为完成项目工作而进行的具体活动结果。工作成果资料——工作细目的划分，工作已经完成或没有完成，满足质量标准的程度怎样，已经发生的成本或将要发生的成本是什么等——这些资料都被收集起来，作为项目计划实施的一部分，并被编入执行报告的程序中。
- 变更要求。例如，扩大或修改项目合同范围，修改成本或进行估算等。通常是在项目工作执行时得到确认。

11.3 整体变更控制

整体变更控制所关心的是对引起变更的各种因素施加影响，以保证这些变更是征得同意的；

确定变更是否已经发生；当变更发生时，对实际变更进行管理。对项目进行整体变更控制的要求是：维护绩效测量基准计划的完整性；确保产品范围的变更反映在项目范围定义中；在各个知识域中协调变更。

11.3.1 整体变更控制的输入

- 项目计划。项目计划提供了一个控制变更的基准计划。
- 绩效报告。绩效报告提供项目绩效的信息，它还可提醒项目团队注意未来可能发生问题的事项。
- 变更申请。变更申请可以有多种形式：口头或书面的、直接或间接的、外部或内部的、强制或选择的。

11.3.2 整体变更控制的工具和技术

① 变更控制系统。变更控制系统是一系列正式的、文档化的程序，这些程序定义了如何对项目绩效进行监控和评估。变更控制系统包括正式的项目文档变更的步骤，还包括文档工作、跟踪系统和用于授权变更的批准层次。

在许多情况下，企业都拥有变更控制系统，并且可供项目管理队伍采纳使用。如果没有一个现成的、适当的变更控制系统可供项目使用，项目管理队伍就需要建立一个变更控制系统，将其作为项目的一部分。许多变更控制系统包含一个控制小组，负责制定标准或否决项目变更请求。这类小组的作用和职责在变更控制系统中有明确的界定，并经过所有关键项目当事人的一致同意。这种控制小组的定义随组织的不同各有不同，但通常的叫法有变更控制委员会（CCB）、工程审查委员会（ERB）、技术审查委员会（TRB）、技术评估委员会（TAB）等。变更控制系统还必须包括某些程序，用来处理无须预先审查就可以批准的变更。例如，由于某些紧急原因，对于某些确定类别的变更，变更控制系统会允许对这些变更"自动"确认。对于这些变更也必须进行文档整理并归档，以便能够对基准计划的发展过程归档。

② 配制管理。配制管理是任何已经归档的程序，这些程序用于对以下方面进行技术的和行政的指挥与监督。

- 识别一个工作子项或系统物理特性和功能特征，并将其形成文档。
- 控制这些特征的任何变更。
- 记录和报告这些变更及其绩效。
- 审计这些工作和系统以证实其与需求相一致。

③ 绩效测量。绩效测量技术是用来评定是否需要纠正与计划的偏差。

④ 补充计划编制。项目很少能够精确地按计划执行，未来的变更可能需要新的或修正的成本估算、重新修改活动顺序、重新对风险应对方案进行分析及其他一些对项目计划的调整。

⑤ 项目管理信息系统。项目管理信息系统包括用于收集、综合和分发项目管理过程输出的工具和技术。它常用来支持项目从启动到收尾的各个方面，并且通常分为人工系统和自动系统。

11.3.3 整体变更控制的输出

- 项目计划更新。项目计划更新是指对项目计划或详细依据内容的任何修改。必须根据需要把项目更新通知项目当事人。
- 纠正措施。纠正措施用于确保项目始终按计划执行。
- 教训。对项目计划产生变更的原因、选择纠正措施的理由及其他教训应当书面记录下来，以便其成为项目或执行组织其他项目的历史数据库的一部分。

11.4 跟踪项目进展情况

项目跟踪和控制是管理项目实施的两个性质不同但却密切相关的活动。项目跟踪是项目控制的前提和条件，项目控制是项目跟踪的目的和服务对象。跟踪工作做得不好，控制工作也难以取得理想的成效；控制工作做得不好，跟踪工作也难以有效率。如果丢弃了跟踪，项目计划也就变得可有可无了。进行项目跟踪就是为了保证项目能够按照预先设定的计划轨道进行，使项目不要偏离预定的发展进程。

11.4.1 跟踪的益处

项目跟踪是必要的，因为它可以证明计划是否可以实施，同时可以证明计划是否可以被完成。因为可以对计划进行检验，所以如果把计划和跟踪作为一个工作循环，那么计划将得到适时的改进，因为跟踪过程中会发现计划的不当之处。详细的计划可以提高跟踪的准确性，提高跟踪的效率和效果。粗糙的计划则会加大跟踪的工作量，并降低跟踪的效果。这是循环所必然导致的结果。计划中很多事情是无法写进去的，例如，人员士气变化、人员的思想变化等，但这些事情很有可能影响项目的进展。跟踪——及时发现问题就变得尤为重要。

项目跟踪实施人应该是项目经理，因为项目经理负责制订项目计划，并且项目经理可以进行工作的协调和调动。跟踪可以给项目所有成员一个工作的参考，跟踪的结果和数据是"最好的教材"。跟踪主要是通过与项目成员的交流来完成，这种交流包括口头的和书面的。进行项目跟踪的益处如下。

- 了解成员的工作情况。一个任务分配下来后，项目经理应该知道工作的进展情况，那么他就必须去与项目成员进行交流，了解这个成员的情况。所以他要得到的信息是"能不能按时并保质保量地完成？如果不能按时完成，需要什么样的帮助呢？"这是项目经理最关心的，需要随时收集。如果这些信息没有被收集上来，那么项目经理就失去了对项目的了解，也就失去了可适时调整的时机，如此，后果就可想而知了。

- 调整工作安排，合理利用资源。如果项目组中有几个或者几十个人的时候，就可能出现完成任务的早晚不同，完成早的不能闲着，完成晚的要拖后腿。也可能发现某人更适合某项工作，某人不适合某项工作。这时就需要项目经理进行工作的调整。那么跟踪的结果和数据就可以帮助项目经理调整工作安排。

- 促进完善计划内容。如果项目成员很多，又需要了解项目情况，这就必然要求项目经理做出详细的计划。这个计划必须要明确任务，明确任务的负责人，明确任务的开始和结束时间，明确交付物的标准。这就要求项目经理必须详细地考虑分工。项目经理的跟踪必然促使项目组成员更加详细、合理地制订自己的工作计划，最终形成一种良好的氛围，那就是计划展现出的层次结构（项目大计划、中计划和个人计划）。

- 促进对项目工作量的估计。在一个好的跟踪工具中应该有对工作量的估计。工作量的估计总是很不准确，这个问题在跟踪中表现为完不成任务/计划，或者工作超前。在这种情况发生后，也必然促使项目管理者去考虑工作量的评估问题，包括整个项目的工作量，各个任务的工作量，还有可能导致修改整个计划的原因。

- 统计并了解项目总体进度。经常会遇到这种情况，项目团队在同一时间进行不同阶段的工作。这时对于工作进度的把握，尤其是总体进度的把握就比较困难。如果项目经理把阶段划分得很清楚，并且阶段工作量很明确，而且项目成员也对自己的工作量进行评估的话，那么项目的总体进度可以由工具自动生成（完成的百分比）。

- 有利于人员考核。项目成员的工作能力，例如，"是否按时完成任务，完成工作量的多少，工作内容的难易……"，这些信息都可以在跟踪工具中体现出来，使项目考核有理有据，令人信服。

11.4.2 项目的跟踪

项目跟踪主要针对计划，是为了及时了解项目中的问题，并及时解决，不使问题淤积而酿成严重后果。具体做法如下。

1. 明确跟踪采集对象

对项目进行跟踪首先要明确跟踪采集对象。采集对象主要是对项目有重要影响的内部和外部因素。内部因素是指项目基本可以控制的因素，例如，变更、范围、进度、成本、资源、风险等。外部因素是指项目无法控制的因素，例如，法律法规、市场价格等。一般要根据项目的具体情况选择采集对象。如果项目比较小，可以集中在进度、成本、资源、产品质量等内部因素。只有项目比较大的时候才考虑外部因素。跟踪采集的具体对象应与项目的度量指标、考核标准等联系起来。

下面是一些跟踪采集内容的实例。

- 依据项目计划的要求确定跟踪频率和记录数据的方式。
- 按照跟踪频率记录实际任务完成的情况。
- 按照跟踪频率记录完成任务所花费的人力和工时。
- 根据实际任务进度和实际人力投入来计算实际人力成本和实际任务规模。
- 记录除人力成本以外的其他成本消耗。
- 记录项目进行过程中风险发生的情况及处理对策。
- 按期按任务性质统计项目任务的时间分配情况。
- 收集其他要求的采集信息及必要的度量信息等。

2. 项目跟踪过程

项目跟踪是在项目实施的全过程对项目进展的有关情况及影响项目实施的相关因素进行及时的、系统的、准确的信息采集，同时记录和报告项目进展信息的一系列活动和过程。目的是为项目管理者提供项目计划执行情况的相关信息。为了保证项目跟踪的效率和准确性，最好建立一个项目跟踪系统平台，即项目组的信息库。

跟踪过程主要是在项目生存期内根据项目计划中规定的跟踪频率，按照规定的步骤对项目管理、技术开发和质量保证活动进行跟踪，以监控项目实际情况，记录反映当前项目状态的数据（例如，进度、资源、成本、性能和质量等），用于对项目计划的执行情况进行比较分析，属于项目度量实施过程。

无论采用何种采集方法，都需要为采集项目信息创建一个详细的进度表。对项目信息进行周期性的更新，否则项目信息将变得陈旧，项目经理将失去防止超时和团队成员拖沓的调整的机会。

为了跟踪项目需要建立正式的汇报机制，并确定工作汇报的形式，让团队定期汇报所分配的任务的完成情况。一般，应基于所分配任务的天数与星期。例如，定期召开项目例会、提交项目内部报告等。

3. 常用的采集工具

在项目中，有太多的工作需要去完成，而项目经理不可能去采集每一项需要采集的数据，利用以下工具可以帮助管理者高效、全面地采集多种项目跟踪数据。

- 定期项目内部报告。定期项目内部报告是在项目团队中传递项目执行情况的比较正式的方式。通常项目状况需要每周由任务负责人向项目经理进行汇报。但是对进度有严格要求的项目往往需要日报。报告的形式应该简单明了，易于填写和阅读。报告要反映真实的情况和必要的信息，尽量减少无用的信息和填报人的文字工作量。例如，表 11 – 1 与表 11 – 2 是项目日报和周工作总结的示例。

表 11 – 1　项目执行情况日报

项目名称：　　　　　　　　　　　　　　　　　　　文件编号：	
项目编号：	项目经理：
填报人：	填报日期：
一、当日计划完成工作：	
二、当日实际完成工作：	
三、未完成工作原因分析及需要采取的行动：	
四、次日计划完成工作：	
五、其他问题：	

表 11 – 2　本周工作总结

项目名称：　　　　　　　　　　　　　　　　　　　　文件编号：

一、子项目 1 完成情况

序号	本周计划工作 WBS 编号	责任人	完成情况	未完成原因	纠正措施
1					
2					
3					
4					

二、主要项目风险和问题分析

三、来自客户的意见

四、下周计划

五、其他事项

● 项目例会。项目例会一般是开放式会议。如果某些团队成员需要汇报项目情况、提出自己的见解或者项目经理需要了解项目进展，都可以采取这种形式。项目例会通常有规定的会议地点和会议时间，例如，每周星期五下午。项目例会一般由项目经理召集，参与的人员包括开发人员、质量保证人员、项目技术负责人或企业管理者等。如果需要就某一专题进行讨论的话，则可以邀请和专题有关的人员参加会议。项目例会的主要内容是检查项目进展、识别偏差和问题、讨论解决方法、让客户了解项目情况。为了保证项目例会的效率，项目经理在例会前应该做好充分的准备。在会议过程中，项目经理应充分应用一些有效的思维管理方法，例如，头脑风暴法、德尔菲法等，确定会议基调，引导议题的讨论，确保会议达到预期的目标。另外，在会议进行之中，还要做好会议记录，并在会后要及时发送会议纪要。

● E-mail。一个简单的办法是让开发团队的成员通过 E-mail 的方式汇报他们在分配的任务中花费的时间和完成的情况。项目经理还可以通过这种方式与项目团队中的所有成员进行有关项目内容的沟通。这种方式虽然不是那么自动化，但是至少它便于收集、获取开发成员的工作进展信息。

● 电子表格。这是一种具有收集、计算、汇总功能的方法。每个成员可以通过电子表格的形式汇报他们工作的完成情况。项目经理可以创建一个统一的表格,包括任务列表、分配的时间、实际完成时间、项目完成情况的评价等栏目。一旦将电子表格采集上来后,就可以直接进行计算和汇总统计,迅速得出整个项目的基本情况。

- 项目管理软件。利用项目管理软件,项目经理可以将项目计划安排、WBS、项目进度安排、资源分配、项目跟踪等许多项目相关信息发布给每个开发成员,使他们在明确自己任务的同时,还了解项目的整个情况,能够配合项目的整体要求安排自己的工作,并通过统一的形式将项目完成信息反馈给项目管理者。项目经理也能够利用软件系统了解项目的状况,计算出项目完成数据、超时、附加资源等,并采取适当的措施进行监控。有些项目管理软件还支持开发团队的协同工作,自动提交任务报告和团队成员的任务更新请求等。

11.5　项目收尾与验收

项目收尾工作是项目全过程的最后阶段,无论是成功、失败或被迫终止的项目,收尾工作都是必要的。如果没有这个阶段,一个项目就很难算全部完成。对于 IT 项目,收尾阶段包括验收、正式移交运行、项目评价等工作。在这一阶段仍然需要进行有效的管理,适时作出正确的决策,总结分析项目的经验教训,为今后的项目管理提供有益的经验。

11.5.1　项目收尾概述

当一个项目的目标已经实现,或者明确看到该项目的目标已经不可能实现时,项目就应该终止,使项目进入收尾阶段。项目的收尾阶段是项目生命周期的最后阶段,它的目的是确认项目实施的结果是否达到了预期的要求,以通过项目的移交或清算,并且再通过项目的后评估进一步分析项目可能带来的实际效益。在这一阶段,项目的利益相关者之间可能发生较大的冲突,因此项目收尾阶段的工作对于项目各个参与方都是十分重要的,对项目的顺利、完整实施更是意义重大。

1. 项目结束

项目结束就是项目的实质性工作已经停止,项目不再有任何进展的可能性,项目结果正在交付用户使用或者已经停滞,项目资源已经转移到了其他的项目中,项目团队正在解散的过程。项目结束有两种情况:一是项目任务已顺利完成、项目目标已成功实现,项目正常进入生命周期的最后一个阶段——结束阶段,这种状况下的项目结束为项目正常结束,简称项目终结;二是项目任务无法完成、项目目标无法实现而提前终止项目实施的情况,这种状况下的项目结束为"项目非正常结束",简称项目终止。

(1) 项目成功与失败的标准

评定项目成功与失败的标准主要有 3 个:是否有可交付的合格成果;是否实现了项目目标;是否达到项目客户的期望。如果项目产生了可交付的成果,而且符合实现预定的目标,满足技术性能的规范要求,满足某种使用目的,达到预期的需要和期望,相关领导、客户、项目干系人比较满意,这就是很成功的项目。即使有一定的偏差,但只要多方努力,能够得到大多数人的认可,项目也是成功的。但是对于失败的界定就比较复杂,不能简单地说项目没有实现目标就是失败的,也可能目标不实际,即使达到了目标,但客户的期望没有解决,这也是不成功的项目。项目的失败对企业会造成巨大的影响,研究项目失败的原因,以便达到预期的目的是很重要的。

(2) 项目终结

项目终结工作和项目刚开始时接受的任务相比,其中有一些相当烦琐、枯燥、乏味,无论是项目成员还是客户、无论是项目内部还是项目外部都面临着很多的问题。项目管理专家 Spirer 概括了项目收尾时存在的感情和理性两方面的问题。

① 感情方面中有团队成员和客户两类因素。

- 项目成员包括：害怕将来的工作、对尚未完成的任务丧失兴趣、项目的移交失去激励作用、丧失组织同一感、转移努力方向等。
- 客户包括：丧失对项目的兴趣、处理项目问题的人员发生变动、关键人员找不到等。

② 理性方面中包括内部和外部因素。

- 内部有：剩余产出物的鉴定、对履行承诺的鉴定、对项目变化的控制、筛除没有必要的未完成任务、完成工作命令和一揽子工作、鉴定分配给项目的有形设施、鉴定项目人员、搜集和整理项目的历史数据、处理项目物资等。
- 外部有：与客户就剩余产出物取得一致意见、获取需要的证明文件、与供应商就突出的承诺达成一致、就项目的收尾事宜进行交流、判断客户或组织对留下审计痕迹的数据的外部要求等。

为了克服可能在项目收尾阶段出现的令人失去兴趣的问题，Spirer 提议应该将"项目的结束"视作一个单独项目。这虽然只是一种心理技巧，但是尽力营造与项目开工时同样的热情也许是必要的。一旦将收尾阶段作为一个项目，则有很多方法都可能激发员工的士气，例如：

- 为收尾阶段的开始召开的动员大会，明确项目的收尾本身也是一种项目（甚至另取一个项目名称）。
- 为项目成员提供一个新项目组身份，明确其新的工作目标——恰当地结束项目工作。
- 经常召开非正式的组员大会。
- 和组员保持个别的、亲密的接触。
- 计划再分工战略——把最好的人员留到最后。
- 为良好的收尾设计目标——为无故障的保养和维护准备文件和备用物。

(3) 项目终止

当出现下列条件之一时可以终止项目。

- 项目计划中确定的可交付成果已经出现，项目的目标已经成功实现。
- 项目已经不具备实用价值。
- 由于各种原因导致项目无限期拖长。
- 项目出现了环境的变化，对项目的未来形成负面影响。
- 项目所有者的战略发生了变化，项目与项目所有者组织不再有战略的一致性。
- 项目已没有原来的优势，难以同其他更领先的项目竞争，难以生存。

2. 项目收尾过程

项目收尾时，项目团队要把已经完成的产品或服务移交给用户或者有关部门。接受方要对已经完成的工作成果重新进行审查，查核项目计划规定范围内的各项工作或活动是否已经完成，应交付的成果是否令人满意等。

项目或项目阶段的"收尾过程"是终结一个项目或项目阶段的项目管理的具体过程。它也是一个项目阶段中所必需的一项管理工作。但是在许多项目的管理中，人们往往最为忽视的就是这一具体过程，并且因而为项目后续阶段留下了许许多多的问题和麻烦。因为如果没有"收尾过程"给出的有效输出就盲目地开始项目下一阶段的工作，多数情况是会给项目下一个阶段的工作带来许多隐患。在项目管理过程组中，"收尾过程"的主要工作如下。

- 范围确认。在接收项目前，重新审核工作成果，检验项目的各项工作范围是否完成，或者完成到何种程度，最后双方确认签字。
- 质量验收。质量验收是控制项目最终质量的重要手段，依据质量计划和相关的质量标准进行验收,不合格不予接收。

- 费用决算。费用决算是指对项目开始到项目结束全过程所支付的全部费用进行核算,编制项目决算表的过程。
- 合同终结。整理并存档各种合同文件。这是完成和终结一个项目或项目阶段各种合同的工作,包括项目的各种商品采购和劳务承包合同。这项管理活动中还包括有关项目或项目阶段的遗留问题解决方案和决策的工作。
- 文档验收。检查项目过程中的所有文件是否齐全,然后进行归档。
- 项目后评价。它是指对项目进行全面的评价和审核,主要包括确定是否实现项目目标,是否遵循项目进度计划,是否在预算内完成项目,项目过程中出现的突发问题及解决措施是否合适等。

在项目收尾阶段,项目验收、项目移交、项目后评价等工作十分关键,下面将详细介绍这些内容。

11.5.2 项目验收

项目验收是检查项目是否符合设计的各项要求的重要环节,也是保证产品质量的最后关口。在正式移交之前,客户一般都要对已经完成的工作成果和项目活动进行重新审核,也就是项目验收。项目验收按项目的生命周期可分为合同期验收、中间验收和竣工验收;按验收的内容可分为项目质量验收和项目文件验收。软件项目的验收包含以下 4 个层次的含义:

- 开发方按合同要求完成了项目工作内容;
- 开发方按合同中有关质量、资料等条款要求进行了自检;
- 项目的进度、质量、工期、费用均满足合同的要求;
- 客户方按合同的有关条款对开发方交付的软件产品和服务进行确认。

1. 项目范围确认

科学、合理地界定验收范围,是保障项目各方的合法权益和明确各方应承担的责任的基础。项目验收范围是指项目验收的对象中所包含的内容和方面,即在项目验收时,对哪些子项进行验收和对项目的哪些方面、哪些内容进行验收。项目范围的确认是指项目结束或项目阶段结束后,在项目团队将其成果交付使用者之前,项目接收方会同项目团队、项目监理等对项目的工作成果进行审查,查核项目计划规定范围内的各项工作或活动是否已经完成,项目成果是否令人满意的项目工作。它要求回顾生产工作和生产成果,以保证所有项目都能准确地、满意地完成。核实的依据包括项目需求规格说明书、工作分解结构表、项目计划及可交付成果等。

项目验收范围的确认应以项目合同、项目成果文档和项目工作成果等为依据。项目合同规定了在项目实施过程中各项工作应遵守的标准、项目要达到的目标、项目成果的形式及对项目成果的要求等。因而,在对项目进行验收时,最基本的标准就是项目合同。国际标准、行业标准和相关的政策法规是比较科学的、被普遍接受的标准。项目验收时,如无特殊的规定,可参照国标、行业标准及相关的政策法规进行验收。国际惯例是针对一些常识性的内容而言的,如无特殊说明,可参照国际惯例进行验收。在进行项目范围确认时,项目团队必须向接受方出示说明项目成果的文档,例如,项目计划、需求规格说明书、技术文件等。

IT 项目范围的确认方法主要是测试。为了核实项目或项目阶段是否按规定完成,需要进行测试,使用已交付的设备、软件产品,仔细检查与核实文档与软、硬件是否匹配等。项目范围确认完成后,参加项目范围确认的项目团队和接受方人员应在事先准备好的文件上签字,表示接受方已正式认可并验收全部或阶段性成果。一般情况下,这种认可和验收可以附有一定的条件。例如,软件开发项目移交和验收时,可以规定以后发现软件有问题时仍然可以找开发人员进行修改。

2. 质量验收

项目质量验收是依据质量计划中的范围划分、指标要求及协议中的质量条款，遵循相关的质量检验评定标准，对项目质量进行质量认可评定和办理验收交接手续的过程。质量验收是控制和确认项目最终质量的重要手段，也是项目验收的一项重要内容。

质量验收的范围主要包括两个方面。一是项目计划（规划）阶段的质量验收，主要检查设计文件的质量，同时项目的全部质量标准及验收依据也是在该阶段完成的。因此，这个阶段的质量验收也是对质量验收评定标准与依据的合理性、完备性和可操作性的检验。二是项目实施阶段的质量验收，主要是对项目质量产生的全过程的监控。实施阶段的质量验收要根据各子阶段和任务的质量验收结果进行汇总统计，最终形成全部项目的质量验收结果。进行项目质量验收时，其标准与依据如下。

- 在项目初始阶段，必须在平衡项目进度、成本与质量三者之间制约关系的基础上，对项目的质量目标与需求做出总体性的、原则性的规定和决策。
- 在项目规划阶段，必须根据初始阶段决策的质量目标进行分解，在相应的设计文件中指出达到质量目标的途径和方法，同时指明项目验收时质量验收评定的范围、标准与依据，质量事故的处理程序和奖惩措施等。
- 在项目实施阶段，质量控制的关键是过程控制，质量保证与控制的过程就是根据项目规划阶段规定的质量验收范围和评定标准、依据，在下一个阶段或者任务开始前，对每一个刚完成的阶段或者任务进行及时的质量检验和记录。
- 在项目收尾阶段，质量验收的过程就是对项目实施过程中产生的每道工序的实体质量结果进行汇总、统计，得出项目最终的、整体的质量结果。

质量验收的结果是产生质量验收评定报告和项目技术资料。项目最终质量报告的质量等级一般分为"合格"、"优良"、"不合格"等多级。对于不合格的项目不予验收。项目的质量检验评定报告经汇总形成的相应的技术资料是项目资料的重要组成部分。

3. 项目资料验收

项目资料是项目验收和质量保证的重要依据之一。项目资料是一笔宝贵的财富，因为它一方面可以为后续项目提供参考，便于以后查阅，为新的项目提供借鉴，同时也为项目的维护和改正提供依据。一个项目的文档资料将不断丰富企业的知识库。项目资料验收是项目产品验收的前提条件，只有项目资料验收合格，才能开始项目产品的验收。

为了保证文档版本、格式的一致性，在项目执行之前就要对文档的输出格式、文档的描述质量、文档的具体内容、文档的可用性进行明文的规定，并且要求所有的项目人员严格按照规定的要求输出、记录、提交文档。项目资料验收的依据主要是合同中有关资料的条款要求，国际、国家有关项目资料档案的标准、政策性规定和要求等。

项目资料验收的主要程序如下：

- 项目资料交验方按合同条款有关资料验收的范围及清单进行自检和预验收；
- 项目资料验收的组织方按合同资料清单或国际、国家标准的要求分项一一进行验收、立卷、归档；
- 对验收不合格或者有缺陷的，应通知相关单位采取措施进行修改或补充；
- 交接双方对项目资料验收报告进行确认和签证。

在项目的不同阶段，验收和移交的文档资料也不同。在项目初始阶段，应当验收和移交的文档有：项目可行性研究报告及其相关附件、项目方案和论证报告、项目评估与决策报告等。但并不是所有的项目都具备这些文档，对于规模较小的项目文档资料只有其中的一部分。项目规划阶段应该验收和移交的文档资料包括：项目计划资料（包括进度、成本、质量、风险、资源等），项目设计技术文档（包括需求规格说明书、系统设计方案）等。项目实施阶段应验收和移交的文档资料包括：项目全部可能的外购或者外包合同、各种变更文件资料、项目质量记录、会议记录、备忘录、各类执行文件、项目进展报告、各种事故处理报告、测试报告等。项目收尾阶段应验收和移交的文档资料包括：质量验收报告、管理总结、项目后评价等。

11.5.3　项目移交与清算

在项目收尾阶段，如果项目达到预期的目标，就是正常的项目验收、移交过程。如果项目没有达到预期的效果，并且由于种种原因已不能达到预期的效果，项目已没有可能或没有必要进行下去而提前终止，这种情况下的项目收尾就是清算，项目清算是非正常的项目终止过程。

1. 项目移交

项目移交是指项目收尾后，将全部的产品和服务交付给客户和用户。特别是对于软件，移交也意味着软件的正式运行，今后软件系统的全部管理和日常维护工作和权限将移交给用户。项目验收是项目移交的前提，移交是项目收尾阶段的最后工作内容。

软件项目移交时，不仅需要移交项目范围内全部软件产品和服务，完整的项目资料档案、项目合格证书等资料，还包括移交对运行的软件系统的使用、管理和维护等。因此，在软件项目移交之前，对用户方系统管理人员和操作人员的培训是必不可少的，必须使得用户能够完全学会操作、使用、管理和维护该软件。

软件项目的移交成果包括以下一些内容：

- 已经配置好的系统环境；
- 软件产品，例如，软件光盘介质等；
- 项目成果规格说明书；
- 系统使用手册；
- 项目的功能、性能技术规范；
- 测试报告等。

这些内容需要在验收之后交付给客户。为了核实项目活动是否按要求完成，完成的结果如何，客户往往需要进行必要的检查、测试、调试、试验等活动，项目小组应为这些验证活动进行相应的指导和协作。

移交阶段具体的工作包括以下内容。

- 对项目交付成果进行测试，可以进行 Alpha 测试、Beta 测试等各种类型的测试。
- 检查各项指标，验证并确认项目交付成果满足客户的要求。
- 对客户进行系统的培训，以满足客户了解和掌握项目结果的需要。
- 安排后续维护和其他服务工作，为客户提供相应的技术支持服务，必要时另行签订系统的维护合同。
- 签字移交。

IT 项目一般都有一个维护阶段，在项目签字移交之后，按照合同的要求，开发方还必须为系统的稳定性、系统的可靠性等负责。在试运行阶段为客户提供全面的技术支持和服务。

2. 项目清算

对不能成功结束的项目，要根据情况尽快终止项目、进行清算。在进行项目清算时，主要的依据与条件如下。

- 项目规划阶段已存在决策失误，例如，可行性研究报告依据的信息不准确，市场预测失误，重要的经济预测有偏差等诸如此类的原因造成项目决策失误。

- 项目规划、设计中出现重大技术方向性错误，造成项目的计划不可能实现。
- 项目的目标与组织目标已不能保持一致。
- 环境的变化改变了对项目产品的需求，项目的成果已不适应现实需要。
- 项目范围超出了组织的财务能力和技术能力。
- 项目实施过程中出现重大质量事故，项目继续运作的经济或社会价值基础已经不复存在。
- 项目虽然顺利进行了验收和移交，但在软件运行过程中发现项目的技术性能指标无法达到项目设计的要求，项目的经济或社会价值无法实现。
- 项目因为资金或人力无法近期到位，并且无法确定可能到位的具体期限，使项目无法进行下去。

项目清算仍然要以合同为依据，项目清算程序如下。

- 组成项目清算小组：主要由投资方召集项目团队、工程监理等相关人员。
- 项目清算小组对项目进行的现状及已完成的部分，依据合同逐条进行检查。对项目已经进行的、并且符合合同要求的，免除相关部门和人员责任；对项目中不符合合同目标的，并有可能造成项目失败的工作，依合同条款进行责任确认，同时就损失估算、索赔方案拟订等事宜进行协商。
- 找出造成项目失败的所有原因，总结经验。
- 明确责任，确定损失，协商索赔方案，形成项目清算报告，合同各方在清算报告上签字，使之生效。
- 协商不成则按合同的约定提起仲裁，或直接向项目所在地的人民法院提起诉讼。

项目清算对于有效地结束不可能成功的项目，保证企业资源得到合理使用，增强社会的法律意识等都起到重要作用，因此，项目各方要树立依据项目实际情况，实事求是地对待项目成果的观念，如果清算，就应及时、客观地进行。

11.6　项目后评价

项目后评价是指对已经完成的项目或规划的目的、执行过程、效益、作用和影响所进行的系统的、客观的分析。对 IT 项目进行后评价，必须采用综合的方法对系统实现其目标的完成程度及使组织受益的程度进行评价。

11.6.1　项目后评价概述

项目后评价是全面提高项目决策和项目管理水平的必要的和有效的手段。项目后评价通常是在项目收尾以后，或项目运作阶段和项目结束之间进行。它的内容包括项目效益后评价和项目管理后评价。项目效益后评价主要是对应于项目前评估而言的，是指项目竣工后对项目投资经济效果的再评价，它以项目建成运行后的实际数据资料为基础，重新计算项目的各项经济数据，得到相关的投资效果指标，然后将它们同项目前评估预测的有关的经济效果值（如净现值 NPV、内部收益率 IRR、投资回收期等）进行纵向对比，评价和分析其偏差情况及其原因，吸收经验教训，从而为提高项目的实际投资效果和制定有关的投资计划服务，为以后相关项目的决策提供借鉴和反馈信息。项目管理后评价是指当项目竣工以后，对前面（特别是实施阶段）的项目管理工作所进行的评价，其目的是通过对项目实施过程的实际情况的分析研究，全面总结项目管理的经验，为未来新项目的决策和提高项目管理水平提出建议，同时也为后评价项目实施运营中出现的问题提供改进意见，从而达到提高投资效益的目的。

1. 项目后评价的特点

由项目后评价的定义及项目后评价所涉及的内容可以看出项目后评价的特点如下。

- 独立性。是指评价不受项目决策者、管理者、执行者和前评估人员的干扰，不同于项目决策者和管理者自己评价自己的情况。它是评价的公正性和客观性的重要保障。没有独立性，或独立性不完全，评价工作就难以做到公正和客观，就难以保证评价及评价者的信誉。为确保评价的独立性，必须从机构设置、人员组成、履行职责等方面综合考虑，使评价机构既保持相对的独立性又便于运作，独立性应自始至终贯穿于评价的全过程，包括从项目的选定、任务的委托、评价者的组成、工作大纲的编制到资料的收集、现场调研、报告编审和信息反馈。只有这样，才能使评价的分析结论不带任何偏见，才能提高评价的可信度，才能发挥评价在项目管理工作中不可替代的作用。

- 现实性。项目后评价是以实际情况为基础，对项目建设、运营现实存在的情况、产生的数据进行评价，所以具有现实性的特点。在这一点上和项目前期的可行性研究不同，可行性研究项目评价是预测性评价，它所用的数据为预测数据。

- 客观性。项目后评价必须保证公正性，这是一条很重要的原则。公正性表示在评价时，应抱有实事求是的态度，在发现问题、分析原因和作出结论时避免出现避重就轻的情况发生，始终保持客观、负责的态度对待评价工作，客观地作出评价。

- 全面性。项目后评价是对项目实践的全面评价，它是对项目立项决策、设计、实施、运营等全过程进行的系统评价，这种评价不光涉及项目生命周期的各阶段而且还涉及项目的方方面面，包括经济效益、社会影响、环境影响、项目综合管理等方面，因此是比较系统、比较全面的技术经济活动。

- 反馈性。项目后评价的结果需要反馈到决策部门，作为新项目立项和评估的基础，以及调整投资计划和政策的依据，这是后评价的最终目标。因此，后评价结论的扩散和反馈机制、手段和方法成为后评价成败的关键因素之一。

在进行项目后评价时利用项目管理信息系统，有利于项目周期各阶段的信息交流和反馈，系统地为后评价提供资料和向决策机构提供后评价的反馈信息。

2. 项目后评价的方法

项目后评价的方法一般采取比较法，即通过项目产生的实际效果与决策时预期的目标比较，从差异中发现问题，总结经验和教训，提高认识。项目后评价方法基本上可以概括为 4 种。

- 影响评价法。项目建成后测定和调研在各阶段所产生的影响和效果，以判断决策目标是否正确。

- 效益评价法。把项目产生的实际效果或项目的产出，与项目的计划成本或项目投入相比较，进行盈利性分析，以判断当初决定投资是否值得。

- 过程评价法。把项目从立项决策、设计、采购直至建设实施各程序的实际进程与原定计划、目标相比较，分析项目效果好坏的原因，找出项目成败的经验和教训，使以后项目的实施计划和目标的制定更加切合实际。

- 系统评价方法。将上面 3 种评价方法有机地结合起来，进行综合评价，才能取得最佳评价结果。

11.6.2 项目后评价的范围和内容

项目后评价是以项目前期所确定的目标和各方面指标与项目实际实践的结果之间的对比为基础。因此，项目后评价的内容大部分与前评估的范围相同。项目后评价的评价范围，依据项目周期的划分，包括项目前期决策与规划、建设实施、运行使用等方面的评价。

1. 项目后评价的基本范围

（1）项目目标的后评价

在项目后评价中，项目目标和目的的评价的主要任务是对照项目可行性研究和评估中关于项目目标的论述，找出变化，分析项目目标的实现程度及成败的原因，同时还应讨论项目目标的确定是否正确合理，是否符合发展的要求。项目目标评价包括项目宏观目标、项目建设目的等内容，通过项目实施过程中对项目目标的跟踪，发现变化，分析原因。通过变化原因及合理性分析，及时总结经验教训，为项目决策、管理、建设实施信息反馈，以便适时调整政策、修改计划，为续建和新建项目提供参考和借鉴。

（2）项目决策阶段的后评价

对项目前期决策阶段的后评价的重点是对项目可行性研究报告、项目评估报告和项目批复批准文件进行评价，即根据项目实际的产出、效果、影响，分析评价项目的决策内容，检查项目的决策程序，分析决策成败的原因，探讨决策的方法和模式，总结经验教训。

项目可行性研究报告后评价的重点是项目的目的和目标是否明确、合理；项目是否进行了多方案比较，是否选择了正确的方案；项目的效果和效益是否可能实现；项目是否可能产生预期的作用和影响。在发现问题的基础上，分析原因，得出评价结论。

对项目评估报告的后评价是项目后评价最重要的任务之一。严格地说，项目评估报告是项目决策的最主要的依据，投资决策者按照评估意见批复的项目可行性研究报告是项目后评价对比评价的根本依据。因此，后评价应根据实际项目产生的结果和效益，对照项目评估报告的主要参数指标进行分析评价。对项目评估报告后评价的重点是项目的目标、效益和风险。

（3）项目实施过程的后评价

项目实施过程的后评价包括项目的合同执行情况分析，工程实施及管理，资金来源及使用情况分析与评价等。项目实施过程的后评价应注意前后两方面的对比，找出问题，一方面要与开工前的工程计划对比；另一方面还应把该阶段的实施情况可能产生的结果和影响与项目决策时所预期的效果进行对比，分析偏离度。在此基础上找出原因，提出对策，总结经验教训。这里应该注意的是，由于对比的时点不同，对比数据的可比性需要统一，这也是项目后评价中各个阶段分析时需要重视的问题之一。

● 合同执行的分析评价。执行合同是项目实施阶段的核心工作，因此合同执行情况的分析是项目实施阶段评价的一项重要内容，这些合同包括系统设计、设备采购、项目实施、工程监理、咨询服务和合同管理等。项目后评价的合同分析一方面要评价合同依据的法律规范和程序等；另一方面要分析合同的履行情况和违约责任及其原因。在项目合同后评价中，对工程监理的后评价是十分重要的评价内容。后评价应根据合同条款内容，对照项目实绩，找出问题或差别，分析差别的利弊，分清责任，得出结论。

● 工程实施及管理评价。项目实施阶段是项目开发从书面的设计与计划转变为实施的全过程，是项目建设的关键，项目团队应根据批准的项目计划组织设计，应按照设计方案、质量、进度和费用的要求，合理组织实施，做到计划、设计、实施3个环节互相衔接，资金、人员、设备按时落实，实施中如需变更设计，应取得项目监理和项目经理等相关组织和人员的同意，并填写设计变更、工程更改，做好原始记录。对项目实施管理的评价主要是对工程的成本、质量和进度的分析评价。工程管理评价是指管理者对工程3项指标的控制能力及结果的分析。这些分析和评价可以从工程监理和业主管理两个方面进行，同时分析领导部门的职责。

● 项目资金使用的分析评价。对项目资金供应与运用情况的分析评价是项目实施管理评价的一项重要内容。一个项目从决策到实施建成的全部活动，既是耗费大量活劳动和物化劳动的过程，也是资金运动的过程。项目实施阶段，资金能否按预算规定使用，对降低项目实施费用关系极大。通过对投资项目评价，可以分析资金的实际来源与项目预测的资金来源的差异和变化。同时要分析项目财务制度和财务管理的情况，分析资金支付的规定和程序是否合理并有利于费用的控制，分析建设过程中资金的使用是否合理，是否注意了节约、做到了精打细算、加速资金周转、提高资金的使用效率。

（4）项目影响评价和项目持续性后评价

对项目影响和项目持续性的后评价应根据项目运营的实际，对照项目决策所确定的目标、效益和风险等有关指标，分析竣工阶段的工作成果，找出差别和变化及其原因。项目竣工后评价包括项目完工评价和系统运营准备等。

2. 项目后评价的基本内容

（1）项目的技术经济后评价

在投资决策前的技术经济评估阶段所作出的技术方案、实施流程、设备选型、财务分析、经济评价、环境保护措施、社会影响分析等，都是根据当时的条件和对以后可能发生的情况进行的预测和计算的结果。随着时间的推移，科技的进步，市场条件、项目建设外部环境、竞争对手都在变化。为了做到知己知彼，使企业立于不败之地，就有必要对原先所作的技术选择、财务分析、经济评价的结论重新进行审视。

● 项目技术后评价。技术水平后评价主要是对设计方案、采用的技术的可靠性、适用性、配套性、先进性、经济合理性的再分析。在决策阶段认为可行的技术和方案，在使用中有可能与预想的结果有差别，许多不足之处逐渐暴露出来，在评价中就需要针对实践中存在的问题、产生的原因认真总结经验，在以后的设计或项目中选用更好、更适用、更经济的方案，或对原有的技术方案进行适当的调整，发挥其潜在的效益。

● 项目财务后评价。项目的财务后评价与前评估中的经济分析在内容上基本是相同的，都要进行项目的盈利性分析、清偿能力分析等。但在评价中不能简单地使用实际数据，应将实际数据中包含的物价指数扣除，并使之与前评估中的各项评价指标在评价时点和计算效益的范围上都可比。在盈利性分析中要通过全投资和自有资金现金流量表，计算全投资税前内部收益率、净现值，自有资金税后内部收益率等指标，通过编制损益表，计算资金利润率、资金利税率、资本金利润率等指标，以反映项目和投资者的获利能力。清偿能力分析主要通过编制资产负债表、借款还本付息计算表，计算资产负债率、流动比率、速动比率、偿债准备率等指标，反映项目的清偿能力。

（2）项目的社会效益评价

社会效益评价是在总结了已有经验，借鉴、吸收了国外社会效益分析、社会影响评价与社会分析方法的经验的基础上设计的。它包括社会效益与影响评价、项目与社会两相适应的分析。既分析项目对企业的贡献与影响，又分析项目对社会政策贯彻的效用，研究项目与社会的相互适应性，揭示防止社会风险，从项目的社会可行性方面为项目决策提供科学分析依据。

社会效益与影响是以各项社会政策为基础、针对国家与企业各项发展目标而进行的分析评价。一般可包括如下内容。

● 项目的文化与技术的可接受性。分析项目是否适应企业的需求，企业在文化与技术上能否接受此项目，有无更好的成本低、效益高、更易为企业接受的方案等。

● 组织员工的工作效率和质量是否得到提高；系统是否成为组织核心竞争力的重要组成部分，是组织实现战略目标、获得竞争优势的工具。

● 项目的参与水平。分析企业各类人员对项目的态度、要求，可能的参与水平，提出参与规划。

● 新建系统是否能使管理创新，形成信息时代的经营管理思路；新建系统是否使组织体系发生根本性改观。

● 项目的持续性。主要是通过分析研究项目与社会的各种适应性，存在的社会风险等问题，研究项目能否持续实施，并持续发挥效益的问题。对影响项目持续性的各种因素，研究采取措施解决，以保证项目生存的持续性。

11.6.3 项目后评价的实施

1. 项目后评价的工作程序

● 接受后评价任务，签订工作合同或评价协议。项目后评价单位接受和承揽到后评价任务后，首要任务就是与业主或上级签订评价合同或相关协议，以明确各自在后评价工作中的权利和义务。

● 成立后评价小组，制订评价计划。项目后评价合同或协议签订后，后评价单位就应及时任命项目负责人，成立后评价小组，制订后评价计划。项目负责人必须保证评价工作客观、公正，因而不能由业主单位的人兼任；后评价小组的成员必须具有一定的后评价工作经验；后评价计划必须说明评价对象、评价内容、评价方法、评价时间、工作进度、质量要求、经费预算、专家名单、报告格式等。

● 设计调查方案，聘请有关专家。调查是评价的基础，调查方案是整个调查工作的行动纲领，它对于保证调查工作的顺利进行具有重要的指导作用。一个设计良好的调查方案不但要有调查内容、调查计划、调查方式、调查对象、调查经费等内容，还应包括科学的调查指标体系，因为只有用科学的指标才能说明所评项目的目标、目的、效益和影响。

● 阅读文件，收集资料。对于一个在建或已建项目来说，业主单位在评价合同或协议签订后，都要围绕被评项目给评价单位提供材料。这些材料一般称为项目文件。评价小组应组织专家认真阅读项目文件，从中收集与未来评价有关的资料。如项目的建设资料、运营资料、效益资料、影响资料，以及国家和行业有关的规定和政策等。

● 开展调查，了解情况。在收集项目资料的基础上，为了核实情况、进一步收集评价信息，必须去现场进行调查。一般地说，去现场调查需要了解项目的真实情况，不但要了解项目的宏观情况，而且要了解项目的微观情况。宏观情况是项目在整个国民经济发展中的地位和作用，微观情况是项目自身的建设情况、运营情况、效益情况、可持续发展及对周围地区经济发展的作用和影响等。

● 分析资料、形成报告。在阅读文件和现场调查的基础上，要对已经获得的大量信息进行消化吸收，形成概念，写出报告。需要形成的概念有：项目的总体效果如何？是否按预定计划建设或建成？是否实现了预定目标？投入与产出是否成正函数关系？项目的影响和作用如何？项目的可持续性如何？项目的经验和教训如何？等等。对被评项目的认识形成概念之后，便可着手编写项目后评价报告。项目后评价报告是调查研究工作最终成果的体现，是项目实施过程阶段性或全过程的经验教训的汇总，同时又是反馈评价信息的主要文件形式。

● 提交后评价报告、反馈信息。后评价报告草稿完成后，送项目评价执行机构高层领导审查，并向委托单位简要通报报告的主要内容，必要时可召开小型会议研讨有关分歧意见。项目后评价报告的草稿经审查、研讨和修改后定稿。正式提交的报告应有《项目后评价报告》和《项目后评价摘要报告》两种形式，根据不同对象上报或分发这些报告。

2. 项目后评价报告的编写

对后评价报告的编写要求如下。

● 后评价报告的编写要真实反映情况，客观分析问题，认真总结经验。为了让更多的单位和个人受益，评价报告的文字要求准确、清晰、简练，少用或不用过分专业化的词汇。评价结论要与未来的规划和政策的制定联系起来。为了提高信息反馈速度和反馈效果，让项目的经验教训在更大的范围内起作用，在编写后评价报告的同时，还必须编写并分送后评价报告摘要。

● 后评价报告是反馈经验教训的主要文件形式，为了满足信息反馈的需要，便于计算机输入，后评价报告的编写需要有相对固定的内容格式。被评价的项目类型不同，后评价报告所要求书写的内容和格式也不完全一致。

案例研究

针对问题：项目收尾工作对项目有什么意义？在项目收尾阶段应注意哪些问题？在什么情况下应该及时终止一个失败的项目？

案例 A　不可轻视的项目交接验收

A 公司建设了一个办公自动化系统，由于当时 A 公司自身并不具备直接管理和维护该系统的经验和能力，便聘用作为专业机构的 F 公司负责系统的维护管理工作。由于 F 公司是以低价中标，因而财务压力很大，在实际管理运作中经常不按规程操作，对管理成本进行非正常压缩，造成系统不能正常发挥作用，办公效率和质量受到影响。随即 A 公司决定提前一年终止委托合同，自己组建信息中心接管该系统。项目交接时双方分别就项目现状进行了逐项检查和记录，在检查到统计报表模块时，因为数据不全，条件不具备，在粗略看过演示后，接收人员便在"一切正常"的字样下签了名。在接下来的系统运行中，发现该模块的功能根本不能适应办公人员的需要，无法根据业务需要生成统计报表，需要重新开发。F 公司要求 A 公司支付双方约定的提前终止委托管理的补偿费用，而 A 公司则认为 F 公司在受委托期间未能正常履行其管理职责，造成系统不能满足使用需求，补偿费用要扣除相当一部分。这时 F 公司的律师出场了，手里拿着有 A 公司工作人员"一切正常"签字的交接验收记录的复印件向 A 公司提出了法律交涉。

参考讨论题：

1. A 公司的做法是否正确？请说明理由。
2. 项目移交与验收的工作对整个项目管理的作用是什么？
3. 如果你是该项目的项目经理，你认为项目的验收和收尾阶段的工作应具体包括哪些？

案例 B　项目管理中的放弃艺术

某公司的总经理近来正在学习项目管理的课程，通过学习他知道了"如何确保项目成功的策略和方法"，但他来学习的真正目的是想知道：什么时候，由谁来决定放弃一个不成功的项目才不至于损失更大？

经过了解，该公司正在开发一套 CRM 管理软件，该项目已经持续快两年了，最初是因为一家电器零售行业客户的需求驱动的，后来又争取到国家创新基金的支持，公司就决定以电器零售业为原型投入研发力量做 CRM 产品。原计划用 9 个月时间发布的产品，结果一年多才将第一版交给原型客户试用。试用期间产品不稳定，客户埋怨很大，难以交付。研发经理每次给总经理汇报时都说解决了某一问题就可以了，研发部就加班加点搞攻坚战解决问题，结果这个问题终于解决了，却遗憾地发现新的问题又出现了，产品还是不稳定，客户的抱怨依旧。如此反复，项目陷入怪圈。不仅如此，公司市场部门很早就为该软件做了强大的市场宣传，当时的 CRM 概念在国内刚刚兴起，赶时髦的企业不少，销售部在产品还不能演示的情况下就卖了好几套（据老板讲他们也是迫不得已卖的，不然公司没有资金再支撑研发了）。于是，几个客户同时实施，研发部全体成员穿梭于几个项目之间来回救火，根本顾不上产品的继续升级，公司陷入骑虎难下的尴尬局面。当总经理想到要停止该项目的时候，财务部出了一份报告，该项目已经先后投进去500万元，还有三、四个不能验收的合同。

通常，出现以下几种情况时，项目必须及时放弃，即所谓的硬风险。

（1）需求发生重大变化

一般项目在启动的时候都要进行机会选择、可行性分析、盈亏平衡分析和敏感性分析，当市场环境发生变化时，例如，市场增长缓慢，需求下降；外来竞争者入侵，竞争地位下滑等重大影响时，就算项目能够完好交付，但前期的投入和需要继续的投入已经很难收回，项目就应该果断放弃。另外，用户需求的变更和蔓延是项目建设过程中最大的风险之一，这一点业界普遍形成共识。但实际上当客户需求有重大变更或不断蔓延时，大多数项目经理却采取妥协的态度，因为客户是上帝，要保全双方的体面和所谓的战略合作关系，只能忍气吞声，勉强坚持。需求的蔓延导致工期一再推迟、投资一再追加，到头来项目被拖垮，项目经理像温水里的青蛙，被煮死了。

（2）合作方出现重大问题

大型项目往往是跨组织协作完成的，所以项目管理也涉及多组织的项目管理。成功的项目应该能够让所有项目干系人满意，但现实的项目却不尽然。例如，项目的主要供货商出现问题，导致项目质量、进度难以保障或资金严重超出预算等。所以，项目经理要时刻警惕上下游合作方的变化，及时识别风险，论证项目是否能够继续，必要时要决然放弃项目。

（3）核心技术问题难以解决或技术落后

如上述的 CRM 项目，研发人员解决不了技术问题或项目中途发现技术路线错误，这种情况下硬撑下去大多不会有好的结果。还有部分高新技术项目，技术发展非常快，如果项目周期长一些的话，就可能出现项目所采用的技术已经落后，无法再继续下去的情况。

（4）后续资金缺乏

因为后续资金的缺乏导致的烂尾工程不胜枚举。因为放弃便意味着前期的投资血本无归，继续则实在力不从心。问题是这类项目往往要等到投资者把口袋里的最后一分钱投入进去后，才迫不得已放弃，这便是不懂得放弃的艺术。

（5）企业战略调整

市场因素决定企业的战略，企业战略决定企业资源的配置，因为资源配置的策略的改变而放弃一些项目也是经常发生的事情。一些企业的信息管理系统，在建成以后适逢领导班子的调整或企业流程重组便不合时宜了。适应企业管理变革的需要是 IT 项目的一个特点，不少企业的 ERP 项目因管理策略变革产生重新实施的需求，这也是近年来出现的软件服务比软件产品更有市场的深层原因。

虽然多数项目经理具有较强的风险意识，但真正风险大到了该放弃的时候，他们却缺乏放弃的勇气和魄力，因为惋惜前期的投入，所以不肯罢休，死马当作活马医，最终导致投资者花光最后1分钱才被迫搁置。所以，保持敏锐的嗅觉，学会尽早放弃一个即将失败的项目，是项目经理不可或缺的一项修炼。

美国 IBM 360 操作系统总设计师 Frederick P. Brooks 在对 IBM 360 操作系统项目失败的总结中指出："大型软件项目开发犹如一个泥潭，项目团队就像很多大型和强壮的动物在其中剧烈地挣扎，投入得越多，挣扎得越凶，陷入得越深。"因此，在项目管理中，及时放弃一个即将失败的项目，比顺利建设一个项目更为重要。即将失败的项目每多延续一天就意味着多一分投资化为乌有，项目的投资者必须意识到止血比健身更重要！学会放弃、及时放弃是项目管理中容易被忽视，却至关重要的课题。

这种问题的解决之道只能是对项目不断评审和动态论证，及时发现各类变化因素对项目的影响程度，识别项目风险，只有这样才能做到决策及时，最大限度减少投资者的损失。IBM 的集成产品开发（Integrated Product Development, IPD）模式即通过一系列的跨部门评审来确保此类问题及时发现、及时决策。IBM 的经验指出，实施 IPD 的显著效果之一就是花费在中途废止项目上的费用明显减少。

参考讨论题：

1. 案例中的 CRM 系统出了什么问题？
2. 你认为这个项目是否应该放弃？请说明理由。
3. 你认为怎样做才能防止本案例的问题出现？

案例 C　ERP 实施的项目管理

对 ERP 项目所有方面的计划、组织、管理和监控，是为了达到项目实施后的预期成果和目标而采取的内部和外部的持续性的工作程序。这是对时间、成本及产品、服务细节的需求相互间可能发生的矛盾进行平衡的基本原则。以下结合实施 ERP 项目的实际经验，介绍 ERP 项目管理的主要内容。

完整的 ERP 项目通常包括三大阶段：需求分析、系统选型和系统实施。系统实施阶段又可细分为实施计划、业务模拟测试、系统开发确认、系统转换运行、运行后评估 5 个主要步骤。项目管理围绕整个 ERP 项目的全过程，对项目的立项授权、需求分析、软硬件的评估选择，以及系统的实施进行全面的管理和控制。一个典型的 ERP 项目管理循环通常包括：项目开始、项目选型、项目计划、项目执行、项目评估及更新和项目完成 6 项主要内容。

（1）项目开始

项目开始阶段主要针对 ERP 项目的需求、范围和可行性进行分析，制订项目的总体安排计划，并以"项目合同"的方式由企业与 ERP 项目咨询公司确定项目责任和授权。在项目开始阶段进行的项目管理主要包括以下内容。

● 需求评估。对企业的整体需求和期望作出分析和评估，并据此明确 ERP 项目成果的期望和目标。

● 项目范围定义。在明确企业期望和需求的基础上，定义 ERP 项目的整体范围。

● 可行性分析。根据项目的期望和目标及预计项目的实施范围，对企业自身的人力资源、技术支持等方面作出评估，明确为配合项目需要采取的措施和投资的资源。

● 项目总体安排。对项目的时间、进度、人员等作出总体安排，制订 ERP 项目的总体计划。

● 项目授权。由企业与 ERP 项目咨询公司签订 ERP 项目合同，明确双方职责，并由企业根据项目的需要对咨询公司进行项目管理的授权。

（2）项目选型

在明确项目的期望和需求后，项目选型阶段的主要工作就是为企业选择合适的软件系统和硬件平台。系统选型的一般过程如下。

● 筛选候选供应商。项目咨询公司根据企业的期望和需求，综合分析评估可能的候选软、硬件供应商的产品，筛选出若干重点候选对象。

● 候选系统演示。重点候选对象根据企业的具体需求，向企业的管理层和相关业务部门作针对性的系统演示。

● 系统评估和选型。项目咨询公司根据演示结果对重点候选对象的优势和劣势作出详细分析，向企业提供参考意见，企业结合演示的结果和咨询公司的参考意见，确定初步选型。在经过商务谈判等工作后，最终决定入选系统。

在项目选型阶段的主要项目管理工作是进行系统选择的风险控制，包括：正确全面地评估系统功能，合理匹配系统功能和自身需求，综合评价供应商的产品功能和价格、技术支持能力等因素，避免在系统选型过程中可能出现的贿赂舞弊等行为。

（3）项目计划

项目计划阶段是 ERP 项目进入系统实施的启动阶段，主要进行的工作包括：确定详细的项目范围，定义递交的工作成果，评估实施的主要风险，制订项目的时间计划、成本和预算计划、人力资源计划等。

● 确定详细的项目范围。对企业进行业务调查和需求访谈，了解用户的详细需求，据此制定系统定义备忘录，明确用户的现状、具体的需求和系统实施的详细范围。

● 定义递交的工作成果。企业与实施咨询公司讨论确定系统实施过程中和实施结束时需要递交的工作成果，包括相关的实施文档和最终上线运行的系统。

● 评估实施的主要风险。由实施咨询公司结合企业的实际情况对实施系统进行风险评估，对预计的主要风险采取相应的措施来加以预防和控制。

● 制订项目的时间计划。在确定详细的项目范围、定义递交的工作成果和明确预计的主要风险的基础上，根据系统实施的总体计划，编制详细的实施时间安排。

● 制订成本和预算计划。根据项目总体的成本和预算计划，结合实施时间安排，编制具体的系统成本和预算控制计划。

● 制订人力资源计划。确定实施过程中的人员安排，包括具体的实施咨询公司的咨询人员、企业方面的关键业务人员及用户方面参与实施的关键人员，需要对其日常工作作出安排，以确保对实施项目的时间投入。

（4）项目执行

项目执行阶段是实施过程中历时最长的一个阶段，贯穿于 ERP 项目的业务模拟测试、系统开发确认和系统转换运行 3 个步骤中。实施的成败与该阶段项目管理进行的好坏息息相关。在项目执行阶段进行的项目管理主要包括以下内容。

● 实施计划的执行。根据预定的实施计划开展日常工作，及时解决实施过程中出现的各种人力资源、部门协调、人员沟通、技术支持等问题。

● 时间和成本控制。根据实施的实际进度控制项目的时间和成本，并与计划进行比较，及时对超出时间或成本计划的情况采取措施。

● 实施文档记录和管理。对实施过程进行全面的文档记录和管理，对重要的文档需要报送项目实施领导委员会和所有相关的实施人员。

● 项目进度汇报。以项目进度报告的形式定期向实施项目的所有人员通报项目实施的进展情况、已经开展的工作和需要进一步解决的问题。

● 项目例会。定期召开由企业的项目领导、各业务部门的领导及实施咨询人员参加的项目实施例会，协调解决实施过程中出现的各种问题。

● 会议纪要。对所有的项目例会和专题讨论会等编写出会议纪要，对会议作出的各项决定或讨论的结果进行文档记录，并分发给与会者和有关的项目实施人员。

（5）项目评估及更新

项目评估及更新阶段的核心是项目监控，就是利用项目管理工具和技术来衡量和更新项目任务。项目评估及更新同样贯穿于 ERP 项目的业务模拟测试、系统开发确认和系统转换运行 3 个步骤中。在项目评估及更新阶段常用的项目管理工具和技术有以下几种。

● 阶段性评估。对项目实施进行阶段性评估，小结实施是否按计划进行并达到所期望的阶段性成果。如果出现偏差，研究是否需要更新计划及资源，同时落实所需的更新措施。

● 项目里程碑会议。在项目实施达到重要的里程碑阶段，召开项目里程碑会议，对上一阶段的工作作出小结并评估实施进度及成果，动员部署下一阶段的工作。

● 质量保证体系。通过对参与实施的用户人员进行培训和知识传授，编写并完善实施过程中的各种文档，从而建立起质量保证体系，确保在实施完成后企业能够达到对系统的完全掌握和不断改善的目标。

（6）项目完成

项目完成阶段是整个实施项目的最后一个阶段。此时，工作接近尾声，已经取得了项目实施成果。在这一最后阶段，仍有重要的项目管理工作需要开展，切莫掉以轻心。

● 行政验收。结合项目最初对系统的期望和目标，对项目实施成果进行验收。

● 项目总结。对项目实施过程和实施成果作出回顾和总结。

● 经验交流。交流分享在实施过程中的经验和教训。

● 正式移交。系统正式运转及使用，由企业的计算机部门进行日常维护和技术支援。

参考讨论题：

1. 在整个 ERP 实施过程中，是如何实现其项目管理的？

2. ERP 实施过程中，为什么要分为上述几个阶段？

3. ERP 实施过程中，项目收尾阶段的工作对整个项目管理的作用是什么？

4. 如果你是该项目的项目经理，你认为 ERP 实施的项目管理的收尾阶段的工作应具体包括哪些？

习 题

一、选择题

1. 所有经批准的变更都应反映在什么计划当中？（　　　）

A. 质量保证计划　　　　B. 变更管理计划　　　　C. 项目计划　　　　D. 风险应对计划

2. 进行项目变更的整体控制时，应该（　　　）。

A. 改变项目业绩衡量的指标体系

B. 确保项目的工作结果与项目的计划相一致

C. 遵循成本效益原则

D. 注意协调项目各方面的变化

3. 不包括在项目验收过程中的是（　　　）。

A. 完成项目收尾工作　　　　　　　　B. 项目成果评价

C. 准备项目验收材料　　　　　　　　D. 成立验收班子

4. 如果发生以下哪种情况，一个项目应当被终止？（　　　）

A. 项目已超过原始预算的 15%

B. 商业的目的不再能达到

C. 新的风险被发现

D. 范围变化使得基准计划不再有效

5. 与项目前评价相比，项目后评价的一个重要特点是（　　　）。

A. 反馈性　　　　　　B. 事后评估性　　　　　C. 非系统性　　　　　D. 事前防范性

二、填空题

1. 项目计划制订应遵循的原则包括：_____、_____、_____、_____。

2. 项目跟踪时的采集对象主要是对项目有重要影响的_____和_____。

3. 项目按验收的内容可分为项目_____和项目_____。

4. 项目验收范围的确认应以＿＿＿＿＿＿＿、＿＿＿＿＿＿＿和项目工作成果等为依据。

5. 项目后评价的特点是：＿＿＿＿＿＿＿、＿＿＿＿＿＿＿、＿＿＿＿＿＿＿、＿＿＿＿＿＿＿和反馈性。

三、简答题

1. 简述项目整体管理的概念和内容。

2. 为什么要强调 IT 项目的变更管理？变更对于 IT 项目成功的严重影响是什么？

3. 简述执行项目整体计划的工作内容。

4. 简述项目的收尾阶段应包含哪些工作。

5. 为什么在项目收尾阶段要对项目验收的范围进行确认？

6. 什么是项目交接？简述项目交接与项目清算之间的关系。

7. 软件项目的移交包括哪些内容？

8. 项目前期评价与后评价的区别是什么？项目后评价的主要范围与内容是什么？

实践环节

1. 分析著名 IT 企业是如何建立有效的变更控制系统的？变更控制委员会的作用和可采取的行动有哪些？

2. 查找目前常用的项目管理软件，分析比较这些项目管理软件如何把现代 IT 项目管理的主要技术和方法整合在一起？

3. 简述基于 Web 的 IT 项目管理信息系统如何把整个企业的 IT 项目管理起来？